선박안전관리사를 위한

선박자원관리론

Maritime resource Management

이창희 · 최진철 · 강민균 · 조소현 지음

GS인터비전

머 리 말

이 교재는 해사 분야 기업들이 강화된 법규와 규제로 인해 더 강한 사회적 책임을 이행해야 하는 상황에서 선박안전관리의 중요성이 증가함에 따라, 선박안전관리사 자격제도의 필요성과 목적을 강조하고자 발간되었습니다. 이 교재는 선박안전관리사 자격취득을 희망하는 분들을 위해 설계되었으며, 선박의 안전관리 업무를 수행하기 위한 안전관리책임자와 안전관리자를 선임할 때는 선박안전관리사 자격을 가진 인재를 우선적으로 고용해야 함을 강조하고 있습니다.

교재는 이론과 실무를 효과적으로 연계하여 선박자원관리에 대한 이해를 총망라하고 있습니다. 선박의 조직 구조, 업무 수행 방법, 의사소통, 선박기기와 구조, 그리고 선박관리 시스템 등 다양한 실무 중심의 내용을 다루고 있습니다. 또한, 최신 기술자료, 현행법령, 교재와 함께 플랫폼 기반의 선박관리에 관한 내용도 포함하여 선박자원관리에 대한 이해를 보다 쉽게 돕고자 하였습니다.

이 교재를 통해 선박안전관리자로서의 역량을 향상시키고 선박자원을 효과적으로 관리할 수 있는 능력을 갖추는 데 도움이 되기를 바랍니다. 또한, 교재가 선박안전관리사 자격을 희망하는 모든 분들에게 훌륭한 참고서가 되어줄 것을 기대합니다. 우리는 이 교재를 지속적으로 보완하고 업데이트하여 선박안전경영에 대한 최고의 자료가 되도록 노력할 것입니다.

2023년 8월 15일

저자 일동

Contents

제1편 인적자원관리

제 1 편

인적자원관리

제 1 장

선상 인적자원관리와 훈련

1. 선상 업무조직
2. 선상 업무와 문화 간 소통
3. 선내 비공식 사회 조직
4. 인간의 실수와 상황인식
5. 리더십과 팀워킹
6. 훈련 및 선상 교육 프로그램

제1장 선상 인적자원관리와 훈련

1. 선상 업무조직

1.1 선내조직

'선박'이라고 하는 제한된 장소와 특수한 환경에서 생활하므로 운항에 종사하는 선원들은 항상 정신적 · 육체적 긴장감과 피로감에 노출되어 있다. 이러한 특수한 선박의 업무와 생활 환경에도 불구하고 모든 위험을 자력으로 극복하여 선박을 안전하게 운항하기 위해 선내조직과 업무는 위계적으로 명확하게 분업화되어 있다.

선내조직은 화물선, 여객선, 어선, 기타 특수선 등 선박의 종류와 특성에 따라 매우 다양하다. 전형적인 선내조직은 위계적인 지휘체계를 기반으로 기능과 직무에 따라 구분되어 있다. 아래 그림에서처럼 선내조직은 기능에 따라 크게 갑판부와 기관부로 구분하고, 직무에 따라 관리급, 운항급, 보조급으로 구분된다.

〈그림 1-I-1〉 선내 업무조직

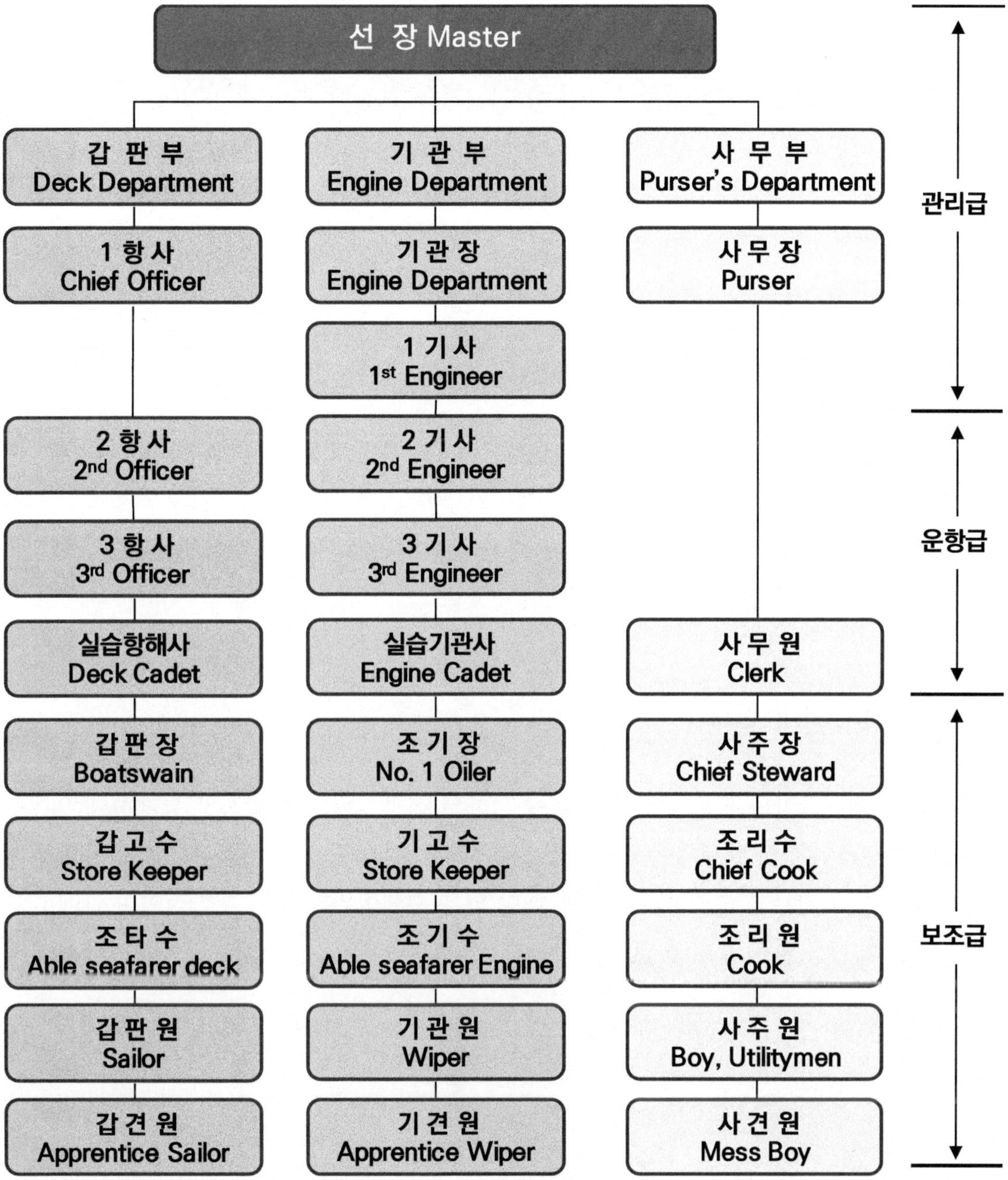

*화물담당 1항사와 통신담당 항해사는 별도로 표기하지 않음

1.2 관리급의 선내 업무

선내 관리급은 선장, 일등항해사, 기관장 또는 일등기관사의 직무에 종사하면서, 지정된 책임 영역 내의 모든 기능이 적합하게 수행되는 것을 보장할 책임이 있는 등급을 말한다. ISM Code가 발효된 이후 국제항해에 종사하는 모든 선박의 관리급 선박직원의 업무 범위 및 책임은 선박안전관리시스템(Safety Management System, SMS)에 반영되어 있다.

1.3 운항급의 선내 업무

선내 운항급은 항해 또는 기관 당직을 담당하는 선박직원 또는 무인 기관 구역에 대한 지정 기관사 또는 무선 통신사로 승무하는 선박직원들이다. 관리급 선박직원의 직접적인 감독을 통해 선박에서 해당 업무를 수행한다. 운항급 선박직원에 해당하는 업무 범위 및 책임은 선박안전관리시스템에 반영되어 있다.

1.4 보조급의 선내 업무

선내 보조급은 관리급 또는 운항급으로 승선하는 선박직원의 직접적인 통제하에 임무를 수행하는 업무를 수행하는 등급을 한다. 보조급 선원은 관리급 또는 운항급 선박직원의 통제 또는 감독에 따라 업무를 수행하기 때문에 해당 업무 수행범위가 매우 제한적이며 그에 따라 책임 범위도 제한을 받을 수밖에 없다.

2. 선상 업무와 문화 간 소통

2.1 문화지능(Cultural Intelligence)

'문화지능' 또는 '문화지수'(CQ - cultural quotient)는 비즈니스, 교육, 정부 및 학술 연구 분야에서 사용되는 용어로 문화와 문화가 교차하는 상황에서 효과적으로 상호작용할 수 있는 능력으로 "다른 문화 지역의 사람들과 상호 작용할 때 적응할 수 있는 개인의 역량 a person's capability to adapt as s/he interacts with others from different cultural regions"을 정의할 수 있다. 문화지능은 행동, 동기부여, 인지 및 메타인지의 4가지 측면으로 구성된다. 문화지능은 서로 다른 국가, 민족, 조직, 세대, 사회계층 등의 다양한 하위문화와 같은 다문화적 상황에서 효과적으로 적응할 수 있는 역량으로 누구나 배우고 향상시킬 수 있다. '문화지능'은 어딘가에서 일하고 살아봤다고 해서 저절로 높아지지 않는다. 문화지능은 모두가 저절로 가질 수 있는 개인의 역량이 아니다. 누구나 예외 없이 지속적인 노력이 필요하기 때문이다.[1)]

'문화지능'은 아래 그림에서처럼 네 가지 하위능력으로 구성되어 있다. 첫째, 'CQ-동기(Drive)'는 다양한 상황에서 효과적으로 적응할 수 있는 자신의 관심과 확신에 해당하는 요소이다. 특히 다양한 문화적 정체성이 혼재된 상황을 피하지 않고 도전해보려는 충분한 동기부여의 측면이다. 둘째, 'CQ-지식(Knowledge)'는 인지적인 측면으로 서로 다른 집단의 문화 간에 어떤 부분이 유사하고 어떤 부분이 차이가 나는지에 대한 지식을 말한다. 모든 집단이나 사회의 문화적 차이를 지식으로 알고 있기에는 너무 방대하므로, 선내조직에서 주로 만나게 되는 구성원이 속한 집단이나 사회의 특징이나 중요한 문화적인 차이에 대해서 어느 정도까지는 알고 있고, 이것이 상대방과의 소통과 협업에서 긍정적으로 작용할 수 있어야 한다. 셋째, 'CQ-전략(Strategy)'는 메타 인지적인 측면으로 개인이 경험한 다양한 문화적 상황과 경험 그리고 지식을 바탕으로 실제 상황에서 행동으로 실행하기 전에 머릿속에서 효과적인 협업과 소통을 위한 전략을 수립하는 능력이라고 할 수 있다. 넷째, 'CQ-행동(Action)'은 수립된 전략을 기반으로 새로운 상황과 맥락에서 자신의 행동을 적절히 맞출 수 있는 능력이다. 이 네 가지 하위능력이 모두 결합하여 '문화지능'을 구성한다.

1) 데이비드 리버모어(2017), 문화지능 CQ 리더십, 홍종열 옮김, 꿈꿀권리, p.50.

〈그림 1-I-2〉 문화지능 CQ의 4가지 구성역량

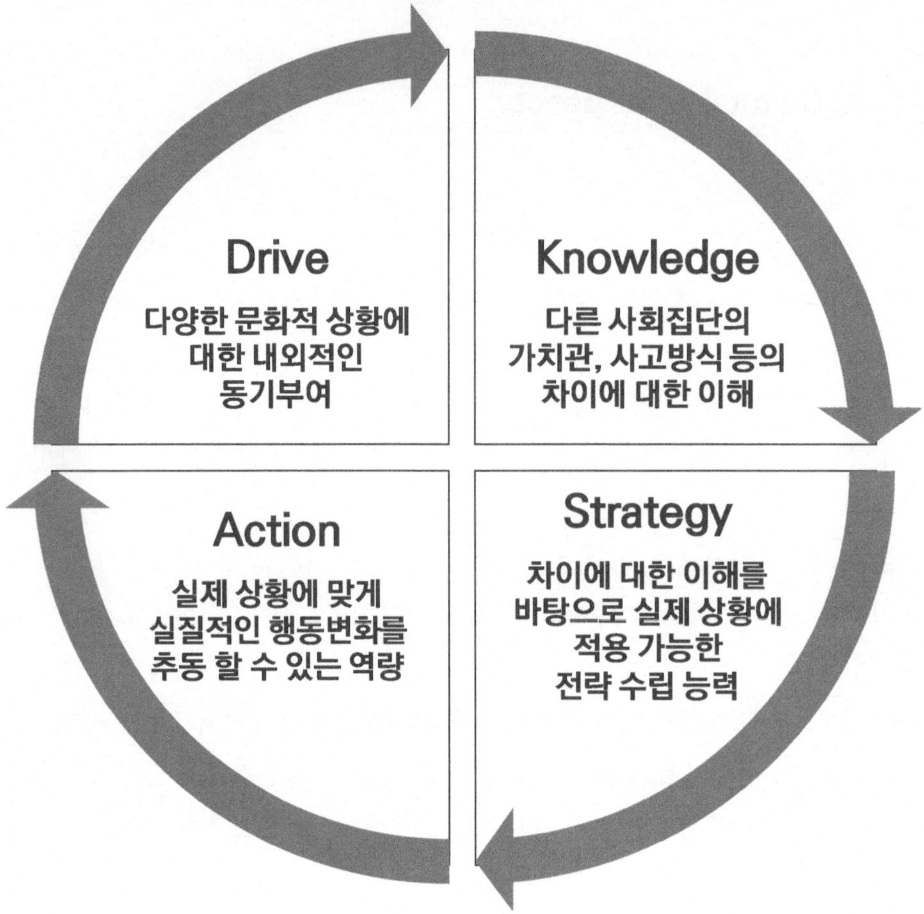

선박의 인적구성이 다국적 · 다언어화 되는 추세를 넘어, 선박은 남녀, 세대, 학력, 출신 지역, 종교 등 다층적 하위문화들이 교차하고, 혼종하는 업무공간이다. 따라서 선내 구성원인 선원뿐만 아니라 선박소유자, 선박관리자 등 선박을 둘러싸고 있는 모든 이해관계자는 이러한 다층적 문화 공존 상황에 대처할 수 있는 역량을 함양할 필요가 있다. 매체 및 기술의 발달과 산업화 이후 사회 변화 흐름으로 추동된 선내 인적구성의 다양성(diversity)에 효과적으로 대처하기 위해서는, 선내 구성원 각자의 가치관, 신념, 사고방식 등을 서로 존중하고 배려할 수 있는 업무문화와 생활환경이 조성되어야 한다. 그러기 위해서는 선내 구성원들의 소통역량은 과거 어느 때 보다 중요하며, 이러한 소통역량을 포함하고 있는 문화지능의 향상과 함양은 선박조직을 효율적으로 유지 및 관리하여 안전하고, 성공적인 선박 운항을 만드는데 필수적인 요소이다.

2.2 문화와 문화적 성향

'문화(culture)'의 정의는 수백여 개 이상 존재하는데, 일반적으로 '인간이 만든 어떤 것' 또는 '공유된 의미 체계'로 정의된다. 문화는 인간에게 사회구성원으로서 사회에서 이루어지는 '게임'에 대한 '암묵적 법칙'을 제공한다. 인간은 자신이 만나는 사람들과 상호작용하는 과정에서 이 '게임 법칙'을 이용한다. 인간은 어떻게 자신이 속한 문화의 일원으로 이 '게임 법칙'을 사용하는지 부모, 학교, 종교기관, 동료, 대중매체 등을 통해 배우게 된다. 우리는 이를 '사회화(socialization)'라고 부른다. 사회화과정을 통해 학습된 문화는 규범과 규칙을 통해 인간의 행동에 직접 영향을 미치며, 다른 사람들과 소통하는 과정에서 우리의 행동을 지배하게 된다.

'문화적 성향(cultural orientation)'은 같은 국가사회, 지역, 계층, 세대, 직업 등으로 구분할 수 있는 집단이나 범주 내 구성원들이 공유하고 있는 언어, 가치관, 신념, 종교, 식습관, 의사소통 방식, 인간관계 형성 등에 대한 공통적인 경향을 지칭한다. 문화적 성향은 사회화 과정을 통해 학습되며, 특정 집단이나 사회 속에서 주로 생활하고 일을 하는 구성원들은 일반적으로 자신이 속한 집단의 문화적 성향을 제대로 의식하지 못한다. 자신의 문화적 성향에 대한 인식은 다른 성향을 지닌 집단의 구성원들과 만나 생활하고 일하는 상황에서야 인식되기 시작한다. 따라서 지구화(globalization) 현상과 급격한 디지털화 이후 우리 사회의 변화는 다양한 문화적 성향을 지닌 개인들이 함께 공존하는 상황을 증대시켰으며, 선박조직에서도 국적, 언어, 종교, 세대, 학력 등 다양한 선내 구성원들의 가치관과 신념이 서로 공존하고 소통하고 있으며, 때로는 충돌하고 갈등하는 현상도 발견되고 있다.

아울러 이러한 현상은 특정 집단의 성향에 대해 지나치게 성급한 일반화 및 고정관념을 만들어내는 결과를 낳기도 한다. 하지만 특정한 신념이나 가치관에 대한 해당 집단의 다수 구성원이 가진 생각으로 '문화적 성향'을 정의한다면, 고정관념화(stereotyping)의 문제는 어느 정도 보완될 수 있을 것이다. 다양한 신념과 가치관이 모든 문화집단 그리고 모든 시대에 걸쳐 공통으로 통용될 수도 있겠지만, 특정 집단이 다른 어떤 것보다 선호하는 신념과 가치관이란 것은 반드시 존재하기 마련이다. 선내 인적자원관리에서 있어서도 특정 집단의 문화적 성향(예 : MZ세대의 사고방식 또는 외국인 선원의 성향 등)을 지나치게 일반화하여 해당 집단이나 범주에 속하는 선내 구성원 개인에 투영하게 되면, 갈등과 차별로 이어질 수 있으므로 선박 내 팀(항해, 기관 등) 구성과 내부 소통관리에 있어 이러한 보이지 않는 요소들을 미리 파악하고 준비하는 것이 매우 중요하다.

2.3 인간의 행동과 문화적 성향

선원의 인적구성이 다국적·다언어·다문화를 넘어 다양한 세대, 계층, 출신 등 서로 다른 가치관, 신념, 직업의식을 가진 구성원들이 함께 운항에 참여하면서 기존의 전통적인 선박조직의 위계와 지시전달 체계를 기반으로 한 관리와 소통방식은 점점 그 의미가 퇴색되어 가고 있다. 선박 내 관리급 및 운항급뿐만 아니라 이들의 직접적인 업무 지시를 받는 부원급 선원들도 각자 선호하는 가치관과 문화적 성향이 이질적이고, 또 같은 국적과 언어를 사용하는 집단 안에서도 나이별, 성별, 출신별 다양한 하위문화적 정체성과 개인적 성향과 기질이 선박 안에서 교차하고 만나기 때문에, 선박조직 및 인적자원관리를 책임지고 있는 리더들은 안전한 선박 운항과 생활을 위하여 국가사회 또는 이질적인 문화집단 간의 차이뿐만 아니라 인간의 본성과 심리적인 성향에 따른 개별 구성원들의 성격 차이도 이해할 수 있어야 한다. 나아가 예전에 볼 수 없었던 다양한 정체성의 만남과 업무처리 방식들을 보다 객관적이고 폭넓은 관점에서 이해하고, 상호관계의 어떤 측면이 개인 성격의 결과이고, 어떤 것이 각자가 속한 집단의 문화적 성향의 차이에서 비롯된 결과인지 구분할 수 있어야 한다. 이것이 선내 원활한 업무수행과 인적자원관리에 있어 가장 주요한 부분이다.

그러한 관점에서 아래 상자 안에서 논의되는 '고정관념화'와 '지나친 일반화'로 인해 선박조직에서 발생할 수 있는 오해나 갈등의 상황에 대해 선내 구성원 및 선박조직의 리더는 경각심을 가지고 행동하고 선박의 팀원들을 관리해야 한다.

〈'필리핀 선원은 자존심이 강하다.'〉 진술의 맹점

1) '고정관념'을 만들고 있다.

2) 지나친 일반화의 오류를 범하고 있으며 가치판단이 개입되어 있다. 필리핀 선원들과 함께 승선한 경험이 있는 한국인 선원들은 자신과 함께 일했던 필리핀 선원 대부분이 이 진술에 부합하는 행동 성향, 즉 문화적 성향을 가지고 있었으므로 이들의 경험에 기반하면 이 진술은 옳다. 하지만 이에 상반되는 성향을 지닌 필리핀 선원들도 많이 존재한다는 사실을 간과해서는 안 된다. 또 이 진술은 단순히 부정적인 판단이라고 단정 지을 수도 없다. 다시 말해, '필리핀 선원들은 자존심이 강하다'라는 진술은 상황에 따라서 '일관성이 있다', '자의식이 강하다', '융통성이 없다', '믿을 만하다' 등 다양하게 해석될 가능성이 있기 때문이다. 따라서 특정 집단에 대한 문화적 성향을 일반화하거나 이를 특정 개인에게 적용하는 행위는 매우 신중하게 이루어져야 한다.

2.4 문화차원(Cultural Dimension) 모델과 문화적 성향

1) 홉스테드의 문화정의

네덜란드 조직심리학자 헤르트 홉스테드(Geert Hofstede)는 본질주의적 문화개념을 활용하여 문화비교 이론을 정립한 대표적인 학자이다. 홉스테드는 문화를 컴퓨터 소프트웨어에 비유하여 '정신의 집단적 프로그래밍(the collective programming of the mind)'이라고 정의하고, 이 프로그래밍이 한 집단(group)이나 한 범주(category)의 구성원들을 다른 집단이나 범주의 구성원들과 구별시켜준다고 언급한다.

"It (Culture) is the collective programming of the mind which distinguishes the members of one group or category of people from others."[2)]

여기서 '집단'이란 서로 접촉하고 있는 여러 사람의 집합을 뜻하며, '범주'란 반드시 서로 접촉하고 있을 필요는 없지만, 어떤 공통점을 지닌 사람들로 구성된다. 예를 들어, '1980년대 중반에서 2000년대 초에 출생한 사람들(MZ세대)' 또는 '한국 여성 해기사들'과 같은 구분이 일종의 범주라고 할 수 있다. 홉스테드의 문화개념에 따르면, 문화는 집단적인 현상이며, 같은 환경이나 조건 속에서 살아가거나 공통점을 가지고 있는 사람들 사이에서 공유되고 학습된 것이다. 따라서 홉스테드의 문화개념은 집단이나 범주의 구성원 내에 존재할 수 있는 차이보다는 학습되고 공유된 공통된 가치를 통해 구현되는 구성원 간의 응집력과 결속력에 초점을 두고 있다.

2) 4개의 문화차원 범주

- 권력거리 (Power Distance - PDI)
- 개인주의 vs. 집단주의 (Individualism versus Collectivism - IDV)
- 남성성 vs. 여성성 (Masculinity versus Femininity - MAS)
- 불확실성 회피 (Uncertainty Avoidance - UAI)

2) Geert Hofstede, Geert Jan Hofstede, Michael Minkov(2014), 세계의 문화와 조직: 정신의 소프트웨어, 차재호, 나은영 옮김, 학지사, p.26.

가) 개인주의 지수(IDV - Individualism Index)

'개인주의(Individualism)'는 구성원 간의 구속력이 느슨한 사회적 특징을 일컫는다. 개인주의 성향이 높은 집단의 구성원들은 모든 사람은 자기 자신과 자신의 직계 가족을 돌보면 되는 것으로 생각한다. 반면 개인주의 성향이 낮은 집단주의 성향의 사회에서는 구성원들이 태어날 때부터 강력하고 단결된 내집단(in-group)에 통합되어 있으며 내집단에 대한 맹목적 충성의 경향이 강하다. 이런 충성의 대가로 내집단은 각 구성원을 지속적으로 보호해주는 사회적 특징을 갖는다.

〈표 1-I-1〉 개인주의 사회 vs 집단주의 사회의 핵심 특징 비교

구분	개인주의 사회	집단주의 사회
특징	• 모든 사람은 자기 자신과 직계 가족만을 스스로 돌볼 수 있도록 성장함. • 어린이는 '나'라는 의미 안에서 생각하는 법을 배우며 사회화됨. • 모두에게 동일한 가치 기준이 적용되는 것으로 간주함(보편주의). • 자기 생각을 그대로 말하는 것이 정직한 사람이라 간주함.	• 사람들은 확대가족 또는 자신이 속한 내집단 속에서 태어나서 충성심을 바치는 대가로 계속 보호받으며 성장함. • 어린이는 '우리'라는 틀 안에서 사고하는 법을 배우며 사회화됨. • 가치 기준은 내집단이냐 외집단이냐에 따라 다르게 적용됨(개별주의). • 언제나 화합이 유지되어야 하며 직접적인 대립을 피하는 편임.
유의점	• 모든 사람이 개인적인 의견을 갖고 있을 것으로 기대함. • 개인의 사생활을 지킬 권리를 중요시함. • 계약서에 명시된 내용에 입각하여 업무와 책임(R&R) 영역을 명확히 함.	• 소속 집단에 따라 의견이 정해지는 경향이 있음. • 개인보다는 소속 집단(회사 등)의 이익을 우선시하는 경향이 높음. • 팀 협업 시 팀원 개인의 업무와 책임 영역을 넘어 팀 프로젝트 성공을 위해 함께 노력하고 희생하는 것을 높이 평가하는 편임.

〈그림 1-I-3〉 세계지도 집단주의-개인주의 지수 분포

*Source: https://geerthofstede.com/culture-geert-hofstede-gert-jan-hofstede/6d-model-of-national-culture/

나) 권력거리 지수(PDI - Power Distance Index)

'권력거리(power distance)'는 사회구성원, 특히 힘이 없는 사람들이 사회적 불평등, 즉 권력의 불공평한 분배를 얼마나 수용하는지를 나타내는 기준으로 정의될 수 있다. 사람들이 불평등하다는 사실을 어떻게 처리하는지와 관련된 문화적 성향이다. '권력거리'는 네덜란드 실험 사회심리학자 뮐데르(Mauk Mulder)가 처음 사용한 개념으로 '부하직원이 상사로부터 느끼는 감정적인 거리'를 지칭하는 용어이다. 권력거리는 힘없는 사람들의 가치체계로 볼 수 있다. 권력의 분포 양상은 대개 힘 있는 자들, 즉 추종자가 아닌 지도자의 행동결과로 이해할 수 있다. 즉, 권위는 복종이 수반되어야 유지될 수 있는 것이다.

〈표 1-I-2〉 권력거리가 작은 사회 vs 권력거리가 큰 사회의 핵심 특징 비교

구분	작은 권력거리	큰 권력거리
특징	• 사람들 사이의 불평등은 최소화되어야 함. • 사회적 관계는 배려 속에서 이루어짐. • 강자와 약자는 상호의존적 관계여야함. • 부모-자식, 학생-교사는 서로를 동등한 존재로 대함. • 수업시간에 교사는 학생이 주도적으로 행동할 것을 기대함.	• 사람들 사이의 불평등은 당연한 것으로 간주함. • 지위는 제약을 통해 균형을 잡아야 함. • 약자는 강자에 의존적이어야 함. • 부모는 자식에게 복종을 가르침. • 학생은 교실 밖에서도 교사(또는 의사 등 전문가 집단)를 존경심으로 대함. • 교사가 교실에서 모든 주도권을 가지는 편임.
유의점	• 권위보다는 의견을 제시하도록 권유하고 문제가 없는 경우에는 이를 승인하는 방식을 택해야 함. • 권력을 인정받기 위해서는 수많은 경험과 확실한 논리가 필요함. • 불만사항은 공식 채널을 활용. • 조직 내 권력 분산이 일반적임.	• 부하직원은 관리자의 지시에 따라서 일을 하는 경향이 있음. • 특권이나 지위 상징을 당연한 것으로 여기며 인기가 있음. • 불만·고충 사항을 비공식 모임을 통해 파악함. • 조직 내 권력 집중이 일반적임.

〈그림 1-I-4〉 세계지도 권력거리 지수 분포

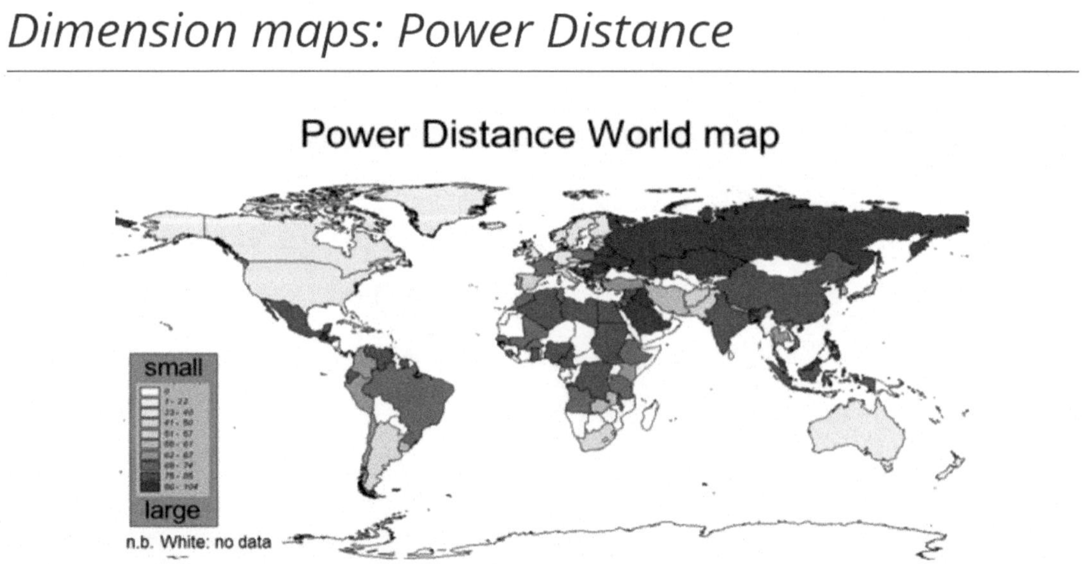

*Source: https://geerthofstede.com/culture-geert-hofstede-gert-jan-hofstede/6d-model-of-national-culture/

다) 남성성 지수(MAS - Masculinity Index)

'남성성(Masculinity)' 지수는 사회가 업적중시, 영웅중시, 물질적 성공을 중요시하는 경쟁적 사회(남성적 문화, masculine culture)인지 아니면 협력, 겸손, 약자에 대한 보호, 삶의 질을 중요시하는 합의 지향적 사회(여성적 문화, feminine culture)인지 판단하는 기준이다. 홉스테드는 '남성성과 여성성'이라는 개념을 설명하면서 '남성(male)', '여성(female)'이라는 용어는 생물학적 남녀구분에 사용되며, '남성적(masculine)'과 '여성적(feminine)'이라는 용어는 상대적인 개념으로 남자도 'feminine'하게 행동할 수 있고 여자도 'masculine'하게 행동할 수 있다고 언급한다. 홉스테드는 이 용어가 성차별적 구분을 위한 것이 아니라 상이한 가치관이 지배적인 문화를 유형화하기 위해 만든 것이라 언급한다. 즉, 전통사회든 현대사회든 사회적인 성 역할 분포에 있어 남자들은 '자기 주장적이고, 경쟁적이며 거친 특징'으로 설명되고, 여자들은 대체로 가정과 아이, 그리고 사람들과의 소통과 돌봄(인간관계 및 생활환경)에 더 관심을 두는 것으로 간주한다는 것이다. 이에 근거하여 '경쟁적인 문화'와 '협력적인 문화'를 지칭하기 위해 '남성성'과 '여성성'이라는 용어를 활용한 것이다.

〈표 1-I-3〉 남성적 사회 vs 여성적 사회의 핵심 특징 비교

구분	남성적 사회	여성적 사회
특징	• 도전, 출세, 수입증대, 승진, 성공, 진취성 등 다른 사람들의 인정에 높은 가치를 둠. • 승자를 가려 결판을 내는 것으로 갈등을 해결함. • 업무 내용의 질 제고에 의한 노동의 인간화 중시함. • 전문 직종에 여성 근로자가 차지하는 비중이 낮은 편임. • 여가시간(삶의 질) 보다 돈이 더 생기는 것을 선호함.	• 사람들을 돌보고, 경영자와의 관계, 협동, 고용 안정성 등의 유대관계를 중시하며 온화함. • 화해와 협상으로 갈등을 해결함. • 직무상 좋은 관계와 협동을 중시하는 노동의 인간화 중시함. • 전문 직종에 여성 근로자가 차지하는 비중이 높은 편임. • 돈보다 여가시간(삶의 질)이 더 생기는 것을 선호함.
유의점	• 상대방의 주장을 잘 듣고 선택 사항인 경우 이를 적극적으로 반영함. • 적절히 칭찬해 주면 더욱 열심히 일함. • 세세한 문제는 일임해 주는 것이 좋음. 잔소리를 특히 싫어함.	• 관례의 문제점을 명확히 지적하고 새로운 방법을 모색하도록 유도해야 함. • 돈, 성공 등에 관한 화제보다는 정서적인 화제를 좋아함. • 거친 태도는 공감보다 두려움을 줌.

〈그림 1-I-5〉 세계지도 남성성 지수 분포

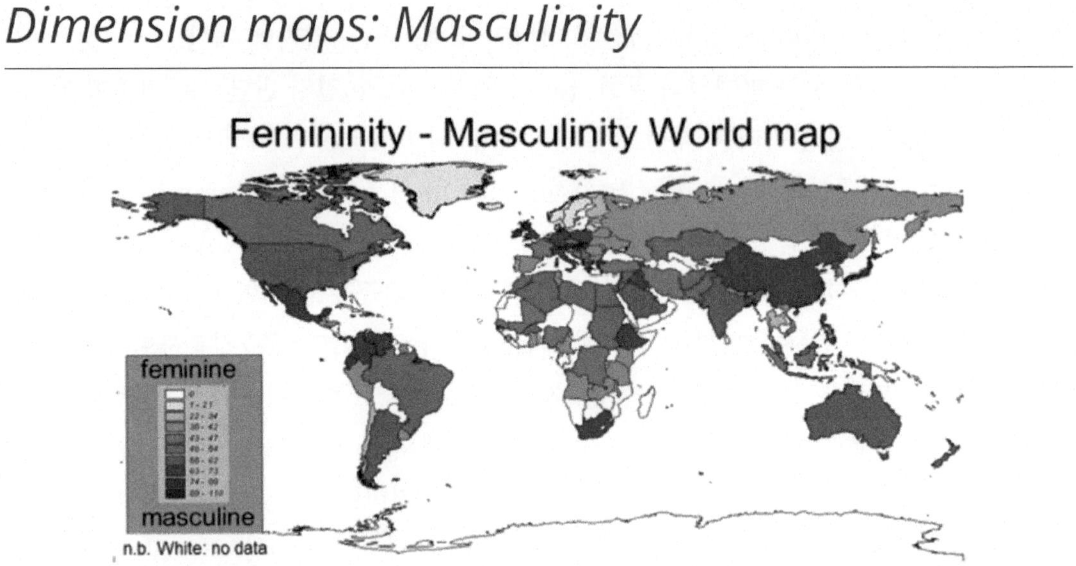

*Source: https://geerthofstede.com/culture-geert-hofstede-gert-jan-hofstede/6d-model-of-national-culture/

라) 불확실성 회피 지수(UAI - Uncertainty Avoidance Index)

'불확실성 회피(Uncertainty Avoidance)'는 사회구성원들이 불확실하고 모호한 상황에 대해 얼마나 불안하게 느끼는지에 대한 척도이며 특정 사회가 얼마나 규칙이 정형화되고, 구조적으로 체계성을 갖추고 있는지를 알려준다.

'불확실성 회피'라는 용어는 미국의 조직사회학에서 나온 용어인데, 조직이론가 제임스 마치(James G. March)의 책에서 처음 사용되었다. '불확실성'은 어느 지역이나 사회와 관계없이 인간이 직면하고 대처해야 하는 요소이다. 우리는 인간이기에 내일 무슨 일이 일어날지 알지 못한다. 미래는 불확실하지만, 우리는 이 불확실성을 지닌 채 살아가야 한다. 극단적인 불확실성은 참기 힘든 '불안(Anxiety)'을 유발한다. 어느 사회나 이런 불안을 해소하고 완화할 방법을 고안하고 개발해왔다. 예를 들어, 과학기술, 법률, 종교 등의 영역이 이러한 방법에 속한다. 홉스테드는 '불안'은 '일어날지도 모르는 일에 대해 막연히 느끼거나 걱정하는 상태'라고 언급하면서, '불안(anxiety)'을 '공포(fear)'와 혼동해서는 안 된다고 주장하고 있다. 즉, 공포에는 반드시 그 대상이 있지만, 불안에는 뚜렷한 대상이 없다는 것이다.

〈표 1-Ⅰ-4〉 불확실성 회피 사회 vs 불확실성 수용 사회의 핵심 특징 비교

구분	불확실성 회피 사회	불확실성 수용 사회
특징	• 생활 속에 내재하는 불확실성은 극복되어야 하는 지속적인 위협요소로 간주함. • 스트레스와 불안감이 높은 편임. • 공격성과 감정은 적당한 시기와 장소에서 분출시켜도 좋음. • 익숙한 모험은 허용하고 애매한 상황과 익숙하지 않은 모험은 두려워함. • 더러운 것과 꺼리는 것에 대한 아이들을 위한 규칙이 엄격함. • 타인에 대한 호칭이 여러 가지임. • 다른 것을 위험한 것으로 간주함.	• 불확실성은 생활의 일상적인 일이며, 매일을 그대로 받아들임. • 스트레스와 불안감이 낮은 편임. • 공격성과 감정을 드러내서는 안 됨. • 애매한 상황이나 낯선 모험 앞에서 비교적 편안해하는 편임. • 더러운 것과 꺼리는 것에 대한 아이들을 위한 규칙이 융통성이 있음. • 타인에 대한 호칭이 비슷함. • 다른 것은 호기심을 자아내는 대상임.
유의점	• 심리적으로 늘 바빠야 한다는 압박감을 느낌. • 정확성과 형식화의 욕구가 강한 편임. • 의사결정의 결과와 내용에 초점을 맞춤.	• 필요할 때만 열심히 일하는 편임. • 애매한 상황과 혼돈에 대해 비교적 잘 수용함. • 의사결정의 과정에 초점을 맞춤.

〈그림 1-Ⅰ-6〉 세계지도 불확실성 회피 지수 분포

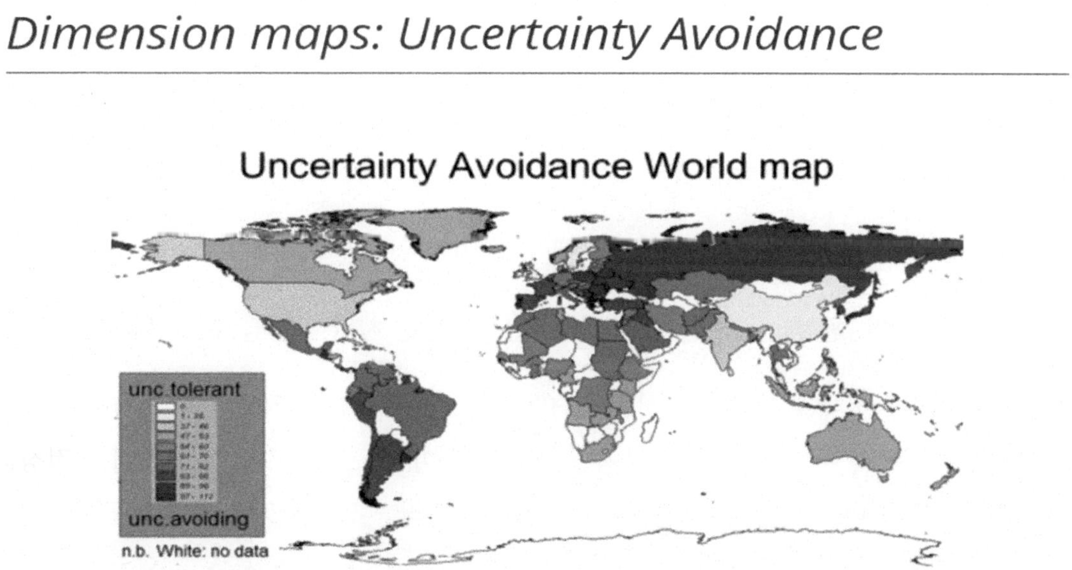

*Source: https://geerthofstede.com/culture-geert-hofstede-gert-jan-hofstede/6d-model-of-national-culture/

2.5 선상생활에 있어서 문화간 소통의 유의점

선박의 인적 구성원은 하나의 국적으로 이루어진 선원으로만 구성이 된 것이 아니라 다양한 국적의 선원들로 구성된 혼승선박(混乘船舶)이 세계적으로 증가하고 있고, 한국인으로만 이루어진 선박의 인적구성 역시 내부에 다양한 하부 정체성들이 공존하고 있다. 따라서 자신과 다른 배경을 가진 선원들과 함께 승선 생활을 할 때는 다음의 사항을 고려하여야 한다.

- 자신이 인지하지 못하지만, 자신에게 가장 큰 영향을 미치는 것은 자신이 속한 문화임을 명심하라. 우리 인간은 다른 문화나 집단에 대해서는 관찰하고 평가할 수 있지만, 정작 나 자신과 나의 문화에 대해서는 무지하다.

- 선내에서 출신 지역이나 나이 등의 배경이 다른 상대가 당신과 같이 생각하고 행동할 것이라 기대하지 말라. 당신이 선호하는 일 처리 방식은 다양한 방식 중 하나일 뿐이다. 그러니 다른 사람들은 나와는 다르게 생각하고 행동할 수 있음을 인지하라. 경우에 따라서 당신의 방식이 표준이 아니라 예외가 될 수도 있음을 인식하라.

- 선내에서 출신 지역이나 나이 등이 다른 상대에 대해 가지고 있는 당신의 가정과 기대를 수시로 구체적으로 언급하면서 점검해보라. 상대방에 대해 당신이 가진 무의식적 기대와 예상이 상대와의 상호작용에 있어 문제를 유발할 수 있다.

- 누구나 다른 집단에 대한 고정관념은 가지고 있다. 당신이 가진 고정관념을 인정하라. 단, 이런 선행지식은 상대를 이해하는데 필요한 실루엣에 불과하므로 경험을 통해 상대에 대한 지식을 업데이트하고 바꿔나가도록 노력해야 한다.

- 늘 경청하고 관찰하며, 판단과 평가하기에 앞서 이해하려고 노력하라.

- 인내심을 가져라. 원하는 결과를 얻는 데는 훨씬 더 많은 시간이 걸릴 수 있음을 인정하라.

- 당신이 보기에 이상하고, 비효과적이고, 의미 없고, 정상이 아니거나 심지어 멍청해 보이는 낯선 행동과 부딪히게 되면, 가치판단은 잠시 미뤄두고 그러한 행동이 어디에서 출발했고, 어떤 의미를 갖는지 이해하려고 먼저 노력하라.

3. 선내 비공식 사회 조직

3.1 선원의 비공식 조직

선박은 직책에 따른 공식 조직과 별도로 출신 국가, 출신 지역, 출신 언어, 직급, 세대, 종교, 학연, 지연 등 개인적 친분에 따라 다양한 비공식 조직으로 구성된다. 이러한 비공식 조직은 겉으로 드러나지 않지만, 어느 사회나 조직에 존재하므로 이를 이용한 조직의 효율적 및 효과적 운영방안에 대하여 해사안전 관리자 및 인적자원 관리자는 항상 인지하고 있어야 한다. 집단적 성향이 강한 성향을 가진 선원이나 상호 의존적 성향이 강한 선원들의 경우, 지나치게 비공식 조직에 의존하는 경향을 보일 수 있는 데, 이런 경우에는 다음과 같은 문제점이 나타날 수 있다.

- 관리자의 소외와 공식 권위의 약화
- 정보의 사전 누설
- 개인 불만이 집단으로 확산
- 공식 조직에 대한 적대감과 구성원들에게 심리적 불안감 조성
- 정실, 파벌 조성의 위험
- 비공식 조직의 이해관계에 따른 업무 진행 관행화

3.2 선내 비공식 조직의 허용

선박의 비공식 조직은 단순히 문제점만을 노출하는 것은 아니며, 비공식 조직은 선내 구성원들의 승선 생활에 있어 삶의 촉매제 및 스트레스 해소처의 역할을 할 수도 있다. 특히 비공식 조직은 다음과 같은 장점이 있다.

- 선박조직의 경직성을 완화하고 조직의 신축성 부여
- 조직의 소속감 및 심리적 안정감을 통해 선원의 업무와 생활에 기여
- 또래, 동향, 동문 등 유사 배경 구성원들의 만남을 통해 선상 업무 스트레스 해소
- 비공식 조직의 응집력과 조직별 리더를 활용하여 선내 조직문화 개선 가능
- 직급별 · 부서별 공식 리더의 능력을 보완

- 비공식 조직별 행동 기준 확립 가능
- 인원이 충분하지 않은 선박의 경우, 중요한 조직 관리 수단

3.3 선상 문화간 관계 개선 행동

다언어 · 다국적 · 다문화 조직을 넘어 선내 세대 · 출신 지역 · 출신 학교 등의 하위문화로 구성된 것이 현재 선박조직의 중요한 특징이다. 이러한 특징을 가진 선박에서 공식 · 비공식적 업무와 생활을 효과적으로 영위해나가기 위해서는 서로 다른 배경과 코드를 가진 선원 간의 관계 개선을 위해 개별 선박 구성원들이 끊임없이 노력해야 한다. 이렇듯 다양한 공식 · 비공식적 업무와 생활에 있어 효과적인 의사소통을 위해 필요한 마음가짐에 관해 정리해 본다.

선내 바람직한 인간관계를 형성하고, 개인 간, 공식 · 비공식 집단 간에 존재할 수 있는 오해와 갈등을 최소화하기 위해서는 다음과 같은 마음가짐과 자세가 필요하다.

1) 모호함에 대한 내성 및 포용력(Ambiguity Tolerance)

'모호함에 대한 포용력'이란 특정 정보의 부족이나 애매함, 또는 어떤 행동의 모호함에 대해 중립적이고 열린 자세로 받아들이는 마음가짐이다. 이는 개인의 자아발전과 인성교육에 있어 매우 중요한 요소이다. 다양한 배경을 가진 선내 구성원 간의 관계에 있어 모호함에 대한 포용력 수준은 개인의 업무 창의성, 선내 위험에 대한 방어력, 선상 업무의 스트레스에 대한 심리적 탄력성, 행복한 선상생활을 위한 라이프 스타일, 선내 다양성에 대한 자세, 리더십 스타일과 밀접하게 연계된다.

2) 감정이입/엠퍼시 역량(Empathy)

'엠퍼시' 역량은 선내 다른 구성원이나 다른 배경의 사람이 경험한 슬픔이나 행복과 같은 감정을 인지하고 어느 정도 공유할 수 있는 능력을 말한다. 다시 말해, 다른 사람의 감정과 요구를 이해할 수 있는 능력이다. 깊은 연민, 즉 동정을 느끼기 위해서는 어느 정도의 공감이 이루어져야 한다. 아울러 소통의 과정에서 상대방의 상황을 정확하게 파악하여 이해할 수 있는 역량은 소통의 필수 전제조건이다.

3) 긍정적인 마음가짐(Positive Attitude)

'태도'와 '마음가짐'은 특정 대상에 대해 개인이 가지는 싫음과 좋음의 정도를 나타낸다. 태도와 마음가짐은 특정한 사람, 장소, 사물, 사건 등에 대한 긍정적이거나 부정적인 태도다. 사람들은 때에 따라서는 특정 집단출신(예, 특정 대학 출신, 특정 국가 출신 등)의 선원에 대해 모호한 태도를 보일 수 있다. 이는 긍정/부정이라는 두 가지 입장이 동시에 마음속에 존재하고 있기 때문이기도 하며, 때로는 이중적인 태도를 통해 이익을 챙기려는 사람의 심리가 그 원인이 되기도 한다. 일반적으로 우리가 갖는 특정 집단에 대한 태도는 주변 환경으로부터 직접 경험하거나 관찰하여 학습한 결과물이다. 선내 관계 형성과 관련하여 특정 집단 구성원에 대한 긍정적인 마음가짐을 갖도록 노력하는 것이 중요하다.

4) 문화상대주의(Cultural Relativism)적 관점

'문화상대주의'는 절대적인 진리는 있을 수 없으며, 어떤 관점도 그 나름대로 옳다고 주장하는 견해다. 또한, 각 집단의 문화 형성과 생성 배경을 상대적으로 바라보는 태도이다. 서로 다른 환경과 조건에서 자라고 살아온 개인들은 저마다 각자에게 익숙한 문화적 성향과 코드로 말하고 행동하고 사고할 수밖에 없다. 따라서 특정한 성향이 더 우월하고 낫다는 인식은 선내 관계 형성에 아무런 도움이 되지 않는다. 문화상대주의적 관점에서는 어느 집단의 문화적 가치나 성향이 다른 집단의 문화적 가치나 성향보다 우월하다는 '문화 절대주의' 또는 '보편주의'를 거부한다. 모든 집단의 문화적 성향과 개인의 가치관은 고유한 환경에 대응하면서 얻게 되는 한 사회의 경험 지식의 총체이며, 그 나름의 존재 이유와 가치를 가지고 있다. 이렇듯 문화상대주의는 어떤 특정 문화의 우월성이 아닌 여러 지역, 국가, 하위 집단의 문화 다양성을 인정하자는 의미로서, 한 문화는 그 문화가 처한 환경이나 역사 사회적 맥락 속에서 이해해야 한다는 것이다.

5) 관조적 시각(Bird's-eye View)

'관조적 시각'이란 특정한 사람, 대상, 사건에 대해 제3자의 관점에서 해석하고 판단하려는 노력을 통해 해당 사안의 문제를 치우침 없이 추진하는 자세와 관련이 있다. 즉, 새가 하늘을 날며 세상의 다양한 광경을 조망하듯이, 선내에서 발생하는 다양한 일, 부딪히게 되는 상황이나 매일 만나는 사람 사이의 문제를 그 상황 속에 존재하는 구성원의 관점에 아니라 그 상황을 넘어 벗어나 있는 초월적 존재의 관점에서 바라보는 시도인 것이다.

4. 인간의 실수와 상황인식

인간은 자신의 한계나 문제를 부정하는 경향이 있으며, 선원 또는 해사분야 전문인력으로서 실수를 없애야 한다는 강박관념에 사로잡히기 쉽다. 특히 항해사나 기관사와 같은 전문가 집단은 이에 대한 사회적 인식 때문에 자신이 완벽하다고 믿는 경향이 있어서 실수나 사고유발 시 수치심을 느끼게 될 가능성이 크다.

인간이란 존재는 절대적 합리성과 무한한 의지력을 지니고 행동하고 사고하는 것이 아니라 지극히 제한된 합리성과 선택적 인지능력을 가진 존재이다. 따라서 선내 업무와 생활 상황 속에서 인간의 실수로 인한 사고는 언제든지 발생할 수 있다. 하지만 이러한 인간의 유한성과 한계에 대한 명확한 성찰을 통해, 지속적으로 이러한 인간의 한계를 실수나 사고로 연결하게 하지 않으려는 노력과 깨어있음이 중요하다. 따라서 '마음 챙김(Mindfulness)'의 자세는 모든 선내 구성원들이 갖추어야 할 중요한 요소이다.

4.1 즉발적 실수와 잠재여건

국제해사기구(IMO)는 인간의 실수를 '개인 또는 집단에서 수용할 수 있거나 기대되는 실행에서 이탈하여 수용할 수 없거나 기대되지 않은 결과를 가져오는 것'으로 정의하고 있으며, 인간의 행동에는 시스템 또는 인간의 한계에 부정적인 영향을 미치는 잠재적 요소를 내포하고 있으므로 실수를 범한다고 설명한다.

거기에 인적요인, 승무원의 실수, 정비 불량, 의사소통의 문제 등 사람 때문에 생긴 해양사고까지 합친다면 인간의 실수는 해양사고의 주요 원인 중의 하나라고 할 수 있다. 물론 오늘날 선박에는 안전 운항을 도모하기 위한 여러 다양한 자동화 장비와 설비들이 탑재되어 있다. 그러나 아무리 주의를 기울여도 '인간이기에' 실수할 수밖에 없는 요인이 작용한다.

사람은 복잡한 일을 할 때 시간적 압박이 있거나 무언가에 대해 이미 충분히 잘 인지하고 있다는 안이함으로 인해 오히려 잘못한 인식과 결정을 내리게 된다. 또한, 상급관리자의 신념에 복종하는, 또 복종해야 하는 선박조직의 특수한 위계적 조직문화 때문에 정확한 판단이 필요할 때 의사결정과 판단에 문제가 발생하기도 한다.

1) 가시적 실수와 잠재적 실수

해상사고 및 선내 사고는 천재지변 혹은 어쩔 수 없는 사고가 아닌 한 단 하나의 직접적인 원인만으로 발생하는 경우는 지극히 드물다. 이를 뒷받침하는 이론으로는 제임스 리즌(J. Reason)의 '스위스 치즈(Swiss cheese)' 모형이나 '도미노 모형'이 있는데, 이들 이론에서는 여러 개의 인과관계가 결국엔 사고로 이어진다는 점을 설명하고 있다. 즉, 해상사고와 선내 사고가 발생하는 데는 여러 가지 원인이 있고, 그 배후에는 복합적인 요인들이 사슬을 이루며 잠재하고 있다가 마지막 단계에서 어떤 계기를 통해 사고로 이어지는 것이 일반적인 패턴이다.

해양사고의 경우 인과관계의 사슬을 이루고 있는 요인들을 살펴보면, 사고 직전 단계에서 이루어진 현장의 실수(이를 '즉발적 실수 Active failure'라고 칭함)와 그 이전에 누적되어 온 다양한 오류의 폐단, 허점들이 집적된 상태로 잠재된 과오(이를 '잠재적 실수 Latent failure'라고 칭함)로 구분할 수 있다. 여기에서 '사전 여건 또는 잠재 여건(Latent condition)'이란 실수나 과실에 의해 사고가 일어나기 전 이미 잠재하고 있는 사고를 일으킬 수 있는 여건들을 말한다.

〈그림 1-I-7〉 잠재적 실수 - 사전 여건 - 가시적 실수

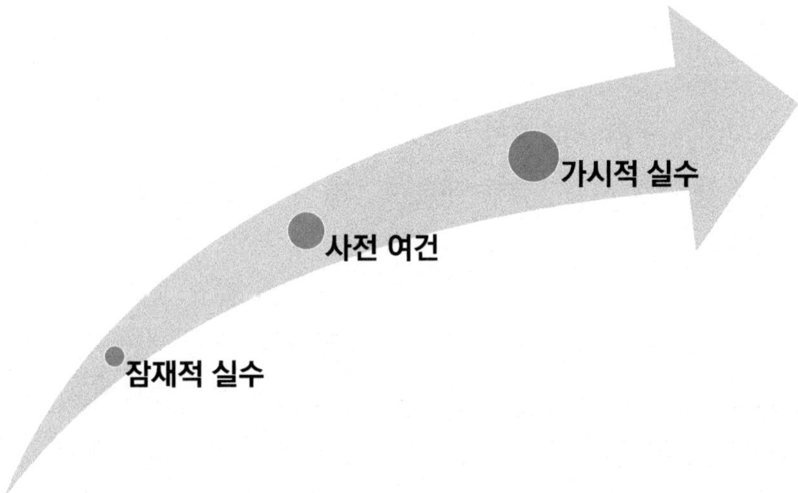

'즉발적 실수'는 사고 발생 직전에 범하게 되는 것으로 주로 승무원에 의한 절차, 규제와 항법 위반 및 상황인식 저하로 인한 판단 실수 등이고, 잠재적 잘못은 누적된 폐단 혹은 적폐에 해당한다고 할 수 있다. 그러한 적폐의 직·간접적 영향으로 마지막 단계에서 범한 승무원의 실수가 방아쇠 역할을 하며 사고로 연계된다는 것이다.

‘지푸라기 하나가 낙타 등을 부러뜨린다.’라는 말이 있다. 이 말은 아무리 사소한 것일지라도 일정 한도를 넘어서게 되면 예상을 뛰어넘는 결과를 가져올 수 있다는 것이다. 지푸라기 한 개를 더 얹는다고 낙타의 등에 위험이 발생할 가능성은 분명 없겠지만, 무리해서 등에 계속 무언가를 올려놓는다면 이 과정에서 낙타의 등을 부러뜨릴 수 있다는 교훈이다. 이미 얹혀 있는 잠재적 적폐의 무게가 낙타가 견디기 어려운 한계치에 도달하였다면, 이 순간 얹히는 아주 조그마한 지푸라기라도 낙타의 등뼈를 부러뜨릴 수 있다는 의미이다. 해상사고 및 선내 사고를 유발할 수 있는 적폐는 그 자체가 사고의 원인이 될 뿐만 아니라 선내 구성원의 실수를 유발하는 근원이 된다는 점에서 더욱 경계해야 할 대상이다.

2) 인적오류(Human error)

‘인적오류’는 산업심리학 및 조직심리학, 산업 안전 및 재해와 관련하여 사용되는 용어로, 특정한 목적을 달성하기 위한 일련의 수행 과정이나 목표를 수립하는 과정에서 일어나는 오류를 의미한다. 인적오류는 자극을 받아들이는 인간의 감각기에서의 오류나 정보전달 과정에서의 오류, 의사결정 단계에서의 오류, 외부 요인에 의한 주의분산 등 다양한 원인에 의해 발생한다. 이는 달성하고자 했던 결과를 성취하지 못하도록 하며, 개인, 가정, 직장, 조직 등 다양한 수준에서 일어날 수 있다. 불완전한 존재인 인간은 오류나 실수를 피할 수는 없으며, 이를 없애기 위한 다양한 노력이나 장치에도 불구하고 오류와 실수는 일어난다. 특히 인적오류는 실행단계, 계획수립 단계 모두에서 일어날 수 있다. 계획은 잘 수립되었지만, 실행단계에서 원하는 행동이나 수행을 하지 못하면 오류는 발생한다.

‘기술 기반의 오류’는 과업으로부터 주의가 분산되기 쉬운 매우 일상적인 활동에서 발생하기 쉽다. 주의분산은 내적인 사고과정에 의한 것일 수도 있고, 외부적 요인에 의한 것일 수도 있다. 이런 오류는 대개 작업자가 충분한 기술과 수행능력 및 경험이 있는 상태에서 발생하며, 이전에 같은 작업을 수행하면서 많은 성공을 경험한 경우에는 자만하거나 일상적인 주의력에 기반한 나머지 더 많은 오류를 유발할 수 있다. 따라서 매우 숙련된 사람조차도 이런 종류의 오류에 취약할 수 있다. ‘기억력 부족에 의한 오류’는 계획수립과 실행단계 사이에 일어나는데, 수행할 사항에 대해서 머릿속에 저장하는 과정에서 계획과 수행 사이의 시간 간격이 크거나, 무엇을 해야 하는지 잊어버리는 것, 심지어는 계획의 전반적인 내용을 모두 잊어버리는 현상까지 나타날 수 있다. ‘동작에서의 실수’는 의도하지 않은 행동을 하는 것으로, 특정 단계를 건너뛰거나 다시 하는 것, 잘못된 대상에 맞는 동작을 수행하는 것, 또는 맞는 대상에 잘못된 동작을 수행하는 것 등이 존재할 수 있다.

'실수(mistake)'는 경험이나 지식의 부족으로 인해 잘못된 계획을 세우는 행위이다. 이런 종류의 오류는 업무역량 강화, 철저한 관리 감독, 팀원들이 서로 관찰하고 도전하는 팀 분위기 마련 등에 의해 최소화될 수 있다. 실수의 하위항목인 '규칙 기반의 오류'는 다시 좋은 규칙의 잘못된 적용, 나쁜 규칙의 적용, 좋은 규칙을 적용하지 못하는 데서 비롯되는 오류로 나눌 수 있다. 좋은 규칙을 적용하지 못하는 것은 '위반(violation)'으로도 알려져 있으며, 일상적인 것, 상황적인 것, 예외적인 것으로 다시 나눌 수 있다. 실수의 또 다른 하위항목인 '지식 기반의 오류'는 잘못된 '실수와 시도(trial and error)'에서 기인한다. 이 경우에는 과업수행에 대한 부족한 지식으로 인해 과업을 수행하기에는 부적절한 방법을 해결책으로 적용하도록 한다.

4.2 실수 고리(Error chain)

사고 또는 과실은 일련의 실수들이 연속되면서 일어나며, 이런 연속되는 실수들을 '실수 고리(Error Chain)'라고 부른다. 이런 실수 고리의 연결을 끊음으로써, 사고나 과실을 방지할 수 있다.

해상에서의 인간실수 혹은 인적과실이란 의도한 목적을 이루기 위해 계획한 행위들이 실패하여 의도하지 않은 결과를 일으켰다는 것을 의미한다. 영국의 심리학자 제임스 리즌(James Reason)은 옌스 라스무센(Jens Rasmussen)의 3단계 사다리모형과 도널드 노먼(Donald A. Norman)의 행동 스키마를 통합하여 'GEMS(Generic Error Modelling System) 모델'을 만들었다. 리즌의 GEMS 모델은 인간의 '안전하지 못한 행동(unsafe acts)'의 원인을 크게 '의도되지 않은 행동(unintended actions)'과 '의도된 행동(intended actions)'으로 구분한다. 여기서 가장 최악의 것은 의도된 고의적 행동이다. 고의적 행동이 위험한 이유는 자신의 행동이 틀렸다는 것을 알지 못하기 때문에 중간에 수정할 수 없으며, 큰 사고가 발생하고 나서야 비로소 알아차린다는 점이다. 고의적 행동은 자신이 틀렸다는 것을 모르고 행하는 '실수(Mistake)'가 있고 알면서도 행하는 '위반(Violation)'이 있는데, 위반은 다시 일상적 위반, 상황적 위반, 예외적 위반으로 나뉜다. 의도되지 않은 비고의적 행동은 숙련기반 행동에서 주로 일어나는 것으로 계획 자체는 적절한데 행동과정에서 주의를 제대로 기울이지 못해 발생하는 단순한 실수인 '슬립(Slips)'과 기억의 문제로 생기는 실수인 '랩스(Lapses)'로 구분된다.

〈그림 1-I-8〉 Jens Rasmussen(1983) 모델 기반 인간실수 분류

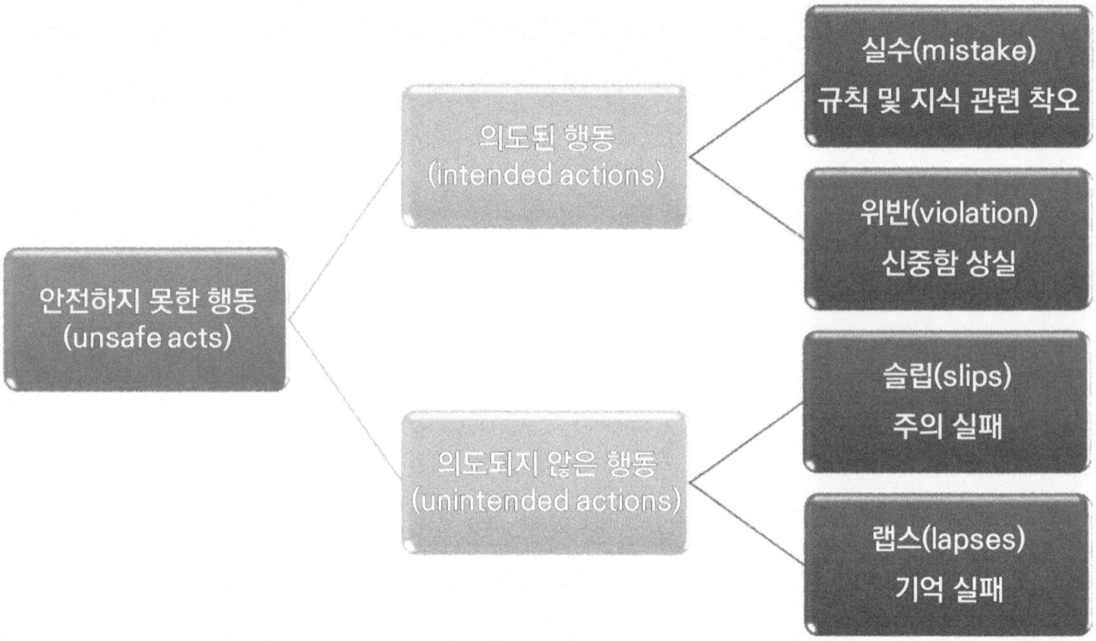

한편, 공식 안전성 평가(Formal Safety Assessment, FSA) 지침서에 따르면, 선박에서의 인적오류는 선원의 능력이 직무를 성공적으로 끝마칠 수 있는 데 필요한 수준 아래로 떨어질 때 발생한다고 보며, 이는 직무수행자의 능력 부재 때문이라기보다는 불리한 상황들에 의하여 직무수행자의 능력이 방해를 받았기 때문이라고 정의하고 있다(IMO, 2007). 이러한 의견을 뒷받침하는 이론이 바로 SHELL 모델, 스위스 치즈 모델, 도미노 모델 등이다.

1) SHELL 모델

SHELL 모델은 미국의 항공심리학자인 엘윈 에드워드(Elwyn Edwards)의 SHELL 모델에 또 다른 작업자(L)와의 관계를 추가함으로써, 프랭크 호킨스(Frank Hawkins)에 의해 개선된 모델로 작업자인 인간(L)과 기계, 장비 등 하드웨어(H)와의 관계, 운용상의 규정 및 절차 등을 나타내는 소프트웨어(S)와의 관계, 환경(E)과의 관계 그리고 또 다른 작업자인 인간(L)과의 상호관계를 도식적으로 설명하고 있다.

〈그림 1-I-9〉 SHELL 모델

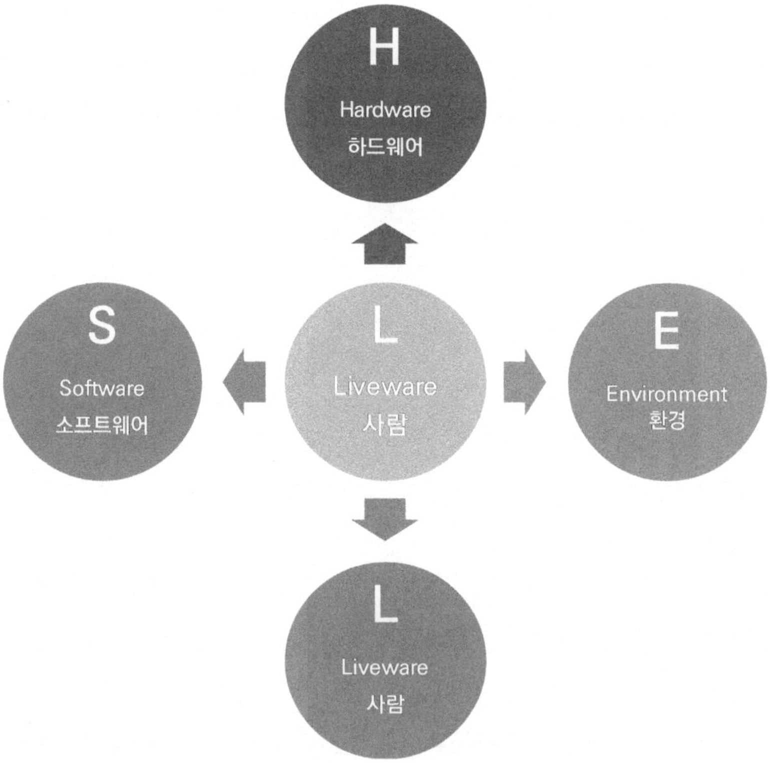

2) 스위스 치즈 모델

'스위스 치즈 모델'은 인적과실 연구의 대가인 제임스 리즌(James Reason)이 사고 발생 과정을 가운데 작은 구멍들이 뚫린 스위스(Swiss) 치즈들을 가지고 설명한 것으로, 보통 사고는 연속된 일련의 인적과실에 의해 발생하는 것이 일반적이고, 사고 이전에 오래전부터 사고 발생과 관련한 전조가 있게 마련이라고 언급하고 있다. 치즈에 구멍이 뚫려 있어도 여러 장을 포개 놓으면 관통할 수는 없다. 그러나 구멍의 수가 많고 크면 치즈 전체 두께를 관통하는 틈이 생길 수밖에 없다. 따라서 치즈는 안전장치이며, 구멍은 그 장치의 결함을 비유적으로 나타낸다. 조직 내 작업 안전시스템은 구멍 난 치즈처럼 불완전할 수 있다. 각 작업의 단계(치즈)마다 잘못된 조치(구멍)가 연속되게 되면 사고가 발생하지만, 이 중 하나의 안전장치만 제대로 작동해도 사고를 방지할 수 있다. 따라서 이 모델에서는 사고방지를 위해 인적과실 방지를 가장 우선시하는데, 인적과실 방지를 위해서는 안전장치와 에러(Error) 방지 체계들의 결함을 최소화해야 한다고 주장한다.

〈그림 1-I-10〉 스위스 치즈 모델

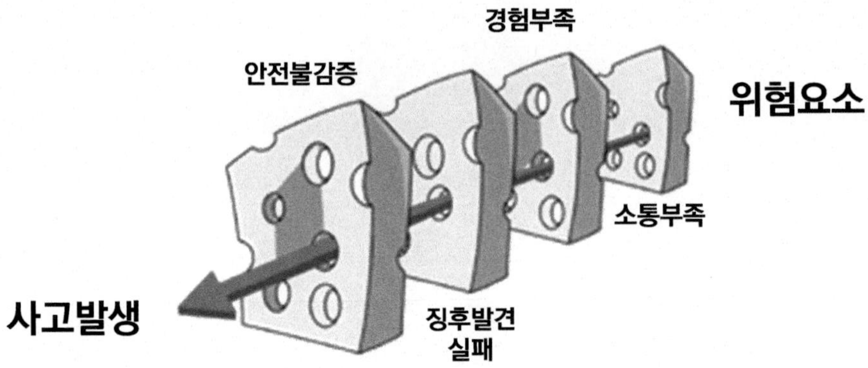

3) 도미노 모델

'도미노(Domino) 모델'은 '하인리히 법칙(Heinrich's Law)'으로 잘 알려진 이론으로, 재해가 발생하는 과정이 도미노의 연쇄적 붕괴 과정과 비슷하다고 보고 이를 재해 발생 모델로 정립한 것으로, 재해라는 것은 일련의 시간 축 상의 여러 사건의 연속적 작용으로 나타나는 것이다. 이러한 연속적 작용 중, 가정환경과 사회 환경의 결합은 재해 발생의 최초 원인이다. 이러한 원인이 개인결함으로 연결되고, 이것에 의해 인간의 불안전한 행동이나 불안정한 상태가 나타날 때 사고가 발생하게 되고, 이러한 사고는 후속적인 재해로 연결될 수 있다.

〈그림 1-I-11〉 도미노 모델

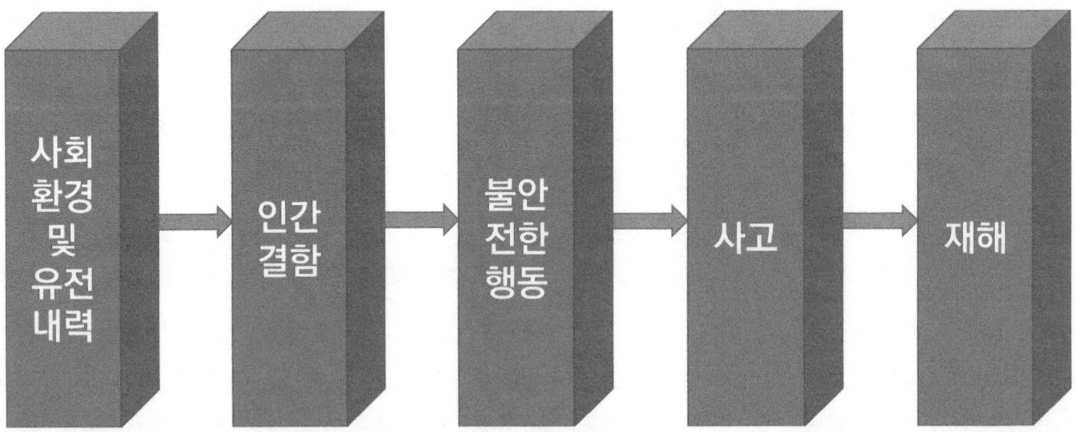

4.3 상황인식

'상황인식'이란 일이 진행되고 있는 과정이나 형편의 '상황(Situation)'과 사물을 분별하고 판단하여 알게 되는 '인식(Awareness)'을 의미하는 두 단어의 합성어로, 시간이나 공간과 관련된 환경적인 요소와 사건요소를 인식하고, 이들의 의미를 제대로 파악하여 앞으로 일어나게 될 일에 투영하는 행위를 말한다. 상황인식은 선박 운항, 항공 운항, 법 집행 등과 같이 인명과 재산 보호와 관련된 다양한 상황에서 성공적인 의사결정을 위한 중요한 요소이다. 상황인식의 요인은 크게 '개인적 요인'과 '환경적 요인'으로 나눌 수 있다. 개인적 요인에는 주의력, 기억력, 작업장의 자동화 정도, 목표인지 등이 포함되며, 환경적인 요인은 물리적인 스트레스(소음, 진동, 더위, 추위, 피로, 지루함 등)와 사회・심리적 스트레스(불안, 두려움, 근심, 불확실성, 상황의 중요도, 자존감, 시간 압박, 승진기회 등)가 있다.

선박 운항 중 승무원들은 다양한 정보를 감지하고 지각하며 습득된 정보를 작업 기억과 장기기억에 저장하고 필요할 때 찾아가기도 한다. 한편, 상황판단을 하고, 어떤 행동을 하기 위해 의사결정을 하며, 결정된 사안을 행동으로 옮긴다. 이러한 일련의 정보처리 및 인지 과정은 원활한 선박 운항을 위해서 필수적인 정신 활동이다. 이러한 인지 과정에 문제가 생길 때 승무원들은 실수를 범하게 되고, 이는 사고로 연결되기도 한다. 여기서는 선박 운항과 관련된 인적요인에 관해서 설명하면서, 특히 상황인식과 인지 과정 시뮬레이션에 관해 기술한다.

1) 상황인식(SA: Situational Awareness)

상황인식 능력은 임무를 수행하고 있는 팀에서, 주위 또는 팀 내부에서 어떤 일이 일어나고 있는지를 파악할 수 있는 단서들을 식별하고, 처리하며, 이해할 수 있는 능력이다. 즉, 본선을 포함한 타 선박, 선박의 주변 환경 속에서 어떤 일이 일어나고 있는지를 인식하는 것을 말한다. 다시 말해, 상황인식은 '특정 시간과 특정 공간에서 환경 요소들을 지각하고 이를 바탕으로 현 상황을 이해하며, 또한 미래 상황을 예측하는 것이라고 정의할 수 있다. 미 공군의 전 수석 과학자이자 인간-기계 상호작용 전문가인 미카 엔즐리(Mica R. Endsley)는 '상황인식'을 '주변 환경요소 인식, 현재 상황 이해, 그리고 미래 상태 예측 Perception of the elements in the environment, comprehension of the current situation, and projection of future status'으로 정의하였다.[3]

---

3) Endsley, Mica R. (1995), "*Toward a theory of situation awareness in dynamic systems,*" in Human Factors, 37(1), pp.32-64.

주변 환경에서 무슨 일이 벌어지고 있는가를 알아차리는 인지 행위(Figuring out what's going on)로 특히 항해 시 상황지각은 아래와 같이 설명할 수 있다.

- 항해를 위한 환경적인 요소 및 조건들의 변화와 자신의 선박 및 주위 선박들의 변화에 대해 지속적으로 주의를 기울여 지각하고, 역동적으로 변화하는 상황들 간의 관계를 이해하여 항해 여건이 미래에 어떻게 변화할 것인지를 예측한다.

- 선박의 승무원은 선박 운항과 관련하여 현재 진행되고 있는 상황을 인식하고, 현재 상황이 어떻게 진행되어야 하는지를 알려주는 기준(목표 상황)과 현 상황의 차이를 이해하여야 하고, 필요한 행동을 취해야 한다.

가) SA 수준 1(지각: Perception)

- 상황인식의 첫 번째 단계는 직무와 관련된 요소들의 상태, 특성 등 중요한 요소를 인지하는 수준이며, 정보에 대한 추가적인 처리는 일어나지 않는다. 이 수준은 환경으로부터 관련된 요소들의 상태, 속성 및 동적인 변화 등을 식별하는 단계이다. 즉, 상황인식의 가장 기초가 되며, 다수의 상황 요소(물체, 사건, 사람, 시스템 그리고 환경 요소 등)를 인식하며, 그것들의 상태(위치, 상황 조건, 모드, 행동)에 대한 인식을 위해 모니터링, 단서 검출, 간단한 재인(再認)의 과정이다. 즉, 잘못된 인식을 새롭게 고쳐 제대로 인식하는 과정이다.
- 경험 많은 항해사/기관사들은 이 수준의 인식단계에서 정보를 어디서 어떻게 찾아야 하는지, 어디를 더 면밀히 보아야 하는지를 알고 있다.
- SA 1단계를 제대로 수행하기 위해서는 주의 자원을 적절하게 배분하는 전략이 필요하다.

나) SA 수준 2(이해: Comprehension)

- 상황인식의 두 번째 단계는 1단계에서 인지된 정보를 해석하는 단계이며, 운영목적에 맞게 정보를 해석하는 수준이다. 즉, 자신이 가지고 있는 목표들의 관점에서 이러한 단서들을 이해하고 단편적으로 모은 정보들을 통합하여 자신의 목표들과 연관된 의미를 추출하는 단계이다. 나아가 식별된 통합되지 않은 요소들을 패턴인식, 해석 또는 평가과정을 통해 통합하는 단계이다.

- SA 1에서 습득된 정보들이 개인의 목적이나 목표에 어떤 영향을 주는지 이해하려고 이들 정보를 통합한다.

• 복잡한 선박 운항 환경에서 필요한 것은 알맞은 정보와 함께 작업자가 가진 정보를 이해할 수 있는 알맞은 방법이다.

• 필요한 정보가 없거나 부족하면 확신을 하지 못하고, 또한 필요한 정보가 있어도 그것을 신뢰할 수 있을지 알지 못하면 불확실하다.

• 입수된 여러 정보 사이에서 다른 정보와 상충하는 경우 확신할 수 없다. 이러한 확신할 수 없는 정보들의 정확한 의미를 알지 못하면 의사결정을 할 수 없게 된다.

다) SA 수준 3(예측: Projection)

• 상황인식의 세 번째 단계는 시스템과 요소에 대한 미래의 상황을 예측하는 단계로 단계 1과 단계 2에서 습득한 정보와 작업자의 경험 및 지식을 활용하여 미래 상황을 예측하는 수준이다. 즉, 이 단계는 SA의 최종 단계로 환경 요소들이 미래에 어떻게 행동할까를 예측하는 단계이다. 이 단계는 단계 1과 단계 2를 통해 현 상태의 동적인 변화나 현 상태에 대한 관련 지식이 형성되어 있어야 수행이 가능한 단계이다. 이러한 지식을 활용하여 현 환경의 미래 상태를 예측한다.

〈그림 1-I-12〉 Endsley의 상황인식 모델

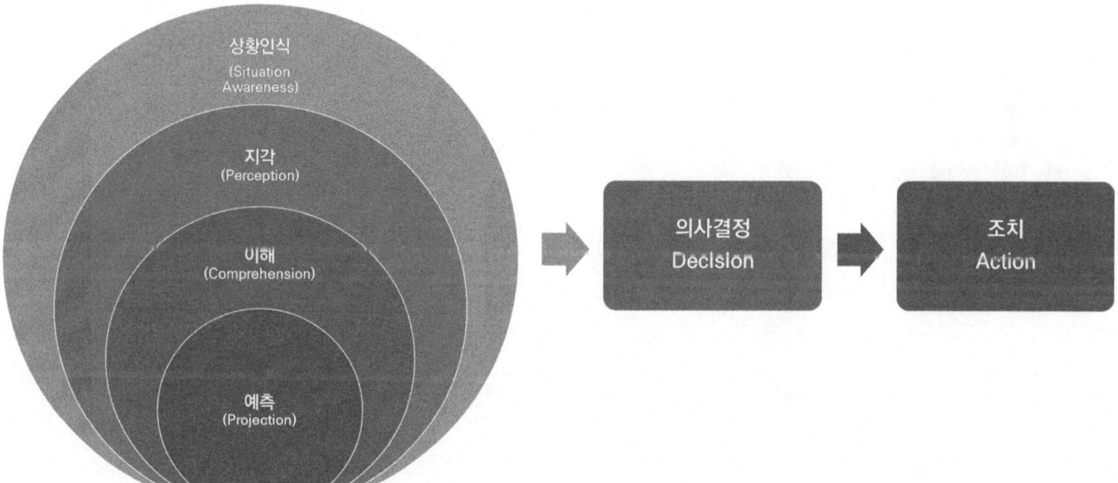

2) 상황인식의 결여를 나타내는 사례들

가) 모호함(Ambiguity), 불일치(Discrepancies)

- GPS와 Radar fix 위치가 서로 일치하지 않음
- 해도의 수심과 측심기가 일치하지 않음
- 탱크 High level alarm이 울리나 게이지는 Level 이하임
- 냉동 컨테이너의 Supply air와 Return air의 온도 차가 너무 큼

나) 산만(Distraction)

- 도선사가 도선 중 VHF 음량이 지나치게 커 업무에 집중도가 떨어짐
- 항해 계기를 보는 시간이 지나치게 많음
- 업무의 우선순위 배정을 하지 않고 산만하게 이것저것 시도함

다) 양호하지 않은 신체 상태 및 혼란, 불안(Unfit for duty, confusion)

- 몸이 아프거나, 극심한 피로를 느끼나 이를 표현하지 못함
- 밀집된 어선군을 발견하였을 때 마음이 불안함

라) 소통 붕괴(Communication breakdown)

- 지나친 주변 소음으로 인한 의사소통 불가
- 표준 용어 미사용
- 전달해야 할 정보를 상대방도 인지하고 있다는 데에서 오는 의사소통의 미시도

마) 부적절한 조선과 경계(Improper ship-handling or look out)

- 위험 확인 시도를 하지 않음
- 적절히 경계하지 않음
- 윙브릿지(Wing bridge)에서 마스트(Fore Mast)를 보고 조선함
- 항해의 위험(Danger of collision)에 대한 위험도 평가를 하지 않음

바) **계획된 목표가 지켜지지 않음**(Non compliance with plan, failure to meet planned targets)

• 항해나 기관 동작 중 설정된 목표, 즉 선속, RPM, 변침점(Way point), 측심값 등이 계획대로 충족을 못 시키는 경우

사) **잘못된 절차 사용**(Use of improper procedure)

• 선박에서 시행되어야 할 업무 진행 과정들이 잘못된 절차(방법)를 사용할 경우

3) 상황인식의 필요성

인적요인이 사고의 원인으로 관련되었다고 분류된 항공기 관련 사고의 88%가 상황인식 실패에 기인한 것으로 알려져 있다(Endsley 1995 참조). 상황인식이 중요한 이유는 정신적 작업부하나 스트레스가 높은 상태에서는 사람들이 상황인식을 상실하는 경향을 보이고, 이것이 사고의 원인이 되기 때문이다. 특히 주위 상황에 익숙해지면 상황인식에 소홀하기 쉬운데, 예를 들어 자동차 운전자들은 익숙한 도로에서 교통법규를 더 많이 위반하고, 사고율도 높으며, 입출항이 잦은 급유선, 폐기물 운반선, 내항 예부선의 사고율이 높은 이유를 들 수 있다.

4.4 준사고(Near Miss)

1) 준사고(Near Miss)

준사고(Near miss)는 항공용어에서 파생되어 산업현장에서 작업자의 부주의나 현장 설비 결함 등으로 인해 사고가 일어날 뻔했으나, 직접적인 사고로는 이어지지 않은 상황을 가리킨다. 흔히 대형 산업재해의 전조 증상으로 인식된다. 이는 반복적으로 발생하는 경미한 사건과 위험한 상태를 제거함으로써 사고를 예방할 수 있다는 '하인리히 이론'에 기초하고 있다. 이러한 안전관리 이론은 생산성 향상과 품질관리론과 결합하여 ISO 9000 시리즈의 일부로 포함되었고, 다양한 안전관리 형태로 발전해 가고 있다.

이에 해운 분야에는 1990년대 초 품질경영의 흐름에 발맞춰서 준사고 개념이 도입되었고, ISM 코드의 본격 시행을 계기로 이의 필요성에 대한 인식이 정착되어 가고 있다. 국제해

사기구에서도 준사고 관리를 통한 사고방지의 중요성에 주목하고 IMO 해양사고 조사 코드를 통해 교훈 사항이 있는 준사고에 대한 조사를 권고하고 있다.

예를 들어 갑판장이 갑판 위를 걸어가다 바닥에 떨어진 해치 커버 유압유에 미끄러졌지만 크게 다치지는 않았다. 갑판장이 미끄러진 이 준사고의 원인은 불안전한 작업요인과 그것을 만든 시스템의 잘못이다. 갑판 상의 유압유가 준사고를 일으킨 불안전한 작업요인이라면 사전 정비 미비로 해치 커버(Hatch cover)에서 유압작동유가 유출되었다면 시스템이 잘못된 것이라고 할 수 있다.

2) 하인리히의 1:29:300 법칙(Heinrich's Law)

허버트 윌리엄 하인리히(Herbert William Heinrich)는 1920년대 미국의 한 보험회사에 근무하면서 7만 5천여 건의 산업재해 사고를 조사하게 되었는데, 이 과정에서 사고의 인과관계를 계량적으로 분석하게 되었다. 그의 분석결과에 따르면, 한 번의 대형사고가 발생하기 전에 29번의 가벼운 사고가 있었고, 더 전에는 부상을 일으키지 않은 300번의 가벼운 실수가 있었다는 사실이 드러났다. 여기서 밝혀진 수치를 기반으로 '1:29:300 법칙'이 만들어졌고, 이를 '하인리히 법칙(Heinrich's Law)'이라고 부른다. 1931년에 펴낸 그의 책 《산업재해 예방: 과학적 접근 Industrial Accident Prevention: A Scientific Approach》은 이후 산업재해예방 분야의 고전이 되었다. 하인리히 법칙은 단순히 산업현장에 국한되어 적용되는 것이 아니라 국가와 개인으로 확산하면서 많은 사람이 아는 법칙으로 자리 잡았다.

하인리히 법칙은 어떤 상황에서든 문제가 되는 현상이나 오류를 초기에 신속히 발견해 대처해야 한다는 것을 의미함과 동시에 초기에 신속히 대처하지 못하면 큰 문제로 번질 수 있다는 것을 경고한다. 이러한 하인리히 법칙을 정리하면, 1) 사소한 것이 큰 사고를 야기한다, 2) 작은 사고 하나는 거기에 그치지 않고 연쇄적인 사고로 이어진다는 것이다.

선상에서 발생할 수 있는 가벼운 사고들에 대해 철저히 대응하고, 앞서 발생한 수많은 준사고를 놓치지 않는 것이 선박의 안전관리 · 감독자의 책임이며 그것을 통해 실패나 사고가 발생하지 않을 수 있다.

예를 들어, 한 상품에서 치명적인 결함이 드러났다면, 총 29회의 고객 불만이 회사에 접수됐을 것이며, 고객이든 사원이든 300번 정도 '뭔가 이상하다'고 느꼈음이 분명한 만큼 그것을 인지하는 것이 중요하다. 다시 말해, 준사고는 최종적인 사고의 전 단계이기 때문에 이를 방지할 수 있다면 해양사고의 예방이 가능하다.

〈그림 1-I-13〉 Heinrich의 법칙

한편 스위스 취리히 공대 연구팀은 취리히 공항 이착륙 과정에서 발생한 사건 사고를 분석하여 1건의 치명적 사고(Fatal accidents)가 발생하기까지에는 10건의 사고(Accidents)와 30건의 준사고(Incidents)가 발생하며, 보고되지 않은 사건(Unreported occurrences)의 발생 건수는 최소한 수백 건에 달한다고 분석결과를 내놓기도 했다.[4] 물론 정확한 비율은 산업 분야 및 사고 상황의 특성에 따라 달라질 수 있을 것이다.

일반적으로 이와 같은 '보고되지 않은 사건들'은 그 자체만으로는 인명이나 재산상의 피해를 일으키지 않아 아무런 손해를 입히지 않기 때문에 알려지지 않는다. 이는 대부분의 일반 산업뿐만 아니라 상업용 항공기의 운항에서도 흔히 일어나고 그 법칙을 적용할 수 있다.

4) Reto Rieder and Sonja-Lara Bepperling(2011), *Heinrich Triangle for Ground Operation*, in Journal of System Safety, September-October, p23.

4.5 선박의 자동화와 선상 업무

자동화는 인간이 수행해야 하는 업무나 과제를 기계(4차 산업혁명 패러다임에서는 인공지능 AI 등)로 대체하는 것을 일컫는다. 선박의 자동화는 큰 장점과 편리함을 가져올 수 있겠으나, 자동화로 인해 뜻밖의 결과를 가져올 수도 있다. 통상적으로 자동화 장비가 당연히 그렇듯이 정상적으로 작동하게 되면, 인간은 필요 이상으로 장비를 맹신하게 되는 결과를 낳을 수 있다. 하지만 자동화된 장비가 오류를 일으키게 되면, 인적오류 보다 훨씬 더 수습이 어려운 치명적인 대형사고를 유발할 수도 있다. 물론 복사기 사용 시, 기계가 복사 방향을 잘못 인식하여 페이지가 뒤바뀐 복사물을 인쇄하는 것처럼 사소한 문제가 발생할 수도 있다. 하지만 선박사고나 자동화 장비의 오작동에 따른 해양사고의 결과는 상당히 치명적일 수 있다.

1) 자동화 설비와 안일함, 지루함

기술의 발달은 과거 사람이 하던 많은 일을 자동화 기기로 대체하게 되었다. 그리고 이러한 추세는 4차 산업혁명으로 대변되는 '디지털 전환'의 패러다임 속에서 더욱 가속화될 전망이다. 선박도 예외는 아니어서, 선교와 기관실에서 사람들이 직접 수행하던 경계와 감시, 기계 조종이 자동화되거나 원격화 되었다. 이런 환경에 정보를 기계적으로 받아들이는 것으로만 적응하게 되면 선교 팀원이나 기관실 팀원은 자동화기기를 과신하게 될 수 있다. 이는 곧 안일함으로 이어지고, 지루함에 빠지게 된다. 이는 직절한 경계업무 유지 실패, 나아가 자신의 책임을 잊어버리게 함으로써 선박을 안전하지 않은 상태로 이끌 수 있다.

항해사든 기관사든 자동화 장비에 지나치게 의존해 직면한 상황을 제대로 인식하지 못하는 것은 매우 위험할 수 있다. 즉, 자동화 장비가 제공하는 정보를 기계적으로만 받아들이면 항해사와 기관사의 상황인식은 당연히 떨어질 수밖에 없다.

2) 자동화 설비와 상황인식

항해 중 승무원들은 주요 항해 변수들 즉, 선박의 상태, 선박의 위치, 중요한 참조지점의 위치 등을 인지하는 것이 중요하다. 특히, 제한된 수로로 이동할 때나 육지에 접근할 때, 이런 변수들을 올바르게 인지하여야 한다. 그러나 지형적 · 공간적 · 시간적 상황인식 요인과 시스템 요인 및 기상조건과 같은 환경적 요인들이 높은 상황인식을 유지하는 데 영향을 미칠 수밖에 없다. 또 업무 과부하, 시스템의 복잡성, 자동화 정도, 선내 안전에 대한 인식 정도, 선박의 조직문화, 팀 구성원 및 승선원 사이의 원활한 의사소통 분위기 등도 상황인식에 지대한 영향을 미치는 요인이다.

오스트레일리아 퀸즈랜드 대학(University of Queensland) 연구팀은 상황인식 부족 문제에 초점을 맞춰서 실시한 대형 선박사고의 원인에 대한 연구조사에서 승무원의 상황인식 부족 또는 실패가 상선 운항 사고에 있어 어느 정도 결정적인 영향을 미치는지 밝혔다.[5] 조사결과에 따르면, 71%의 인적오류가 상황인식의 상실로부터 발생하였고, 선박에 자동화 장비의 도입에 따라 상황인식이 저하되는 현상이 빈번하게 발견되고 있다고 밝히고 있다. 비정상적인 운항 상황이나 시간적 압박을 받는 상황에서 특히 이러한 현상은 현저하게 나타났다.

4.6 안일함과 지루함 대처방안

'안일함(complacency)'은 자기만족에 빠져 매우 급한 문제 상황을 바로 알아차릴 수 없는 상태를 말한다. 이런 경우 쉽게 지루해지고 졸거나, 잠들게 된다. 이러한 안일함은 선박이 운항 중 주변 상황에 대해 안이하게 생각하여 위험이 없다고 생각하게 할 수 있는 인적과실의 주요한 원인 중 하나이다.

한국해양기술원 부설 선박해양플랜트 연구소와 한국교통대에서 지난 2011년 해양안전심판원 재결서의 44건(88척) 선박사고의 복합원인 103건에 대해 분석한 결과에 따르면, 선박사고의 복합원인 103건 중 관측오류는 58건은 시정이 양호한 맑은 날에 발생하였다. 또한, 변침 관련 문제는 20건 중 17건(85%), 의사소통 오류는 11건 중 7건(64%)이 각각 시계가 좋을 때 발생하였다. 이는 항해사들이 시계가 좋으면 경계를 소홀히 해 충돌 사고 발생의 충분한 시간 전에 상대 선박을 바로 볼 수 있을 것이란 과도한 자신감 및 안일함에서 발생한 경우라고 할 수 있다.

선박 기관실 또한 다양한 장비 및 모니터링 장비가 탑재되어 있으며 이러한 자동화 설비는 각 기기의 기능 이상이나 결함 발생 시 자동으로 알람(경보음)이 울리도록 설정할 수 있다. 최근 선박 자동화 설비는 각 장비가 서로 연결되어 가는 추세로 이상이 생긴 한 부분이 시스템 전체의 알람(경보음)을 울리도록 설정되어 있다. 그러나 기관사가 알람 또는 그 소

5) Michelle R. Grech, Tim Horberry and Andrew Smith(2002): *Human Error in Maritime Operations: Analyses of Accident Reports Using the Leximancer Tool,* in Proceedings of the Human Factors and Ergonomics Society Annual Meeting 46(19), pp.1718-1721.

리가 알려주는 정보를 제대로 인지하지 못하면, 해당 시점에 직면한 상황을 인식하지 못해 또 다른 위험을 초래하게 되는데 이를 항공분야 산업에서는 '자동화 충격(automation surprise)'라고 한다.[6] '자동화 충격'이라는 용어는 사터(Sarter)에 의해 처음 사용된 용어로 종전의 'Mode error'(각기 다른 다양한 장비들의 데이터를 적절히 모니터링 하는데 있어서의 실수)라는 용어 대신 '글라스 칵핏(Glass cockpit)'[7] 환경에서 사용자가 자동화 설비 속에서 디지털이나 시각 · 청각적 신호들을 적시에 인지하지 못했을 때 따라올 수 있는 인지 실패를 설명하는데 이 용어를 사용하였다.

오늘날 선박은 다양한 자동화 장비와 함께 각 기기의 상태 및 기능을 알려주는 여러 정보를 표시하여 주는 기능을 포함한 장비들로 배치되고 있다. 어떤 자동화된 기능이 불러올 수 있는 상황에 대해서 사용자가 충분히 인지하고 있는지, 그리고 그러한 기기의 여러 알람에 대해 충분히 적절한 시기에 상황에 맞게 대처하였는가는 매우 중요하다.

이러한 오류를 피하기 위해서는 선교와 기관실의 각종 장비의 기능이 설정된 목적에 따라 정확하게 계기판에 의해 표시되고 주기적으로 모든 장비의 테스트 버튼을 눌러 확인해봐야 한다. 또한, 많은 장비에서 신호로 울리는 알람 소리와도 친숙해질 필요가 있다.

〈그림 1-I-14〉 선교 및 기관실 자동화 장비

*출처: 한국해양대학교 실습선 한나라호

6) Nadine B. Sarter and David D. Woods(1997): *Automation surprises*, in Handbook of Human Factors and Ergonomics, John Wiley and Sons, pp.1926-1943.

7) 항공기 조종실은 종전에는 계기판이 어지러울 정도로 복잡하게 배치되어 있고 바늘이나 문자판이 수없이 늘어선 전형적인 아날로그 방식이었으나 지금은 대부분이 계기판이 불과 몇 개의 브라운관 디스플레이나 액정 디스플레이로 집약 표시되어 있고, 모든 것을 컴퓨터로 제어하는 디지털화 된 조종실로 탈바꿈해 있는데 이러한 조종실을 가리켜 '글라스 칵핏(glass cockpit)'이라고 부른다.

선교와 기관실에서 자동화 설비에 따른 안일함과 지루함을 벗어나는 방법으로는 개인적 차이는 있겠지만, 당직 중 선교팀과 기관팀에 근무하는 승무원은 아래의 사항에 대해 스스로 확인하고 점검하는 자세가 필요하다.

- 각종 장비의 기능이 설정된 목적에 따라 정확하게 작동하고 있는가?
- 각종 장비의 기능은 표시부에 적절히 표시되고 있는가?
- 주기적으로 각 표시부의 알람 테스트는 하였는가?
- 선교팀 혹은 기관팀의 구성원 간 정보의 공유는 충분히 이루어지고 있는가?
- 각종 기기 및 장비에 대해 과신하고 있지는 않은가? 주기적으로 확인하고 있는가?

5. 리더십과 팀워킹

리더십은 조직 내 업무 활동에 있어 성패를 좌우하는 중요한 요소이다. 역사학, 정치학, 인간 행동론 등 많은 학문 분야에서 리더십에 대해 논하고 있으며, 점점 더 많은 논의와 연구가 다른 주제보다 리더십에 초점을 맞추고 있다. 수많은 리더십 관련 이론들이 개인의 자질, 리더의 행동, 상호작용 유형, 역할 관계, 추종자의 인식, 추종자에 대한 영향력, 업무목표에 대한 영향력 그리고 조직문화에 대한 영향력에 초점을 맞추고 있다. 하지만 지금까지, 일반적으로 누구나 동의하는 리더십에 대한 정의는 존재하지 않는다. 효과적인 리더십은 사람들의 사고, 자세, 행동에 감흥을 주고 영향을 미칠 수 있는 능력을 포함한다. 다른 말로, 리더십은 한 사람이 특정 목적을 달성하기 위해 다른 사람에게 영향을 미치며, 보다 응집력 있고 일관된 방식으로 조직을 이끄는 과정으로 정의될 수 있다.

리더는 자신의 대의명분만을 대변하는 사람이 아니라 책임을 갖고 다른 사람들에게 동기를 유발할 수 있는 사람이다. 보스와 리더 사이에는 명확한 차이가 존재한다. 리더는 큰 목표를 품고 그 목표를 달성하기 위해 다른 사람들에게 동기부여를 하고 격려한다. 하지만 보스는 부하직원들을 감독하는 일만 한다. 권력은 리더에게는 자연스럽게 주어지는 것이지만, 권력 그 자체가 리더의 도구는 아님을 명심해야 한다.

리더십은 질이 아니라 개인의 행동이다. 리더는 긍정적인 자세(positive attitude)와 높은 자존감(self-esteem)을 보여야 한다. 리더는 자신감을 가지고 목표를 향해 나아가고, 결코 그 목표로 지나치게 밀어붙이기식으로 전진하지 않는다. 조직 안에서 개별 구성원들이 가진 최고의 잠재력을 스스로 인식할 수 있도록 조력하는 것이 바로 리더십의 본질이다.

5.1 리더와 리더십의 개념

1) 리더(Leader) 및 리더십

리더란 조직에 비전 제시와 공유를 토대로 구체적으로 목표를 수립하고 적극적으로 조직원에게 동기를 부여하며 실천을 통한 결과에 대한 최종적인 책임을 지는 임무를 행하는 자를 말한다. 리더십은 구성원들로 하여금 조직이나 그룹의 공동 목표를 달성하기 위해 개개인에게 필요한 행위를 하도록 영향력을 미치는 과정과 그러한 능력으로 정의된다.

가) 리더(리더십)의 역할 및 기능

○ 개혁자의 역할 : 조직의 비전과 사명의 설정 및 제시
○ 감독자의 역할 : 조직의 전략 방향의 선택, 과업 실행 계획, 과업 분배
○ 생산자의 역할 : 조직 목표 달성을 위한 구성원의 동기부여
○ 조언자의 역할 : 구성원들의 기술, 지식 및 업무수행 능력의 지도
○ 촉진자의 역할 : 조직의 창의적 변화와 진취적 업무 방향을 촉진
○ 감시자의 역할 : 조직의 업무 방향 및 구성원들의 과업실행 모니터링
○ 중개자의 역할 : 조직 내 갈등의 해소, 상호 신뢰, 팀워크 등 일체감 조성

리더십은 다른 사람의 활동을 지시하고 조정하며, 그들에게 팀으로 일하도록 자극을 주는 능력을 의미한다. 리더십은 구성원들의 열정과 능력을 공유한 비전과 목표 실현에 집중하게 하는 능력을 말하며 조직 구성원 상호 간의 차이 조정 해결하며 구성원들을 팀으로 행동하게 하는 능력을 일컫는다.

〈그림 1-I-15〉 리더십의 개념

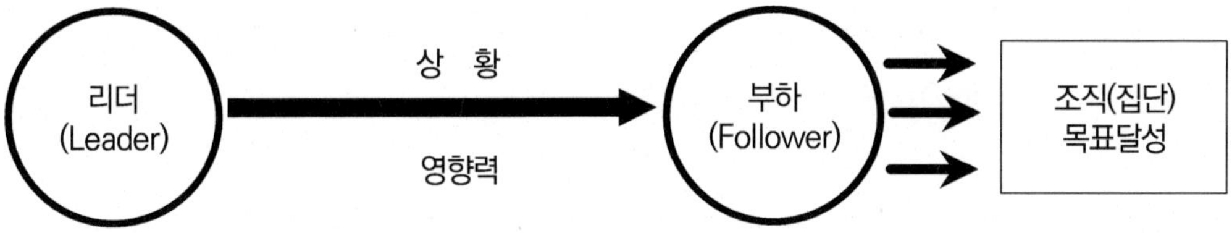

다시 말해 리더십은 효과적이고 책임을 지고 영향력을 사용하는 능력, 다른 상황 다른 시간에서 다른 동기를 가지고 일하는 각각의 구성원들을 이해하는 능력, 구성원들이 목표를 향해 실행할 수 있도록 고무시키는 능력 및 조직에서 긍정적인 태도로 일하는 분위기로 조성하는 능력을 말한다. 따라서 조직 내 리더는 이러한 태도와 자세로 조직 구성원들에게 조직의 목표를 제시하고 따를 수 있도록 노력해야 한다.

2) 관리와 리더십

가) 관리(Management)

관리(또는 경영)는 계획, 조직, 계산 및 조정 등의 활동을 통하여 조직의 질서와 일관성을 추구하는 행위이다. 따라서 관리자는 어떤 일을 효율적으로 처리하기 위해 책임과 권한을 행

사하여 구성원들을 통제하고 지휘하며 감독해야 한다. 특히, 21세기 글로벌 시대에는 유능한 관리자보다 훌륭한 리더를 더 선호하기도 한다.

여기에서 리더십과 관리의 차이는 리더십은 '옳은 일을 하는 것이다'이며, 관리란 '하는 일이 옳은 일이 되는 것이다'로 설명한다. 리더와 관리자의 주요 특성은 아래 표와 같다.

〈표 1-I-5〉 리더와 관리자의 특성

관리자의 특성	리더의 특성
책임수행	혁신주도
모방	창조, 발명
유지	개발, 변화, 희망
시스템과 구조에 초점	인간에게 초점, 추종자와 공유
통제 위주	신뢰에 기초, 신의, 의리
단기적	장기적 전략, 로드맵 실현
수직적 관계	수평적 관심
현 상태 수용	현 상태에 도전, 개척정신
전통적인 중복	인간관계 형성, 동기부여
일을 옳게 함('언제', '어떻게'에 중심)	옳은 일을 함('무엇을', '왜'에 중심)

*출처: 김홍태 외(2015), 해양안전사고 예방시스템 기반 연구

관리자(Manager)와 보스(Boss)와 리더(Leader)의 차이는 권위의 유무이며 권위의 주어짐이 차이에 따라 아래와 같이 비교할 수 있다.

〈표 1-I-6〉 관리자, 보스, 리더의 차이 비교

구분	Manager	Boss	Leader
권위	포함하지 않음	강압적 권위 소유	공식적인 권위 소유
업무영역	좁음	유동적	넓음
징계권	없거나 미약	불문율적 징계권	성문적 징계권 소유
권한	체계적 요건	독재적 권한	전체적 권한 소유
자세	해야 한다	해라	합시다
기타	현실수용, 사례모방으로 일을 처리	위압적인 상명하달식으로 일을 감독	거시적으로 현실에 도전, 희망을 공유하고 일을 수행

*출처: 김홍태 외(2015), 해양안전사고 예방시스템 기반 연구

5.2 리더십 유형과 특성

1) 리더십 유형

리더십의 중요성은 아무리 강조해도 지나치지 않는다. 리더의 상호작용이 팀원들의 동기부여와 행동 그리고 조직 전체의 분위기에 강하게 영향을 미치기 때문이다. 현대 리더십 이론은 모든 상황에 언제나 잘 작동하는 리더십 스타일이란 존재하지 않음을 인식하고 있다. 일반적으로 리더와 리더십에 대한 이론은 다양하게 제시됐으며, 다음에 설명하는 11가지 리더십 유형은 해상 선박에 대표적으로 적용할 수 있는 유형들이다. 1) 권위적(독재적) 리더십, 2) 온정적 리더십, 3) 참여적 리더십, 4) 자유방임 리더십, 5) 카리스마 리더십, 6) 관료적 리더십, 7) 거래적 리더십, 8) 변혁적 리더십, 9) 과업 중심 리더십, 10) 인간(관계) 중심 리더십, 11) 서번트 리더십 등이 대표적이다. 마지막 네 가지 리더십 스타일은 특정한 목표를 달성하기 위해 사람들을 이끄는 방식에는 어떤 것들이 있는지에 대한 이해를 돕고 있다.

가) 권위적 리더십(Authoritarian Leadership)

권위적 리더십은 다른 말로는 '독재적 리더십'이라고도 하는데, 전체 업무달성을 보증하기 위해 디자인된 업무 중심 행동의 사용이라고 설명할 수 있다. 권위주의 리더십은 직원들에게 의견을 제안할 기회를 거의 부여하지 않고 일방적으로 권력을 행사하는, 리더십의 극단적인 형태이다. 대부분 사람은 그런 취급을 분개하는 경향이 있지만, 강한 리더십을 요구하는 비상사태, 긴급을 요구하는 경우 또는 비숙련된 일의 경우에 권위주의 리더십을 통한 엄격한 통제가 다소 효과적일 수 있다.

〈그림 1-I-16〉 권위적 리더십

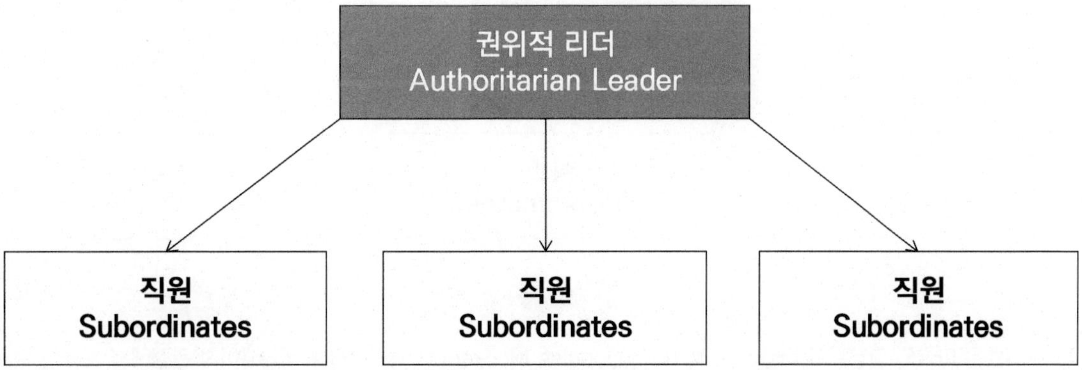

권위적 리더십은 일방향(one way) 커뮤니케이션을 특징으로 한다. 정보는 단지 매니저로부터 부하직원으로 흐른다. 권위적 리더들은 부하직원의 업무실적과 목표달성에 초점을 맞추는 유형이다. 직원들의 개인적 요구는 별로 중요하지 않다. 이러한 리더십 스타일은 X 이론[8])을 추종하는 관리자에 의해 사용되며, 또 조직 내 위기 상황을 관리하기 위해 사용되곤 한다. 권위적 리더십 스타일의 가장 큰 장점 중의 하나는 매니저가 의사결정을 매우 빨리 할 수 있다는 점이다. 리더가 혼자서 책임을 지기 때문에 업무 과정이 그리 길지 않다. 게다가 권위적 리더십 스타일은 조직 내 업무 활동에 대한 전체적인 통제와 이해를 도모하는 것을 좋아하는 리더에게 완벽한 업무 스타일이라고 할 수 있다. 권위적 리더십 스타일이 가진 단점도 있는데, 권위적 리더십 스타일을 따르는 매니저들은 심한 압박감에 시달려야 하며, 경우에 따라 건강에 부정적인 영향을 미칠 수 있기 때문이다. 권위적 리더십 스타일은 부하직원들에게도 어려움을 만들어낼 수 있다. 커뮤니케이션이 일방향으로만 이루어지기 때문에 리더가 부하직원이 해야 할 일을 지시하게 된다. 직원들은 새로운 아이디어나 개선을 위한 제안을 할 수 있는 기회를 제공받지 못한다. 결과적으로 직원들이 좌절감을 느끼고 업무의욕을 상실할 수 있는 큰 위험요소를 가지고 있다. 그림은 권위적 리더십 스타일의 경우 커뮤니케이션과 정보교환이 리더로부터 부하직원으로 단 하나의 방향으로 상명하달식으로 진행됨을 명확히 보여주고 있다.

나) 온정적 리더십(Paternalistic Leadership)

온정적 리더십은 직원을 보호하는 직원 중심적 관심사와 연결된 업무 중심적 리더십으로 이해할 수 있다.

〈그림 1-I-17〉 온정주의 리더십

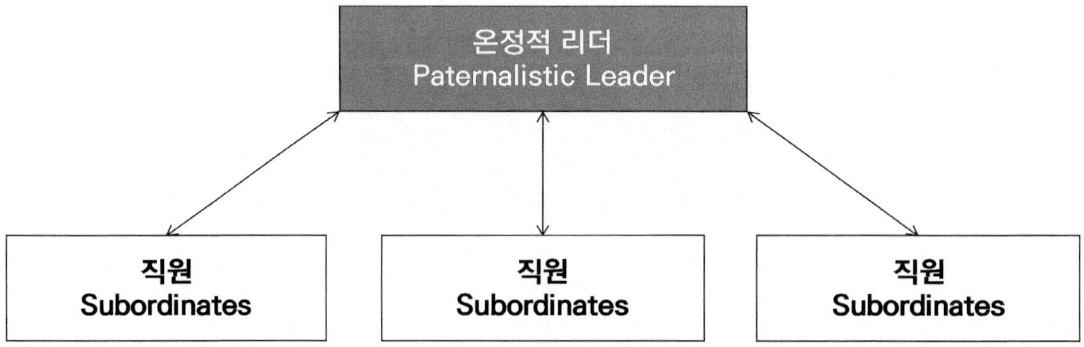

8) X-Y 이론은 미국의 경영학자 더글라스 맥그리거(Douglas McGregor)가 인간관을 동기부여의 관점에서 분류한 이론이다. 맥그리거는 전통적 인간관을 X이론으로, 새로운 인간관을 Y이론으로 지칭하였다.

온정적 리더십은 "열심히 일하라! 그러면 회사가 그대를 돌봐줄 것"이라는 말로 특징을 표현할 수 있다. 온정주의 리더십의 주요 장점은 리더가 의료수당이나 연금수당처럼 직원들에 대해 지원을 해준다는 점이다. 리더는 아버지처럼 행동하고 부하직원들의 사회적 욕구를 챙겨준다. 직원들은 훌륭한 업무실적을 내기 위해 높은 동기부여를 지니게 된다. 직원들과 리더 사이의 관계는 상당히 견고하다. 직원들은 회사에 대한 충성심과 신뢰가 있기 때문에 오랫동안 회사에 머물기를 기대한다.

그림은 온정주의 리더십 스타일의 경우 정보가 리더로부터 직원으로 그리고 또 그 반대 방향으로도 흐름을 보여주고 있다. 양방향 간 지속적인 커뮤니케이션이 이루어짐을 명확히 보여주고 있다.

다) 참여적 리더십(Participative Leadership)

참여적 리더십 스타일은 업무 중심적 방식과 사람 중심적 방식이 조합된 형태이며, 직원들이 기업의 의사결정과정과 업무통제 과정에 관여하는 '민주적 리더십'으로도 알려져 있다.

〈그림 1-I-18〉 참여적 리더십

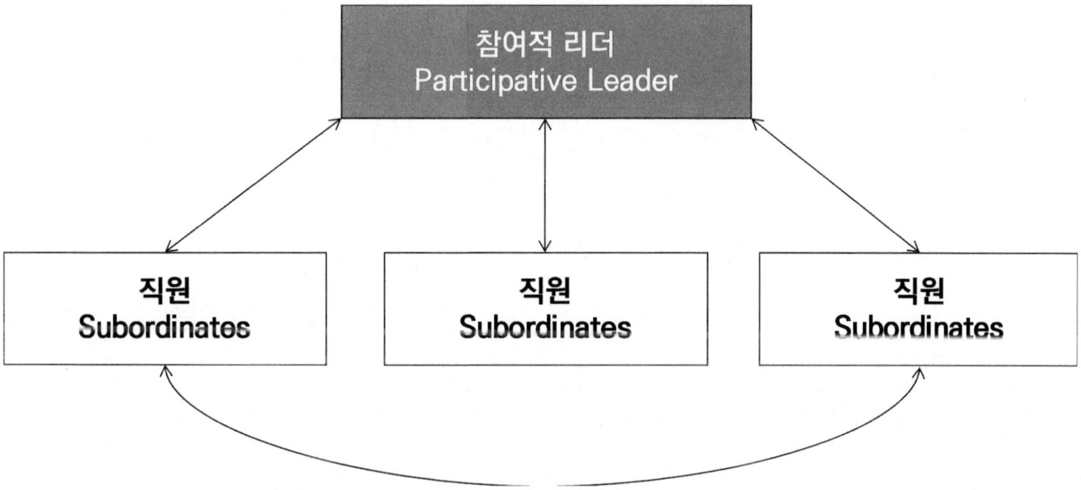

참여적 리더십 스타일은 논의, 논쟁, 아이디어 공유 등 구성원들이 조직의 의사결정에 관여함으로써 업무 의욕이 고취된다. 참여적 리더십 스타일은 직원들이 조직을 혁신할 수 있는 창의적인 아이디어를 발휘할 수 있는 기회를 얻을 수 있다는 장점이 있다. 나아가 직원들은 자신의 능력을 고양하고 자격을 높여 결국 더 많은 (개인) 수입을 창출하도록 해주는 기술 역량과 지식을 향상할 수 있다. 참여적 리더십의 단점 중의 하나는 대부분 직원이 적극적으로 의사결정과정에 개입하게 됨으로써 의사결정에 많은 시간이 소요된다는 점이다. 하지만 만족스러운 결과를 가져오기가 더 쉽고 더불어 조직 소속감 및 운영에 기여하는 기회를 가져올 수 있다. 선상 운영 회의는 참여적 리더십의 기회를 제공한다.

그림은 참여적 리더십의 경우 정보의 흐름이 지속적이고 리더로부터 직원으로 또 그 반대방 향으로도 계속 흐름을 보여주고 있다. 더욱이 참여적 리더십 스타일은 직원들 상호 간의 소통과 작용을 지원하고 있다.

라) 자유 방임 리더십(Laissez-faire Leadership)

자유 방임 리더십은 "일하도록 가만히 내버려 둬라"식 철학에 근간을 두고 있으며, 직원들이 알아서 업무를 하도록 허용하는 리더의 스타일을 일컫는다. 따라서 자유 방임 리더십 스타일은 자연스럽게 매니저가 직원들의 업무와 개별 직원에 대한 충분한 통제권을 가지고 있지 못하게 된다. 이런 유형의 리더는 직원들이 스스로 의사결정을 할 수 있도록 내버려 둔다. 자유 방임 리더십은 모든 필요한 정보와 자원이 직원들에게 제공되어야만 제대로 작동할 수 있다. 이 리더십은 직원들의 근무 의욕과 동기부여를 강화하고 생산성을 향상하며 높은 만족감을 창출할 수 있다. 하지만 자유 방임 리더십 스타일은 직원들이 각자의 책임을 다하고 스스로 각자의 주요 업무를 이행할 수 있을 정도로 경험이 충분할 때만이 성공적으로 작동할 수 있다.

마) 카리스마 리더십(Charismatic Leadership)

카리스마 리더십 스타일의 리더는 카리스마 있는 자질과 역량을 통해 직원들을 독려하고 고무시킨다. 이 스타일의 리더는 기본적으로 상당히 노련한 소통가인데, 언변이 상당히 좋을 뿐만 아니라 그를 추종하는 사람들과 감정적으로 깊이 있게 소통할 수 있는 능력을 갖추고 있다. 이들은 강렬하고 매력적인 언변으로 상대방을 사로잡고 추종자들의 강한 감흥을 불러일으키는 능력이 있다. 리더의 비전이나 가치관에 대하여 부하들의 높은 신뢰감을 가지게 하여 열정적인 감정을 가지고 불가항력적으로 추종하게 만드는 리더십이다. 사람들은 인기 있는 정치가처럼 카리스마가 넘치는 리더를 쉽게 선호하고 따르는 경향이 있다. 하지만 카리스마 리더십 스타일의 리더는 직원들이 아니라 자기 자신만을 신뢰하기 때문에 단점도 존재한다. 즉, 전체 조직이 리더의 업적에만 의존하기에 리더가 실수할 경우 조직 전체가 무너질 수 있는 위험요인이 있다. 게다가 직원들은 리더가 자신들을 믿지 않으면 업무 의욕이 저하될 수 있다. 카리스마 리더는 무거운 책임을 지게 되므로 장기적인 헌신이 필요하며 리더가 단지 짧은 기간 동안 활동을 하는 경우 선내 상황은 악화할 수 있다.

바) 관료적 리더십(Bureaucratic leadership)

관료적 리더는 철저히 규칙과 절차에 따라서 작업을 지시하고, 조직의 모든 상황을 규칙과 절차에 따라 이해하고 수행하는 리더를 말한다. 이것은, 고정밀 기계 작업, 밀폐된 공간의 진입 및 위험작업, 위험화물을 취급하거나, 위험한 높이에서의 작업 등과 같은 심각한 안전 위험을 포함하는 작업이나 상황에 매우 적합한 스타일이다.

사) 거래적 리더십(Transactional Leadership)

거래적 리더십은 직원들과 조직시스템이 명확한 명령 사슬 아래에서 더 잘 작동한다는 전제에서 출발한다. 리더-팔로워 관계에 대한 암묵적 믿음은 사람들은 보상과 처벌을 통해 동기부여가 될 수 있다는 것이다. '거래행위(transaction)'는 높은 생산성과 훌륭한 근무 업적에 대한 보답으로 직원들에게 보상을 해주는 행위를 포함하고 있다. 다른 한편으로, 거래적 리더십 스타일의 리더는 직원의 근무 업적에 만족하지 못하면 직원을 '처벌'할 수 있다.

거래적 리더십 스타일은 국제 비즈니스에서 가장 효과적인 스타일이며, 다음의 네 가지 "I"의 구성요소로 특징지어진다.

1. Idealized Influence(이상적 영향): 거래적 리더십 스타일의 리더들은 카리스마를 원천으로 하며 그에 대한 부하직원들의 존경심을 즐기는 편이다. 이 스타일의 리더들은 부하직원들에게 자부심, 충성심, 자신감을 고무시키며, 기꺼이 수긍할 수 있는 공동의 목표나 비전을 제시하여 직원들을 배치한다.

2. Inspirational Motivation(영감적 동기부여): 거래적 리더십 스타일의 리더들은 그들의 비전, 미션, 신념을 명확한 방식으로 표현하는데 지극히 효과적이며, 이행되어야 할 임무와 관련한 목적의식을 이해하기 쉽게 전달한다.

3. Intellectual Simulation(지적인 자극): 거래적 리더십 스타일의 리더들은 오래된 패러다임에 문제를 제기할 수 있도록 부하직원들을 자극할 수 있으며 업무가 어떻게 진행되어야 하는지와 관련하여 새로운 세계관을 수용할 수 있도록 고무시킬 수 있는 능력이 있다.

4. Individual Consideration(개별적 배려): 거래적 리더십 스타일의 리더들은 개별 구성원에 대한 고려를 통해 부하직원들 각자의 욕구를 진단하고 고양할 수 있으며, 이를 통해 개별 구성원의 지속적인 자기발전을 자극할 수 있다.

거래적 리더십은 '선원'들이 '사관'들에 의해 주어진 지시에 따라야만 한다는 것을 알고 받아들이는, 선상에서의 전통적인 리더십이라 할 수 있다. 이것은 선박을 승선할 때 수용되는 관습적 개념이기도 하다. '거래'는 급여와 다른 보상에 대한 대가로 작업이 수행되며, 리더는 미리 정한 기준을 달성하지 못하는 구성원들을 처벌할 수 있는 권리를 갖는다는 것이다. 거래적 리더십 하에서 조직 구성원들은 그들의 작업 만족도를 향상할 수는 없지만, 초과근무수당과 같은, 더 높은 기준 또는 더 많은 생산성을 고무할 수 있는 인센티브의 사용을 통해 대가보다 더 많은 통제를 할 수 있다. 이러한 리더십은, 좋은 날씨가 지속하는 동안에 초과근무에 의해 행해지는 도장작업처럼, 단기성과를 강조하고 보상으로 부하의 동기를 유발하려는 것으로 리더십의 형태라기보다는 노무관리의 한 형태라고 봐야 한다.

아) 변혁적 리더십(Transformational Leadership)

변혁적 리더십 스타일의 리더는 개별 직원을 한 명의 직원으로가 아니라 "온전한" 한 명의 개인으로 취급하며, 각자에게 가장 잘 맞는 것을 할 수 있도록 각 개인의 재능과 지식수준을 고려한다.

변혁적 리더십 스타일의 리더는 팀 구성원들을 격려하고 의욕을 고취할 수 있는 능력을 갖추고 있다. 따라서 변혁적 리더십 스타일은 팀의 근무 업적에 긍정적인 영향을 준다. 나아가 이 스타일은 리더와 부하직원 사이의 상호작용에 중점을 맞춰 업무를 진행한다. 리더와 부하직원 사이의 소통과 정보의 지속적인 흐름이 조직의 목표를 달성하기 위한 핵심이다.

선상 운영은 거래적 리더십을 더 많이 요구하지만, 육상 운영은 사업 및 규제 환경의 변화에 대응하는 상급 레벨에서는 변혁적 리더십이 더 많이 요구된다. 거래적 리더(관리 레벨)는 정규적인 작업이 신뢰할 수 있게 확실히 수행되도록 하는 반면, 변혁적 리더는 새로운 가치를 더하는 진취성에 주의를 기울이는 경향이 크다.

자) 과업 지향적 리더십(Task-oriented leadership)

업무 중심의 과업 지향적 리더는 종종 독재적인 방식으로, 인간의 관계보다는 작업의 수행과 결과에 집중한다. 하지만, 이 방법은 너무 독재 과업 지향적으로 될 수 있으며, 의사결정 시에 무관여(무관심)의 감정과 불충분한 의사소통과 선내 갈등 및 불만을 야기할 수 있는 위험이 있다. 또한, 리더에게 위험과 비효율성을 알리는 데 대한 저항이 있을 수 있다.

차) 인간(관계) 지향적 리더십(People-oriented or relations-oriented)

인간관계 지향적 리더십은 과업 지향적 리더십에 상반되는 리더십이다. 리더들은 매우 많은 팀의 일원으로서 팀들을 구성하고, 지지하며 인적 역량을 개발하는 데에 초점을 둔다.

선상 작업은 종종 작업 계획수립에서는 사람 중심적 리더십을 필요로 하지만, 위험 화물의 적재와 같이 작업 수행에서는 업무 중심적 리더십을 필요로 한다. 유능한 리더는 필요에 따라 두 유형을 적절히 사용할 것이다.

카) 서번트 리더십(Servant leadership)

미국의 로버트 그린리프(Robert Greenleaf)가 주장한 이론으로 서번트 리더십은 '다른 사람의 요구에 귀를 기울이는 하인이 결국은 모두를 이끄는 리더가 된다.'는 것이 핵심이다. 즉, 서번트 리더십은 인간 존중을 가장 기본으로 하는 리더십으로 구성원들이 잠재력을 발휘할 수 있도록 이끌어주는 리더십이다. 서번트 리더는 종종 공식적으로는 리더로 인식되지 않을 수 있다. 조직 내 어떤 지위의 누군가가 단순히 팀의 요구를 만족시킴으로써 리드할 경우, 그 리더를 '서번트 리더'로 칭할 수 있다. 예를 들어 타고난 능력과 강력한 동기를 가지고 뒤에서 리드하는 선원, 그리고 불만의 결과로 선상 관리에 대해 저항하도록 영향력을 행사하는 선원 등이다. 서번트 리더는 일반적으로 강한 가치관과 이상 및 동료들에게 영향을 미치는 능력에 기초하여 강력하게 된다.

2) 관리격자(Managerial Grid)의 리더십 유형 및 특성

리더십 이론으로서의 관리격자는 리더의 행동은 인간중심과 생산중심이라는 두 가지 중심적 경향을 토대로 하여 여러 가지 리더의 개념적 유형을 X축과 Y축을 이용하여 정립한 모델이다. 인간중심은 리더가 목표를 달성하기 위한 최상의 방법을 결정할 때 조직 구성원의 필요성, 관심 및 그들의 발전 영역을 얼마나 고려하는가 하는 정도이며, 생산중심은 구체적 목표, 조직적 효율 및 높은 생산성에 대한 고려 정도를 각각 1점~9점 척도로 나타낸 것이다.

〈그림 1-I-19〉 관리격자

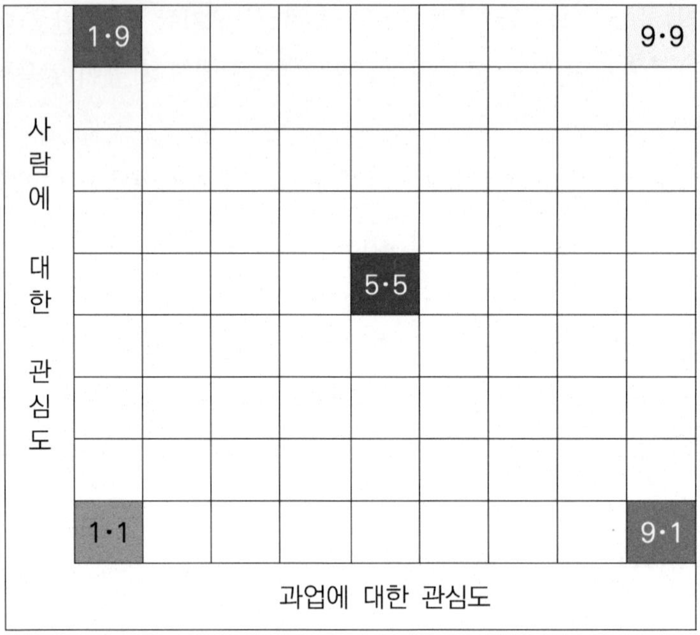

가) (1·1형) : **방임형(무관심형, impoverished)**

① 방임형의 특성으로는 사람 또는 과업 모두에 대해 무관심하며 자신의 직분을 유지하는데 필요한 최소의 노력만을 투입하며, 그럭저럭 지내려고 한다. 업무에 대해 지시만 내리고 내버려 두며, 어려운 문제가 발생하면 피하거나 적당히 처리해 버리곤 하며 모든 것을 부하들에게 맡기고 실패에 대한 책임을 지지 않으며 남에게 전가하는 경향이 크다.

② 방임형의 문제의식은 다른 사람의 결정이나 견해를 깊이 생각하지 않고 그냥 받아들이고 다른 사람이 의견을 요구하면 '의견의 제시'를 남에게 맡기는 것이다.

③ 방임형은 항상 중립적 태도를 보이고 남의 의견, 생각 및 행동 방안에 따르며, 정상적인 정보교환 이상의 것은 하지 않는 경우가 많다. 갈등이 일어나면 될 수 있는 대로 중립적 자세를 취한다거나 그렇지 않으면 그에 휩쓸리지 않으려고 노력한다.

④ 방임형은 비평에 대해서 질문을 받더라도 가급적 반응을 하지 않고, 실수나 잘못이 있어도 자기에게 해가 되지 않은 한 못 본 척, 모르는 척하기도 한다.

⑤ 방임형은 의사결정 시 자신에게 큰 피해가 없으면 개입을 피하고 자신은 결정하지 않고 다른 사람들이 결심하게 하여 결정이 이루어지게 한다.

⑥ 방임형은 구성원의 사기와 조직 내 분위기 등에 부정적인 영향을 미치고 구성원들은 리더로부터 아무것도 배우지 못하게 되며, 리더에 대한 권위나 존경심이 줄어들게 된다.

나) (1·9형) : 친목형(인간 지향형, country club)

① 친목형의 특성으로는 사람에 대한 관심은 매우 높은 반면에 과업에 대한 관심은 매우 낮은 스타일을 말한다. 이러한 유형은 원만한 인간관계를 최우선으로 하며, 조직 구성원들의 만족과 소속감 및 친밀한 관계를 조성하는데 노력한다. 구성원들의 욕구나 동기를 충족시켜 주면 성숙된 구성원들은 스스로 각자의 일을 알아서 수행할 것이며 이러한 유형이 생산성을 높이는 방법이라 전제하는 경향이 크다.

② 친목형은 문제를 인식할 때 제기된 문제에 대해 다른 사람들과 의견이 일치되는 것을 확인하고자 하며 조화를 유지하기 위하여 다른 사람과 상이한 생각이나 의견은 될 수 있는 대로 제시하지 않는다. 구성원이 선호하는 사실, 의견 및 결정을 추구하고 다른 사람의 일에 대해서 시비를 걸지 않는 경향이 크다.

③ 친목형은 자신의 신념의 표명할 때 다소 하고 싶은 말이 있어도 다른 사람의 생각이나 의견을 받아들이고 지지한다. 다른 사람들에게 좋은 감정을 표현하고, 그들이 불편해하는 의견을 제시하지 않으려고 하며 대체로 듣기 좋은 말을 하는 경향이 있다.

④ 친목형은 갈등 발생 시 갈등이 일어나지 않도록 애쓰며, 갈등이 발생하면 관련된 사람들의 감정을 무마시켜서 모두를 사이좋게 만들기도 한다.

⑤ 친목형은 비평에 대해서는 구성원들의 용기를 북돋아 주고, 좋은 점은 칭찬하지만 나쁜 점에 대해서는 언급을 하지 않고, 의사결정 시에는 우호적인 관계를 유지하기 위하여 가급적 다른 사람에게 결정권을 양보하거나 다른 사람의 결정을 지지한다. 때에 따라서는 지금 해야 할 일을 희생해서라도 남의 관심사를 우선적으로 다루기도 한다. 따라서 친목형은 요구되는 업무성과의 기준을 낮추고 잘못된 자신감을 갖게 하고 상황 전개에 별 관심이 없으며, 예기치 않는 상황의 발생을 경계하지도 않는다. 하지만 친목형은 리더의 업무에 대한 무관심은 구성원들의 업무 생산과 성취 의욕을 저하시키기도 한다.

다) (9·1형) : 과업형(과업 지향형, task or authority-obedience)

① 과업형의 특성으로는 과업에만 관심을 가지고, 인간관계에 관한 관심은 적다. 이들은 과업의 목표달성을 위하여 최대한의 노력을 하지만 구성원들의 의견이나 감정 등에는 거의

관심을 가지지 않고, 권력으로서 주위 사람들을 지배하며, 구성원들이 복종하지 않으면 직성이 풀리지 않는 경향이 크다.

② 과업형의 문제를 인식할 때 어떠한 상황에서도 자기의 주관하에 조직을 관리하고자 하며 다른 사람들의 의견을 무시하거나 받아들이더라도 최소한으로 국한한다. 구성원들이 실수하지 않는지를 눈여겨보기도 한다.

③ 과업형이 자신의 신념을 표명할 때에는 항상 자신이 옳다는 전제하에 다른 사람의 견해를 부정하고 자신의 결정을 관철하거나 남의 감정에 개입하지 않고 자신이 생각하는 것을 직접적인 방법으로 지시하기도 한다. 과업형이 갈등에 대해서는 상의하달에 있으며, 다른 사람으로부터의 지적은 거의 받아들이지 않는다. 갈등이 발생하면 그것을 강압적으로 무시하거나 자기의 주장을 관철시키기곤 한다.

④ 과업형이 비평에 대해서는 다른 사람의 실수나 과실은 직무에 임하는 자세가 나쁘기 때문이라고 생각하며, 반드시 지적하고 책임을 묻는다. 의사결정 시에는 자신이 결정을 내리는 것이 대단히 중요하다고 생각하며, 다른 사람으로부터 영향을 받는 일이 거의 없으므로 조직 내 의사소통과 의사결정 시 다소 독단적인 부분이 적지 않다. 또한, 업무에 관해 다른 사람의 의견은 듣지만 자기의 방법에 대해 부정적으로 이야기하면 방어적으로 대응하곤 한다. 과업형은 의사소통이 나빠지게 되고 구성원의 사기가 저하되고 업무능력이 하락하는 원인이 되기도 한다.

라) (5·5형) : 중도형(절충형, middle of the road or organization man)

① 중도형의 특성으로는 과업과 인간적 요소를 적당한 수준에서 절충을 지향하고 다른 사람과의 의견 차이가 있으면 타협, 순응 또는 조정을 통하여 타협점을 찾아 문제를 해결하려고 한다.

② 중도형의 문제를 인식하는 경향은 대체로 사실을 액면 그대로 받아들이지만, 모순이 명확해지면 이를 조사하고 의견이나 결정을 일단 검토해 보지만 집중하여 고려치 않는 경향이 있다. 많은 구성원이 수용할 수 있는 결론을 찾기 위하여 다른 사람의 의견이나 방안을 고려한다.

③ 중도형의 신념을 표명하고자 할 때 다른 사람들과 지나치게 대립하는 것을 피하고 다른 사람들이 자신의 의견을 공감하고 수용토록 자기의 생각이나 감정을 조절한다.

④ 중도형이 갈등이 발생 시 해결하고자 하는 태도는 모든 사람이 받아들일 듯한 해결책을 모색하고 오래된 관습을 중시한다거나 그렇지 않으면 문제가 발생한 후에 방법을 생각한다. 그러나 비평에 대해서는 비공식적 또는 간접적인 방식으로 깊이가 없는 반응의 자세를 취하는 경향이 있다.

⑤ 중도형의 의사결정 시에는 비록 완전하지 않더라도 다른 사람들이 수용하기 좋은 실행 가능한 결정을 모색한다. 중도형은 의사소통은 하지만 만족할 만한 수준은 아니며, 적당히 타협하고 적당히 조정함으로써 갈등을 피하고 적당한 타협점을 찾음으로써 갈등은 해결하지만, 결정적인 상황에 최선의 결론을 얻을 수 없을 수 있다. 또한, 중도형이 가진 우유부단하고 적당주의적 태도는 구성원의 협력과 팀워크에 나쁜 영향을 미치기도 한다.

마) (9·9형) : 이상형(팀형, team)

① 이상형의 특성으로는 인간과 과업 모두에 많은 관심이 있는 최고의 유형이며 구성원들의 의견을 존중하여 상호 신뢰적인 관계를 구축하고 그들의 동기유발과 참여의식을 조성하여 응집력이 있는 작업집단을 만든다.

② 이상형이 문제를 인식할 때 적극적으로 자료를 수집하고 확인하며 자신이나 다른 사람의 소신, 결정 및 사실의 건전성과 객관성을 깊이 있게 재검토한다. 신념의 표명은 자신의 관심사 또는 확인하고 있는 일을 표현하고 다른 사람의 의견, 생각 및 행동에 초점을 맞춘다. 다른 사람의 의견이 납득되거나 이해가 되면, 곧 자기 생각을 바꾸는 유연함이 있다.

③ 이상형은 갈등이 발생하면 그 이유를 밝혀 원인을 찾아내고 비평에 대해서는 업무 중에도 적절히 반응을 해주며, 과업 완료 시 구성원들 상호 간의 비평을 검토, 반성하여 학습의 기초로 삼는다. 실수나 잘못의 원인을 파악하려 하고 교육과 훈련으로 차후를 예방코자 하며 교육적으로 도움이 되게 한다.

④ 이상형의 의사결정 시에는 다른 사람으로부터 제공되는 모든 정보를 객관적으로 검토하고 건전한 결정에 도달하는 것이 중요하다고 생각한다. 또한, 주위 사람의 이해와 동의를 구한다. 이상형은 문제에 대해 스스로 해결하는 방법을 찾도록 함으로써 구성원들이 적극적인 사고방식과 운영에 대한 참여 적극성을 갖게 하는 경향이 크다. 서로가 솔직하고 활발하게 쌍방향 의사소통을 하며, 이의제기와 수용이 적절히 수용되면서 상호 협조하는 분위기가 형성되고 구성원들에게 동기가 부여되고 사기가 높아진다.

5.3 리더십의 자질

리더는 팀원에게 영향력을 행사하여 조직의 목표를 달성하는 사람이다. 이러한 영향력에는 리더와 팀원들 간의 기본적 관계를 맺어주는 역할을 하는 인사권, 상벌권, 계약조건 등과 같은 하드웨어적 측면도 있을 수 있으나 일반적으로 리더십에서의 영향력은 부하의 마음을 움직여 리더의 뜻에 따라오게 하는 소프트웨어 측면을 말하며 이 영향력의 크기와 범위는 리더의 자질에 따라 제로(zero)에서 무한대까지 확장된다. 리더는 '나' 자신을 돋보이기보다는 '팀' 또는 '그룹'을 돋보이고, 조직의 목표를 달성하게끔 동기부여를 충분히 할 수 있는 사람을 리더의 역량과 자질이 있다고 할 수 있다.

1) 리더십의 특성 및 자질

리더로서 갖추어야 할 대표적인 특성과 자질은 시대에 따라 달리 요구가 될 수 있지만, 일반적으로 과업의 성취에 대해 높은 열망을 가지며, 비전과 열정이 있고 솔선수범하는 추진력과 소통의 능력이 필요하다. 리더십에서는 다른 사람들에게 영향을 주고 통솔하는데 강한 의지를 갖고 있으며 기꺼이 책임을 지려고 하는 통솔의지가 필요하며, 정직과 성실의 자세는 중요하다. 진실한 행동과 말을 일관되게 유지함으로써 조직 구성원들로부터의 신뢰와 상호작용을 구한다. 또한, 자신의 목표와 결정에 자신감을 가짐으로써 구성원들을 확신시키는 자신감도 필요하고 상황에 따라 필요로 하다면 많은 양의 정보 수집, 분석 및 해석할 수 있는 지혜도 필요하다. 이는 정확한 상황인식을 바탕으로 비전 제시, 문제해결 및 신속 정확한 의사결정 할 수 있게 만들기도 한다. 또,한 활력이 넘치며 사교적이고 적극적인 외향적 특성을 지닐 필요도 있으며 원활한 의사소통으로 조직원들의 친밀감과 소통을 잘하는 능력도 요구된다. 선박에서 전형적인 선박조직이든 팀을 이루어 선내 업무를 진행하든 간에 리더십 발휘가 요구된다. 진정한 리더십을 발휘하기 위한 자질적 요소를 살펴보면 아래와 같다.

가) 자기 인식(Self awareness)

자기 인식(Self awareness)이란, 자기 자신이 가지고 있는 능력과 성격, 가치관, 선호하는 것들을 스스로가 이해하는 것, 즉 자기 자신을 아는 것이다. 특히 관리자라면 자기 인식 없이는 조직원들의 행동과 반응을 충분히 이해하기 어렵다. 자기 내면을 이해하지 못하는 리더는 의견을 내거나 지시를 할 때, 부적절한 행동이나 권위적인 모습만을 보일 수 있다. 또는 타인의 감정에 대해 무신경하거나 너그럽지 못할 수 있다.

나) 상황인식(Situational awareness)

자신이 속한 팀이 무엇을 했으며, 지금 무슨 일을 하고 있으며, 앞으로 무슨 일을 하여야 하는지를 아는 것은 리더로서 갖추어야 할 중요한 자질이다. 이 같은 올바른 상황인식을 바탕으로 정보를 해석하고 바른 판단으로 의사결정을 내림으로써 과업의 목표를 분명히 하고 사고를 예방할 수 있다.

다) 대인 관계 역량(Interpersonal skill)

여러 상황에서 타인의 능력, 감정, 요구 등에 대한 적절한 고려와 반응을 감각적으로 현명하게 하면서 존중으로서 상대방을 대하는 것은 리더의 수준을 결정한다.

라) 동기부여(Motivation)

선상에서 리더의 동기부여란 선내 구성원에게 업무를 적극적으로 행동할 의욕을 일으키도록 동기를 부여하는 것이라 정의할 수 있다. 조직의 리더가 강압적인 명령에만 의존하여 업무를 지시하는 경우 조직의 구성원들은 수동적인 행동을 보여 일정한 지시가 있지 않으면 업무에 충분히 몰입하거나 요구되는 성과가 나오지 않을 경향이 생긴다.

동기부여에 있어서 당근과 채찍이 절묘한 조화를 이루어야 최적의 효과를 낼 수 있다. 너무 과한 성과 대비 '패널티(penalty)'만 주어진다면 조직 구성원들의 반발을 살 수 있고 기존의 성과를 이룰 수 없을 것이다. 그렇다고 해서 당근으로써 조직원을 관리한다면 조직원들의 정신적 해이와 업무에 대해 안이함을 일으킬 수도 있다.

궁극적인 동기부여는 조직 구성원들의 참여와 일하려는 의사를 자극함으로써 업무성과나 목표를 달성할 수 있도록 한다. 또한, 인적자원의 잠재력을 최대한 활용하여 일에 대한 의욕을 가질 수 있도록 관리자는 스스로 지속적인 교육 및 개발, 적절한 동기부여를 통한 구성원의 자아발전과 성취감을 자극할 수 있어야 한다.

마) 존중(Respect)

리더는 유연한 조직의 형태를 바꿀 수 있는 실질적인 힘을 가지고 있으며 여기에 조직원 간 갈등을 조정하고 협력을 끌어낼 수 있는 가장 가까운 사람이다.

예를 들어 선박 조직도 마찬가지로 한 명이라도 선내 구성원이 자신의 역할을 제대로 수행하지 않는다면 그 선박은 안전하게 운항하지 못할 것이다. 리더라면 내 팀원들이 하는 업무 중 어느 하나라도 중요하지 않은 것은 없으며, 아무리 쉽고 간단한 일을 하는 팀원이라 하더라도 그 팀원을 존중해주는 리더십이 필요하다. 최근 선박에는 다양한 국적과 다양한 문화와 다른 종교의 선원들이 함께 승선하는 경우가 많다. 다양한 국적과 나이의 선원들과 함께 승선하는 경우 그들의 문화와 종교, 그리고 가치관 등을 존중하고 다름의 차이를 인정하는 배려를 실천하는 리더가 필요하다.

2) 선박 운항에서 요구되는 리더십의 자질

선상 생활의 가장 큰 특징은 한정된 공간에서 한정된 사람들이 장기간 항상 마주한다는 것이다. 그러므로 선상 조직에서는 안전한 선박 운항을 위해 자신의 전문성, 선박 승무원과의 합리적 의사소통, 동기부여뿐만 아니라 아무리 사소한 일일지라도 서로 간 존중해줌으로써 훌륭한 팀워크를 이룰 수 있는 민주적 리더십을 발휘함과 동시에 비상 상황에서는 절대 명령과 복종이라는 권위적 리더십도 가지고 있어야 한다. 여기에 개개인의 '씨맨십 Seamanship'은 개인의 권위를 근거로 하여 상호성, 자발성을 그 본질로 하고 있는 민주적 리더십 외에도 공식적 권위에 의존하여 일방적 강제성을 그 본질로 하여 복종을 요구하는 '헤드십 headship'과 관리에 입각한 '매니지먼트십 managementship'을 포함하고 있다.

5.4 팀과 그룹 행동

팀(Team)과 그룹(Group)은 용어의 사용 측면에서 심리학에서는 '집단'을, 산업 및 조직심리학에서는 '팀' 또는 '작업팀'이라는 용어를 사용하고 있다. 이런 각기 다른 개념의 접근을 두고 팀과 집단은 다르다는 입장과 팀과 집단을 구별하지 않고 혼용해서 사용한다는 견해로 나누어진다.

그러나 무엇보다도 팀과 그룹에 대한 논의는 성과에 관한 결과에서 나타난다. 팀과 그룹은 성과에 관한 결과에서 차이가 있다. 작업 그룹의 성과는 구성원 개인의 성과에 의한 것이고, 팀의 성과는 개인의 성과와 '공동 작업 결과'를 포함한다. 공동 작업 결과는 둘 이상의 구성원이 함께 수행한 것이다. 팀의 성과는 구성원들이 공동 노력으로 이루어지고 개인과 상호 책임을 요구하기 때문에 작업 그룹과는 근본적으로 다르다. 더욱이 팀은 물론, 의사결정에 더 의존하여 정보의 공유와 구성원의 공동 기여를 통해 개별적인 성과를 이루고 있다.

하지만 팀과 그룹의 구분은 명확하지 않다. 팀만 하더라도 학자마다 다양하게 정의하고 있어 일반화하기가 매우 어려울 뿐만 아니라 팀과 그룹의 명확한 구분이 주는 실익이 크지 않으며 근본적인 차이점을 또한 찾기 어렵다.

팀과 그룹은 둘 이상의 개인들로 구성되고 연관된 작업을 수행하기 위하여 존재하며 하나 이상의 공동 목표를 공유하며 사회적인 상호작용과 작업의 상호의존성을 갖는다고 하였다. 다만 팀이라는 용어는 더욱 좁은 관심사나 목적이 있는 집단을 나타낼 때 사용하는 경향이 있다. 최근에는 그룹보다는 '팀'이라는 용어를 더 많이 사용하고 있다. 팀과 그룹의 차이는 아래의 표에 간단히 기술할 수 있다.

〈표 1-I-7〉 팀과 그룹의 특성 비교

구분	팀 (Team)	그룹 (Group)
리더십	리더 역할의 공동 수행	강력하게 리더에게 집중
책임범위	개인책임과 공동책임	개별 책임
목적	팀 자체가 설정한 특정 목적	집단 목표는 광범위한 조직 임무의 일부
성과	공동 작업 결과	개별 작업 결과
회의성격	제약 없는 토론과 문제해결을 위한 적극적인 회의 장려	효율적인 회의 운영
성과측정	공동 작업 결과를 평가하여 직접성과 측정	다른 사람의 영향에 의한 간접효과 측정
과업수행	토론하고 결정하여 함께 작업 수행	토론하고 결정하여 위임함

5.5 선상에서의 팀(team)

선박에서는 운항이나 정박 중에 선상 작업을 팀으로 구성하여 수행할 경우 구성원 개인이 범할 수 있는 실수를 줄일 수 있으며 협업에 의한 생산성을 높일 수 있다. 팀으로 구성되어 작업과정에 참여하게 되고 여기서 보일 수 있는 개인역량은 위임이나 코칭(coaching)으로 역량을 더욱 높일 수 있다.

또한, 개인이 아닌 둘 이상의 구성원과 함께 작업을 참여하게 됨으로써 의사소통으로 정보의 양과 질이 높아짐으로 이는 좋은 의사결정을 내릴 수 있도록 도움을 준다.

1) 스탠딩팀과 미션팀

가) 스탠딩팀과 미션팀

스탠딩팀(Standing team)이란 전체 조직에서 지정된 기능을 수행하는 팀을 말한다. 장기적으로 구성원 각자는 할당된 임무를 수행한다. 미션팀(Mission team)이란 상황과 필요에 따라 단기간의 수행해야 할 업무가 생겼을 때 이를 수행할 역량이 되는 구성원들로 이루어진 한시적인 팀을 말한다. 단적인 선박의 일상적인 업무를 예로 든다면 갑판상의 도장작업 시 도장작업 전 부식을 제거하고 전 처리를 하는 팀과 도색을 하는 팀으로 역할을 나누어 작업하면 수일에 걸친 작업이 전문화된 작은 팀으로 효율적으로 작업에 수행할 수 있다.

선박에서 작업 리더는 정형적인 스탠딩팀 외에도 선박의 작업환경에 따라 작업의 목적에 맞게 적합한 구성원들로 미션팀을 구성하여 선박을 운항할 필요가 있다.

2) 원팀(one-team) 전략

선박 업무를 수행하면서 동일한 업무를 수행하기 위해 서로 협력하여야 한다. 특히 인간은 실수를 하기 마련이고, 한 사람의 능력만으로 한계가 있기 때문에 하나의 팀을 이루어 단기간 혹은 장기간의 수행해야 할 업무를 배정하고 이행하는 것은 현재 대부분의 선박 상황에서 중요한 일이다.

5.6 선상에서의 팀 의사소통

의사소통이란 행동, 말 또는 글, 신호, 기호 등 전자적, 기계적 방법 또는 직접 정보를 전달하는 것을 말한다. 나와 다른 배경을 가진 구성원 혹은 다양한 국적 선원들로 구성된 현재의 선박 인적 조직에서 성공적으로 작업을 마치기 위해서는 효과적인 팀 의사소통은 매우 중요하다. 팀의 의사소통은 문화적 이해를 바탕으로 우호적이며 서로 교감하는 분위기에서 이루어져야 한다.

여기에 팀의 리더는 반드시 팀원이 개방적이고 진솔하고 적절한 시기에 정확하고 성실하게 의사소통을 하도록 분위기를 조성해야 한다. 효과적인 팀의 의사소통을 위해서는 서로 경청, 다른 관점이라면 이에 대해 설명을 하여야 하며 인정과 관점의 차이와 비슷함을 이해하여야 한다. 또한, 개인적인 감정이나 선입견 및 특정 은어를 사용하는 것은 팀의 원활한 의사소통에 방해요인이 된다.

선박에서의 예로 선박에서 실시하고 있는 작업현장회의(TBM, Tool box meeting)는 매일 과업 시작 전 시행하거나 긴급 상황 발생 시 및 시행한 TBM에서 협의한 작업과 상이한 작업을 시행하여야 하는 경우 실시한다. TBM의 주관자는 현장 작업 책임자이며 팀의 리더 역할을 수행한다. TBM에서 중요한 것은 작업 전 팀 구성원 간에 작업내용에 대해 사전에 협의하고, 발생할 수 있는 위험 등에 대해 미리 공동으로 분석하는 활동 등을 통해 위험요인을 사전에 발견 및 제거하는 활동이 필요하다.

따라서 TBM에서는 미팅 중 팀 구성원 간의 작업 관리자의 명령, 지시, 시행 방법에 대한 논의가 충분히 이루어져야 하며 지시된 작업에 대해 어떠한 위험이 있는가를 확실하게 인지하여야 한다. 또한, 위험에 대한 안전한 작업 대책과 미션 팀의 목표를 반드시 확인해야 한다.

여기에서 팀 구성원 개개인이 생각하고 있는 의견이나 방법의 제시가 충분히 이루어지지 않고 작업 위험에 대해 작업자의 인지 여부를 충분히 확인하지 못한다면 안전한 작업을 보장할 수 없으므로 팀의 의사소통을 활발히 하고 보장하는 것은 매우 중요하다.

6. 훈련 및 선상 교육 프로그램

6.1 선상 교육의 중요성

1) 교육의 의의

교육이란 사람이 그의 환경을 보다 효과적으로 다룰 수 있도록 하는 과정이다. 여기에는 지식과 경험의 취득 및 각 개인의 인간적 발전을 포함한다. 이것은 교육이란 학교를 떠난 시점에서 멈추는 것이 아니라 생애를 통해 계속되는 과정임을 의미한다.

2) 선상 교육 프로그램의 중요성

STCW 95, 2010년 마닐라 개정에서 해기사가 가져야 할 역량(Competency)에 관해 많은 변화가 있었으며, 이 역량을 근거로 체계화된 선상 교육 프로그램이 운영되어야 한다. 역량을 충분히 갖춘 해기사는 선박의 안전 운항을 위한 중요한 요소이며, 이런 이유로 선박에서 해기사가 충분한 역량을 갖추기 위해 교육 프로그램을 전달하고 관리하는 것은 관리자의 의무이다.

선상에서의 조직 구성원을 위한 교육은 선박에서 추구하는 목표를 보다 효율적으로 달성하기 위해 조직 구성원에게 직무 수행에 필요한 지식과 기술을 연마케 하는 한편 가치관 및 태도 등을 바람직한 방향으로 변화를 촉진케 하는 활동이기 때문에 중요하다.

6.2 선상 교육의 효과적인 적용

1) 선상 교육 프로그램의 효과적인 이행

여러 가지 선내 과업에 참여시켜 직접 경험하게 함으로써 좋은 해기사가 되기 위한 현장지식과 기술을 습득하도록 한다. 선박 항해 혹은 기관 장비의 일반원리와 사용 절차에 대한 지식을 얻음으로써 자신감을 쌓도록 한다.

실습생의 경우 선박의 실습 동안 선상 운항 및 작업 전반에 관해 폭넓은 이해를 할 수 있도록 기초적인 내용부터 시작하여 차후 사관으로 직무가 부여되었을 때 담당하는 직무에 대해서도 이해할 수 있도록 교육 프로그램을 구성하도록 한다. 더불어 실습생 교육 프로그램의 선박의 종류와 특성에 따라 조정되어야 한다.

새로 승선한 승무원의 경우 선박 및 주요 기기의 친숙화 교육이 이루어져야 하며 본인에게 주어진 새로운 업무를 파악하고 익숙할 때까지 관리자의 감독과 지도도 필요하다. 또한, 본인의 역량에 비해 배정된 업무가 과중하거나 성과가 미치지 못할 때는 경험이 많은 관리자의 기술 전달을 포함한 교육이 수반되어야 한다.

상위 직무를 수행하기 위한 직무교육은 단순 상위직에서 요구되는 지식뿐만 아니라 선상에서의 필요로 한 노하우 전수도 포함하여 새로운 직무에 역량을 발휘할 수 있도록 도와주는 것이 바람직하다.

이러한 다양한 선상 교육은 법정 교육은 국제 및 국내법에 근거하여 연간 계획을 세울 수 있지만, 선박조직의 개인역량 강화를 위한 교육 또한 계획적으로 주기적인 실행과 그에 따른 평가가 수반되어 보다 지속적으로 인적자원을 개발할 수 있도록 한다.

2) 선상 교육의 목표와 역량관리

선상 교육의 목표는 안전하고 효율적인 선박 운항에 필요한 역량(Competency)을 갖추게 하는 것이며 그 수행 과정을 역량관리라 할 수 있다.

- 역량 관리가 시스템으로 관리되어 측정되며 평가되어야 한다.
- 역량은 해운기업/선박의 목표와 부합하도록 연계되어야 한다.
- 역량의 측정이 가능하도록 역량 기준이 설정되어야 한다.
- 역량의 측정은 신뢰할 수 있는 평가 절차와 방법에 의해 이루어져야 하며 역량기준에 반영되어야 한다.

6.3 선상 교육 및 훈련 담당자의 책임

선상 교육 및 훈련 담당자(Shipboard training officer; STO)는 선박에서 조직 구성원의 교육 프로그램의 이행과 진도 관찰의 책임을 진다. 선상 교육 담당자는 조직 구성원이 필요로 한 친숙화 교육, 직무교육, OJT(On-the-job training) 교육, 법정 교육, 각종 훈련 등 이해할 수 있도록 적절한 지식을 전달하고 실제적인 방법이나 절차, 기술을 전달한다. 또한, 전달한 학습의 내용을 피교육자들이 바르게 인지하였는지 교육자는 학습 내용을 전달하였지만, 교육생들이 전혀 다른 의미로 인지하고 있는지를 검토해야 한다. 이는 평가를 통해 수행할 수도 있으며 교육과 훈련을 마치고 적절한 피드백의 제공은 효과적으로 교육과 훈련의 목적을 달성하는 데 큰 도움이 된다.

선상에서의 교육 및 훈련 담당자는 임명된 개인 혹은 절대적으로 상위 관리자만 되는 것은 아니다. 물론 선박 내 모든 교육과 훈련의 책임은 선장에게 통상적으로 부여되지만, 필요에 따라 직무교육은 상위 직급의 해기사를 통해서 제공될 수 있으며 이론적인 지식 전달이 아닌 선상 경험에서 오는 노하우 전수는 얼마든지 경험이 많은 선배 해기사를 통해 이루어질 수 있다.

6.4 멘토링과 코칭

1) 멘토링(Mentoring)과 코칭(Coaching)의 의미

멘토(Mentor)라는 용어는 그리스 신화에서 그 기원을 찾을 수 있다. 고대 그리스의 이타이카 왕국의 왕인 오디세우스가 트로이 전쟁에 출정하면서 한 친구에게 자신의 아들인 텔레마쿠스를 보살펴 달라고 부탁을 하였는데 그 친구의 이름이 바로 '멘토르' 였다. 그는 오디세우스가 전쟁에서 돌아오기까지 텔레마쿠스의 친구, 선생님, 조언자 때로는 아버지가 되어 그를 잘 돌보아 주었다고 한다. 그 이후로 멘토라는 그의 이름이 '지혜와 신뢰로 한 사람의 인생을 이끌어주는 지도자'라는 의미로 사용되었다.

코치(Coach)의 어원은 헝가리의 도시 코치(Kocs)에서 개발된 네 마리의 말이 끄는 마차에서 유래되었다. 당시 전 유럽에서 즐겨 사용하였던 마차는 코치(Kocsi)라는 명칭으로 불렸다. 지금도 영국에서는 택시를 코치라고도 부르는데 이는 승차한 사람이 목적지까지 도달할 수 있도록 하는 사람을 의미한다.

2) 멘토링(Mentoring)과 코칭(Coaching)의 차이

멘토링은 조직이나 일반 산업에서 매우 중요한 인적자원의 유지 및 관리, 역량개발과 육성의 방법으로 사용되고 있다. 멘토링이 어느 면에서는 코칭과 유사한 부분이 있다. 하지만 멘토링과 코칭은 엄연히 차이점이 존재하고 있다. 코칭은 실적 및 업무에 중점을 두는 반면, 멘토링은 성장 과정과 성장을 위한 학습에 중점을 두고 있다.

이에 코칭과 멘토링을 혼동하는 경우가 있지만, 코칭은 항상 멘토링의 일부분을 차지하지만, 코칭이 항상 멘토링을 포함하지는 않는다. 멘토링 관계 안에서 코칭은 개인이 좀 더 효과적으로 일처리 방법을 배움으로써, 특정 지식을 획득할 수 있도록 돕는 기술과 관련이 있다.

선내 인적자원의 운용이 시간적으로 여유롭지 못한 상황에서 선상 구성원을 교육하는 가장 좋은 방법은 멘토링을 기본으로 하는 지속적인 관찰과 코칭이다.

두 방법의 차이점

① 코칭은 업무 중심이며, 멘토링은 관계 중심이다.
② 코칭은 단기간이며, 멘토링은 장기간 이루어진다.
③ 코칭은 업무의 성과를, 멘토링은 개인의 발전을 도모한다.
④ 코칭은 밑그림이 필요 없으나,
멘토링은 정해진 목표를 성취하기 위한 밑그림이 제공한다.

훌륭한 멘토는 개인과 개인이 기꺼이 그 관계를 수용하고, 멘토 관계가 지속할 수 있도록 양자가 일상생활로부터 구체적인 지식에 이르기까지 역할모델이 되어야 한다는 점에서 쉽게 형성되는 데에 현실적 한계가 있을 수 있다.

다만 선상에서의 바람직한 멘토링이란 선상 직무 훈련을 통해 개개인의 역량 개발 및 육성 활동으로 정의될 수 있는데, 선박에서 풍부한 경험과 전문 해기 지식을 갖춘 선배 해기사가 전담하여 후배 해기사를 지도, 코치 및 조언하면서 실력과 잠재력을 개발, 성장시키는 것에 중점을 두어야 한다.

3) 직무 중 OJT교육

OJT교육은 조직이나 기업 내에서 구성원 교육 훈련 방법의 하나로 피교육자인 조직의 구성원은 직무에 종사하면서 직무 관련 지도교육을 받게 된다. 이는 조직이나 기업에서 요구하는 업무능력과 조직문화 적응을 위함이 주목적이다.

OJT교육에 참여하는 모든 관리자 및 감독자는 업무 수행상의 지휘감독자이자 업무수행과정에서 부하직원의 능력향상을 책임지는 교육자이어야 한다는 생각을 기반으로 하여 추진되고 있어서 지도자와 피교육자 사이에 친밀감을 조성하며 시간의 낭비가 적고 조직의 필요에 부합되는 직무교육 훈련을 할 수 있는 장점이 있다.

그러나 OJT교육의 효과적이고 실질적인 교육 제공을 위해서는 교육자의 높은 자질이 요구되며 조직이나 기업 내에서 이루어지기 때문에 경우에 따라서는 교육훈련 내용의 체계화가 어렵다는 단점이 있다. 이에 따라 OJT교육의 대상은 비교적 하부조직의 직종이 되기도 한다.

6.5 선상 교육을 통한 성과향상

선상에서의 일반적으로 이루어지는 교육은 그 목적과 대상이 분명하고, 계획적으로 운영하고 있다. 대표적인 선상 교육은 OJT 교육을 포함하여 상위직 교육, 법정 교육 및 기타 필요한 경우에 제공이 되며 기록으로 유지하고 있다.

법정 교육이 아닌 일반적인 직무 및 역량 개발 교육 기록에는 교육제공일, 대상자, 교육자, 교육의 내용, 교육 결과 등을 기록하는 것이 일반적이며 이때 교육생의 이해 및 숙지도 평가를 하여 충분히 동 교육내용을 이해했는지 검토할 필요가 있다. 또한, 차후에 교육의 내용 이해 및 숙지를 바탕으로 실무에 반영을 높이고 적절하게 수행하지는 여부 등을 관찰 · 기록하도록 한다.

실습생은 훈련 기록부상의 각 과업에 적합한 역량을 보여주었을 경우 검토하고 해당란에 날인 서명한다.

제 2 장

과업 및 업무량 관리 적용 능력

1. 기획과 조정
2. 개인 업무 배정
3. 인간의 한계
4. 시간 및 자원의 제약
5. 개인역량
6. 우선순위 결정
7. 업무량, 휴식 및 피로
8. 이의 제기 및 수용

제2장 과업 및 업무량 관리 적용 능력

1. 기획과 조정(Planning and coordination)

1.1 개인과 조직에 대한 계획 활동의 의미

1) 기획의 의미와 수립절차

기획(planning)은 추상적 목표를 갖고 있는 어떤 업무를 함에 있어 사전에 이 업무의 추진 배경과 명확한 목적과 목표를 설정하고 이 목표를 달성하기 위해 가장 효율적이고 적용 가능한 방법을 의도적으로 개발 · 선택하는 지적 활동을 말한다. 즉, 미래의 목표를 달성하기 위해 어떠한 인적 자원을 가지고 무엇을 하고 언제 할 것인지를 미리 생각하여 계획(plan)을 수립하는 과정으로 목표의 달성을 위한 자원할당, 일정, 예산 등을 포함하여 목표를 어떻게 충족시킬 것인지에 대한 윤곽을 제시한다.

반면 계획(plan)은 기획을 통해 산출된 결과이며, 사업계획(program)과 단위사업계획(project)은 계획의 하위 개념으로 볼 수 있다. 즉, 계획은 기획된 업무를 올바르게 진행하기 위해 어떻게 진행할지에 대한 구체적인 방법을 제시하는 것이다.

기획은 새로운 기회를 결정하고, 미래의 문제를 예측하여 회피할 수 있으며, 전략적 수행 방법의 개발, 구성원으로 하여금 동기부여와 협력을 이끌어낼 수 있으며, 다양한 상황에서의 불확실성이나 위험을 예측하고 표준을 세울 수 있다는데 중요성이 있다.

기획의 수립 절차는 내 · 외부의 환경을 분석한 후에 개인이나 조직의 목표를 설정하고 목표 달성을 위한 업무의 수행방법 및 절차 수립, 그리고 인적 · 물적 자원에 대한 평가와 조정 및 배정을 하게 되며, 업무 수행 후 그에 대한 성과의 평가 및 피드백의 과정을 거치게 된다.

〈그림 1-Ⅱ-23〉 기획의 단계

과제의 문제 파악 » 과제 및 문제 분석 » 목표 설정 » 해결 방안 » 실행 계획 수립 » 실행 » 평가

1.2 계획의 성과측정

1) 기획의 평가

기획의 평가란 기획의 내용이나 집행 그리고 그 효과 등을 측정하고 평가하며 사정하는 것을 의미한다. 기획에 대한 평가의 기준은 평가자와 평가 의뢰자의 평가 의도, 또는 평가대상인 기획이 지닌 특성이나 기획 과정의 어느 단계에 대한 평가냐에 따라 여러 가지로 달리 채택될 수 있다. 이러한 다양한 평가 기준들은 대체로 효과성, 능률성, 적정성, 형평성, 대응성, 적절성 등으로 유형화시켜 생각해볼 수 있다.

〈표 1-Ⅱ-8〉 기획의 평가 기준

항 목	내 용
완결성 (Completeness)	• 조직이 행하고자 하는 모든 노력과 변화가 반영되어 있는가? • 다양한 전략들이 활용되었는가?
선명성 (Clarity)	• 어떤 업무가 행해지고 있고, 누가 어떤 업무를 행하고 언제까지 해야 하는지가 분명하게 나타나 있는가?
충분성 (Sufficiency)	• 제안된 모든 업무들이 결과적으로 조직의 미션과 목표을 충분히 달성하게 되는가? • 그렇지 않다면, 어떤 변화가 기획되고 이행되어야 하는가?
현시성 (Currency)	• 활동 계획이 현재의 업무들을 반영하는가? • 활동 계획이 미래의 기회요인과 문제점 및 장애 요인들을 예측 하는가?
유연성 (Flexibility)	• 활동 계획이 유연하여 예견되지 않았던 변화들에 반응하기에 충분한가? • 성과 목표가 달성되고 전략목표가 확대되는 경우 보완 및 반영할 수 있는가?

1.3 계획 활동의 성과에 대한 피드백의 역할

일반적으로 평가는 실행의 결과에 대한 사후적 효과를 측정하는 의미로 사용되지만 넓게는 그에 대한 해결 방법까지도 제시하는 것으로 이해할 수 있다. 기획 과정은 순환적 성격을 띠고 있으므로 전체 기획은 사업계획을 통하여 구체화되고 달성된 성과 결과가 과정 또는 원인에 어떠한 영향을 미쳤는지 분석하고 피드백 되어 다음의 사업계획이나 기본기획을 수립하게 됨으로써 활동의 일관성과 합리성이 확보되어야 한다. 이에 피드백은 이행된 업무의 성과 결과가 과정 또는 원인에 미치는 영향을 분석하고 이를 개선하는 것으로서 성과 결과의 장단점에 대한 데이터를 만들고 분석하여 개선점을 찾아 계획 활동의 성과를 개선하는 활동을 말한다. 따라서 계획 활동성과에 대한 피드백의 역할은 조직(또는 개인)이 목표 달성을 위해 어떤 업무를 추진하고 의도한 결과를 가져 왔는지 등에 대한 정보를 알 수 있다.

1.4 기획의 조정

1) 조정(Coordination)의 의미

조정(Coordination)은 조직의 각 부서 또는 조직의 구성원 각자가 공동의 목표를 추구하도록 조직 내 업무 행동의 통일성을 제공함으로써 구성원들의 노력을 일치시키는 것이다. 따라서 관리자는 이러한 역량이 필요하며 계획, 조직, 조직원, 감독 및 통제의 기본적인 기능들을 통해 조정을 달성토록 노력해야 한다.

Mooney and Reiley(1939)는 조정을 '공동의 목표를 추구하고 조직원의 행동의 통일성을 제공하기 위한 조직의 질서 있는 배치'라고 설명하였다. 또한 조직의 모든 활동은 조직 공통의 목적을 달성하는 방향으로 조정되어야 한다는 원리로 설명하였다. 이를 위해서는 명령통일이 이루어져야 하고 또한 명령통일을 이루기 위해서는 통솔의 범위가 적절하다고 주장하였다. 이것이 조정의 원리이며, 계층제의 원리, 기능적 원리 및 계선과 참모의 관계는 조정의 원리로부터 도출되었다고 설명하였다. Gulick과 Urwick(1937)는 조정을 '조직의 공통목적을 달성하기 위해 제 기능을 질서 있고 조화롭게 하며 분업화된 상태는 조정에 의해 그 효과가 높아질 수 있다'고 주장하였다. 또한 조정에 대한 정의를 Charles Worth는 목적을 달성하기 위한 다양한 부분의 통합이라고 하였다.

일반적인 조직관리이론에서는 조정은 한 조직을 유지 발전시키는데 가장 중요한 역할을 하므로 조정의 권한과 책임만은 각 조직 단위의 최고 책임자에게 부여하고 있다고 설명한다. 따라서 관리자는 기획, 조직, 직원, 감독 및 통제의 기본적인 기증을 통해 조정을 하여야 한다. 오늘날에는 최고 책임자의 권력에 의한 권위적 조정 외에도 커뮤니케이션의 촉진, 목표의 명확화 등을 통해 조정이 시도되고 있다.

2. 개인 업무 배정

2.1 업무배정 및 인원배치 의미

1) 업무 배정

업무 배정이란 조직 구성원 각자에게 조직 내 부서 또는 팀이 수행해야 할 여러 가지 업무 중 담당해야 할 업무를 배정 또는 지정하는 것을 말한다. 업무에 대한 조직원의 적절한 배치와 조정을 함으로써 인적 자원을 효율적으로 관리할 수 있으며 이를 통해 선박의 안전 및 효율적 운항을 도모할 수 있다.

2) 업무 배정의 원칙

업무 배정을 하기 위해서는 우선 과업이 효과적으로 수행될 수 있도록 충분한 인원과 적절한 자격을 갖춘 자를 배치해야 한다. 이에 구성원들은 적절한 자격을 갖추어야 하며, 자신의 주어진 임무를 능률적이고 효과적으로 수행하기에 적합해야 한다.

업무는 명백하고 모호함이 없이 적절한 개인에게 배정하되, 그 개인이 자신의 책임임을 인지하고 있는 것을 확인하여야 한다. 어떠한 구성원도 효과적으로 수행될 수 있는 업무보다 더 많은 업무나 어려운 과업을 배정해서는 안 된다. 각 개인은 항상 자신의 업무를 가장 능률적이며 효과적으로 수행할 수 있는 적절한 근무 적합 장소에 배치되어야 하며, 또한 상황에 따라 다른 근무 장소에 재배치되어야 한다. 조직원들은 항상 상황 변화에 능률적이고 효과적으로 대처할 업무상 준비가 되어 있어야 한다.

임무 조정이 능률적이고 효과적으로 이루어질 수 있다는 것을 확신할 때까지는 다른 임무, 과업 또는 장소에 배치되어서는 안 된다.

효과적인 업무 수행을 위해 필요한 기기 및 장치는 구성원들이 용이하게 이용할 수 있어야 한다. 또한 구성원들 간의 의사소통은 명백성, 신속성 및 신뢰성이 있어야 하며 또한 수행 중인 업무에 적합하여야 한다. 더불어 불필요한 활동과 오락은 피하고, 억제되거나 제거되어야 한다.

2.2 선교 업무 배정의 예시

1) 선교 업무 중 당직 배치의 원칙

선박의 당직 업무는 당직자가 수행해야 하는 업무를 효과적으로 수행함에 있어 과다한 피로에 의해 그 능률이 피로에 의해 저하되지 않도록 배치되어야 하며, 항해 개시 시의 최초 당직자와 다음 당직 교대자가 충분한 휴식을 취하고 기타의 모든 상황에서도 가급적이면 당직 근무에 적합하도록 그 임무가 조직되어야 한다.

선박의 상황과 조건을 고려한 안전한 당직과 당직을 유지하기 위해 적절한 당직 배치가 이루어져야 하며 당직 조직은 선박의 자동 또는 수동 형태에 따라 선박의 운항에 영향을 미치는 모든 선교 장비와 설비 등의 안전한 작동을 항상 적절하게 확보해야 한다. 적절한 자격을 갖춘 당직자 및 당직 구성원 등을 결정할 때에는, 특히 다음 사항을 고려하여야 한다. 아래 표는 업무 배정 시 고려해야 할 요소를 정리하였다.

- 선종과 장비와 시설 등의 상태
- 선박의 안전 운항에 영향을 미치는 주요 장비 및 시설에 관한 적절한 상시 감독
- 기상, 유빙, 오염된 수역, 긴급 상태, 손상의 억제 또는 오염의 확산방지와 같은 조건에 의하여 지배되는 일체의 특수한 운항 형태
- 당직자의 자격과 충분한 선박 운항 경험
- 선박, 인명, 화물 및 항만의 안전과 환경 및 보안
- 국제협약과 국내 법규 및 지방 법규의 준수

정상적인 선박 운항의 유지 조정(coordination)은 조직 구성원들이 공동의 목표를 추구하도록 행동의 통일성을 제공하여 구성원들의 노력을 일치시키는 것이다. 따라서 관리자는 이러한 역량이 필요하며 계획, 조직, 직원, 감독 및 통제의 기본적인 기능들을 통해 조정을 달성하도록 노력해야 한다.

〈표 1-Ⅱ-9〉 업무 배정의 고려 요소

예상할 수 있는 요소	예상할 수 없는 요소
• 항해 계획 수립 • 기관의 정비 관리 및 유지 보수 • 선원 교대 • 비상 훈련	• 기상 악화 • 환자 발생 • 장비 고장

자원 요소	인적기술 요소
• 시간(Time) • 재원(Resource)	• 해상 경험 • 전문적 해기 지식 • 태도
직접통제 가능 요소	**직접통제 불가능 요소**
• 항해계획 수립 • 브리핑 업무 • 주기적 이행 업무에 관한 점검표 • 훈련, 경험 • 절차	• 육상 관리자의 지원 • 해운기업의 표준 절차와 규정 • 새로운 선박관련 기술 등

2) 선교 업무 중 당직 배치의 예시

선교 자원의 종류에는 활용할 수 있는 자원이 주어져 있으며 다음과 같이 구분될 수 있다. 인적자원으로는 선장, 항해사, 당직부원 및 도선사와 실습생이 있다. 물적자원은 항해장비 및 항행시스템, 통신장비 등이 있다. 소프트웨어로는 법규, 제도, 절차서, 규정 등이 있다.

선교의 인적 자원의 배치로는 2인, 3인 및 4인 당직체제로 구성되는데 각각 아래와 같은 특징이 있다.

가) 2인 당직체제

- (예시) 당직항해사와 당직부원(조타수와 경계원의 업무)으로 구성
- 항해 위험요소가 최소인 대양 항해 시 적용
- 갑판작업(Daywork)이나 기타의 이유로 당직부원이 선교 이탈을 유의하고, 이탈 시에는 즉시 연락 가능한 기기 휴대

나) 3인 당직체제

- (예시) 선장, 항해사 및 당직부원으로 구성
- 자력 도선을 포함하여 선장이 직접 선교에서 지휘하고 당직항해사는 선장을 보좌
- 대양 항해 시 악천후로 조타가 어려울 경우는 추가적인 부원의 보조 지원 필요
- 악천후 및 시정제한 등 특정한 기상 상태

- 선박 교통량이 밀집된 항로이거나 협수로 및 천소구역 등 특정해역에서 적용
- 선장이 직접 지휘의사를 선언하기 이전까지는 당직항해사가 책임 지휘

다) 4인 이상 당직체제

- (예시) 도선사, 선장, 항해사 및 당직부원으로 구성
- 도선사가 도선하고 선장 및 당직 항해사는 감독 및 보좌
- 도선사 승선 시
- 도선사의 실수, 부주의 등 예측할 수 없는 상황 및 부적합 요인에 적극 대응
- 장시간 항해하는 도선구에서 선장이 휴식할 때 당직항해사의 역할 증대에 유의

보다 안전한 선교 당직팀 구성을 구성하기 위해서는 당직수행능력 점검하고 평가는 다음을 기준을 참조할 수 있다. 또한 항해사의 해기 지식과 경험 등을 구체적으로 검증 및 평가, 당직부원은 조타능력 및 당직 태도(성실성)를 중점 평가 등이 필요하다. 더불어 항해사의 경우 선박 내 업무 규정상 제공하고 있는 Check List를 활용하여 평가하면 효율적이다.

3. 인간의 한계

3.1 일반적인(피로도, 오해, 자만 등) 인간의 한계성

1) 선박에서의 인적요인

해상에서 선원의 피로 및 스트레스, 안일함과 자만심 등 인간의 상태(human conditions)는 매우 중요하다. 이러한 상태들을 일반적으로 인적요인(Human factor)이라고 한다.

인적요인은 대부분의 선박사고에서 직접적인 원인으로 작용하거나 간접적인 기여 요인으로 작용하고 있다. 특히 세계적으로 해상 선박 사고의 80% 이상이 인적요인에 기인한다는 분석 통계를 통해 우리는 사고를 야기하는 인적요인에 대하여 그 한계를 인식하고 탐지하는 것이 매우 중요한 것임을 알아야 한다. 이러한 인적요인을 소홀히 할 경우에는 사건의 발생으로 작업자의 부상과 작업 지연뿐만 아니라 대형 사고의 원인이 될 수 있다.

인적요인에 대한 인식은 작업자와 선박의 안전을 지속적으로 보장하는 환경을 만들어주고, 더욱 주의 깊고 책임 있는 작업을 수행하게 함으로써 품질 향상을 기대할 수 있다. 또한 사소한 실수를 줄이는 것은 비용과 운항지연을 감소시키고, 선원 부상으로 인한 작업 중단을 감소하게 하며, 선박 정비 불량으로 인한 중대 사건, 사고 등의 감소로 인하여 안전운항 및 안전문화를 창달할 수 있다.

선상에서 승무원의 인적요인을 다양한 요인으로 규정하고 있으나 이 모든 인적요인은 인간의 능력과 한계로 귀결되고 있다. 따라서 사고를 발생하게 하는 인적요인의 상황 및 조건에 대한 그 한계를 인식하고 탐지하는 것은 매우 중요하다.

2) 인간 한계성

인간의 능력이란 주어진 과제나 시스템에 대한 인간의 반응을 의미한다. 어떤 업무에 대한 이러한 능력은 끊임없는 교육과 훈련에 의해 상당 부분 습득할 수 있다. 그러나 지식 · 습득 부족 또는 설사 습득된 지식 · 기술일지라도 인적요인 또는 환경적 요인에 의해 의도한 결과를 도출한다고는 할 수 없다. 이것이 인간의 한계(Human limitation)이며, 이러한 상황 및 조건들을 통틀어 인적요인이라고 부르고 이는 해상에서 많은 해난사고를 직접적 또는 간접적으로 영향을 미치고 있다. 선상에서 이 인간 한계의 원인에는 다음과 같은 대표적인 여러 요인에 의한 나타날 수 있다.

가) 피로

피로는 장시간에 걸쳐진 정신적, 육체적인 노동의 결과로 지치고 탈진되며 에너지가 고갈된 느낌을 말한다. 몸이 지쳐 힘든 상태를 말하는데 근심과 걱정이 많고 힘든 근무환경의 노출 등으로 기인한 심신의 피곤함을 느끼는 지친 상태 또는 졸음이 오는 상태를 말한다. 과다한 피로 또는 누적된 피로의 영향은 직무수행능력이 감소되고 경계심이 느슨해 질 수 있다.

국제해사기구의 'fatigue guideline(2005)'에 의하면 피로(Fatigue)는 인간의 정신적, 육체적 또는 감정적 노동의 결과로 발생하는 육체적 그리고 또는 정신적 능력의 감소라고 하며 인간의 힘, 속도, 반응시간, 조화, 결정력 또는 균형 감각을 포함하는 모든 육체적 능력을 저하시키는 것으로 정의하였다.

국제해사기구(IMO)가 피로 가이드라인을 제작하고 이를 중요시 여기에 된 계기는 1980대 이후 해상에서 발생한 대형 선박사고의 원인에는 선원의 피로가 직간접적 영향을 미쳤다고 분석하였기 때문이다. 특히 해양사고의 10대 원인으로 부적절한 의사소통, 부적합한 일반적 해기 기술지식, 선박시스템 대한 부적절한 지식, 부적합한 정보에 의한 의사소통을 포함하여 피로를 주요 원인 중 하나로 식별하였다.

피로 가이드라인에 따르면 선원의 피로를 유발하는 요인을 수면부족, 부족한 수면의 질, 작업시간 사이의 불충분한 휴식시간, 부족한 휴식의 질, 스트레스, 소음과 진동, 선박의 움직임(pitching, rolling 등), 음식, 건강상태, 음주 및 약물, 시차로 인한 피로, 과도한 작업부하 등 주요 요인으로 구분하였다.

나) 자기만족

자기만족은 선원의 선박 운용상 잠재적으로 발생할 수 있는 위험을 과소평가할 수 있거나 인지하지 못하는 것에 영향을 미치기도 한다. 자기만족에 기인한 자만심은 현실에 안주하는 경향이 있다.

다) 오해

선박에서 조직 구성원 간의 오해, 기계나 장비 및 설비 등에 대한 오해들을 의사소통의 부족, 문화적 차이의 인식 부족 등 또는 지식이나 능력 부족 등에 의해 생겨날 수 있다.

〈그림 1-Ⅱ-24〉 해상에서의 선원과 선원의 피로

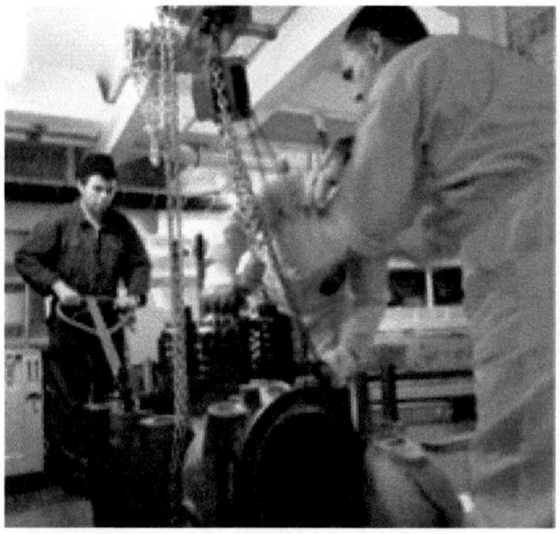

*출처 : 국제해사기구(IMO) 홈페이지 2022

3.2 인간의 한계성을 점검하는 선내활동

선주 또는 선박 관리자는 인간의 한계성을 감독하고 관리하기 위해 조직 관리, 정책 및 시스템을 유지하도록 고려하여야 한다. 예를 들어 ISM code 요건, 당직 전에 적절한 휴식 적절성, 적절한 당직 교대를 위한 시간, 항해 기간, 접안 시간, 하역 기간 및 출항 시간의 비율 등에 대해 명확하고 분명한 선내 지침과 해운기업의 규정이 있어야 한다. 이를 통해 선박과 육상의 조직원의 인적 자원에 대한 한계를 감독하고 관리할 수 있다.

인간의 한계성을 관리하기 위해서는 선원 간 다문화 문제, 언어 장벽, 사회적, 문화적 및 종교적 차이나 인간관계, 스트레스, 외로움, 지루함, 사회적 박탈감 및 자동화로 인한 소수 선원에게 부여된 작업량의 증가 여부로 고려해야 한다. 상륙, 선상 레크리에이션 및 가족 간의 커뮤니케이션을 위한 규정이나 당직 스케줄, 직무 교대 등도 반영해야 한다. 쾌적한 침실과 거주환경, 적절한 영양 보장과 양질의 음식 제공도 중요하다. 더불어 현 선박 설계 또는 장래 설계에 대한 지속적 개선 노력도 인간의 한계성을 점검하는 중요한 사항이다.

선박에서 선장 또는 기관장은 승무원이 스스로 효과적으로 인간 한계성을 관리할 수 있는 교육과 훈련을 실시하여야 하며, 해사노동협약(MLC)에서 요구하는 승무원의 근로/휴식시간의 준수는 무엇보다 중요하다.

또한 선원의 인간 한계성의 원인과 영향, 규칙적인 휴식의 필요성에 대한 교육 프로그램 편성도 고려해야하며 이를 선원에 대한 관리 감독을 평가 항목으로 포함해야 한다. 상기 교육 프로그램 제공과 평가 시스템은 각 선원에게 작업 시간과 관련한 피드백을 자료로 제공하여 관리자가 작업편성에 대한 상황 및 효율성을 평가하고 있고 규정을 준수하고 있음이 확인되어야 한다.

선박에서 인간 한계성을 점검하는 대표적인 방법은 선원법 시행규칙에 명기된 선원 근로시간 등의 기록서류이다. 다만 현실적으로 선원의 휴식 기록부가 비현실적이고 정확성이 떨어질 수 있지만 작업 및 수면에 대한 피드백은 관리자에게 리스크 완화 전략을 효율적으로 수립 및 점검하는 기반을 제공할 수 있다.

3.3 인간의 한계성 초과를 나타내는 지표

통상적으로 인간의 한계를 초과하였을 때 흔히 발생할 수 있는 증상은 아래 표와 같다.

〈표 1-Ⅱ-10〉 인간의 한계성 초과를 나타내는 증상들

업무수행능력 감소	표시/증상
집중력 감소	• 활동의 순서나 업무 순서의 우선순위에 대해 조직화하지 못함 • 단순 업무에 집착 • 중요한 문제를 무시하거나 단순하고 문제에 집중 및 집착 • 비효과적인 습관 • 평소보다 경계를 낮춤
의사결정능력의 감쇠	• 거리, 속도, 시간 등에 대한 오판 • 어떠한 상황에서 적절한 침착함을 유지하지 못함 • 중요한 것에 대한 무시 및 간과 • 여러 옵션에서 위험한 요인을 선택 • 숫자적 계산과 평면성 등에서의 어려움
기억력의 감쇠	• 업무의 연속을 기억하는데 실패함 • 어떠한 일이나 절차를 기억하는 것에 대한 어려움 • 업무나 업무의 부분적인 것을 완료하지 못함
느린 대처	• 비일반적인 행동 또는 급한 상황에서의 늦은 대처
신체의 움직임 및 통제능력의 감소	• 술에 취한 것처럼 보임 • 깨어있는 상태를 유지하기 어려움 • 흥분된 말. 말할 때 얼버무리거나, 느리거나, 오해하게 말함 • 팔다리 및 몸 자체의 무거운 느낌과 무거운 동작 • 도구나 기구 등을 떨어뜨리는 빈도의 증가
기분의 변화	• 평소보다 조용해지고 둔감한 행동 • 불규칙적으로 민감해짐 • 참지 못하거나 비사회적 행동을 자행함

업무수행능력 감소	표시/증상
태도의 변화	• 예상된 위험을 간과 • 경고(위험) 표시를 무시하거나 간과 • 자신의 비효율적이고 나쁜 업무수행능력을 알지 못함 • 너무 자주 위험에 빠짐 • 일반적 규정과 절차를 무시함 • "괜찮다"는 표시를 자주 보여줌 • 업무상의 취약

3.4 인간의 한계를 초래하는 요인

해상에서 인간의 한계를 초래하는 잠재적인 요인으로는 피로와 스트레스 등이 대표적이다. 인간의 한계를 초래하는 다양한 잠재적 요인 중 피로와 스트레스는 가장 큰 비중을 차지하는 인적요인이며, 개인, 선내 승무원과의 관계, 해운기업을 포함한 육상에서의 선박 관리 요소, 선박 설계 등에 따른 선박의 구조 등으로부터 내부적 요인과 선박의 운항 환경인 외부적 요소 등으로 구분할 수 있다.

3.5 인간의 한계를 극복하는 방안

인간 한계성에 대한 극복 방안은 인간 한계를 초래하는 요인별로 극복방안이 마련되어야 한다. 선박의 경우 인간 한계를 가져오는 다양한 요인 중 일부는 피할 수 없거나 단기적으로 해결할 수 없는 부분도 있다.

인간 한계를 가져오는 가장 큰 요인은 선원의 피로와 선박의 특성상 겪게 되는 피로와 스트레스이다. 선박의 승무원이 겪게 되는 피로와 스트레스는 선상에서의 승무원과 육상 관리자의 사고방식의 변화에 의해 충분히 해결할 수 있다. 육상에서의 선박 관리자 및 운항관리자는 장기 기획에 따라 선박 운항자에게 예측 가능한 운항 일정과 정비 계획을 제공함으로써 선박 운항자는 이에 따른 세부 계획을 세워 적절한 업무를 수행케 함으로써 피로의 원인을 제거함으로써 충분한 휴식과 수면을 제공할 수 있다.

인간의 한계를 극복하기 위해서는 아래의 사항들을 고려하여 충분한 휴식과 수면을 취하고자 노력한다면 다소 해결할 수 있을 것이다.

1) 수면

수면은 인간의 한계성을 극복하는 가장 효과적인 방법 중 하나이며 수면이 부족하게 되면 인간의 대부분은 정신적, 신체적 및 감정적인 인간의 능력이 감소된다. 따라서 충분한 수면을 취해야 하며 충분한 수면의 요건은 깊은 수면이고, 성인의 경우 통상적으로 24시간 중 7~8시간 동안 수면을 방해받지 않는 지속적인 수면이 필요하다. 수면이 단절될 경우 부정적인 효과가 발생함에 따라 수면의 질을 확보하는 노력이 필요하다. 수면의 질 또한 매우 중요한데 좋은 수면을 취하기 위해서는 인체 시간과 일치하는 때에 수면을 취해야 한다. 하지만 선박은 밤과 낮의 구분 없이 당직교대를 해야 하며 국제적인 시간 차이를 가지고 항해하는 경우가 많아 인체 시간(body clock)과 일치하는 때 수면을 취하기는 매우 어렵다. 만일 이러한 인체 시간(body clock)과 일치하지 않을 경우 호르몬의 분비 등 제대로 수면을 취하기가 어려워진다.

부족한 수면의 부족은 음주의 섭취와 유사하다는 연구조사도 있다. 수면의 부족은 업무 수행 능력을 저하시키는데 아래 연구조사에 따르면, 수면부족과 음주량이 늘어날수록 업무 수행 능력이 급락한다고 한다.

〈그림 1-Ⅱ-25〉 수면과 음부의 업무수행과의 관계

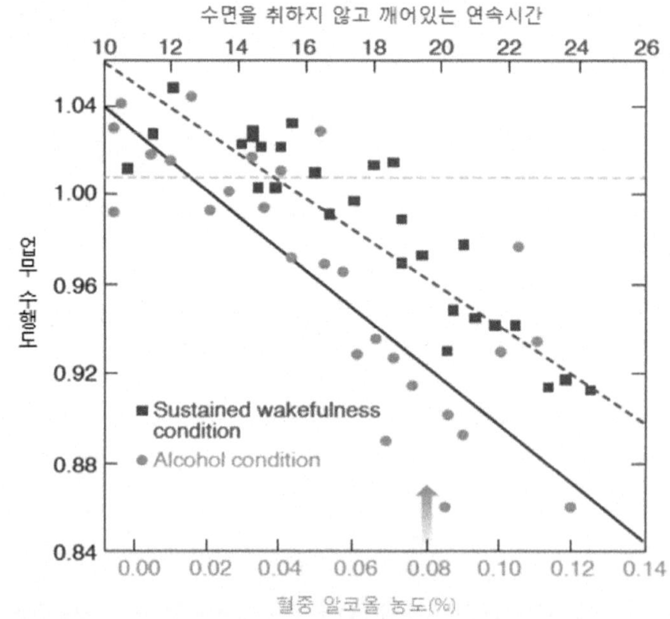

*출처: Understanding and Enhancing Crew Endurance, Megan L. Moundalexis, Jennifer A.B.Mckneely, William B.Fitzpatrick, and Cory C.Sheffer(2011)

양질의 수면습관은 신속한 수면을 취하기 위해 수면 전 일상적인 습관을 가질 것, 수면을 잘 취할 수 있는 환경을 조성할 것, 수면 동안 방해 받는 일이 없도록 할 것, 수면을 취하기 전에 생리적 욕구를 충족시킬 것, 수면 전에 알코올 및 카페인을 피할 것 및 명상 및 요가와 같은 이완요법을 고려할 것 등이 있다.

2) 휴식

휴식은 피로도와 마찬가지로 인간 능력에 가장 영향을 끼칠 수 있는 또 다른 하나의 중요한 요인이다. 수면과 달리 휴식은 신체적 활동 중단 또는 업무 변경 등을 통하여 획득 가능하다.

3.6 인간의 한계 초과 원인인 스트레스의 영향

1) 스트레스의 개요

가) 스트레스의 정의

스트레스란 인간이 신체적 혹은 심리적으로 감당하기 어려운 상황에 처했을 때 느낄 수 있는 개인의 불안과 위험의 감정을 말한다. 또는 개인의 능력을 초과하는 요구가 있거나 혹은 개인의 요구를 충족시켜주지 못하는 환경과의 불균형의 상태에 대한 적응적 반응을 의미한다. 즉, 스트레스란 우리가 적용하여야 할 외부의 자극이나 변화를 말하며, 또한 그 때 느끼는 생리적 행동적 반응도 스트레스라고 할 수 있다. 어떤 일에 대해 모든 사람이 똑같이 스트레스를 느끼는 것은 아니다. 그 상황 또는 상태를 어떻게 받아들이느냐에 따라 더 많은 스트레스를 느끼기도 하고, 오히려 즐거워하는 사람도 있을 수 있다. 즉 스트레스는 받아들이는 사람의 주관적 해석에 따라 큰 차이가 있을 수 있다.

나) 스트레스 발생과정

스트레스에는 순기능과 역기능이 있으며 그것을 받아들이는 개인차에 따라 동일한 스트레스가 순기능으로 또는 역기능으로 작용할 수 있다. 주어진 스트레스가 한 개인의 허용능력을 초과할 경우에는 역기능으로 작용하게 되며 스트레스의 발생 과정은 아래 그림과 같다.

○ 외적 요인(External Stressor)로는 다음과 같은 사항들을 예시로 열거할 수 있다.

• 물리적 환경 : 소음, 빛, 조명, 실내 온도, 열 등의 한정된 공간
• 사회적 환경 : 불쾌함, 무례함, 명령, 다른 사람과 갈등
• 조직사회 : 규칙, 제도, 형식절차
• 생활의 큰 사건 : 친족의 죽음, 직업상실, 승진
• 일상 복잡한 일 : 통근, 열쇠 잃어버림, 기계적 고장

○ 내적 요인(Internal Stressor)로는 다음과 같은 사항들을 예시로 열거할 수 있다.

• 생활양식의 선택 : 충분치 않은 수면과 휴식, 바쁜 개인 일정
• 부정적인 자신과의 대화 : 비관적인 생각, 자신 혹평, 과도한 분석
• 마음의 올가미(Mind Traps) : 비현실적인 기대, 과장되고 경직된 사고, 독선적인 소유, 전부 아니면 아무것도 아니라는 생각

〈그림 1-Ⅱ-26〉 스트레스 발생 과정

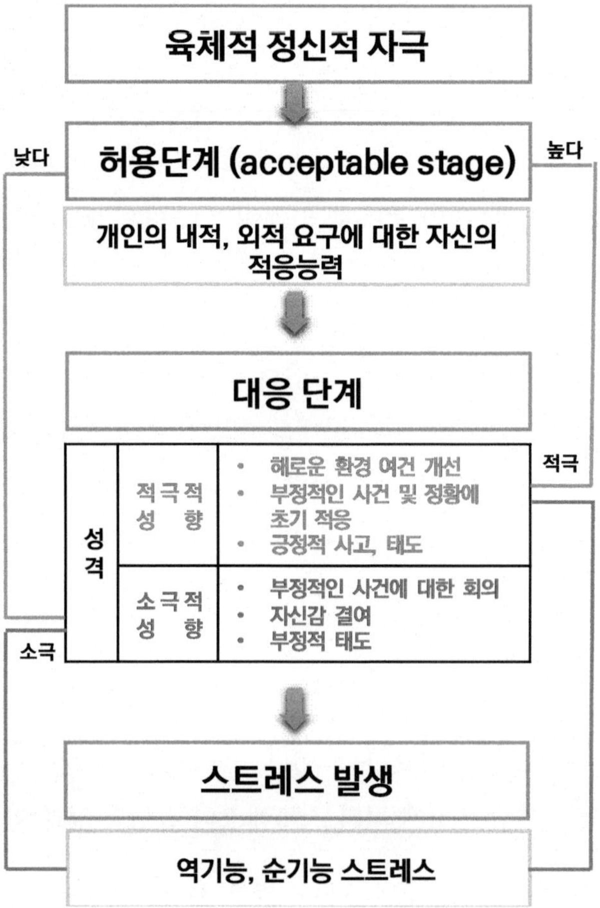

다) 스트레스의 특징

스트레스가 너무 적은 것 또한 바람직하지 못하나 과도한 스트레스와 스트레스 부적응도 건강에 해로울 수 있다. 스트레스에 대한 개인의 조절과 반응에는 개인차가 있으며 스트레스는 스스로 유발되기도 하는데 유쾌한 경우에도 발생한다. 또한 과도한 긴장은 심신의 장애를 초래하며 피로와 과도한 신경 근육의 긴장은 밀접한 관계가 있다. 조직 내 업무의 계획이나 개인 생활의 짜임새 있는 계획은 과로나 긴장을 완화할 수 있다.

2) 직무 스트레스

가) 작업장에서의 스트레스 요인

직무와 관련하여 조직 내에서 상호작용하는 과정에서 조직의 목표와 개인의 욕구 사이에 불균형 또는 차이가 생길 때 직무 스트레스가 발생한다. 특히 낮은 지위에 있는 사람은 자율성이 거의 보장되지 않는 상황에서 자신감 저하, 불만족, 직무 불만족 등의 스트레스가 증가할 수 있고 경우에 따라 개인의 생리적 변화에 영향을 주기도 한다. 업무에 대한 요청사항이 명확하지 않고 모호한 경우, 업무를 수행하기에 적합하기 않은 불쾌한 환경, 시간적 압박 등의 통제가 결여된 업무 등 다양한 요인에 의해서도 직무 스트레스는 만들어진다. 이 외에도 권위적인 조직 내 문화, 대인관계 및 조직 내 갈등 등 많은 요인이 직무 스트레스의 원인이 될 수 있다.

○ 조직구조에 의한 스트레스로 다음과 같은 내용을 제시할 수 있다.

- 조직원들이 조직의 운영방향과 의사결정에서 관여하는 정도에 따라 중앙 집중식 및 탈중앙 집중식 두 가지 종류로 구분한다.
- 중앙 집중적 조직구조에서는 의사결정의 대부분이 최고경영층에서 이루어진다.
- 반면에 탈 중앙 집중적인 조직구조에서는 근로자들의 지위에 크게 영향을 받지 않으며 개인이 업무에 대한 통제를 갖고 있다.
- 일반적으로 조직원들이 보다 많이 의사결정에 참여하고 재량권을 부여받을 때 스트레스가 감소된다.

○ 물리적 환경 및 직무특성 요인에 의한 스트레스로는 다음과 같은 내용이 있다.

- 소음은 여러 방면으로 스트레스의 요인이 되며 지속적 소음은 혈압을 상승의 원인이 되기도 한다.

- 너무 협소하거나 더운 것, 너무 밝은 조명 및 진동 등에 물리적으로 노출되면 나쁜 영향을 받는다.
- 이러한 나쁜 영향은 그 자체로 질병을 유발시키지는 않지만 스트레스의 특성인 정신질환과 2차적 생리변화를 유발할 수 있다.
- 직무특성요인으로는 작업속도, 작업의 반복성 등이 있으며 특히 작업을 반복할수록 더 많은 스트레스를 경험하게 된다.

○ 직무의 과부하, 모호성 및 갈등에 의한 스트레스는 다음과 같이 구분된다.

- 과부하는 작업과부하로 불리기도 하며 시간의 부족이나 작업의 어려움에 기인하여 직무를 완수하지 못하는 것을 의미하며 양적 과부하와 질적 과부하로 구분된다.
- 양적 과부하는 주어진 시간 안에 개인이 처리하기에 너무 많은 과제로 인한 과부하이고 질적 과부하란 개인이 처리하기에 너무 어려운 작업을 말한다.

○ 대인관계에 의한 스트레스는 직무만족을 구성하는 요소이며, 조직 내에서의 대인관계의 갈등과 불신은 낮은 직무만족을 유발시킨다고 한다. 대부분의 조직 구성원들은 조직 내 동료와의 관계를 통해 직무를 수행하고 업무를 진행하게 된다. 대인관계는 조직원의 직장 환경의 적응과 성장에 있어 매우 중요한 역할을 하며, 개인의 정체성 형성에 영향을 미칠 뿐만 아니라 갈등의 원인이 되기도 한다. 팀워크를 중요시 여기는 일반적인 조직에서 원활하지 못한 동료와의 관계는 정신적 고갈에 가장 중요한 원인이 되기도 하며, 부정적인 결과를 야기시키고, 낮은 직무 만족감, 심리적 좌절감, 갈등 등 중요한 스트레스의 원인이 된다. 따라서 이러한 대인관계에서 올 수 있는 대인관계에 의한 스트레스는 가능한 범위에서 감소시킬 수 있는 방안을 모색해야 하며, 대표적인 중요한 감소 방안 중 하나는 개인을 존중하면서 팀워크를 형성하는데 기여할 수 있는 상사의 태도이며 리더십이다. 상사의 리더십을 통해 부하로 하여금 의사결정과정에 적극적으로 참여시키고 양방향 의사소통을 제공하여 팀워크를 향상시키고 갈등을 최소화하기 위한 노력이 필요하다.

나) 선박에서의 스트레스

선박의 승무원들은 선박의 운항 특성상 한정된 생활 공간에서 소수의 선원과 공동생활하고 사회로부터 다소 고립된 특수한 선상 생활을 한다. 선박은 직무를 수행하는 공간이자 또 한편으로는 개인의 생활공간도 있어 육상의 근무자들처럼 출퇴근 개념이 없는 다소 분리되지 못한 생활을 할 수 밖에 없다. 이러한 선박의 물리적 환경은 스트레스를 유발하게 하는 원인이 될 수 있다. 또한 다른 선원들과의 문제, 장시간의 업무, 일반적인 업무 등에 의한 인적인 문제에 의해 스트레스가 발생하기도 한다.

3) 과도한 스트레스를 인지할 수 있는 지표

과도한 스트레스를 인지할 수 있는 지표는 아래 표와 같다. 스트레스가 전혀 없는 직장생활은 생각하기 어렵다. 오히려 낮은 직무 스트레스는 지루함과 매너리즘으로 성과가 낮은 반면, 직장 내 경쟁심리는 긴장감을 높여 성과를 올릴 수 있다. 그러나 지나친 스트레스는 조직의 성과에 역기능을 일으킨다.

〈표 1-Ⅱ-11〉 과도한 스트레스를 인지할 수 있는 지표들

지표	증 상
기억장애	• 주의산만이 되기 쉬움 • 편견 • 정보과다 • 업무 방치 (모든 업무가 너무 어려워서 집중할 수 없을 때 특정 업무 방치)
집중력 감소	• 난이도에 따른 우선순위 • 하찮은 일에 대한 선입관 • 지각력 감소
의사결정 감소	• 편견 • 사고력 감소

4) 스트레스 해소 방법

일상에서 스트레스를 받지 않을 수 없으나 이 스트레스가 질환으로 이어지지 않고 순기능을 할 수 있도록 스트레스를 잘 관리해야 한다. 스트레스를 관리하기 위해서는 자신의 삶에서 '예측가능성'과 '조절가능성'을 높여야 한다. 생활을 예측하고 최대한 자기가 조절할 수 있도록 하는 것이 스트레스를 낮추는데 있어 핵심적인 역할을 한다.

다음은 스트레스를 해소하기 위한 여러 방안들을 소개하지만 가장 먼저 자신의 업무 영역에 대한 자기 확신을 가지는 것이 필요하다. 자신이 지금 하는 일에 대해 역량이 어느 정도

수준이고 누구에게 도움을 받을 수 있으며, 어느 정도의 시간 안에 업무를 해낼 수 있을지 잘 파악하고 있다면 무력감이나 소극적 업무로 인한 피로도와 스트레스를 줄일 수 있을 것이다.

가) 긴장 해소를 위한 3R 기법으로는 정신활동을 줄여라(Reduce), 긴장은 인식하라(Recognize), 호흡수를 줄여라(Reduce) 등이 일상에서 자주 소개되는 기법으로 제시되곤 한다.

나) 직무 스트레스의 해소 방안을 소개하자면 일의 우선순위를 정하고, 자신의 성격을 파악하거나 원만한 인간관계를 유지하기 위해 노력하는 것이 중요하다. 또한 가능하다면 마음에 맞거나 의견이 비슷한 동료들과 함께 스트레스 대응 모임을 만들어 서로의 의견을 공유하고 이야기해보는 것도 스트레스를 줄이는 방법 중에 하나이다.

다) 개인적으로 자기 관리도 필수적이다. 지나친 음주나 담배, 당직 중 졸음을 피하기 위한 습관적인 과도한 카페인의 섭취 등은 삼가고, 건강한 자신을 만들어 가는데 충분한 노력이 필요하고 이는 곧 피로도와 스트레스를 줄이는 가장 효과적인 방안 중에 하나로 소개된다.

4. 시간 및 자원의 제약

4.1 시간 제약의 요인

모든 사람에게 시간은 평등하게 주어지며 시간은 제한적이다. 자신이 맡은 업무를 해결하는데 주어진 시간을 어떻게 활용하느냐에 따라서 업무처리 능력을 갖춘 사람이 되고 그렇지 못한 사람이 된다. 즉, 업무 처리 측면에서 주어진 제한된 시간은 성과와 깊은 관계가 있어 시간을 얼마나 효율적으로 활용했느냐에 따라 과업의 성과에 대한 평가가 달라질 수 있다.

시간 관리의 시작은 우선 시간의 특성과 우선순위를 파악하는 것이 중요하다. 시간은 사용하지 않아도 자동 소멸하고, 다른 물건처럼 살 수도 없고 저장할 수도 없고 멈출 수도 없다. 시간은 누구에게나 매일 똑같은 속도로 흐르고 공평하게 주어진다. 사람마다 시간의 흐름을 느끼는 정도는 다르지만 시간은 객관적으로 일정한 속도로 흘러간다. 이러한 시간을 어떻게 사용하느냐에 따라 그 가치가 달라진다. 또한 시간은 상대적으로 순간 또는 상황에 따라 그 밀도와 가치가 다르게 된다. 예를 들어 개인마다 24시간 중에 다른 황금 시간대를 가진다.

즉, 시간의 특성 및 제약으로는 시간은 무형의 자원이라는 것이며 누구에게나 공평하게 주어진다. 시간은 사용하지 않아도 자동 소멸하며 시간은 저장할 수 없고, 시간은 양도하거나 매매할 수 없다는 것이다. 물리적인 시간은 불변이지만 심리적 시간은 가변이며 지나간 시간은 돌아오지 않는다는 특성을 가지고 있다.

위와 같은 시간의 특성 및 제약성을 이해하고 어떻게 자신의 맡은 과업을 위한 시간 관리와 시간 활용을 어떻게 극대화 및 효율적으로 사용할지에 대한 계획과 업무 우선순위에 대한 계획과 전략을 세우고 실행하는 것이 필요하다. 시간 계획의 가장 큰 목표는 조직에서 맡은 업무의 우선순위를 정해서 시간의 낭비를 최대한 막고 자신에게 주어진 시간 내에서 반드시 성취해야 할 것을 이루는 것이다. 그리고 이를 위해 자투리 시간을 최대한 활용해야 한다.

4.2 시간 제약의 야기 요소

시간을 효율적으로 극대화하여 활용하지 못하는 대부분의 이유는 부적절한 시간관리이다. 개인의 시간 소비 특성을 분석해보면 일반적으로 대부분은 시간 계획 없이 낭비되는 시간이 많은 경우도 있다. 조직 내 업무를 수행함에 있어 소모적이고 별다른 성과 없이 시간을 보내는 경우 또는 업무는 열심히 하고 있으나 투입된 인력과 시간대비 성과는 별로 없는 경우도 있다. 이는 자신의 업무에 대한 시간을 효율적으로 사용치 못해 기대되는 성과가 안 나올 수밖에 없는 것이다. 일반적으로 적절하지 못한 시간 관리로 인해 시간 제약이 발생하는 대표적인 원인들은 다음과 같다.

1) 업무 소요 시간을 실제보다 적게 잡음

대부분의 일들은 진행 중에 예상하지 못했던 일이 발생하며, 처음 계획대로 완벽하게 진행되는 경우는 흔치 않다. 업무 마감 시간이 촉박한 경우 틈새 시간을 최대한 활용해 볼 수도 있겠지만 그렇게 확보한 시간 내 목표량을 설정하고 성과를 내는 것은 쉽지 않다. 적절한 시간 관리를 위해서는 수행해야 할 업무의 총량을 시간으로 파악해서 본인에게 주어진 시간의 적절성을 파악해야 한다.

2) 업무수행을 서두름

시간의 흐름을 느끼는 정도는 개인마다 차이가 있지만 시간의 속도는 언제나 일정하게 흘러간다. 흘러가는 1회성 시간의 특성을 감안한다면 업무 투입 시점과 진행을 위해 속도를 내는 것도 중요하지만 서두르지 않으며, 편안하게 해 나갈 수 있을 정도의 업무 속도를 설정하고 대신 꾸준히 하는 것이 더 중요하다.

3) 동시에 많은 일을 하려고 함

동시에 많은 일을 하려고 시도함으로서 개별업무 당 최소한 요구되는 시간 소요량을 확보하는 데 실패하며, 결국 전체가 허물어진다. 시간을 할애하여 어느 업무를 먼저하고 나중에 처리해야 하는지에 대한 업무의 우선순위를 갖는 것이 중요하다.

4) 업무에 대해 늑장 부림

어떠한 일을 시작함에 있어서 이런 저런 이유로 늦장을 부리는 경우가 많은데, 마음먹고 시작하면 단기간에 끝날 일을 계속 해서 미루고 미루면서 결국은 그 일에 소요되는 시간을 몇 배, 몇 십 배 늘려버리는 경우가 발생한다면 효율적인 시간 및 업무 처리라고 할 수 없다. 정해진 시간 내 목표 업무량을 과다하게 설정해서도 안 되지만 정해진 업무를 주어진 시간

내에 완료할 수 있도록 노력해야 한다. 그러하지 못한 경우 더 많은 인력과 시간이 투입되어 결과적으로 비효율적인 업무 처리가 된다.

5) 불필요한 일에 얽매임

경우에 따라서는 정작 중요한 업무를 소홀히 하고, 당장 필요하거나 중요한 일이 아님에도 불구하고 쓸데없는 일에 매진함으로써 시간을 허비하고 있는 경우도 있다. 일의 우선순위를 파악하지 못하는 행동 또는 그 일이 하기 싫어서 의도적으로 불필요한 일을 반복적으로 행함으로써 시간을 낭비하는 경우도 있다. 예를 들면, 내일까지 보고서를 제출해야 하는데 이메일 정리하는 일, 내일이 중요한 시험인데 책상 정리하는 일 등이 있다.

4.3 시간 제약성에 관해 주지시키는 일반적 방법

선박 일정에 따라 운항하는 선박의 특성상 선원들에게 있어 시간 관리는 매우 중요하다. 시간 관리는 넓은 의미로는 주어진 모든 시간을 최선을 다해 활용하여 최대의 효과를 거두는 것이며, 좁은 의미에서는 효과적인 활동을 하기 위해 시간을 잘 가용화하는 것이다.

'시간을 관리한다'는 것은 시간 자체를 관리하는 것을 뜻하는 것이 아니라, 시간과 관련하여 시간 내 자신이 하고자 하는 바를 하는 것을 말한다. 얼마만큼의 시간을 가지고 있느냐가 중요한 것이 아니고 주어진 시간을 목표로 하는 그 무엇을 하는 것, 다시 말해서, 어떻게 시간을 활용하는가가 중요한 것이다. 시간관리의 효율성에 따라 각자 맡은 업무와 성과의 질적 측면이 달라지므로 선박 승무원들은 주어진 시간의 제약성을 인식하고 시간관리에 각별히 노력을 기울여 효율적인 시간 관리를 해야 한다. 다음은 효율적인 시간관리 방법을 제시한다.

1) 시간 계획을 명확히 설정한다.

업무 처리 및 진행에 대한 명확한 목표를 설정하고 그에 따른 시간 계획을 세우는 것과 그렇지 않는 것은 매우 다른 결과를 가져다 줄 수 있다. 효율적 시간 관리를 위해서는 주어진 시간에 무엇을 어떻게 해야 하는지를 명확히 알아야 한다. 정해진 시간 또는 일정에 업무량을 분배하거나 서로 다른 업무의 우선순위를 나눠서 언제까지 끝낼 것인지를 고려하는 것은 중요하다. 이를 위해 업무일지를 기록하여 시간계획을 세우고 그 결과를 분석하여 문제점을 식별한다면 좀 더 효율적인 시간관리가 가능하다. 업무일지나 시간일지를 일정 기간 작성하다보면 일정한 업무처리의 유형을 식별함으로써 다음 계획 수립에 도움이 된다. 또한 업무

분석을 통해 정기적으로 업무량이 많은 시기나 업무의 유형 분석 등을 미리 파악하여 미리 준비할 수 있다.

2) 우선 순위 결정

우리에게 시간은 일정한 속도로 흐르고 에너지는 한정되어 있다. 제한된 시간과 스케줄 속에서 중요하지 않은 일에 소중한 시간을 낭비하게 되면 정말 중요한 일에 집중할 시간이 부족하게 된다. 제한된 시간 속에서 업무를 진행하게 되면 시간 압박에 의해 집중력이 흐트러지게 되고 업무 생산 능력이 낮게 만들어지기도 하다. 따라서 효율적인 시간 관리를 위해서는 긴급하지만 하찮은 일들을 줄이고, 중요한 일부터 시작하는 것이 중요하다. 그 후에 사소한 일들을 처리하는 방법으로 시간을 효율적으로 사용해야 한다.

우선순위 결정에 대한 예를 들면, 매일 업무를 시작하기에 앞서 일과를 계획한다. 이때 '일일 작업 계획'을 작성하고 각 업무에 대해 우선순위를 매겨 우선순위대로 업무를 처리한다. 우선순위는 가장 중요하고 즉시 처리할 일, 중요함은 덜하지만 긴급한 일, 오늘 중으로 끝내야 할일, 시간 나는 대로 하면 될 소소한 업무 등으로 순위를 정한다. 중요한 사항이란 조직 목표 달성에 상당한 가치의 비중이 있는 업무를 말하고, 긴급한 일이란 지금 당장 해야 할 일을 말한다. 우선순위를 결정하는 데는 시간제약, 업무의 중요도, 조직의 목표와 업무 전략 등 여러 가지 판단 기준이 있으며 팀 내 결정사항, 상사의 가치관, 업무의 처리 방법도 고려하여야 한다.

아이젠하워(Eisenhower)의 시간관리(우선순위, Decision matrix 또는 Time matrix) 매트릭스를 보면 다음과 같이 중요도와 긴급도를 4개의 카테고리를 구분하여 우선순위를 찾는 것을 제시하였다. 이를 통해 업무의 우선순위를 매김으로써 인적자원과 물적 자원을 통한 시간의 효율성을 효과성을 증대토록 노력하고자 한 제시안이다. '중요한 일이 급한 경우는 거의 없다. 급한 일이 중요한 경우도 드물다'라는 말을 전한 아이젠하워는 가장 먼저 해야 하는 영역으로 중요하고 긴급한 것이라 하였고, 이는 바로 실행해야하는 영역을 말한다.

그 다음 집중해야 하는 영역은 중요하나 긴급하지 않은 영역을 말한다. 장기적으로 해결하기 위한 계획을 세워야 하는 영역이다. 중요하지 않는데 긴급한 것이 먼저라고 고려되는 경우도 있지만 중요한 것이 먼저가 되어야 한다. 말 그대로 중요하지 않기 때문에 이 영역이 커질수록 중요한 업무를 해야 할 시간을 내지 못할 경우가 있다. 예를 들어 직장 업무 중 근무시간 내내 전화를 받고 메일 회신을 하다 보면 중요한 업무를 야근에 하는 경우가 있는데, 이 영역이 비정상적으로 커져 있기 때문이다. 또한 중요하지도, 긴급하지도 않은 영역은 최소한으로 줄이는 것이 업무를 잘 수행하는 현명한 방법이 될 것으로 제시한다.

〈그림 1-II-27〉 아이젠하워의 시간관리 매트릭스

3) 시간 낭비 요소의 제거

목적 없는 습관적인 반복 행동, 불필요한 전화나 회신이 필요 없는 메일에 대한 처리, 사내와 외부의 방문, 불필요한 행정 업무, 반복적이며 비생산적인 회의, 메신저를 이용한 개인적인 대화, 개인적인 문제 해결을 위한 업무시간의 사용 등 불필요한 행동을 최소화함으로써 시간 낭비 요소를 제거하도록 한다. 이런 시간 낭비 요소를 제거하기 위해서는 시간을 효율적으로 관리하겠다는 노력과 불필요한 행동에 대한 문제 인식을 갖고 업무의 진행 상황을 검토해야 한다.

4) 가능한 업무의 즉시 처리

중요하고 집중력이 필요하거나 진행하는데 오랜 시간과 몰입이 필요 없는 단순 응답용 메일이나 보고서, 우편물, 메모 등은 시간이 날 때 틈틈이 처리하는 것도 중요하다. 우선 순위에서 가장 하위의 일로 구분되지만 시간이 많이 필요치 않는 일이라면 가능한 한 즉시 처리한다. 처리하지 않고 미뤄둔 일을 자주 확인하는 것도 불필요한 시간 낭비를 초래한다.

5) 한 번에 하나씩 처리

일을 효율적으로 처리하기 위해서는 업무의 시작과 완료를 명확하게 구분하는 것도 필요하다. 하나의 일을 끝내기도 전에 또 다른 일을 시작하여 여러 일들을 동시에 수행하는 것이 반복되면 결과적으로 일은 마무리에 질적 성과가 낮을 수 있고, 오히려 해야 할 일만 늘어나게 되어 점점 비효율적인 상태가 지속될 수 있다. 따라서 선택과 집중으로 하나씩 업무를 마치고 완료된 업무에 대해서는 업무일지에서 하나씩 지워 나간다.

6) 틈새 시간의 효과적 활용

바쁜 현대인에게 24시간을 48시간처럼 사용하라는 말이 있다. 물론 제한된 시간을 알차게 사용하라는 말이기도 하고, 제한된 시간이기에 자투리 시간을 활용해서 무엇인가를 해라라는 말이기도 하다. 시간에는 빈틈이 있게 마련이다. 이 빈틈을 잘 활용하여 그 시간에 할 수 있는 일을 해내면 결과적으로 많은 시간을 절약할 수 있다. 하지만 동시에 업무를 수행하라는 것과는 다르다. 순서에 따라 해야 일을 정한 다음 질서정연하게 일을 처리해 나갈 수 있도록 업무 계획을 수립하면 생각 없이 흘려보낸 시간들을 알차게 활용할 수 있게 될 것이다.

7) 추진력

신속하게 결정한 일은 빨리 실행에 옮기도록 한다. 사소한 것을 어떻게 해야 할지 망설여 결정하지 못하는 것도 시간 낭비이며 계획한 것은 그 계획에 따라 실천할 수 있도록 결단력과 추진력이 필요하다.

8) 시간 사용내역 확인

최근 수행한 업무와 업무의 결과를 확인하고, 그 업무 진행에 투자한 시간을 검토한다. 그렇게 함으로써 생산적인 활동과 비생산적인 활동에 투자된 시간을 비교 분석해서 시간의 활용에 대한 진단을 하고, 향후의 업무 계획에 이를 반영하여 개선토록 한다.

4.4 자원 제약성에 관한 예시

항해중인 선박에서의 업무는 제한된 인적자원과 제공된 물적 자원에 의해 수행된다. 육상조직의 근무 환경과 달리 한정된 자원을 최대한 이용하여야 하는 조건에서 일상적인 운항업무를 수행하게 된다. 또한 긴급 상황 발생 시 또한 제한된 환경 하에서 대응을 하게 된다.

예를 들면, 선박에서 화재가 발생하여 긴급히 방화 작업에 투입해야 할 때, 선박 승무원이 최소한의 인원이 승선하여 있으므로 방화 작업에 대응할 수 있는 인원은 적은 수에 불가하고 추가적으로 도움 요청을 할 없는 상황에 직면하게 되어 일손이 필요한 작업에서의 인적자원 제약이 다른 산업분야보다 큰 편이다.

선박에서 가용할 수 있는 인적 물적 자원은 고립된 환경으로 인해 제한적이며, 자원의 제약성으로 다음과 같은 특성이 있다.

- 선박에서의 인적 물적 자원은 한정되어 있다.
- 주어진 자원이 최상의 조건과 옵션이 아닐 수 있다.
- 개인 능력의 차이에 따른 인적 자원의 한계가 있다.
- 물적 자원의 변경이 어렵다.
- 대체할 수 있는 추가적인 자원의 지원이 불가하다.

4.5 자원의 제약 야기 요소

1) 주어진 자원의 한정성

통상적으로 선박의 물적 자원과 인적 자원은 최소한의 요건으로 구성되는 것이 일반적이며, 평상시에는 이 자원들이 적정하게 운영되고 있지만 장비 결함 및 승무원 결원 발생과 같은 비상상황에서는 바로 교체 또는 충원이 불가하다.

2) 대체 불가한 자원

선박에 탑재된 주요 장비는 비상시를 고려하여 2개 이상 복수로 설치되지만, 다른 장비는 필요 수량으로만 탑재되어 있어 긴급하고 중대한 문제 발생 시 바로 장비 대체를 할 수 없다. 또한 대체할 장비가 노후 장비이거나 단종된 물품이라면 부품 또한 수급하여 조치하기가 불가능한 경우도 있다.

3) 직무 지식에 정도에 따른 인적 자원의 한계성

선박에서는 각 분야별 수직적인 체계로 해기사 및 부원이 배치되고, 직급별로 해당 업무를 수행하고 있다. 배치된 해기사가 동일한 면허 자격을 부여받고, 동일한 업무를 배정받는다 하더라도 업무의 처리에서는 개인별 능력이 상이하므로 동일한 수준의 업무 처리 및 성과가 만들어지는 것은 아니다. 개인별 업무 능력은 개인의 지식, 경험 등에 따라 차이가 있고, 이러한 인적 자원의 한계성과 차이를 관리자는 파악하여 업무 배정을 해야 한다.

5. 개인역량

5.1 개인의 특성

개인의 성격은 인간의 행동의 다양한 개인차를 이해하고 설명하는데 사용되기도 한다. 개인의 성격에 대해서 다양한 정의가 있지만 대부분 성격의 공통된 특성을 보면 개인이 처한 환경과 개인의 사고방식, 외향적으로 들어난 행동과 관련된다고 한다.

성격에 대한 정의로 Ryckman(2000)[9]은 한 개인의 역동적이고 조직화된 특징을 가지고 있다고 하며, 다양한 상황에서의 인지, 동기, 행동에 차별화된 영향을 준다고 말한다. 성격은 개인과 다른 사람을 구분해 행동을 예측할 수 있게 하고 특징짓는 일관성 있는 사고와 행동 패턴이기도 하다. 또한 자극에 대해 특정한 방식으로 반응하고 다른 사람과 구별되는 공통점과 차이점을 결정짓는 특징을 가지고 있다. 개인의 성격은 개인의 행동에 기여하는 특성을 나타내고 타인과의 상호작용이나 문제 해결에 영향을 미치므로 효과적인 리더십과 팀워크를 위해서는 이를 이해하는 것이 중요하다.

1) 개인 성격의 기본 유형

가) 주도형은 자신의 의도대로 업무 또는 상황이 진행되기를 좋아하며, 타인의 지시에 따르는 것을 싫어하고 사람을 컨트롤하려는 경향이 크다. 과정보다는 결과를 중시하고, 목표달성을 위해 매진하거나 일의 추진력과 결단력이 있으며 표현방법도 단도직입적이다. 또한 통제 당하고 싶지 않은 경향이 강하기 때문에 칭찬을 하면 그 저의를 읽어내려 애쓰므로 지나친 칭찬은 효과적이지 않다. 이 경향의 사람은 그 사람 개인이 아니라 그가 속해 있는 팀을 칭찬하는 것이 좋으며, 그가 팀 리더인 경우 리더의 역량을 인정받고 싶은 마음이 강하기 때문에 매우 효과적이다.

나) 촉진형은 모든 일에 자발적이고, 에너지가 넘치며, 활동성 있는 일을 타인과 함께하는 것을 좋아한다. 대부분은 기분을 솔직하게 표현하고 감정표현이 풍부하며 맺고 끊음이 확실하고 가만히 있는 일은 거의 없고 항상 말을 걸거나 돌아다니며, 모임에서는 화제를 이끌어 나가는 중심에 있는 경우가 많다. 새로운 일을 시작하는 것은 잘하지만 중장기 계획을 세우

9) Ryckman, R. M. (2000). Theories of Personality(7th ed). Belmont, CA:Wads worth.

거나 계획대로 진행하는 것에는 서투르다. 최대의 관심사는 주위의 관심이며, 어떤 표현이든 관계없이 스포트라이트를 받으면 그것으로 만족해한다. 또한 이상화된 자기 이미지를 갖고 있기 때문에, 특히 잘될 것으로 생각한 아이디어를 부정당하면 그것을 계기로 분발하기보다는 위축되어 행동이 정체되는 경우가 많다. 가능하면 부정적인 메시지는 던지지 않는 것이 좋으며 상대의 방식에서 뭔가 하나라도 긍정적인 부분을 찾아내어 그것을 매체로 칭찬 할 필요가 있다.

다) 지원형은 남을 돕는 것을 좋아하고 협력관계를 소중히 여긴다. 주위 사람의 기분에 민감하고, 상대의 기분을 우선적으로 배려하고 자신의 감정은 억제하는 편이고, 주위 사람들로부터 인정받고 싶은 욕구가 강하다. 자신이 쏟은 애정에 상대의 보답을 바라는 경향이 있으며, 상대가 그것을 평가해 주지 않으면 매우 섭섭해하고, 노여움으로 바뀌어 공격하는 경우도 있다. 주위 사람의 기대에 부응하고자 하므로 사소한 것이라도 고마움, 칭찬의 감정을 표현해 주어야 한다.

라) 분석형은 행동을 하기 전에 많은 정보를 모으고 분석하여 계획을 세운다. 일을 객관적으로 처리하는 능력이 띄어나고 매사에 성실하다. 이들은 대부분 변화에 약하고 행동은 신중하며, 완벽주의자여서 실수하기를 싫어하다. 또한 사람과의 관계도 신중하여 감정을 겉으로 드러내는 일이 거의 없으며, 조언자나 해설자와 같은 방관자가 되기 쉽다. 분석형은 겉치레의 칭찬을 해서는 거의 효과가 없으며, 구체적으로 무엇이, 어떤 부분이, 왜 좋았는지를 명확하게 짚어주어야 한다. 또한 그의 전문성과 페이스를 존중하고 인정해 주어야 한다.

2) 성격 유형의 마이어스-브릭스 유형 지표

이사벨 마이어스(Isabel Briggs-Mayers)와 그녀의 모친 캐서린 쿡 브릭스(Katherine Briggs)는 함께 인간의 행동을 예리한 관찰하여, C.G. 융의 연구에 이끌려 심리학적 개인 성격 유형 이론을 실용화하였다. 특히 이사벨 마이어스는 제2차 세계대전이 시작되자 인간의 차이를 이해하고 이를 이해하는 데 기초하는 심리적 수단이 매우 귀중하다고 인식하였고 1980년에 사망할 때까지 40년 동안 이 지표를 연구하고 개발하였다.

마이어스-브릭스 유형 지표(Myers-Briggs Type Indicator, MBTI)는 다음의 4가지 카테고리를 기초하여 16가지의 성격 유형으로 설명하고 있다. MBTI에서는 다음과 같이 인간의 내적 과정을 4가지 선호경향[10]으로 구분하고 있다.

- 외향(Extroversion), 자기 외부에 주의 집중. 다른 누군가에게 발상, 지식이나 감정을 표현함으로써 에너지를 얻는다. 사교적, 활동적이며 외부 활동에 적극성을 발휘한다. 폭넓은 대인관계를 가지며 글보다는 말로 표현하기를 좋아하며 경험을 통해 이해한다.

- 내향(Introversion), 자기 내부에 주의 집중. 발상, 지식이나 감정에 대한 자각의 깊이를 늘려감으로써 에너지를 얻는다. 조용하고 신중하며 내면 활동에 집중력을 발휘한다. 깊이 있는 대인관계를 가지며 말보다는 글로 표현하기를 좋아하며 이해한 다음 행동한다.

- 감각(Sensing), 오감 및 경험에 의존. 현실적인 타입이다. 실제의 경험을 중시하고 지금에 초점을 맞추어 일처리 한다. 숲보다 나무를 보려는 경향이 강하다.

- 직관(iNtuition), 직관 및 영감에 의존. 이상주의적인 타입. 아이디어를 중시하고 추상적, 미래지향적이고 개연성과 의미에 초점을 맞추어 신속, 비약적으로 일처리한다. 나무보다 숲을 보려는 경향이 강하며 자신만의 세계가 뚜렷한 편이다.

- 사고(Thinking), 업무 중심 타입. 진실과 사실에 주로 관심을 가지며 '맞다, 틀리다'의 판단 선호. 논리적, 분석적이며 객관적으로 사실을 판단한다. 원리와 원칙을 중시한다. 논평하기를 좋아하며 감정형보다 현실적이다.

- 감정(Feeling), 인간관계 중심 타입. 사람과의 관계에 주로 관심을 가지며 '좋다, 나쁘다'의 판단 선호. 상황적, 포괄적이며 주변 상황을 고려하여 판단한다. 의미, 영향, 도덕성을 중시한다. 우호적인 협조, 공감하기를 좋아하며 사고형보다 이상주의적이다.

- 판단(Judging), 분명한 목적과 방향 선호. 계획적이고 체계적이며 기한을 엄수한다. 깔끔하게 정리정돈을 잘하며 뚜렷한 자기의사와 기준으로 신속하게 결론을 내린다.

- 인식(Perceiving), 유동적인 목적과 방향 선호. 자율적이고 융통성이 있으며 재량에 따라 일정을 변경할 수 있다. 상황에 따라 적응하며 결정을 보류한다.

10) https://www.myersbriggs.org/my-mbti-personality-type/mbti-basics/

〈그림 1-Ⅱ-28〉 마이어스 브릭스 유형 지표

ISTJ	ISFJ	INFJ	INTJ
ISTP	ISFP	INFP	INTP
ESTP	ESFP	ENFP	ENTP
ESTJ	ESFJ	ENFJ	ENTJ

*출처: 마이어스 브릭스 재단 홈페이지(2022)

5.2 리더십과 팀워크를 위한 개인 역량

1) 리더십과 팀워크

리더십과 팀워크는 SHELL 모델 내용 중 'L(Liveware)'의 인간이라는 해석을 보고 적용할 수 있다. 1972년 미국의 심리학자인 Elwyn Edward는 승무원과 항공기의 기계 사이에 상호작용관계를 종합적이고, 체계적으로 표시할 수 있는 SHEL(Software, Hardware, Environment, Liveware) 모델을 제안하였고 이를 보완하여 Frank H. Hawkins 박사가 SHELL 모델을 제시하였다. SHELL 모델의 'L'(5개의 블록 중 중앙에 있는)은 Liveware의 약자로 인간 즉 운항 승무원 등 업무를 주도적으로 수행하는 사람을 뜻하고, 또 다른 'L'(5개의 블록 중 아래에 있는) 역시 Liveware의 약자로 인간을 의미하는데 지시, 명령을 하는 관제사들과 같은 사람들이다.

여기에 리더십과 팀워크는 Liveware-Liveware(L-L) 인터페이스에서 찾을 수 있다. 즉 Liveware(Human factor)-Liveware(Relationship)는 기장과 부기장, 관제사간의 껄끄러운 관계는 사람과 사람(L-L)의 관계에 간극이 생기고 문제가 발생하는 상황이라고 할 수 있다. 사람과 그 외 사람과의 상호작용, 그룹 안에서 개인 간의 상호작용이 개인의 행동과 업무 수행에 긍정적 또는 부정적인 영향을 미칠 수 있다는 것이며 그럼으로 인해 개인적으로 대인

관계술, 팀워크, 조정 및 대화, 문화적 상호작용 등에 대한 개인 역량이 필요하다.

Liveware-Liveware(L-L) 인터페이스 불일치가 되면 불충분하거나 부적절 상황에서 소통의 부족은 개인간의 오해를 발생하게 되며, 대화는 줄어들게 된다. 또한 지위에서 오는 불균형적 권한 관계는 의사소통을 기반으로 한 이의제기 및 수용을 어렵게 만들고, 결과적으로 조직 내 업무로 인한 충분한 정보의 공유를 어렵게 만들기도 한다.

2) 개인역량

개인역량은 개인과 조직의 성공적인 성과 달성에 있어 매우 중요하며, 관련 영역에서 직무를 효과적으로 수행하고 달성하기 위한 개인의 내재적인 특성을 의미한다. 조직 구성원이 높은 성과를 내도록 하기 위해서는 구성원의 역량을 행동을 통해 조직의 목표와 같은 방향으로 향할 수 있도록 다양한 활동을 지원하는 노력이 필요하다. 팀 구성원의 각 개인의 역량은 마찬가지로 조직의 리더십과 팀워크에 많은 영향을 미치게 되고, 일반적으로 개인의 역량은 전문적 지식 및 기술, 태도 및 자세, 동기 등으로 구성된다.

- 전문적 기술(Skill), 훈련을 통해 습득되는 특정 업무의 수행 능력
- 전문적 지식(Knowledge), 교육을 통해 습득되는 특정 분야에 대한 정보
- 태도 및 가치관(Attitudes and Values), 일을 하는 자세와 태도 및 중점을 두는 가치
- 동기(Motives), 개인적 자질, 특성, 사고방식, 자신감 및 동기

5.3 개인 특성을 관리하고 강화하는 방법

개인의 특성을 관리함에 있어 심리학에서 주로 고려하는 것은 통제능력에 대한 부분이다. 이는 자신의 일 또는 주어진 환경에 대하여 본인이 통제할 수 있는 정도를 말하며, 여기에는 내적 통제위(internal locus of control)와 외적 통제위(external locus of control)가 있다(김향수 외2명, 2011)[11].

이에 대해 심리학자들은 오래 전부부터 통제위 조사(Rottter internal-External Locus of Control Scale)라는 심리테스트를 통해 사람들이 본인 삶을 얼마나 통제하고 있다고 생

11) 김향수, 김희경, & 박연숙. (2011). 요양보호사의 직업의식과 영향요인. 한국노년학, 31(3), 591-606.

각하는 지를 조사했다. 통제위이란 자기 행동의 통제소재, 개인이 본인 삶에 영향을 미치는 정도를 나타낸다. 통제위는 통제 소재에 따라 자신이 삶을 경정하는 내적 통제위와 외부요인이 삶을 결정하는 외적 통제위로 구분된다. 이러한 심리 조사의 결과 지수가 내적 통제위에 가깝게 나오는 사람은 스스로가 삶을 결정하는, 삶을 주도하고 있다고 생각하는 사람이고, 조사 점수가 외적 통제위에 가깝게 나오는 사람은 외부 요인이 삶을 결정하거나 통제하고 있다고 생각하는 사람이다.

내적 통제위는 '결국 사람들은 자신이 하는 만큼 세상에서 평가받게 되어 있어'. '어려워 보이지만 꾸준히 한다면 해낼 수 있어' 와 같이 통제 위치가 내부에 있다고 생각하는 긍정적 사고방식의 소유자를 말한다. 외적 통제위는 '아, 어쩌다보니 운이 좋아서 성적이 잘 나왔어'와 같이 상황에 대한 통제가 자신이 아니며 자기의 책임이 아니라고 생각하는 사람을 말한다. 내적 통제위를 갖게 하는 개인의 특성을 강화하는 방법은 다음과 같다.

1) 자신의 가치를 명확히 하라.

선박에서 자신의 장점과 개인 능력을 찾고 싶다면, 첫 번째로 자신의 가치 즉 '나에게 있어 인생에서 가장 실천하고자 하는 가치와 미덕은 무엇인가'를 정의하는 것이다. 이 가치에 따라서 본인의 업무를 결정 할 수도 있고, 전략적으로 계획을 수립해서 업무와 함께 가치의 질을 높이도록 하여야 한다.

2) 개인 업무를 만들어라.

스스로 과업을 분석해서 해야 할 필요한 업무를 만들고 그에 해당하는 목표를 세우는 것은 반복되는 선상 생활의 매너리즘을 극복하는 방법 중 하나이다. 또한 목표를 세우고 그것을 실천하여 업무와 자신의 역량을 올리는 것도 중요하다.

3) 개인의 역량을 강화하기 위해 스스로를 심사하라

자신의 가치를 명확히 하고 스스로 필요로 한 업무를 만들면서 진행 상황에 대한 분석을 하는 것도 중요하다. 얼마만큼 하였고, 성과는 어떠한지에 대해 스스로 분석하는 절차로 심사항목은 안일한 생각/태도, 정신적 피로, 높거나 낮은 자신감, 업무 만족도, 자동화 시스템 의존정도, 육체적 피로, 술/약물, 보유 지식 정도 및 습관 등으로 구분된다.

4) 자신의 우수한 부분을 결정하라

자신의 장점을 찾아 극대화 하면 그 업무에서 훌륭하고 특별한 결과를 도출하고 자존감을 높일 수 있으며 그 업무에 대해서 조직 내 인정과 신뢰를 받게 된다.

5.4 선내에서 리더십과 팀워크에 개인적으로 기여하는 방법

선박은 다수의 승무원으로 구성되어 조직적인 집단 활동을 하는 곳이다. 선상에서의 개개인의 활동은 선박의 안전하고 효율적인 항해라는 목적을 달성하기 위해 부여된 과업과 특정 업무를 수행하는 것으로 여기에는 개인 활동뿐만 아니라 조직 내 개인 활동이 서로 밀접하게 연관성을 갖는 집단 활동과 관련이 있다. 이러한 집단 활동에는 개인의 역할, 규범과 순응, 지위 체계 및 집단의 응집성 등이 요구된다.

1) 집단형성의 단계

집단형성의 단계를 형성기, 격동기, 규범화단계 및 성과 달성기 등으로 다음과 같이 구분할 수 있다.

- 형성기 단계(Forming)는 집단은 형성되었지만, 여전히 구성원들 간에 소집단의 목적과 구성 그리고 리더의 역할에 대하여 불확실성을 느끼고 각자가 어떻게 행동해야 할지가 명확하지 않은 단계를 말한다.
- 격동기 단계(Storming)는 구성원들이 모두 집단에 소속되는 것은 인정 하지만, 그룹의 구조와 신분 구조 그리고 각기의 역할에 대하여 합의가 없는 상태에서 갈등과 도전이 존재하는 단계를 말한다.
- 규범화 단계(Norming)는 구성원들 간에 조직의 목적과 구성 그리고 각자의 역할이 점차 이해되고 서로 협력하며 각자의 행동규범이 점점 명백해지고 응집성이 강해지는 단계를 말한다.
- 성과 달성기 단계(Performing)는 구성원들이 조직의 목적과 구성 그리고 각자의 역할을 받아들이고 상호간의 이해보다는 조직의 성과달성에 최선의 전력을 기울이는 단계를 말한다.

2) 집단 활동

집단(Group)은 특정한 목적 달성을 위해 모인 둘 이상의 상호작용 및 상호의존적인 개인들로 구성되며 공식 집단은 조직의 구조에 의해 정의된다. 조직의 목적을 달성하기 위해 부여된 과업과 특정 업무를 가진 집단이다. 조직행동은 개인행동뿐만 아니라 조직 내 개인들의 집단행동과 관련이 있으며, 여기에는 역할, 규범과 순응, 지위 체계 및 집단의 응집성 등이 포함된다.

가) 역할

역할은 조직에서 개인에게 주어진 지위에 적합하도록 행동하고 수행하도록 기대하고 요구하는 행동 양식을 말한다. 조직에 속한 개인은 다양한 역할을 수행하며 소속 집단에서 자신의 역할을 조정하고 자신에게 기대되는 행동이 무엇인지 결정한다. 하지만 조직에서 요구하는 역할과 개인 역할이 일치하지 않을 경우 갈등을 겪는다.

나) 규범과 순응

규범과 순응은 조직 구성원들에 의해 공유되는 수용 가능한 기준으로, 비공식적으로 어떤 행동이 받아들여지고 어떤 행동이 받아들여질 수 없는지를 나타난다. Asch는 집단행동과 관련하여 개인은 다수가 결정하는 내용에 동조하는 경향이 있음을 실험으로 설명하였는데, 개인이 그룹의 선택한 사항이 정답이 아님에도 35%정도가 오답을 확신하면 개인은 이에 동조하는 경향을 보인다는 연구결과를 발표하였다. 그 결과에 따르면 개인은 자신이 속한 집단에서 인정받기를 희망하여 동조 압력을 받아들이는 경향이 있다는 것이다. 따라서 관리자들은 구성원들이 보복에 대한 두려움 없이 이의제기나 문제점을 자유롭게 토론할 수 있는 개방적인 분위기를 조성해야 한다.

다) 지위체계

지위체계는 공식적 지위체계에 의해 부여되어야 함은 중요하며 개인이 인식하는 순위와 조직으로부터 부여받은 지위는 공정해야 한다. 또한 지위는 중요한 동기유발 요인으로 적절히 일치되어야 한다.

라) 집단 응집성(group cohesiveness)

집단 응집성(group cohesiveness)이란 집단 구성원의 모든 사람이 그 집단 내에 머무르게 작용하는 힘을 말한다. 조직 구성원간의 친밀도 및 이에 대한 척도를 나타내며 집단 구성원 간의 공통의 태도 내지는 행위 혹은 일치단결된 분위기를 말한다.

- 집단 구성원 각 자가 자신이 집단에 속해 있음을 느끼는 정도
- 집단의 구성원이 됨으로써 획득되는 위신 및 소속감
- 집단에 대한 소속감과 함께 참여와 이탈에 대한 지표가 됨
- 상호간의 존중감, 친밀도, 사회적 욕구에 대한 만족감과 생산성이 높음

응집성이 높은 집단의 특성은 다음과 같다.

- 집단 목표와 구성원 개인목표와의 일치, 구체화
- 집단 내 리더 존재
- 성공적인 과업의 달성
- 집단규모가 작을 시에는 신뢰적 · 개방적 관계, 의사소통 가능
- 집단 구성원의 상호협조, 성장과 역량 개발의 장애요소 극복

〈표 1-Ⅱ-12〉 집단 활동의 영향을 미치는 요인

증대 요인	감소 요인
• 상호작용의 빈도 • 개인적 매력 • 집단목표에의 동의 • 성공적인 성과달성 • 집단 간의 경쟁 • 집단의 보상	• 집단의 규모 • 집단 간의 불쾌한 경험 • 목표에 대한 불일치 • 집단 내 경쟁

6. 우선순위 결정

6.1 우선순위의 개념 및 중요성

1) 우선순위의 개념

가) 우선순위의 의미와 중요성

우선순위(Priority)는 업무 수행을 위한 인적 물적 자원의 배정 과정에서 필요성 · 중요성 · 긴급성 등 여러 기준에 따라 먼저 채택되는 순서 내지 중요도를 의미한다. 우선순위는 그 사람의 인격과 가치를 나타내며, 일의 능률을 나타낸다. 또한 우선순위로 업무와 생활을 하면서 보다 가치 있는 삶을 살게 하기 때문에 중요하다. 우선순위를 지키기 위한 방법으로는 우선순위를 정하고, 집중하고, 차선의 일을 정하거나 거절하는 것도 중요하다.

시간의 제약, 인적 물적 자원의 한계 속에서 업무의 효율성과 효과성을 고려한다면 일의 우선순위를 결정하는 것이 매우 중요하다. 특히 해야 할 업무는 많고 인적 물적 자원의 부족 시 특정한 우선 순서에 따라 어떤 것부터 하고, 얼마만큼 인적 물적 자원을 할당하는가에 따라 성과는 크게 달라진다. 우선순위를 결정하는 주된 이유는 여러 선택적 대안 중에 어떤 것을 먼저 선택할 것인가를 결정함으로써 자원의 제약을 고려하여 보다 나은 선택과 집중할 수 있기 때문이다. 또한 이해당사자간에 있을 수 있는 혼선을 방지하여 업무를 원활히 진행할 수 있다.

나) 피터 드러커의 우선순위 중요성

피터 드러커(Peter Drucker, 2002)[12]의 우선순위 중요성에 대한 다음과 같은 장점이 있다고 설명하였다. 그는 효과성과 높은 성취의 비결은 집중에 있다고 하며 일 잘하는 사람은 동시에 여러 가지 일로 복잡하거나 뒤죽박죽되게 하지 않고, 한 번에 하나씩 집중해서 일을 처리한다고 한다. 또한 시간-노력-자원을 한 가지 일에 집중할수록 더욱 다양한 업무들에 대해 성공적인 성과를 이끌어 낼 수 있다고 설명하며, 집중하기 위해서는 우선순위를 결정하는 것이 중요하고 주장한다. 우선순위는 무엇을 먼저 할 것인가를 결정하는 것이 아니라 무엇을 다음 순서에 해야 할 일인가를 결정하는 것, 즉 지금 어떤 일은 하지 않아도 되는지를 결정하는 것이며 우선순위를 결정하기 위해서는 용기가 필요하다고 한다.

12) Drucker, P. F. (2018). *The effective executive*. Routledge.

6.2 우선순위의 결정 방법

1) 우선순위 결정 방법

가) [시간관리] 우선순위 결정을 위한 시간관리 매트릭스(Time Matrix)

○ '시간관리 매트릭스(Time Matrix)'는 일의 중요성과 긴급성, 두 가지 요소를 기본으로 4개의 영역으로 구분하여 일의 우선순위를 결정하는 것으로 방법은 시간관리 매트릭스로 분석하고 A-B-C-D순으로 일을 처리하는 것을 말한다. 경우에 따라 B와 C의 일들의 순서가 바뀔 수 있는 것에 대해 결정한 순서를 반드시 지켜야 된다고 너무 강박관념을 가지지 말고 유연하게 처리하는 것도 필요하다.

○ 시간 관리의 장점으로는 시간을 낭비하지 않고 효율적으로 이용할 수 있고, 해야 할 일이나 과제에 대한 준비를 더 잘할 수 있다는 것이다. 노력한 결과가 더욱 향상되고 서두르지 않아도 되며, 따라서 스트레스도 줄게 된다. 자신이 수행한 일에 대한 자존감과 만족감이 커지며 자율성과 책임감과 리더십이 향상될 수 있다. 따라서 점차 더 어려운 과제도 잘 처리할 수 있는 능력이 생기며 목표의식, 추진력 및 자신감이 생기는 것이 장점이라고 한다.

나) 단순 결정방법

도출된 문제에 대한 설문지를 만들어 의사결정 집단에게 응답하도록 한 다음, 점수를 집계하여 최고점을 우선순위로 결정하는 것이다. 1단계 : 설문지 개발- 2단계 : 설문지 내용 설명 - 3단계 : 설문지 작성(토론 없이 작성)- 4단계 : 취합 및 점수 통계- 5단계 : 결과 분석 및 우선순위 부여 등 순으로 진행한다.

다) 명목 또는 대표집단 방법

다양한 배경과 전문적 지식을 가진 의사결정 집단을 구성하여 결정할 사항에 대한 토론을 통해 우선순위를 정할 수 있다.

- 대표집단 구성(15-20명, 최소 6-10명)
- 문제 목록 및 결정 기준 작성
- 토론

- 문제 평가
- 순위 결정
- 순위에 대한 토론
- 최종 결정

2) 우선순위 결정에 의한 효과적인 업무수행

가) 업무의 우선순위를 정하라.

시간관리 매트릭스를 적극 활용하여 우선순위 결정하는 것은 중요하다. A영역과 같이 중요하고 긴급한 일은 리더가 직접 해결하거나 다른 직원에게 바로 위임해서 처리하며 시간적 여유가 없어도 지연해서는 안 된다. C영역의 일은 리더가 꼭 챙겨야 하는 업무를 제외하고는 대부분 부하 직원에게 위임하는 것이 좋다. 리더라면 긴급한 일도도 처리해야 하지만 중요한 일(B 영역)에도 몰두해야 한다. 예를 들어 조직이 나아갈 전략방향과 미션을 수립하는 것은 긴급하지는 않지만 중요한 일로서 많은 시간을 할애해야 한다.

나) 펙 피커링의 업무수행 방법을 활용하다.

펙 피커링(Peg Pickering, 2006)[13] 우선순위 결정의 업무를 구체적으로 실행하는 6단계를 다음과 같이 제시하였다. 첫째, 하루 중 처리하고 싶은 일을 모두 기록한다. 둘째, 위임할 수 있는 일이 있는지 찾아서 즉시 위임한다. 셋째 ,일정표에 업무 사항을 구체적인 시한을 함께 적는다. 넷째, 나머지 업무에는 예상되는 시간과 난이도에 따라 상, 중, 하 결정한다. 다섯째, 시간의 흐름에 따라 집중력에 차이가 있다는 것을 염두에 두고 하루 중 각 업무를 처리할 구체적인 시간을 배정하고 마지막으로 완료하지 못한 업무는 다음 날로 넘기고 하루에 처리할 수 있는 분량을 인지하여야 해야 한다고 주장하였다.

다) 위임 가능한 업무는 위임하라.

한 사람이 모든 업무를 완벽하게 수행할 수 없다. 따라서 중요하지 않거나 소소한 부가적인 사항은 부하 직원에게 위임하는 것이 좋으며 위임은 리더의 시간을 아껴 더 중요한 업무에 몰입할 수 있는 기회를 제공하는 필요하다. 다만 결과에 대한 책임과 위임자를 잘 이끌어 성과

13) Pickering, P. (2006). *How to manage conflict*. ESENSI.

를 창출해야 하는 부담감도 있을 수 있다. 위임은 부하직원이 생산성을 높이고 개인 역량의 개발 및 성장을 위해서는 꼭 필요하다. 따라서 효과적인 업무 위임의 방법은 다음과 같다.

첫째, 위임 받을 적임자

- 유사한 업무 경험, 본 업무에 필요한 지식과 능력의 유무, 과도한 업무가 아닌 일반적으로 수행할 수 있을 정도의 업무량 등을 고려하여 위임받을 적절한 적임자를 찾아야 한다. 또한 이러한 동료들 사이에서 공평한 기회로 받아들여야 한다.

둘째, 합리적으로 모니터링

- 위임이 성공하려면 모니터링 과정은 꼭 필요하다. 또한 위임을 하고 위임받은 자가 언제 보고를 해야 하는지 명시해야 할 필요가 있다. 위임 받은 사람과 업무를 처리하는 방식이 서로 다르다하여 간섭하거나 위임 결정을 번복하는 것은 올바른 모니터링이 아니다.

셋째, 위임 작업에 대한 평가

- 종합 적인 평가를 하기 위해서는 위임의 결과가 리더에게 어떤 영향을 미치고, 위임이 성공한 덕분에 절약한 시간으로 리더가 다른 업무를 생산적으로 수행 하였는지를 확인하는 것이 바람직하다.

[Case study 어느 농부의 하루]

〈상황〉 어느 농부가 아침에 일어나서 집 근처에 있는 밭으로 나갔다. 밭을 일구기 위해 트랙터를 작동시키려다가 기름이 바닥난 것을 알고 기름을 사러 가려고 밖으로 나왔다, 마당의 개 집 앞을 지나다가 사료를 가지러 창고로 이동 중 땔감나무 창고 앞을 지나려는데 쌓아 놓았던 땔감나무가 무너져 창고 밖으로 나와 있었다. 비에 젖으면 다시 말려야 하기 때문에 창고 한 켠에 다시 정돈해 놓았다. 그 때 오늘밤 난로에 땔 나무가 집에 없다는 것을 깨닫고 한 뭉치를 들어다 집에 가져다 놓았다, 다시 개 집 쪽으로 걸어가는데 닭 한 마리가 닭장 밖으로 나와 돌아다니고 있었다. 겨우 붙잡아 닭장에 넣어 주었다. 그러고 나서 개에게 먹이를 주고 난 뒤 기름을 사서 집 근처 밭으로 왔을 때는 이미 해가 기울어 트랙터 일은 다음날로 미뤄야만 했다.

〈토의 사항〉

당일 해야 했던 일은 몇 가지인가?
이 중에서 가장 중요한 일은 무엇인가? 왜 그런가?
그 날 해야 했던 일은 트랙터를 작동시키는 것을 포함해 모두 5가지였다. 이중에서 가장 중요한 일은 트랙터를 작동시키는 일이다. 왜냐하면 트랙터를 작동시키지 못할 경우 씨뿌리기가 그 만큼 늦어져 수확기가 추운 시기로 접어들어 생각한 만큼의 수확을 기대하기 어렵게 된다.
http://cafe.naver.com/synergyagora/30

---

7. 업무량, 휴식 및 피로

7.1 개인 업무량

1) 업무량의 특성

업무량 또는 작업부하(Work load)란 어떤 과업을 수행하는 데 부과되는 주의 혹은 노력의 양을 의미한다. 업무량에 대한 개인의 부담 정도는 사람마다의 성향, 경험과 기술, 피로도, 건강상태, 외부환경 등에 따라 다르다. 이를 위한 실질적 측정방법이 없으며 동일 업무라도 사람마다 업무량에 대한 부담의 정도는 다르다. 특정 시점에 수행 중인 업무에 대하여 느끼는 개인의 차이는 분명 존재하고, 업무량의 느낌과 태도는 특정 사안에 대하여 반응하는데 많은 영향을 끼칠 수 있다.

2) 업무량과 관련한 선교의 6가지 상태

개인 또는 그룹의 업무량을 많고 적음에 따라 분류하면 아래와 같이 6가지 상태로 생각할 수 있다[14].

① +3 : 경보 상태(alarmed), 상황이 악화된다는 느낌이 들면서 과중한 업무량과 이에 따른 스트레스로 위험 상태로 됨

② +2 : 근심 상태(concerned), 무엇이 문제인지 명확하지 않은 때도 있고, 업무 수행에 지장이 발생하며 업무량이 늘어남

③ +1 : 최적 상태(optimum), 기관 당직자는 빈틈없는 집중력이 있고, 기기의 결함도 없으며, 기분이 좋은 업무 수행의 최적 상태

④ -1 : 권태 상태(bored), 지루함을 느끼고 작은 실수가 생기기 시작함

⑤ -2 : 부주의 상태(inattentive), 머리가 멍해지고 졸음이 오며, 실수가 빈발하게 되며, 심각한 상태가 될 수 있음

⑥ -3 : 위기 상태(critical), 긴박한 상황에서 집중력을 발휘할 수 없고, 적합하게 대처할 수 없는 가장 위험한 상태

14) 김홍태 외 3명(2015), 해양안전사고 예방시스템 기반 연구

7.2 높은, 낮은 업무량의 위험성

높은 업무량은 업무 수행능력을 저하시키고 주의 집중을 어렵게 하는 문제를 야기하기 때문에 신체적 피로와 함께 정신적 피로를 고려하여 적절한 휴식이나 근무 교대시간을 결정하여야 한다. 높은 업무량은 집중력의 저하로 인한 상황인식의 결여, 긴급한 업무나 중요한 업무마저도 소홀히 하게 되며, 강박관념에 의한 잦은 실수 등으로 인한 선박의 안전운항에 치명적인 결함을 가져올 수 있다.

반면, 업무자체가 너무 단조롭거나 높은 수준의 각성을 요구하지 않는 작업은 업무 수행자의 주의를 환기하지 못하고 졸림, 안일한 태도 등에 의해 업무수행능력을 저하 하는 경향이 있다.

1) 업무량의 범위

업무량의 범위를 Under load(저부하), Normal(정상), High(높음) 및 Overload(과부하) 등으로 구분할 수 있다.

2) 작업 과부하의 영향 및 대책

① 작업 과부하 상태의 증후에는 인식하는 것이 어렵고 집중력이 저하되거나 노력 배가, 실수 잦은 경우가 있다. 긴급 업무에 신경이 너무 많이 가서 스트레스 받거나 강박관념, 짜증, 말수가 적어지기도 한다. 또한 중요한 일에 소홀해지거나 챙기지 못하는 경우가 발생한다.

② 작업 과부하의 대책으로는 작업 과부하를 방지하기 위한 사전계획 수립 필요하다. 개인에게 부과되는 작업수와 작업 내용을 줄이고, 시간은 늘릴 때 작업 과부하는 감소할 수 있다. 이는 적절한 사전계획 수립과 조직 내 다른 구성원에게 업무위임을 통해 이루어질 수 있다. 또한 중요성이 낮은 작업을 하지 않거나 연기하고 또는 미리 작업을 수행함으로써 간접적으로 시간 조종하는 것도 필요하다. 직접적인 방법으로 시간을 벌이는 것도 중요한데 이는 업무 진행상 현실적으로 어려울 수도 있다.

7.3 업무량의 평가방법

업무량을 계량화하여 측정할 수 있는 실질적 방법은 없다. 같은 업무에 대하여 느끼는 작업량은 사람에 따라 다르고 특정 시점에 따라 다르며, 또한 업무에 임하는 사람의 느낌과 태도에 따라 다르기 때문이다. 이렇듯 업무의 과중 상태를 판단하기에는 무척 어렵지만 매우 중요한 일이기도 하다. 따라서 선박에서의 작업 부하의 평가는 어떤 사람에게 주어진 업무량이 과다하게 되면 나타날 수 있을 현상에 의해 평가할 수 있다. 업무량이 과다하게 될 시 나타나는 일반적 현상은 다음과 같다.

- 더 많은 노력을 했음에도 실수는 발생하기 쉽다.
- 인식하는 것이 어렵고 집중력이 저하되며 긴급한 업무에만 몰두하기 쉽다.
- 업무 중 강박관념이나 짜증이 생기고 말수가 자연히 줄어든다.
- 긴급한 1~2가지 일에만 몰두하다 보면 정작 중요한 업무를 놓칠 수 있다.

7.4 적절한 업무량의 보장 방법

1) 선장의 역할

선장이 업무량의 조절과 보장을 제시하는 방법으로는 사전계획에 없는 과대 또는 과소한 업무량은 조절하고, 선원들의 휴식을 방해하지 않는 방향으로 사전 계획함으로써 보장하는 것이 필요하다. 또한 과대 또는 과소한 업무량을 보완하기 위해 업무 위임을 적극 활용하고 업무 과부하 상황을 벗어나기 위해 우선순위로 업무의 효율성과 생산성을 만들어 가야 한다.

2) 선교 당직팀(기관실 당직팀)의 역할

선교팀 또는 기관팀의 역할로는 적절한 업무가 배정되고 잘 수행될 수 있도록 선장 또는 기관장을 지원하는 노력은 중요하다. 또한 선교팀(기관실팀)이 너무 많거나 적은 일을 수행하려고 할 경우 적절한 업무량을 유지할 수 있도록 선장 또는 기관장이 지원하는 노력을 해야 한다. 자신감 혹은 습관적으로 업무를 하다가 발생하는 실수를 방지하기 위해 적절한 수준의 업무량을 유지하고 사전 계획 수립에 따른 리더를 보좌한다. 위임을 받은 경우 적극적으로 수용하여 선장을 보조하고 다른 해기사에게 업무를 위임할 때에도 중요한 업무는 통제하에 관리토록 책임감을 잃지 않도록 한다.

7.5 선원의 적절한 휴식의 보장방법

선원의 업무과중에 따른 피로도 해소를 위해서는 다음과 같은 내용을 주목할 필요가 있다.

• 작업부하를 지속적으로 모니터한다.
• 일시적으로 특정 당직 사관의 업무가 과중이 될 경우 다른 당직사관과 분담한다.
• 경계 태만의 원인이 될 수 있는 업무 과중을 인식하고 이를 경계한다.
• 항해사(기관사)의 선교(기관실) 당직을 선장(기관장)이 대행하여 그 시간에 항해사(기관사)의 업무를 수행하도록 배려하면 큰 효과가 있다.

7.6 휴식시간의 기록

2006년도 채택된 해사노동협약(MLC) 제2장에 선원의 근로 및 휴식시간(선내근무계획표 게시 및 기록)을 정하고 있다. 이 협약에 따라 우리나라는 2013년 선원법 제62조 제3항에 따라 선박소유자는 해양수산부령으로 정하는 바에 따라 선원의 1일 근로시간, 휴식시간 및 시간외근로를 기록할 서류를 선박에 갖추어 두고 선장에게 근로시간, 휴식시간, 시간외근로 및 그 수당의 지급에 관한 사항을 적도록 한다. 또한 동 법 시행규칙 제40조(근로시간 등의 기록 서류) 선원법 제62조 제3항에 따른 선원의 1일 근로시간, 휴식시간 및 시간외 근로를 별지 제18호 서식에 따라 기록 유지하도록 한다.

〈표 1-II-13〉 근로, 휴식시간 기록 서류

[별지 제18호서식] 〈개정 2012.5.18〉

선원의 1일 근로시간, 휴식시간 및 시간외근로 기록 서류
[Document of records of seafarer's daily hours of work, daily hours of rest and overtime]

선명/ Name of ship	
IMO번호/ IMO number	
국적/ Flag of ship	

성명/ Seafarer's full name	
직위/ Position	

날짜 Date	근로시간 (Period of work)																								휴식시간/일 Hours of rest in 24-hour	주요과업 Comments	임의 24시간 중 휴식시간 Hours of rest in any 24-hour period	임의 7일중 휴식시간 Hours of rest in any 7day period	선원서명 Signature of seafarer
	01	02	03	04	05	06	07	08	09	10	11	12	13	14	15	16	17	18	19	20	21	22	23	24					
	01	02	03	04	05	06	07	08	09	10	11	12	13	14	15	16	17	18	19	20	21	22	23	24					

선장 또는 지정된 자의 성명 / Name of master or authorized person:

7.7 피로

1) 피로의 증상

피로(Fatigue)란 일에 시간과 힘을 지나치게 많이 사용하여 정신이나 육체 따위가 지쳐서 심신의 기능이 저하된 상태를 의미한다. 국제해사기구(2005)의 피로 가이드라인[15]에 의하면 피로의 원인으로 선박의 자동화에 따른 승무원 수의 감소 및 그에 따른 업무량의 증가, 선박 검사업무와 ISM 문서작업 등으로 문서 작업의 증가, 당직 교대근무와 불규칙한 운항 일정, 정박 및 시차 등으로 생체 주기의 붕괴, 수면양의 부족과 수면 질의 저하, 수면 박탈 등이 있다. 선박의 진동, 소음, 조명 및 기관실과 같은 온도가 높은 작업구역에서의 장기간 노출 등으로 인한 수면 방해로 신체적 피로를 유발하기도 한다. 다음은 업무능력의 저하를 유발하는 피로의 요인은 〈표 1-Ⅱ-14〉과 같다.

〈표 1-Ⅱ-14〉 업무능력의 저하를 유발하는 피로 요인

구 분	요 인
승무원 요소	① 수면과 휴식 - 수면의 양과 질, 수면 기간, 수면장애/방해, 휴식간격 ② 인간의 생체시계/24시간 주기리듬(당직교대, 시차에 의한 피로 등) ③ 심리학적 및 감정적 요소 - 공포, 단조로움과 지루함 ④ 건강 - 식이요법, 질병 ⑤ 스트레스 - 직무와 관련된 기술, 지식, 훈련, 개인적 문제, 대인관계, 환경 및 시간 ⑥ 섭취한 화학물질 - 알코올, 약물(처방, 비처방), 카페인 ⑦ 나이 ⑧ 업무변동과 업무계획 ⑨ 업무량(정신적/육체적)
육상 · 선박 관리 요소	① 조직적인 요소 - 관리 정책들과 그 유지, 육상직원과 선박승무원의 역할, 서류업무의 요구, 경제성, 운항계획, 시간외 근무, 휴식, 해운기업문화, 관리형태, 규칙과 규범, 자원(공급원), 선박의 유지, 승무원의 훈련과 채용 등

15) IMO(2005), *Fatigue Guidline*. IMO.

구 분	요 인
	② 항차와 운항계획 요소 - 출입항 빈도, 항차별 운항기간, 항로, 기상상태 등
선박요소	① 선박설계, 선박자동화 수준, 과잉 또는 중복성 수준, 장비의 신뢰성, 검사와 유지관리, 선박의 선령, 업무공간에서 신체적 만족, 주거공간의 배치, 선체운동, 휴식공간에서의 신체적 만족 등
환경적 요소	① 내부적 요소 - 온도, 습도, 진동, 소음, 선박의 운동(롤링, 피칭 등) ② 외부적 요소 - 기상 및 해상 상태

*출처: IMO(2005), Fatigue Guideline.

피로의 증상으로는 몸이 나른하고 기운이 없고, 신체의 움직임이 둔하며 통제능력이 감소하며, 무엇보다도 피로에 의한 개인 생활이나 업무 관련한 기억력과 사고력이 떨어지며 잦은 실수를 한다.

2) 피로의 영향

피로의 영향은 인간이 지각 있는 의사결정을 할 수 있도록 해주는 경각심과 판단력을 저하시킨다. 또한 주의력과 기억력 저하로 자주 실수를 하게 된다. 장기간 피로에 노출된 사람은 수행 노력이 적게 소요되는 위험한 방법을 선택하는 경우가 있으며 피로는 외부 자극에 대한 반응을 느리게 만든다. 피로는 새로운 일을 해결하고자 하는 의지와 능력에 악영향을 미치기도 한다. 피로에 대한 일반적인 영향과 증상은 다음과 같다.

〈표 1-Ⅱ-15〉 피로의 영향 및 증상

피로의 영향	피로의 증상
집중력 감소	• 연속적인 행동을 취할 수 없음 • 한 가지 일에 사로잡힘 • 중요한 것을 무시하고 사소한 것에 집중함 • 비효율적인 옛날의 습관으로 되돌아감 • 평소보다 경계심이 낮아짐
의사결정 능력의 저하	• 거리, 속력, 시간 등을 잘못 판단함 • 상황의 경중을 평가하지 못함 • 중요한 것을 간과함 • 간단한 계산, 기하문제 등을 풀기 어려움

피로의 영향	피로의 증상
기억력 감퇴	• 직무순서, 직무요소들을 잘 기억하지 못함 • 사건이나 절차를 잘 기억하지 못함 • 직무 전체 또는 일부분을 완성하기가 어려움
반응이 늦음	• 일상적인 것, 비정상적인 것 또는 비상상황에 대하여 반응이 느리거나 적절히 반응하지 못함
신체조절 및 통제능력의 감소	• 술에 취한 것처럼 됨 • 깨어 있는 상태로 유지하기가 어려움 • 말을 얼버무리는 등 말하는 것에 영향을 받음 • 들어 올리거나 밀거나 잡아당기는 일을 할 때 힘을 쓰지 못함 • 물건을 떨어뜨리는 빈도가 높음
분위기가 달라짐	• 평소보다 조용하거나 말이 없어짐 • 평소와 달리 화를 잘 내거나 민감해짐 • 편협해지고 비사교적인 행동이 늘어남 • 의기소침해짐
행동이 변함	• 예상된 위험을 간과함 • 경고신호를 무시하거나 간과함 • 자신이 잘못하고 있다는 것을 알지 못함 • 너무 과용이 앞서서 위험을 초래하게 됨 • 정상적인 절차를 무시함 • '괜찮다'는 표시행위를 자주 취함
육체적 불편	• 두통, 현기증, 가슴 두근거림 • 불규칙적인 심장맥동, 호흡불편 • 식욕부진, 불면증, 식은 땀, 소화불량

*출처 : IMO(2005), Fatigue Guideline.

3) 피로의 종류, 원인 및 해결책

선박에서 피로를 효과적으로 관리하기 위해서는 총체적 접근이 필요하다. 피로를 관리하는 한 가지 접근법은 존재하지 않으며 인적요소에 대한 지식과 이해를 바탕으로 생활습관, 휴식, 작업량과 같은 요소들을 고려해야 한다.

피로를 줄이고, 피로의 누적이 업무와 안전운항에 지대한 영향을 미친다는 개인의 인식과 노력이 필수적이다. 또한 시스템적으로 선박의 내부 물리적 공간에 대한 인간 공학적 측면에서의 설계 등도 고려되어야 한다. 예를 들어 선박의 소음, 습도, 환기, 온도, 조명, 흔들림과 같은 물리적 공간의 설계와 기기 및 구조적 배치가 고려되면 피로를 다소 줄일 수 있다. 또한 선박의 시스템적인 관리요소도 중요하다. 예를 들어 선원의 근로와 휴식 시간에 대한 보장을 이행하기 위한 관리자의 노력과 감독이 필수적이며, 이를 적극적으로 수용하고 안전사고 예방에 중요한 인적요인임을 인식하는 안전문화가 바탕이 되어야 한다.

〈표 1-Ⅱ-16〉 피로의 종류, 원인 및 해결책

피로의 종류	정의, 원인 및 해결책
생리적 피로	• 정의: 생활의 갑작스런 변화에 몸이 적응을 못해서 누구에게나 생기는 현상 • 원인: 심한 운동을 했을 경우 과로와 외국여행 등 • 해결 : 충분한 수면과 휴식
스트레스성 피로	• 정의: 어떤 일과 경쟁적인 대인관계에서 발생할 수 있으며 주변상황에 민감한 반응 • 원인: 과도한 업무량과 어려운 상황에 직면한 경우, 힘든 목표에 집착한 경우 등 • 해결: 질병은 없으나 완벽주의 성격을 가진 사람들의 경우에는 유연한 성격으로 변경 필요
정신질환성 피로	• 정의: 감정이나 심리 상태에 따른 피로감 • 증상: 우울증, 불안증, 적응장애, 강박장애, 불면증, 두통, 식욕부진, 소화불량, 변비 등 • 해결: 적절한 운동이나 취미 활동이 필요하며 심할 경우에는 정신과 상담 및 치료 필요
신체질환성 피로	• 증상: 빈혈, 결핵, 만성 간질환과 당뇨병, 갑상선질환, 신부전증, 심부전증, 각종 암 등
만성피로	• 기억력 또는 집중력 장애와 인후통의 경우 • 목이나 겨드랑이 임파선의 압통, 근육통, 관절통, 두통과 수면 후 상쾌한 느낌이 없음, 운동이나 일을 하고 난후 심한 권태감이 오는 경우 • 위에 있는 8개 중에 4개 이상이 6개월 이상 지속될 경우 • 피로가 6개월 이상 지속되거나 반복되는 경우 • 휴식을 취해도 피로가 회복이 안 되는 경우에는 만성피로증후군에 해당됨

*출처 : 김홍태 외 3명(2015), 해양안전사고 예방시스템 기반 연구.

8. 이의 제기 및 수용

8.1 이의제기 및 수용의 의미

이의제기(Challenge)란 조직 내에서 구성원들의 업무수행 과정에서 무엇인가 잘못 되어 가고 있음이 발견되었을 때 또는 의사소통 과정에서 서로 이해하고 있는 개념에 차이가 있다고 생각될 때, 이를 지적하거나 또는 자신이 생각하고 있는 개념이나 문제점을 분명하게 이야기하는 것을 의미한다.

이의 제기의 사례

선 장 : 저기 좌현 선수에 있는 어선이 본선 선수를 횡단할 것 같습니다. 본선 선수를 왼쪽으로 돌려주자. 타수! 키 잡아

타 수 : 선장님 키 준비되었습니다.

선 장 : Port 15!

타 수 : Port 15!

2항사 : (쌍안경으로 상대선 관측하면서) 선장님, 저 선박이 우현으로 변침하려는 것 같습니다. 좌현 변침하면 충돌할 위험이 있습니다.

선 장 : 그래? Midship

타 수 : Midship

사람은 누구나 자기중심적이며 편하고 하기 쉬운 과거의 방식을 선호하기 마련이며 현실에 안주하고자 하는 욕구가 강하다. 이러한 방식은 예상하지 못한 비상상황에서 자신의 의지와는 상관없이 패닉(panic)에 빠질 수밖에 없고 걷잡을 수 없는 악순환으로 치닫게 될 것이다. 이의제기는 이러한 안일한 사고 방식을 전환시키고자 하며, 궁극적으로 사람의 태도를 변화시킴으로써 인적오류의 근본적 원인을 제거하고자 한다.

이의제기가 필요한 이유는 사람은 누구나 실수를 범할 수 있으며 작업 현장에는 사고를 일으킬 수 있는 인적, 물적 또는 기술적 잠재 위험요소가 상시 존재하는 반면 이런 위험요소가 제대로 인식되지 못한 채 간과되기 쉽기 때문에 필요하다. 또한 이의제기의 필요성으로 사람

은 모든 것을 스스로 판단하고, 결정하고, 실행하려고 하는 경향이 있기 때문이다. 동일한 상황 또는 동일한 사물에 대해 인식하고 있는 개념이 서로 다를 수 있기 때문에 이의제기를 통해 의견을 제시해야 한다.

이의제기 및 수용에 대한 적극적인 조성 분위기는 인적과실을 사전에 예방할 수 있기에 필요하다. 또한 이의제기 및 수용이 가능한 분위기는 조직 내 의사소통을 원활하게 하는데 효과적이며 조직 구성원들 상호간의 신뢰도, 친화감 및 업무의 적극성을 높여준다.

8.2 이의제기 및 수용 분우기를 저해하는 요인

이의제기와 수용을 저해하는 요인을 아래 표와 같이 제시하였다.

〈표 1-Ⅱ-17〉 이의제기 및 수용을 저해하는 요인

이의 제기를 저해하는 요인	이의 수용을 저해하는 요인
상급자의 능력 과신	지나친 권위 의식
자신의 내성적 성격(자기주장 약함)	지나친 책임감
자신감 결여	자신의 능력 과신, 지나친 자신감
무관심	자신감 결여
책임회피	소극적인 성격(관리능력 빈약)
조직 구성원간의 갈등	폐쇄적인 성격(의사소통 빈약)

8.3 권위주의적 접근 방식이 정당화되는 시기

권위(Authority)와 권력(Power)는 다르다. 권위는 사람들을 통솔하고 이끄는 힘을 말하며 권력을 행사할 적법성 및 정당성을 갖춘 자격이나 권리를 말한다. 권위는 강제하지 않고 다른 사람들로 하여금 자발적으로 순종, 따르게 만드는 능력이다. 권위는 명령하는 사람의 요구가 정당한가에 대한 상대방의 수용정도를 기초로 한다. 선박 조직에서의 권위는 공식적으로 지위를 규정하는 근거에 기초하며, 법률, 공식적 규정, 보수를 주는 지위 등으로 자격이나 권리를 보장하므로 '제도화된 권력(institutionalized power)'을 말한다.

권력(Power)은 다른 사람을 자신의 뜻대로 움직이거나 지배할 수 있는 힘을 말하는데 권력이 정당성을 갖기 위해서는 권위가 필요하다. 권력은 자신이 원하는 것을 다른 사람이 따르도록 강제화하는 능력이고 권위는 다른 사람이 스스로 따르도록 하는 능력을 말한다. 권력 행사에 많은 비용과 노력이 소요되지만 정당화된 권위는 비용과 노력이 감소되며 권력은 제도적 환경에서 권위로의 변환이 이루어진다.

권위에 대해서 막스 웨버(Max Weber, 2016)는 권위를 다음 3 가지 유형으로 구분하였다.

① 합리-합법적 권위 (rational-legal authority)란 말 그대로 법과 합리성에 기초한 권위를 말한다. 문서화되고 때로는 매우 복잡한 형태의 공식적 규정에 의해 정당화되는 권위로 가장 대표적 예는 국가가 법률에 의해 선출된 정부 공직자들의 권한 등 관료제가 있으며 이러한 권위는 계층제의 명령과 지시의 질서에 따라 대리, 위임된다.

② 전통적 권위 (traditional authority)란 개인의 능력에 의한 것이 아닌 관행, 습관, 사회구조, 세습으로부터 나오는 권위를 말한다.

③ 카리스마적 권위 (charismatic authority)란 리더의 초자연적이거나 비범한, 남다른 능력에 의한 권위를 말한다. 이를 막스 웨버는 특별한 능력, 자질 또는 초자연적인 재능을 지녔다고 믿음으로써 권위가 생기는 것이라 주장했다. 이것은 합리-합법적 권위나 전통적 권위보다 정당성에서 보다 우위에 있다.

또한 권위에는 공식적, 기능적 권위로도 구분하는데 계층 조직에서 최고 정책결정권자는 공식적 권위이고, 참모들은 부하들을 움직이는 공식적 권위는 없지만 최고결정권자들에 자문하는 기능적 권위를 가진다. 권위주의는 최고결정권자가 부하들의 참여나 도전을 배제한 채, 자신의 판단과 지시를 강요하는 경우를 말한다.

8.4 지휘계통

지휘 계통은 권력과 책임의 체계를 말하고 지시는 조직 내 상위층에서 하위층으로 또는 그 업무를 실행할 사람에게로 전달된다. 선박조직은 STCW 협약에서 제시된 바와 같이 관리급, 운항급 및 부원급으로 구성되어 있으며, 업무 수행에 있어서 지휘계통은 부서별 상하 수직적 구조로 되어 있다.

지시는 지휘계통에 따른 자신의 직속상관으로 부터 받으며 자신의 직속 부하에게 전달되어야 한다. 즉, 지휘계통에 의해 각각의 구성원은 한 명의 직속 상관으로부터 명령을 받고 직속 부하에게만 명령을 하여야 한다. 예컨대, 선장이 1등기관사에게 지시를 하는 것은 기관장의 권위를 무너뜨리는 상황이 발생할 수 있다. 다만, 비상시 또는 훈련과 같은 상황에서는 선장은 선박의 commander로 직접지휘권을 갖는다.

제 3 장

의사소통

1. 커뮤니케이션과 의사소통
2. 해사 커뮤니케이션
3. 커뮤니케이션 심리학 Four-Sides-Model
4. 선박과 육상 간 효과적 의사소통

제3장 의사소통

1. 커뮤니케이션과 의사소통

인간은 삶의 대부분을 다른 사람들과 소통하면서 생활한다. 가정, 학교, 직장 등 사회의 다양한 집단 안에서 다른 사람들과 끊임없이 상호작용(interaction)하면서 일하고 생활한다. 이러한 상호작용의 과정에서 어떤 형식이나 형태로든 타인에게 무언가를 전달하고 타인의 생각과 감정을 읽고 적절히 반응하는데 필요한 가장 기본적인 수단이 바로 커뮤니케이션, 즉 의사소통이라고 할 수 있다.

따라서 인간은 하루 대부분 시간을 읽고, 쓰고, 말하고, 듣고, 보고, 반응하는 커뮤니케이션 활동으로 보낸다. 커뮤니케이션(communication)은 '공통되는(common)', 혹은 '공유한다(share)'라는 뜻의 라틴어 'communis'에서 유래하였다.[16] 라틴어 'communis'에서 유래한 또 다른 어휘가 '공동체'를 의미하는 'community'인데, 따라서 커뮤니케이션 행위는 사람과 사람 사이의 정보와 지식의 공유활동을 통해 공동체를 만들어가는 데 있어 본질적인 요소이다.

이러한 커뮤니케이션은 선박을 둘러싸고 있는 해상업무 종사자 및 해상운송 분야에서는 특히나 중요한 의미가 있다. 바다를 터전으로 업무를 수행하는 해상업무 종사자들의 공동체를 형성하는 데 있어 커뮤니케이션은 가장 기본적인 요소인 것이다. 선박 내 선교 및 기관실 내 선원들 간의 커뮤니케이션뿐만 아니라 본선과 VTS(Vessel Traffic Service System) 등 선박과 연안, 선박과 선박 등 다양한 형태의 커뮤니케이션이 해사 분야에 존재하며, 이들 중 단 하나라도 제대로 진행되지 않으면 선박의 안전에 영향을 미칠 뿐 아니라 해상사고와도 직결될 수 있다.

16) 오미영(2013): 커뮤니케이션, 커뮤니케이션북스, p. 2.

1.1 의사소통

1) 의사소통의 정의

의사소통(Communication)은 우리가 관계를 맺고 있는 사람 혹은 세상을 통해 메시지를 보내고, 받고, 해석하는 과정으로써 둘 이상의 사람들 사이에서 음성과 부호 등의 상징이나 상징으로 바꿀 수 있는 행동과 느낌을 동시에 교환하는 상호교류 과정을 말한다.

의사소통에 대해서는 다양한 정의가 있는데 대표적인 몇 가지를 소개하면 다음과 같다.

- 정보를 전달하고 반응을 이끌어내는 것
- 정보, 관념, 태도를 공유 또는 전달하는 것
- 일련의 규칙에 따라 행동의 여러 요소나 생활의 여러 양식을 공유하는 것
- 정신이 서로 통하는 것, 참여하는 사람들이 서로 이해하는 것
- 사람이나 집단으로부터 다른 사람 또는 집단에 주로 상징에 의해 정보를 전달하는 것
- 메시지에 의한 사회적 상호작용

2) 의사소통의 필요성

내가 원하는 것이 상대방에게 잘 전달되고 상대방이 그것을 잘 받아들이면 만족과 행복감을 느끼게 된다. 하지만 원하는 바가 잘 전달되지 않으면 불만족이나 좌절, 불행까지 느낄 수 있다. 그러므로 다른 사람들과 잘 어울려 살기 위해서는 의사소통이 필요하다. 의사소통은 궁극적으로 영향력과 권력을 행사하는 것으로 좋은 의사소통은 구성원들에게 동기를 부여하게 된다.

1.2 의사소통의 구성요소

일반적으로 의사소통 행위에 있어 중요한 네 가지 구성요소는 언어(verval), 비언어(non-verbal), 준언어(para-verbal), 언어외적(extra-verbal) 요소이다. 이 네 가지 구성요소는 직접적인 대면 발화행위를 통해 화자와 청자가 면대면(face-to-face) 의사소통을 하는 구두 커뮤니케이션 행위에서뿐만 아니라 휴대전화의 SMS 교환, 이메일, 편지와 같이 문서를 매개로 하는 커뮤니케이션 행위에도 매우 중요한 역할을 한다. 이를 표로 정리해보면, 다음과 같다.

〈표 1-Ⅲ-1〉 의사소통의 4가지 구성요소

구분	구두 커뮤니케이션	문서 커뮤니케이션
언어적(verbal) 요소	어휘, 문장구성, 수사, 대화스타일	어휘, 문장구성, 수사, 문장스타일
비언어적(non-verbal) 요소	외모, 얼굴표정, 제스처, 자세, 시선접촉	그림, 기호, 표, 포맷, 색상, 레이아웃
준언어적(para-verbal) 요소	목소리 크기 및 톤, 발화리듬, 웃음소리, 발화 중 휴식, 억양, 헛기침	문장부호 표시, 인쇄양식, 글자크기, 자간 간격, 단락 배열
언어외적(extra-verbal) 요소	시간, 장소, 거리, 의복, 상황, 맥락, 청각, 미각, 촉각, 후각	시간(인쇄 연도), 종이 질

1) 의사소통 시스템의 구성요소

가) 송신자(Sender)

- 생각, 감정, 정보의 메시지를 전달하는 사람
- 송신자의 음성, 감정 상태 등으로 인해 메시지가 전달되는 과정에서 왜곡, 변형, 삭제 및 소멸 등의 현상이 나타나 정확한 내용의 전달을 어렵게 할 수 있다.

나) 부호화(Encoding)

- 송신자가 아이디어를 전달 가능하고, 이해 가능한 형태로 변환시키는 과정
- 문어(문자:편지) 및 구어(말:음성)로 생각을 표출하는 것
- 아이디어의 전달을 위한 중요한 과정이다.

다) 경로(Channel)

- 메시지를 전달하는 매체(전화선, 라디오, TV, 우편, 광섬유 케이블, 영상, FAX, e-mail, 그림 등)
- 전달하고자 하는 정보의 형태에 따라 경로 결정(전달될 메시지의 명확성과 모호성에 의해 채택)한다.

라) 해독(Decoding)

- 수신자가 전달된 메시지를 아이디어로 환원하는 과정
- 해독작업이 정확하게 이루어질 경우 송신자의 의도가 수신자에게 정확히 전달된다.

마) 수신자(Receiver)

- 송신자가 전달하는 메시지를 듣고 받아들이는 사람
- 전달된 메시지의 종착점이라고 할 수 있으며, 청취, 이해, 기억, 반응의 요소가 포함된다.

바) 수신자 반응(Feedback)

- 정보를 전달받은 수신자가 나타내는 반응

2) 선교 및 기관자원관리(BRM/ERM)의 관점

송신자가 선택한 부호화된 언어가 같은 단어적 의미라도 경험에 따라 수신자의 해석이 달라질 수 있으므로 전달한 메시지에 대한 수신자의 이해도를 검증하고 필요하다면 추가적 설명을 하여야 한다.

메시지를 전달하는 매체를 어떤 것을 사용하였는가에 따라 의사소통의 왜곡이 발생할 수 있다. 가장 명확하기는 감정과 분위기를 모두 알 수 있는 대면(face to face) 의사소통이 가장 신뢰성이 높다. (화상)전화, 무전기, 마이크 등을 사용할 때는 사용 환경에 따라 의사전달이 불충분할 수 있으므로 유의하여야 한다.

특히 문화적 차이가 있고, 사용언어가 다른 외국인 선원과의 의사소통은 잘못될 수 있으므로 이들과 잘못된 의사 표현도 잘 이해할 수 있도록 문화적 차이에 대한 인식이 필요하며 선박에서는 이를 구조적으로 회피하기 위해서 Check-lists를 많이 활용하고 있다.

2. 해사 커뮤니케이션

2.1 해사 커뮤니케이션(Maritime Communication)의 정의

앞서 설명한 의사소통의 네 가지 구성요소를 바탕으로 일반적으로 우리가 알고 있는 '커뮤니케이션'의 정의해보면, 송신자(sender)가 특정한 조건(언어 외적인 요소)에서 자기 생각을 특정한 코드로 전환하여 언어(verbal) 또는 비언어 및 준언어적 메시지(message)로 전달하는 행위라고 할 수 있다. 여기서 메시지는 개인의 생각, 감정, 느낌, 입장을 수신자(receiver)가 인식할 수 있도록 만들어낸 일종의 신호이다. 이렇게 송신자에 의해서 만들어진 메시지는 특정한 채널(channel)을 거쳐 수신자에게 전달되는데, 일반적으로 직접 커뮤니케이션, 즉 대면 상황에서는 음성과 시각이 주요통로가 되며, 간접 커뮤니케이션, 즉 기술매개(technology-mediated) 커뮤니케이션에서는 (화상)전화, 컴퓨터, 무전기 등과 같은 기술이 중요한 커뮤니케이션 채널이 된다. 이러한 채널을 통해 메시지를 전달받은 수신자는 들어오는 메시지를 받아 인식하고 자신의 코드로 전환하여 의미를 만드는 해석(interpreting)과정을 거치게 된다. 수신자는 메시지 해석과정을 거쳐 송신자에게 반응하게 되는데, 이를 피드백(feed back)이라고 한다.[17]

하지만 이러한 메시지 전달과 수신 과정을 통해 의사소통하는 두 사람은 언제나 동일한 배경(예, 국적, 언어, 나이, 성별, 종교, 직업, 학력 등)과 동일한 삶의 경험만을 수반하지 않기에 두 사람 사이의 메시지 전달과 해석의 과정이 항상 동일한 방식으로 이루어지는 것은 아니다. 따라서 메시지 자체는 송신자로부터 수신자로 전달될 수 있겠지만, 그 의미가 반드시 송신자의 의도대로 전달될 수 없는 것이다. 이러한 커뮤니케이션 과정을 도식화해보면 아래와 같다.

〈그림 1-Ⅲ-1〉 해사 커뮤니케이션 과정

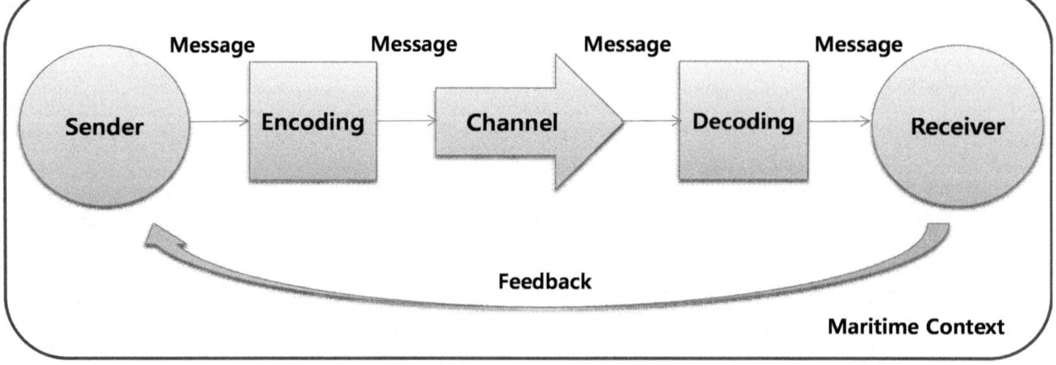

상기 도식화된 커뮤니케이션 과정에서 간과해서는 안 될 중요한 요소 중의 하나는 커뮤니케이션 행위를 에워싸고 있는 상황, 즉 맥락(context)이다. 결국, 이 맥락이 바로 커뮤니 케이션의 네 가지 요소 중 '언어외적인' 요소에 상응하는 개념이다. 맥락은 발화행위 자체에 직접적으로는 관여하지 않으나 의사소통 행위자의 물리적 · 심리적 조건과 발화 환경을 결정짓는 가장 중요한 요소이다. 커뮤니케이션에 대한 논의를 해상업무 분야로 돌려보면, '해사 커뮤니케이션(maritime communication)'은 바다를 터전으로 선박 운항과 해운산업 전반의 모든 과정과 연계된 해사 맥락(maritime context) 안에서 일어나는 모든 종류의 커뮤니케이션 행위를 지칭한다.18)

선내 의사소통의 본질은 선교/기관실 팀의 계획 또는 의도를 팀원들이 공유하는 것이 목적이다. 이를 근거로 수행되고 있는 업무를 감독하고 평가하여 한 사람의 실수 또는 착각을 점검할 수 있다.

선박은 해운기업의 관리부서로부터 물리적으로 떨어져 있으므로 회사가 선장(기관장)에게 선박 및 인명안전, 운항(환경, 정비보수) 관리를 위임하고 있으며, 선장(기관장)은 선내 업무 절차와 지침에 따라서 이들 업무를 수행하게 된다. 이들 사내절차와 지침들은 의사소통 경로의 한 형태이며 해석과 여러 배경의 이해도에 따라서는 본래의 전달력이 왜곡될 여지가 많이 있다는 점을 인식하는 것은 매우 중요하다. 따라서 목표하는 업무를 효과적으로 수행하기 위해서 정확하고 간결한 지침과 선장(기관장)의 이해도 확인을 포함하는 의사소통은 아무리 강조해도 지나치지 않다.

2.2 해사 커뮤니케이션의 방해요인

'해사 커뮤니케이션'이라는 틀 안에서 바라보았을 때, 송신자와 수신자가 메시지를 송수신하는 통로인 커뮤니케이션 채널은 다른 산업 분야 또는 생활영역에서 이루어지는 커뮤니케이션 보다 훨씬 더 중요한 영향을 미친다. 왜냐하면 해사커뮤니케이션은 바다와 연안이라는 특수한 조건에서 이루어지기 때문이다. 그러므로 직 · 간접 커뮤니케이션 상황에 따라 달라지는 해사커뮤니이션 채널은 의사소통에 커다란 방해요인으로 작용할 수 있다. 해사커뮤니케이션의 소통방식은 크게 '무선 커뮤니케이션'과 '대면 커뮤니케이션'으로 나누어 볼 수 있

17) 최진철(2016): 해사문화교섭과 승선사관 해사커뮤니케이션 역량 교육 방향 연구, 「해항도시문화교섭학」, 제14호, pp.263.
18) 최진철 2016: ibid. p.269.

다. 이 두 가지 상이한 커뮤니케이션 채널에서 발견될 수 있는 소통의 방해요인은 다음과 같이 각각 기술적 요인과 인적요인으로 나누어 분석할 수 있다.

〈표 1-Ⅲ-2〉 대면 커뮤니케이션 소통과정 방해요인

기술적 요인(technical element)	인적 요인(human element)
소음	송신자와 수신자의 해사영어 역량 차이
대화 상대방과의 물리적 거리	억양 및 사투리
(거시) 환경적 방해요소	민족 및 문화적 방해요소
	교육 및 훈련 부족
	심리적 스트레스
	(미시) 환경적 방해요소

〈표 1-Ⅲ-3〉 무선 커뮤니케이션 소통과정 방해요인

기술적 요인(technical element)	인적 요인(human element)
시스템 장애	송신자와 수신자의 해사영어 역량 차이
장비 오작동	억양 및 사투리
전파 불안정 상황	무선통신 규정 무시
외부 소음	장비작동 실수
(거시) 환경적 방해요소	교육 및 훈련 부족
	심리적 스트레스
	(미시) 환경적 방해요소

기술적 요인은 선박이라는 특수한 공간에 존재하는 다양한 내 · 외부적인 요인들을 망라한다. 기계설비의 오작동과 같은 기술적인 방해요인의 경우, 항해사나 기관사와 같은 선박 내 구성원들이 업무분장에 기반하여 자신이 맡는 기계(시스템 등)설비에 대한 정기적인 점검과 관리 작업을 진행한다면, 이로 인해 발생할 수 있는 문제는 어느 정도 미리 예방하거나 최소화할 수 있을 것이다. 하지만 악천후와 같은 외부적 환경요인들처럼 기술로 극복할 수 없는 요소는 사람이 임의로 관리할 수 없는 영역이다. 그에 반해 인적요인은 기술적 요인과 달리 구성원 개인의 지속적인 인식개선과 변화 노력, 학습 및 훈련 없이는 극복할 수 없다. 그리고 이러한 인적요인이 선박이라는 기계와 인간의 상호작용에도 지대한 영향을 미칠 수 있다.

즉, 선원 개인의 심리적 관계적인 측면이나 선박 내 업무 분위기 등이 선박 내 기기와 장비 작동에 영향을 미친다.

그러한 관점에서 무선 및 대면 커뮤니케이션 상황에서 공통으로 발견되는 방해요소가 선원 개인의 언어역량과 출신 지역 및 집단 등의 문화적 배경에 따른 요소(개인의 억양, 사투리, 출신 국가 및 출신 집단에 기초하는 방해요소 등), 개인의 심리적 요인이라는 점은 해상업무 분야에서 인간관계와 문화접촉 현상을 연구하고 분석하는 데 상당히 중요한 의미가 있다. 더욱이 대형선박에 20명 남짓 정도의 승무원들이 비교적 오랫동안 함께 지속적으로 소통해야 할 때, 승무원 개개인들이 가진 다양성의 발현 양상이 구성원들 간의 의사소통에 지대한 영향을 미칠 수밖에 없다. 그러므로 치명적인 해양사고나 이로 인해 발생할 수 있는 인적・물적 피해를 미리 방지하고 구성원들 간의 원만한 대인 관계를 통한 행복한 운항을 위해 승무 인력의 대인 관계 및 소통역량 강화는 선박 운항 관련 첨단 기술의 개발과 함께 지속적으로 논의되고 개선되어야 할 중요한 영역이다.[19)]

1) 의사소통 장애 요인의 종류

- 준거의 틀(frame of reference): 기호화는 기호화하는 사람의 과거 경험에 의해 그리고 해독은 해독하는 사람의 과거 경험에 의해 영향을 받음
- 선택적 청취(selective listening): 새로운 정보, 특히, 그것이 그 자신의 신념과 배치되는 새로운 정보일 때, 여기에 대한 방어벽을 가지게 되어 자기에게 유리한 정보만 선택하여 청취함
- 가치판단(value judgements): 수신자가 발신자나 발신자와의 과거 경험에 대한 평가, 혹은 메시지의 예상된 결과에 근거로 수신자는 의사소통을 마치기 전에 메시지에 대한 전반적인 가치를 부여하게 됨
- 원천에 대한 신뢰성(source credibility): 수신자가 발신자에 대하여 가지는 신뢰의 수준은 수신자가 발신자의 말이나 아이디어, 그리고 행동에 대하여 어떠한 반응을 보이는가에 직접적인 영향을 미침
- 의미론적 문제(semantic problems): 정보를 공통적인 심볼인 단어의 형태로 정보를 전달함. 불행하게도 단어가 같다고 하더라도 사람이 다르면 다른 의미를 가지게 되기도 함

19) 최진철(2020): 선상 문화교섭의 이해: 바다위의 삶, 신아사, pp.118-121.

• 여과(filtering): 수신자가 정보를 긍정적인 것으로 받아들이도록 정보를 조작하는 것으로 상향적인 의사소통의 보편적인 현상임

• 내집단 언어의 사용(in-group language): 직업적이거나 전문적인, 혹은 사회적인 집단들이 그 구성원들에게만 의미가 있는 단어나 문장을 만들어냄. 이러한 특별한 언어는 여러 가지의 유용한 목적을 위하여 사용됨

• 지위의 차이(status differences): 조직은 여러 가지의 심볼을 사용하여 위계적인 계급을 표현함

2) 의사소통 오류의 원인

의사소통 시 오류를 일으키는 원인을 식별하고 이를 극복하는 노력이 필요하다.

① 자신이 사용하고 표현하는 언어에 한계가 있다. 즉, 상대방 수준에 맞는 다양한 언어를 구사하지 못한다.

② 이 정도의 수준으로 의견을 전달하면 상대방은 충분히 이해할 것이라고 짐작하면서 의견을 전달하고, 상대방은 알아들은 것처럼 고개를 끄떡이지만 서로 다른 이야기를 하고 있다.

③ 남의 이야기나 주장에 별로 관심을 갖지 않으며, 상대방 자체에 대해서도 큰 비중을 두지 않고 있다가, 문제가 생기면 다른 질문을 하거나 책임을 상대에게 미룬다.

④ 보고서, 제안서, 회의록, 편지, e-mail 등을 작성하는데 활용하는 언어의 범위가 제한되어 있으며, 전문용어가 지나치게 많이 표현되어 상대방과의 이해에 어려움이 발생한다. 그러나 상대방 또한 이에 대해 이의를 제기하지 않으며 모두 충분히 이해한 것처럼 행동하고 조치한다.

⑤ (화상)전화, 우편, 빔프로젝터(Beam Projector), OHP(Overhead Projector), 전자칠판, 메신저 등의 적절한 기자재의 활용 능력이 부족하고, 관심조차 갖지 않는 경우도 있다.

3) 선박에서의 의사소통 장애

선박의 선원은 대인접촉의 범위가 좁고, 승선 중에는 육상과 접촉하는 기회가 적으며, 적

은 숫자의 선내 승무원 중에서도 한정된 자 이외에는 개인적인 접촉이 적다. 따라서 선원 자신이 스스로 얻을 수 있는 정보는 한정되고 그 양도 적기 때문에 정보에 대해서는 항상 수동적으로 되고 소외감을 느끼게 된다.

선원들은 다른 사람으로부터 제공되는 정보를 선별하여 받아들일 여지가 적고, 판단자료가 부족하므로 과거의 경험을 근거로 다른 사람의 정보를 판단하기 때문에 정확한 정보가 전달되지 않고 모호하게 판단하는 경우가 많다.

영업환경이 좋지 않아 해운사의 생존이 걸려 있으면, 육상과 해상 간의 의사소통에도 많은 영향을 미치게 된다. 선원들에게 미치는 이러한 보이지 않는 압박감은 선박 안전을 위협하는 원인이 되기도 한다.

특히 선박은 상하조직 간 엄격한 위계질서가 존재하므로 상급자의 지시 내용에 대해 쉽게 이의제기를 할 수 없어 잘못된 정보가 제공되더라도 시정이 쉽지 않아 잘못된 행동결과로 이어질 가능성이 크다.

또한, 선박 대부분은 외국인 선원과 혼승하고 있는데 다른 모국어를 사용하고 있어 의사소통이 불량하고, 선내 직무 언어인 영어를 사용하더라도 영어어휘나 구사 능력이 상이하다 보니 전달자의 의사가 수신자에게 충분히 전달되지 않을 가능성이 크다.

3. 커뮤니케이션 심리학 Four-Sides-Model

커뮤니케이션 학자인 프리데만 슐츠 폰 툰(Fiedemann Schulz von Thun)은 모든 언어적 표현은 네 가지 측면을 고려하여 이루어진다고 주장한다.[20] 따라서 말하는 사람의 네 가지 의미 측면과 듣는 사람의 네 가지 의미 측면이 서로 일치하지 않으면, 오해가 발생할 수밖에 없다는 것이다. 이러한 오해의 발생 빈도는 언어나 문화가 다른 두 사람, 나이나 학력 차이처럼 살아온 환경이나 조건이 달라 서로 공유되는 배경이 많지 않은 사람들 사이의 소통에서 더 높아질 가능성이 있다. 폰 툰이 말하는 네 가지 차원은 사실(factual information), 자기현시(self-revelation), 관계(relationship), 호소(appeal)이다. 먼저 이 네 가지 차원을 발화자의 관점에서 설명해보면, 우선 '사실'의 측면은 발화 메시지 그 자체가 포함하고 있는 사실 정보다. 두 번째, '자기현시'의 측면은 발화자가 발화 메시지를 통해 자신에게 던지는 정보이다. 세 번째, '관계'의 측면은 화자가 청자와의 관계 속에서 해석될 수 있는 정보이다. 마지막으로 '호소'는 발화자가 발화내용을 통해 청자에게 기대하는 행동이나 결과이다.

〈그림 1-Ⅲ-2〉 프리데만 슐츠 폰 툰의 Four-Sides-Model

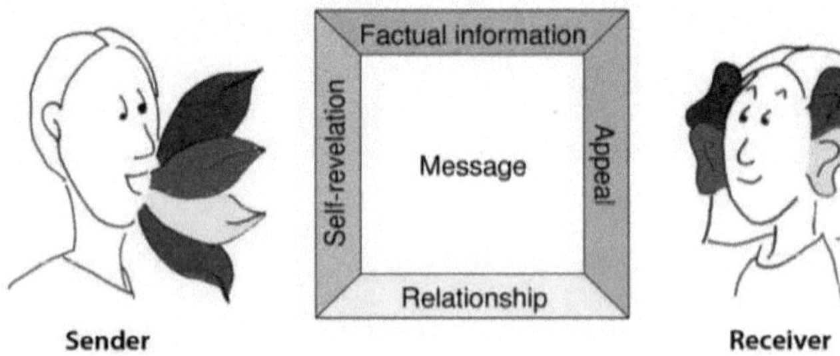

*출처: https://4eyes-model.com/

그런데 이 네 가지 차원을 청자의 관점에서 정리하면, 아래 그림과 같다. 아주 흔한 부부 사이의 대화를 통해 이 의사소통 모형을 이해해보자. 아내와 남편이 저녁 식사를 하고 있다. 남편이 아내에게 '자기야, 여기 국에 파란 게 뭐야'라고 묻는다. 그런데 아내는 버럭 화를 내면서 '맛없으면 그냥 먹지마!'라고 말한다. 두 사람의 메시지 해석과정에 무슨 일이 일어난 것일까? 남편은 국 속에 들어있는 파란 물체(사실)가 무엇인지 모른다(자기현시). 그런데 자

20) Friedemann Schulz von Thun, Johannes Ruppel and Roswitha Stratmann(2003), MITEINANDER REDEN: Kommunikationspsychologie für Führungskräfte, Rowohlt.

신 앞에 앉은 아내가 그 국을 끓였기에 그 사실을 알고 있다(관계). 그래서 아내에게 '그게 뭔지 말해줘'(호소)라는 의미로 '자기야, 여기 국에 파란 게 뭐야'라고 물었다. 반면에 이 메시지를 들은 아내는 '국에 파란 게 있다고?'(사실), '그래, 또 반찬 투정을 시작하는 거구나'(자기현시)라고 생각하여 남편이 자신의 요리 실력에 문제가 있음(관계)을 피력하는 것으로 해석해서 그런 식으로 반찬 투정하려면 '앞으로 내가 만든 건 먹지마'(호소)라고 대답한 것이다. 우리가 일상에서 흔하게 경험할 수 있는 오해의 상황이다. 하지만 이러한 오해가 어디서 어떻게 언제 발생하느냐에 따라 그 심각의 정도는 달라질 수 있다.

이번에는 선박에서 일어날 수 있는 사례를 통해 설명해보자. 선박에 실습기관사가 새로 승선했다. 그런데 선배 사관들에게 소심하고 적극성이 떨어져 보이는 실습기관사의 잦은 실수는 바로 위 선임 사관인 3등 기관사의 심기를 불편하게 한다. 그래서 3등 기관사는 별생각 없이 배에서 흔히 사용하는 표현으로 실습기관사에게 경각심을 주려고 '이 새끼 너 자꾸 이러면 죽여 버린다.'라고 말한다. 물론 이 표현이 어떤 표정과 목소리 톤으로 전달되었느냐에 따라 메시지의 정확한 의미는 달리 해석될 수 있을 것이다. 하지만 여기서는 3등 기관사가 실습기관사를 '정말 죽여 버리겠다'는 의미가 아니라 앞으로 '제발 좀 잘 하자'는 호소의 차원으로 발화를 했다고 가정한다. 이 발언을 들은 실습기관사는 이 순간 이후로 심리적 압박감과 위축감에 시달리고 혹시라도 정말 선임 사관이 자신을 죽이지는 않을까 하는 생각에 전전긍긍하며 잠을 이루지 못할 지경이 된다. 며칠을 고민하던 실습기관사는 고민 끝에 선장을 찾아가 하선 요청을 하게 된다. 이러한 정황에 근거하여 3등 기관사와 실습기관사가 '이 새끼 너 자꾸 이러면 죽여 버린다'라는 발화내용을 상반되게 이해하게 된 네 가지 차원을 분석해보면, 아래와 같이 정리될 수 있다.

우리는 누군가 무심코 던진 말이 상대방에게는 때에 따라서는 너무도 심각한 상황을 초래할 수 있음을 이 사례를 통해 이해할 수 있다. 나아가 선박과 같이 특수한 업무 환경에서 소통이 이루어질 경우, 소통 당사자 간의 메시지 전달과정과 이를 이해하는 수신과정이 얼마나 중요한지 인식할 수 있다.

〈표 1-Ⅲ-4〉 Four-Sides-Model 기반 해석

	삼등기관사	실습기관사
사실 (factual information)	이 새끼 너, 죽여버린다.	이 새끼 너, 죽여버린다.
자기현시 (self-revelation)	네가 좀 더 잘했으면 한다.	그는 내가 하는 일을 모두 싫어한다.
관계 (relationship)	나는 너의 상사로서 훈계하는 것이다.	너는 정말 문제가 심각한 실항사이다.
호소 (appeal)	제발 좀 잘해라!	계속 이러면 진짜 죽일 수도 있다!

4. 선박과 육상 간 효과적 의사소통

4.1 효과적인 의사소통 기법

1) 의사소통 개선방법

효과적인 의사소통을 위해서는 명료성, 일관성, 적기적시성, 타당성, 관심과 수용의 원칙에 근거하여 전달하고자 하는 메시지를 만드는 등 의사소통에 참여하는 구성원들의 노력과 변화의 자세가 먼저 수반되어야 한다. 의사소통의 개선방법은 다음과 같이 정리할 수 있다.

- 사후검토(following-up): 오해를 받고 있다는 전제하에 가능하면 언제나 의도된 바가 실제로 전달되었는지를 알아보기 위하여 노력하는 기법
- 정보전달 흐름 규정(regulating information flow): 관리자가 의사소통의 과다에서 오는 장벽을 제거할 수 있음
- 피드백 활용(utilizing feedback): 의사 전달자가 보낸 메시지를 수신자가 받았는지 그리고 의도대로의 반응이 나타났는지를 알려주는 수신자 반응의 인지 채널
- 감정이입(empathy): 자신을 다른 사람의 역할에 두고 그 사람의 관점과 감정을 가정해 보는 능력
- 반복(repetition): 의사소통에서의 반복과 중복은 의사소통의 일부분이 이해되지 않았을 경우, 다른 부분이 똑같은 의미를 전달해 주는 것을 말함
- 상호 신뢰 확립(encouraging mutual trust): 신뢰적인 분위기가 의사소통에서 발생하게 되는 많은 어려움을 극복할 수 있도록 해주기 때문임
- 사용언어의 간소화(simplifying language): 복잡한 언어의 사용은 의사소통의 중요한 장애 요인 중의 하나로 지적됨
- 효과적인 청취(effective listening): 다른 사람으로 하여금 진정한 느낌과 바램 그리고 감정을 표현하도록 만드는 것은 적극적 청취임

2) 말 잘하기

- 잘 말하려면 먼저 잘 준비할 것
- 먼저 칭찬할 것

- 사실과 생각보다는 마음을 전할 것
- “나”를 주어로, 긍정문을 사용할 것
- 잘 들을 것

3) 경청

가) 잘 듣기

- 훌륭한 의사소통 자는 항상 훌륭한 경청자다. 이것이 우리가 2개의 귀와 하나의 입을 가진 이유이다.
- 한자의 들을 청(聽)은 귀와 눈과 마음으로 구성되어 있다. 잘 듣는다는 것은 상대방의 마음까지 듣는 것이다.
- 마음은 관심 있는 눈으로 듣는다.
- 잘 듣는다는 것은 상대의 요구를 잘 허락하는 것과는 다르다. 요구를 허락하지 않을 때 더 잘 들어야 한다.

나) 경청 기술

주의 기울이기, 침묵(소극적 경청), 인정하기, 말문 열어주기(시작하는 말), 적극적 경청 5가지가 있다. 적극적 경청방법에서 대화자가 하여야 하는 것과 하지 말아야 할 것을 정리하면 다음과 같다.

〈표 1-Ⅲ-5〉 적극적 경청을 위한 조언

Do’s	Don’ts
자기 생각과 감정에서 벗어나기	자신에 관해서 이야기하는 행위
상대방을 바라보면서 그에게 온전히 주의를 기울이고 적절히 눈 맞춤하기	주제를 계속해서 바꾸는 행위
상대방이 말하고 느끼는 것에 집중하기	시계나 스마트폰을 자주 쳐다보거나 시선을 두리번거리는 행위
자신이 이해한 상대방의 말이나 감정에 대해 피드백하기	자신에게 일어났던 비슷한 일을 이야기하는 행위
	완전히 이해하지 못했음에도 상대방의 말이나 감정을 이해한 것처럼 행동하는 것

다) 브리핑 Briefing(또는 Tool box meeting)

(1) 브리핑의 의의

요점을 간추린 간단한 보고나 설명, 또는 그런 보고나 설명을 위한 문서나 모임을 의미하며, 간추린 설명, 요약 보고의 의미이다.

(2) 브리핑의 역할

① 팀워크의 향상: 브리핑은 소속감을 향상하고 공동의 이해를 통해 협조 분위기를 조성한다.
② 참여의 유도: 브리핑은 팀원의 참여 장이다. 사람들은 자기가 참여한 결정에 가장 잘 따른다.
③ 혼란의 방지: 브리핑을 통해 파생될 수 있는 문제들을 충분히 검토하면, 확신을 가질 수 있고, 우왕좌왕하지 않는다.
④ 표준절차의 중요성 인식: 브리핑은 그 자체도 절차이며, 이 과정에서 이용하는 각종 표준절차의 중요성을 인식하는 계기가 된다.
⑤ 브리핑은 태도의 변화를 유도하는 최상의 지름길이다.

(3) 브리핑 지침

① 시간을 만들어라(Make time)
② 개방적이고 친절하게 하라(Open & friendly)
③ 누가 운영해야 하는가(Who should run)
④ 대화적으로 하라(Interactive)
⑤ 책임을 지정하라(Define responsibilities)
⑥ 복명 복창식으로 하라(Closed loop)
⑦ 주제를 벗어나지 마라(Keep on course)
⑧ 의문이 있는지 질문하라(Any more questions?)

(4) 브리핑의 원칙

① 충분히 토의할 수 있는 시간을 마련한다.
② 우호적인 분위기를 조성한다.
③ 시작과 동시에 검토과제를 명확히 설정한다.
④ 팀원 모두에게 참여의 기회를 공평히 부여한다.
⑤ 각자의 임무를 부여한다.

⑥ 브리핑 도중에 중요사항을 복창한다.
⑦ 질문기회를 부여한다.

(5) 선장 기관장의 브리핑

① 작업 전 작업계획을 의논하고 설명한다.
② 계획을 변경할 때는 작업자와 의논하고 설명한다.
③ 구두 설명과 스케치 등을 병행하여 이해할 수 있도록 한다.
④ 작업 세부사항, 특성, 기기작동 등의 상태를 파악한다.
⑤ 항만사정 및 출입한 일정에 관한 정보를 파악한다.

4.2 해사분야 의사소통 용어

1) 일반적 특성

(1) 사용언어의 간결성(Brevity)
(2) 전달 메시지의 명료성(Clarity)
(3) 반복(Repetition)을 통한 오해 최소화
(4) 주고받는 메시지의 일관성(Consitency)
(5) 해사 분야 표준화(Standardization) 용어 사용

〈그림 1-Ⅲ-3〉 해사 커뮤니케이션의 소통 규칙

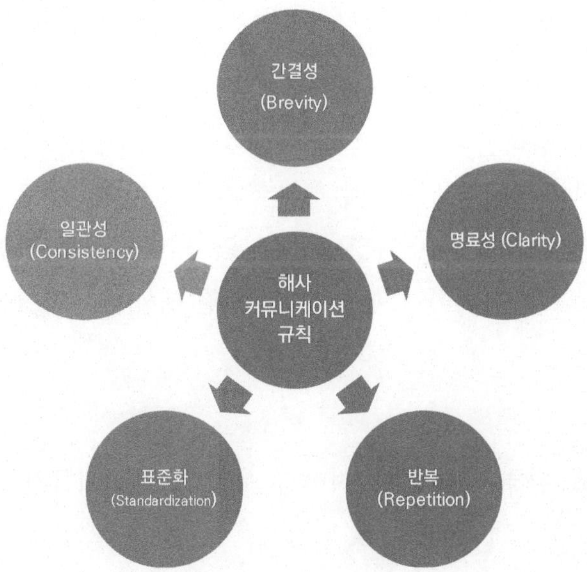

2) 해사영어 SMCP

해상에서 항해 안전과 환경 보존을 위해 공통의 언어가 필요함에 따라 국제해사기구는 국제적으로 표준화된 간결한 공용어를 제작할 필요가 대두되어 마련된 것이 표준해사통신용어(Standard Maritime Communication Phrases)이다.

불확실성, 위험성이 큰 바다에서 큰 사고 없이 선박 운항이 잘 마무리 되는 데에는 원활한 통신이 큰 비중을 차지한다.

국제해사기구가 설정했던 SMCP 개발의 목표는 첫째 선박 항해 및 통행의 안전을 촉진할 수 있도록 조력하고, 둘째 선박의 해상 운항과정 / 선박의 항구 진입과정 / 다국어를 사용하는 승무원으로 구성된 선박 내 의사소통 과정(선박-육지, 선박-선박, 선박 내)에 사용되는 언어를 표준화시키는 것이었다. 그리고 마지막으로 이러한 표준화된 영어로 전 세계 공인 해기교육기관의 영어교육 및 훈련에 도움이 되는 것을 목표로 한다.

SMCP의 사용범위를 다음과 같이 설정한다:

- 커뮤니케이션 방식 (구두 소통방식 - 무선과 대면 커뮤니케이션)
- 커뮤니케이션 지역 (예, 선박조종 상황)
- 커뮤니케이션 영역 (예, 당직 업무 인수인계)
- 커뮤니케이션 주제 (예, 위치, 움직임, 외풍에 대한 브리핑)
- 발화행위 종류 (지시, 권고, 정보, 경고, 질의응답, 요구, 의도 등)
- 전문용이

즉, 선박 운항 과정에서 필요한 일반적인 상황으로부터 특수한 상황에 필요한 표현들로 범위를 한정시켜 정리한다. SMCP는 해상업무 상황에 존재할 수 있는 언어 장벽을 허물고 해양사고의 원인을 제공할 수 있는 해상분야 업무자들 간의 오해를 피하기 위한 목적으로 개발된다. 따라서 SMCP는 문장의 의미에 결정적인 영향을 미치지 않는 어휘 및 문장 구성요소를 삭제하여 매우 간소화시킨 해사영어로 이해할 수 있다.

3) 음향 신호

해상에서 선박 상호 간의 충돌을 방지하기 위하여 국제해사기구가 제정한 국제해상충돌방지규칙(COLREG)의 제4장 음향 및 발광신호에 규정하고 있다.

4) 조난 신호

선박이 조난을 당하여 다른 배나 육상에 대하여 즉시 구조가 필요하다는 것을 알리는 긴급 신호를 말한다. 조난 신호에는 시각 신호, 청각 신호, 무선전파 신호 등과 같이 여러 가지가 있는데, 이 신호들을 조합하거나 개별적으로 이용해 표시할 수 있다.

5) 비상 신호

선박에서 화재발생 등으로 퇴선을 하여야 할 경우 지속음이 지정되어 있고, 퇴선시는 단음 7회에 이어 장음 1회(지속음), 기타 비상신호는 단음 7회에 이어 장음 1회(4~6초)로 1차 집합장소의 집합으로 지정되어 있다.

4.3 해상과 육상 간 의사소통 유형과 기법

1) 내부 의사소통

가) 명령, 지시

윗사람이나 상위 조직이 아랫사람이나 하위 조직에 무엇을 하게 하거나 그러한 내용으로 정의되어 있으며 선내 업무에서 가장 중요한 내부 의사소통이다. 특히 중요한 업무의 시행이나 위급한 상황에서의 명령이나 지시사항에 대한 오류는 대형사고를 유발하는 중요한 요인이 된다.

나) 선내 회의

일정한 형식 · 규칙을 준수하면서 개별 의제를 다수결 원칙에 따라 능률적으로 결정해 나가는 진행 절차를 말한다. 모든 구성원의 참여를 요건으로 하며 의견과 정보교환을 통하여 최선의 시책을 마련하는 것이다. 안전회의를 원활히 수행하기 위해서는 회의 전, 회의 중, 회의 후로 구분하여 준비가 필요하며, 회의 중에는 참여자들에게 활발한 참여의 유도, 참여자에게 관찰, 의견, 반응을 요청하여야 하며, 참여의식을 높이기 위해 특정한 역할을 지정하거나 소그룹을 활용하고 질문 등을 하는 노력을 하여야 한다.

다) 토론

토론(Debate 또는 Debating)은 어떤 문제에 대해 마땅함을 찾아내려고 여러 사람이 서로 비평적으로 의논하거나, 문제에 대해 따져 가며 의논하는 것을 의미한다. 토론의 질과 깊이를 더하기 위해서는 토론에 참여하는 사람이 토론에 대한 지식과 기술을 갖출 필요가 있으며, 혼자서 추론하는 것보다 논점을 잡고 토론을 할 때 개념 파악에 도움이 된다. 토론은 통상 명시적인 규칙에 따라 논쟁의 형식을 택한다.

라) 개별 면담

업무와 관련된 주요 안전에 관한 사항에 관한 토론을 위하여 의도적인 만남을 의미한다. 개별 면담은 선내 안전회의를 보강하는 기능을 하며, 계획적인 개인 면담이 더 큰 효과를 얻을 수 있다. 개인 면담은 안전, 품질, 생산성, 비용관리의 주요 측면들을 승무원 개별 문제로 개인화할 수 있고, 안전에 대한 인식과 태도를 향상한다.

마) 업무수행 지도

업무수행 지도는 사람들이 가능한 한 업무를 잘 수행할 수 있도록 안전관리자가 취하는 조치를 말한다. 개선지도(Corrective coaching)는 사람들이 다시 자신의 궤도로 올라오는 것을 돕고, 부족한 점을 능숙하게 도와주고, 업무수행 시 문제점을 해결해 주는 것이다.

2) 외부 의사소통

가) VTS와 의사소통

VTS(Vessel traffic services) 운영 요원과 선장과의 의사소통은 정보를 전달하는 데도 중요하지만 상호 간의 관계를 개방적으로 유지해주고 서로의 행위를 조율하는 수단으로서 역할을 한다. 선박에서 VTS와 교신을 할 때 침착성과 친절성을 유지하여야 하며, 이는 상대방에게 안정감을 제공하고 스트레스를 예방하는 데 도움이 된다.

나) 타선과의 의사소통

선박 충돌을 예방하기 위하여 타 선박과 본선 간 정보를 교환하는 것을 말한다. 충돌 예방을 위하여 타 선박과 의사소통을 할 때 교신의 상대방임을 식별하는 것이 대단히 중요하다.

다) 도선사와 의사소통

선박이 항구에 입출항하면 암초, 조류 등에 관하여 현장 지식을 갖춘 도선사가 특정 장소에서 승선하여 강이나 수로를 따라 선박을 인도하며, 이에 따라 도선사는 선교에서 항로와 속력을 지시하고, 선박이 항로를 운항할 때 속력 조절이나 충돌 기타 위험을 피하는 조치 등을 지시한다. 그러나 선박이 도선 중 사고가 나더라도 선장이 책임을 져야 하므로, 선장과 도선사 사이에 본선 성능과 입출항 환경과 조선방식에 대해 상호 충분한 정보교환이 있어야 하며, 이를 바탕으로 선원들이 도선사의 조선을 감시(Monitoring)하고, 의문이 있을 때는 즉시 이의제기를 할 수 있어야 한다.

라) 연료 수급 시 의사소통

연료 수급은 선박의 운항에 필수적인 작업으로, 선박이 정박 중 육상으로부터 공급을 받거나 해상에서 유류 보급선을 이용하여 공급을 받는다. 유류 공급 중 선박과 유류공급업자 사이에 의사소통이 불량할 경우 해양오염 사고로 발전할 위험성이 있다. 연료 수급 시에는 정해진 유류 수급 절차에 따라 요구되는 의사소통이 필요하다.

마) 육상 정비업체와의 의사소통

육상 Technician 정비항목에 대해, 외부작업자 안전 및 보건 확보, 수리가 필요한 사항, 자재 현황, 본선 지원 여부, 예상 소요시간 등에 대해 회사의 절차에 따라 구체적이고 정확한 양방향 소통이 필요하며 외부작업자의 작업에 의문이 발생하면 즉시 이의제기를 통해 궁금증을 해소할 수 있어야 한다.

바) 육상 직원과의 의사소통

(1) 육상 해운기업의 의사소통 특징

- 효율성과 안전성에 대한 차이가 크다.
- 매우 바쁜 항만에서 간결함과 신속성이 요구된다.
- 언어의 어려움이 많다(Language difficulties).
- 항만문제가 지배적이다(Port matters dominate).
- 요구사항이 많다.

• 선상 자원에 대한 한계를 육상 직원들은 간과하기 쉽다.
• 육상 직원들은 절차와 문서에 의존한다.

접근 관점의 차이가 존재하며, 이러한 차이를 줄이기 위해서 상대방의 관점에서도 검토하고, 결론에 이르게 된 상황과 과정을 상세히 전달하려는 노력과 의사소통을 위한 빈번한 기회를 얻어야 한다.

(2) 해사분야 의사소통의 문제점

선박은 육상으로부터 고립되어 있으므로 선내에 도달하는 정보량은 육상에 비해 적고, 정보의 흐름도 연속적이지 못하고 단속적이며, 그것도 항구에 정박해 있는 동안 많은 정보가 한꺼번에 본선에 전달된다.

정보 작성자들은 시간이 지난 후에도 잘 기억하고 있지만, 바쁜 일정 속에서 승무원들은 이들 정보를 제대로 숙독을 하지 않거나 금방 망각을 해버리는 것이 일반적이다. 일정한 기간이 지난 후 검증을 하면 숙지하고 있는 경우가 드물고 잘 시행이 되지 않을 가능성이 있다.

또한, 승무원들은 육상으로부터 전달되는 정보가 모호하면 의도하는 것과는 다른 해석을 하는 경우가 많으며, 이를 해소하지 못하면 육·해상 간의 불신을 만드는 환경이 조성될 수도 있다. 이런 환경은 채우기 쉽지 않고 결과적으로 서로를 불신하게 만들어 직무 수행에 대한 자발적인 의욕을 줄이고 때로는 막대한 비용을 지불하게 하는 사고로 귀결되는 수도 있다. 이러한 점을 고려하여 인내심을 갖고 부단히 동일한 메시지를 전달하고 인지 상태를 확인하는 작업이 체계적으로 시행되어야 한다.

한편 육상 직원과 선원의 관계를 보면, 육상 직원은 경영관리 부문에 접근해 있으므로 그들은 회사에서 무슨 일이 일어나고 있는지 알고 있으며, 그들 자신이 회사 일부분임을 과시하고 있다. 반면에 본선 선원들은 회사의 경영에서 배제되어 있으며, 회사에서 발생하는 일을 거의 모르고 지내게 된다. 따라서 본선 선원이 모르고 있는 미래의 일을 육상 직원이 언급할 경우 선원들은 마치 육상 직원들이 자신이 회사 그 자체인 것처럼 생각한다고 불평을 하게 되고, 자기비하 내지는 근무 의욕의 감퇴를 불러일으키게 된다.

3) 훌륭한 의사소통 분위기 조성을 위한 4가지 기법

효과적이고 설득력 있는 의사소통의 구체적인 기법을 배우기 전에, 우선 이런 기법의 바탕이 되는 단단한 토대를 마련해야 한다. 이것은 대화하는 내내 필요한 것이 아니라 중요한 것을 말하고 또 그것을 명확하게 이해하고 느끼며 긍정적으로 반응하기를 바랄 때에만 필요하다는 것을 깨달아야 한다. 이와 같은 의사소통의 단절을 막고 훌륭한 의사소통 분위기를 조성하기 위한 의사소통의 토대는 다음 네 가지 요소로 구성된다.

가) 존중하는 마음

이러한 토대의 첫 번째 구성요소는 설득 대상자에게 존중하는 태도와 존경하는 마음이다. 이 요소를 갖추지 못하면 효과적인 의사소통의 잠재력은 사그라진다. 상대는 모욕감을 느끼면 즉각 마음을 닫고 무슨 말을 하든 귀담아듣지 않는다.

나) 사려 깊은 태도

누군가가 당신의 의견에 반대하는 것은 동의하지 않아서가 아니라, 당신의 공격적인 태도 때문일 수 있다. 우리는 상대의 의견과 감정, 자존심에 대해 사려 깊은 태도를 보여주기보다는 잘난 척하기가 더 쉽다. 사람들은 상대가 잘난 척한다거나 남을 고려할 줄 모르는 사람이라고 느끼면 방어적인 태도를 보이며 마음을 닫아버린다. 그들은 어떻게 하면 당신과 마주치지 않을까 생각할 것이다.

다) 다양한 시각

그들의 가치체계를 알 수 있는 가장 좋은 법은 곧바로 그들에게 물어보는 것이다. 그 문제에 대해 어떻게 생각하는가? 그것에 대해 어떻게 느끼며, 그렇게 느끼는 이유는 무엇인가? 대화를 시작하기 전에 직접 물어볼 수 없다면 그들의 생각을 알 것 같은 사람에게 물어본다.

라) 철저한 준비

규칙은 간단하다. 당신이 전하고 싶은 문제가 중요할수록 더 많은 준비를 해야 한다는 것이다. 상대방의 가치체계를 이해하는 것이 첫 단계다. 그들의 견해는 무엇이고, 그들의 반대하거나 구실을 댈 만한 것은 무엇이며, 그들의 욕망, 바람, 목표는 무엇인가? 또한 그들이 두려워하는 좌절은 어떤 것인가? 중요한 대화, 설명, 서식을 통한 의사소통이라면 대강 틀을 갖추고 중요한 점을 나열한 다음 연습해본다.

제 4 장

의사결정기술

1. 의사결정과 판단
2. 문제해결 기술
3. 상황 및 위험성 평가

제4장 의사결정기술

1. 의사결정과 판단

1.1 의사결정

의사결정이란 문제를 해결하거나 목표를 달성하기 위해서 선택 가능한 여러 대안들 중에서 최적의 대안을 선택하는 결정의 과정을 말한다. 조직의 목적을 효과적으로 달성하기 위해 둘 이상의 대체 가능한 방법 가운데 한 가지 방향을 과학적, 조직적 및 효과적인 방법으로 결정하는 것을 말한다. 이러한 의사결정은 먼저 결정에 필요한 여러 정보와 자료를 종합적으로 파악하고, 문제해결을 위한 대체적 방안을 과학적 및 조직적 관점에서 입안, 평가하는 과정을 거쳐서 완성된다.[21]

의사결정(decision making)은 여러 대안 중에서 하나의 행동을 고르는 일을 해내는 정신적 지각활동이다. 모든 의사결정의 과정은 하나의 최종적 선택을 가지게 되며 이 선택의 결과로 어떤 행동 또는 선택에 대한 의견이 나오게 된다. 즉, 일반적으로 많은 정보를 수집하고, 지각하고 평가하여 하나의 선택을 하는 것이다.

심리학적 관점에서는 개별 의사 결정들이 어떤 개인의 필요, 선호에 의해 가치를 갖는 상황 안에서 내려지게 되는지를 연구한다. 한편 인지심리학적 관점에서 의사결정과정은 환경과 계속적으로 상호작용을 일으키는 가운데에서 행해지는 연속적인 과정으로 봐야 한다. 그러나 다른 차원에서 의사결정은 만족할 만한 해결책이 나올 때까지 수행해야 할 문제 해결 활동으로 여겨진다.

모든 과학연구에 있어서 의사결정은 반드시 주어진 정보와 지식에 기초하여 결정하여야 하는 논리적 의사결정이어야 한다. 따라서 최적의 의사결정을 내리는 것이 쉽지 않으며 불확실한 가운데에서도 최적의 의사결정을 위한 여러 가지 방법이 의사결정분석을 통해 이루어져야 한다.

모든 조직은 생존을 위해 항상 내·외부 환경에 대한 적응능력을 문제시하고 해결방안을 모

21) 김홍태 외 3명(2015), 해양안전사고 예방시스템 기반 연구

색한다. 환경은 항상 변동하기 때문에 항상 그것에 대응하기 위한 조직의 전략과 대처방안을 결정할 필요가 있다. 즉, 어떤 목적을 달성하기 위해 몇 개의 행동집합에서 어떤 특정의 행동을 선택하는 과정이 의사결정이라고 할 수 있다.

어떠한 목적을 효과적으로 달성하기 위해 둘 이상의 대체 가능한 방법 가운데 한 가지 방향을 과학적, 조직적 및 효과적으로 결정하는 것이다. 이러한 의사결정은 먼저 결정에 필요한 여러 자료를 종합적으로 파악하여 문제해결을 위한 대체적 방법을 과학적 및 조직적 관점에서 입안, 평가하는 과정, 즉 의사결정과정(decision making process)을 거쳐 이루어진다.

의사결정의 정보와 반응 사이에서 다 대 일의 관계를 가지며 때로는 비이성적 성격을 가질 수 있다. 따라서 최적의 의사결정을 내리기 위해서는 여러 가지 방법의 의사결정분석이 선행되어야 한다.

대부분의 의사결정은 가용한 정보와 근거에 의해 이루어지는 논리적이고 과학적인 과정이어야 한다. 그러나 시간 제약을 비롯한 많은 장애 요인들이 존재하는 비정상 상황에서 항해사 · 기관사가 내려야 하는 의사결정은 불확실성과 위험도가 큰 가운데 이루어진다. 익숙한 일반적인 상황이나 조건하에서 내리는 의사결정은 신속하며 깊은 사고 과정 없이 이루어지는 반면에 익숙하지 않은 상황, 이를 테면 적절한 절차를 적용하기 힘든 비정상 상황 혹은 위협에 직면하거나 긴급한 상황에 내려야 하는 의사결정은 상대적으로 불확실성과 위험도가 크기 때문에 쉽지 않다.

1) 합리적 의사결정 및 모형

합리적 의사결정이라 함은 그 상황에서 나아가야 할 방향을 분명히 한 상태에서 상황판단을 할 수 있는 객관적 데이터가 있으며 그것을 정확히 분석하고 미래를 예측한 후 이루어지는 결정이다. 의사결정의 과정은 문제해결을 위한 최종대안을 선택하는 과정이 어떤 단계와 절차를 거쳐 수립되는가의 문제이다.

따라서 목적이 수립되어야 하며 목표를 수립하는 것은 목표를 달성하는데 더 나은 방법을 찾는 계기가 되고 노력하는 계기가 된다. 목표는 달성되어야 할 결과를 제시해주고 의사결정이나 행동이 추구하여야 하는 방향을 보여준다. 구체적으로 목표는 바람직한 결과의 질과 양을 규정한다.

의사결정의 목적들은 분류되고 중요도에 따라 배열되어야 하며 결정하고자 하는 대체 조치들이 개발되어야 한다. 최적 생산 계획을 결정하는 것에 사용될 수 있는 의사결정 모델에서 일반적으로 따라야 하는 단계들이 있으며 이를 아래 의사결정 모형에서 설명한다.

2) 의사결정의 모형

의사결정 과정은 문제의 정의에서 시작하여 정보수집, 대안의 규명 및 평가와 가장 바람직한 대안의 선택에 이르기까지의 여러 단계들로 구성되어 있는데 이러한 단계들의 활동은 어느 한 단계로부터 다음 단계로 진행할 수도 있고 그 이전의 단계로 되돌아갈 수도 있다. 합리적인 의사 결정 모형의 과정은 다음과 같은 7개의 과정으로 이루어진다.

① 문제정의와 진단, 상황의 인식 및 재평가
② 정보 수집 분석, 목표의 수립
③ 대안의 탐색 및 확인
④ 대안의 비교와 평가
⑤ 대안의 선택
⑥ 결정사항의 이행
⑦ 피드백

3) 의사결정 기법

의사결정의 기법에서 가장 보편적인 것이 상호작용 집단기법이다. 이러한 상호작용 집단기법이 가지고 있는 단점을 극복하고 집단의사결정을 보다 효율적이고 정확하게 하기 위한 여러 가지 기법이 개발되었는데 대표적인 것은 브레인스토밍, 명목 집단법, 지명 반론자법 등이 있다.

가) 델파이 기법(delphi method)

토론을 거쳐 결정하는 것이 아니라, 전문적인 의견을 설문을 통해서 전하고 이를 다시 수정한 설문을 통해(다른 사람의 의견이 제시된) 의견을 받는, 반복수정하는 절차를 거쳐 최종 결정을 내리는 방법이다. 의사결정 참석자들이 서로 얼굴을 볼 수 없고 전문가들이 불확실한 미래 현상을 예측하는 도구로 많이 사용한다.

나) 지명 반론자법(devil;s advocate method)

집단을 둘로 나누어 한 집단이 제시한 의견에 대해서 반론자로 지명된 집단의 반론을 듣고 토론을 벌여 본래의 안을 수정하고 보완하는 일련의 과정을 거친 후 최종 대안을 도출하는 방법이다. 반론자는 고의적으로 본래 안의 단점과 약점을 지적해야 하는데 이는 보다 강력하고 현실 적용성이 높아진다.

다) 브레인 스토밍(brainstroming)

여러 명이 한 가지의 문제를 가지고 다양한 아이디어를 무작위로 개진하고 그 중에서 최선의 대안을 찾아내는 방법이다. 가장 일반적으로 활용되며 비전문가들도 충분히 쉽게 활용하는 의사결정 방법이다. 양에서 질을 추구하기 때문에 가능한 많은 아이디어가 나올수록 좋고, 절대 서로에게 비판을 해서는 안된다.

라) 명목집단법(nomial group technique)

참석자들로 하여금 서로 대화에 의한 의사소통을 못하고 하고, 서명으로 의견을 개진하게 함으로써 집단의 구성원들이 진실로 마음속에 생각하고 있는 바를 끄집어내는 방법이다.

1.2 판단

판단이란 옳고 그름, 좋고 나쁨 등을 사물이나 상황을 인식하여 논리나 기준 등에 따라 결정하는 단계를 말한다. 따라서 판단에 앞서 정확한 정보의 수집과 처리하는 과정은 매우 중요하다. 예컨대, 부정확하고 불안전한 정보가 이용된다면 판단은 정확할지 모르나 결정은 의도한 기대 또는 부적절한 선택될 수 있다. 그러므로 모든 이용할 수 있는 정보를 찾고 새로운 정보가 새로운 개념으로 유도된다는 점을 명심하고 지속적으로 정보를 수집하고 업데이트할 필요가 있다.

훌륭한 판단이란 문제해결 과정과 결과에서 발생할 수 있는 실수, 위험, 부작용, 불확실성을 미리 발견하여 제거한 최상의 해결방안을 도출하는 것을 말한다. 따라서 좋은 판단을 하기 위해서는 문제해결과정 또는 설계과정에서 발생할 수 있는 실수를 발견하는 능력 또는 결점을 제거하는 능력 등이 필요하다. 더불어 판단에 영향을 미치는 편견, 편향된 가치관, 선입견 등을 인식하여 제거하는 능력도 필요하다.

2. 문제해결 기술

2.1 문제분석

문제를 규명해야 하는 단계로 결정 해야만 하는 문제 상황과 그 요인과 원인을 분명하고 체계적으로 규명해야 한다. 표면에 드러난 문제가 아닌 근본적인 문제들을 규명해 내야하며 이를 위해서는 많은 시간과 생각이 필요하여 쉽지 않다.

엘바니스(Albanese, 1978)과 브림(Brim, 1962)은 의사결정의 첫 단계에서 다음의 두 가지가 필요하다고 했는데 첫째는 문제를 야기 시킨 요인을 발견하고자 하는 의욕이며, 둘째는 문제를 내포한 상황에 대해서 감정과 편견 없이 대할 수 있는 포용적인 견해이다.

이와 달리 그로스(Gross 외, 1980)는 문제 정의를 위한 방법으로 의사결정의 목표를 분명히 하고, 문제와 관련된 심리적인 분위기를 인지 및 분석을 통해 어떤 방법의 의사결정이 문제해결에 적합한지를 규명하는 것이라고 하였다.

문제분석은 문제의 원인을 충분히 조사하는 것으로부터 시작되어야 하고 원인이 한 가지인 경우는 드물기 때문에 모든 부분에서 가능성을 확대하여 있을 수 있는 모든 원인들을 고려해 충분히 넓은 범위를 조사해야한다.

문제분석의 과정(Problem analysis)에 있어서 실제의 결과에 대하여 무엇이 있어야 했는지 성과를 분석해야 하며, 문제는 구체적으로 세세히 식별되고 파악해야 한다. 또한 문제들은 변별적 특성의 변화에 기인하기 때문에 어떤 것들이 원인에 의해 영향을 받았는가, 영향을 받지 않았는가를 식별하는 것이 중요하다. 또한 문제분석에서 파악된 가장 있을법한 원인은 모든 사실들을 정확히 설명하는 원인이다.

2.2 문제해결 기법(Process)

상황분석(SA, Situation Analysis)은 주변에서 현재 무슨 일이 일어났는지 파악하고 어떤 것에 우선순위를 두어야 하는지를 분석하는 것이다.

① 주제설정 : 무엇을 위해 과제를 하고 있는지 명시

② 관심사 도출 : 현재 무엇에 관심을 가지고 있는지 명시

③ 사실 정리 : 관심사에 대해 구체적으로 사실을 분리

④ 과제설정 : 확인한 사실에 따라 어떤 행동을 구체적으로 취할 것인지 기술
⑤ 우선순위 결정 : 무엇부터 시작할지, 과제의 우선순위를 명시

문제분석(PA, Problem Analysis)은 일의 진행에 있어서 왜 그렇게 되었는지, 원인이 무엇인지 구체적으로 분석하는 것하고 검증하는 것이다.

① 문제분석의 확인 : 무엇 때문에 어떤 원인을 추구하고자 하는지 명확히 함
② 문제분석의 구체화 : 무엇이(What), 언제(When), 어디서(Where), 어느 정도 발생하고 있는지 세분화하고 발생하는 일(IS)와 발생하지 않는 일(IS NOT)을 확인
③ IS/IS NOT 확인 : IS-IS NOT 의 비교를 토대로 양자 간의 차이에서 발생하는 사실을 분석하고 도출되는 근본원인을 발견
④ 검증 : 도출된 근본 원인을 논리적으로 또는 실험적으로 입증

결정분석(DA, Decision Analysis)은 어떤 조치를 해야 하는지 수많은 의견과 대안 중에서 최적의 안을 찾아서 결정하는 것이다.

① 목적의 설정 : 무엇 때문에 대안을 찾으려 하는지 명시
② 목표 설정 : 목적을 어떤 수준으로 달성하려는지 구체적인 기준을 설정(MUST, WANT)
③ 대안 발굴 : 목적, 목표에 따른 대안을 발굴
④ 평가와 선택 : 대안에 대해 목표와 비교하여 평가
⑤ 위험 요소의 제거 : 선택한 안의 리스크를 구체적으로 예측하고 이를 회피하도록 대안을 개선

3. 상황 및 위험성 평가

3.1 위험성 평가 (Risk assessment)

위험성(Risk)는 어떠한 요인에 의해 사람에게 상해를 주거나 또 건축물, 설비 등에 대해서 손상을 입히는데 그 원인이 되는 잠재적 위험성 또는 유해성을 말한다. 예를 들면 개인 보호 장구 없이 부식을 유발하는 물질을 사용하는 경우 피부가 손상될 위험이 있다. 선박 외측에 핸드 가이드레일이 없으면 추락이라는 잠재적인 위험이 존재한다. 이러한 위험에 대한 분석과 평가는 유해 및 위험요인을 파악하고 해당 유해 및 위험 요인에 의한 부상이나 또는 질병의 발생 가능성을 추정 결정하여 이를 감소하거나 예방하는 대책을 수립할 수 있기에 필요한 과정이다.

위험성의 평가(Risk Assessment)는 위험성(Risk)의 크기를 예측하고 그 위험성은 허용할 수 있는 수준인지를 결정하는 전반적인 과정을 말한다. 즉, 위험성의 평가를 '특정의 위험한 일이 일어날 가능성(빈도) 및 결과(강도)의 결합' 으로 정의한다.

위험성의 평가는 사업주가 주체가 되어 안전보건 관리 책임자, 관리감독자, 안전관리자, 대상 작업의 근로자 등이 참여하여 각자 역할을 담당하고 실시하도록 요구하고 있다. 선박도 이에 일반 작업을 위험작업에 대한 기준을 정하고, 위험성에 대한 평가를 하도록 요구하고 있다.

우리나라 일반 사업장에서 일반적으로 적용하고 있는 위험성 평가는 안전보건공단의 아래 그림과 같다.

〈그림 1-Ⅳ-34〉 위험성 평가 과정

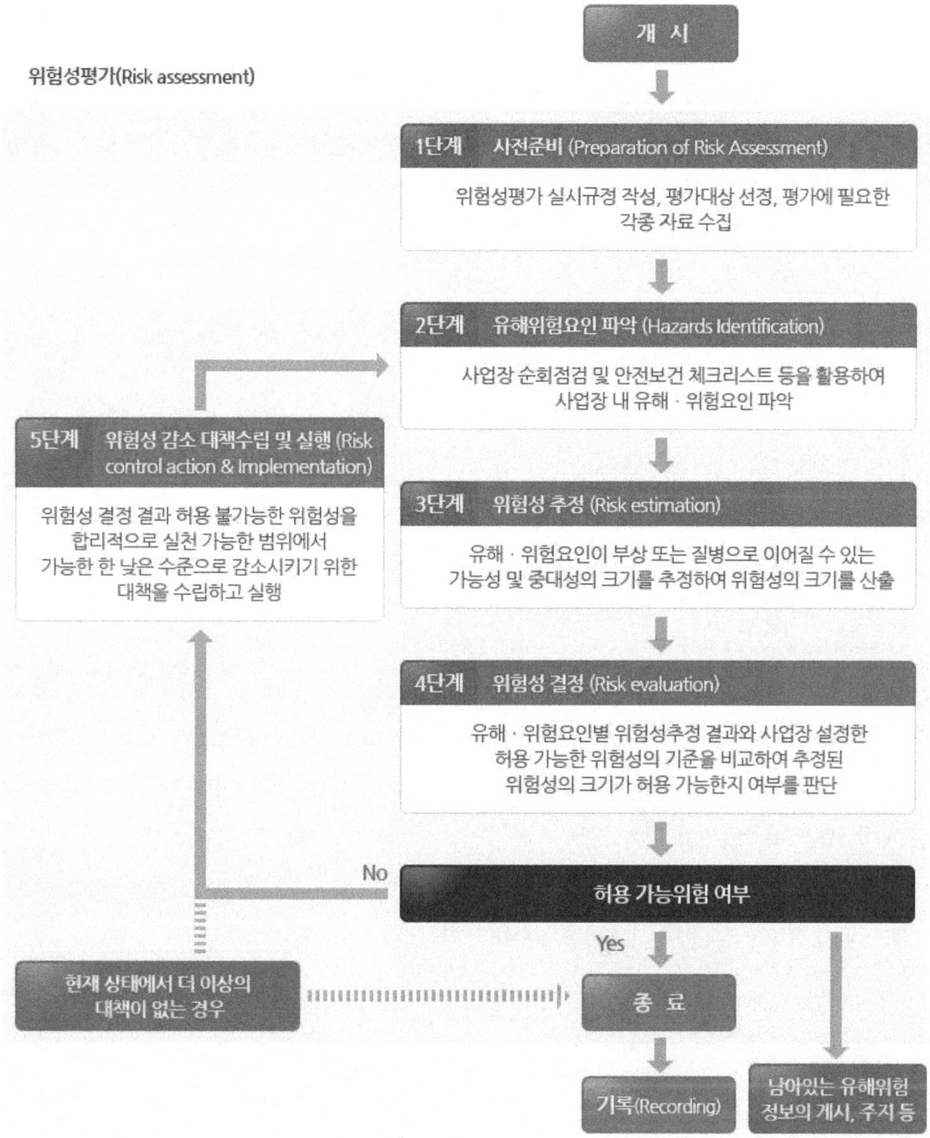

*출처: 산업재해예방 안전보건공단 홈페이지(2022)

1) 승선 중 위험성

선교에서 위험을 식별하기 위해서는 모든 위험에 대한 평가가 이루어져야 한다. 사실 위험성 평가를 어떻게 수행해야 한다는 방법은 관련 risks 또는 hazard를 평가하기 위해서 구조화되어 접근해야 한다는 것 이외에는 명확히 정해진 것은 없다.

일반적으로 사용되는 영국의 안전보건규정에서는 위험성의 평가를 5단계로 수행하도록 다음과 같이 언급하고 있다.

○ Step 1 : Look for the hazards(위험의 식별)
- 이 단계는 작업 장소에 있는 모든 위험을 확인하는 것으로 항해사는 모든 가능한 위험을 인지하고 이들 중 무엇이 중요한 것인지 봐야 한다. 각각의 위험을 확인하고 이것을 세부적으로 나누어 관련된 위험을 평가하는 것이다.

○ Step 2 : Decide who/what might be harmed(누가 해를 입을지 확인)
- 누가 혹은 무엇이 해를 입을 수 있는지 보는 단계로 선교 및 선박에서 일을 수행하는 사람들이 1차적으로 해를 입을 수 있는 사람들이고, 이러한 사람들 외에 정박 중에 선박에 작업자로 승선하는 사람, 방선자, 본선과 관련된 작업을 하는 사람들 및 공공의 사람들도 해를 입을 수 있는 사람들에 포함될 수 있다. 예를 들어 선박으로부터의 기름 유출은 선박자체 뿐만 아니라 수산업에 종사하는 사람들 및 관광객들에게도 해로운 영향을 미칠 수 있기 때문이다.

○ Step 3 : Evaluate the risks arising from the hazards and decide if existing precautions are adequate or more should be done(위험으로부터 발생할 수 있는 risk를 평가하고 현재 존재하는 사전 예방책이 적절한지 아니면 더 적절한 예방책을 수립해야 하는지 평가함)
- 이 단계가 실제 위험성 평가를 수행하는 단계이고 risks의 중요성을 평가하여 위험으로부터 보호를 할 수 있는 방법을 제안한다.

○ Step 4 : Record your findings and implement them(찾아낸 방법에 대한 기록 및 이의 적용)
- 평가의 중요한 발견들을 기록하고 보관해야 한다. 모든 사람 및 시스템을 보호하기 위한 모든 hazards, 발견된 risks 및 어떠한 사전 예방책이 있는지에 대해서 기록이 되어야 한다. 이렇게 기록된 보고서는 앞으로의 사용에 있어서 매우 중요하게 사용될 수 있다.

○ Step 5 : Review you assessment from time to time and revise it if necessary (평가를 지속적으로 검토하고 필요시 수정함)
- 새로운 장비가 도입되었거나, 절차가 변경되었거나 하는 경우에는 검토나 수정이 필요할 수 있다. 새로운 장비에 대한 새로운 정보 및 규정이 있을 수 있기 때문이다. 이러한 위험성 평가를 반복적으로 지속적으로 수행하는 것이 중요하다.

2) 선박의 Risk assessment 적용 예시

선박 운용에 있어 Risk assessment는 기본적으로 수행되어야 하며, 국제항해를 종사하는 모든 선박에서는 현재 의무적으로 수행하고 있다. 모든 선박의 입출항 및 협수로 항해 시, 급유 및 하역작업 중 Risk assessment를 통해 위험도를 확인해야 하고 이러한 Risk assessment는 반복적으로 발생하더라도 지속적으로 수행되어야 한다. 즉, 익숙하고 통상적인 선박 업무들이 Risk assessment를 수행하지 않아도 되는 이유는 되지 않는다. 이는 우리가 Checklist를 항상 수행하는 것과 같은 이치이다.

선박은 운항과 관련된 모든 사항들을 가능한 한 고려하여 Risk assessment를 수행해야 하는데 이러한 선박 운항과 관련된 요소는 매우 다양하며 상황에 따라서 이러한 요소들이 risk를 높이기도 하고 감소시키기도 한다. 선박 운항과 관련된 요소들로는 선박의 성능, 선박의 상대 크기, 보급운용의 특성, 선박 운용자의 선박 친숙도, 바람과 해상상태, 지리적 상태, 표면 조류 상태, 시정, 현장에서 다른 구조물과 근접거리, 항해 제한 구역의 가능성 등이 있다.

○ Hazard Identification(위험 확인)

앞서 설명한바와 같이 Risk assessment 가장 첫 단계는 위험(hazards)을 확인하는 것이다. 선박의 안전운항 상태가 감소된 상황에서 이를 더 감소시킬 수 있는 모든 추가적인 요소들을 고려해야 하며 다음은 이러한 절차의 예이다.

예시 1 운항 상태의 위험이 감소된 이유는 bow thruster 고장 때문이다. 선박은 현재 Moderate 환경 상태에서 부두에 접안 중에 있다. 현재 상태에서 가장 심각한 고려사항은 bow thruster가 고장 난 상태인 관계로 조선에 어려움을 겪고 있는 위험한 상태이다.

예시 2 해상구조물(offshore platform)에 근접 운용 작업을 하는 동안 DP Class 1에서 자동 DP control 시스템의 고장이 발생하여 운항 상태의 위험이 감소하였다. 선박위치의 풍상측, 풍하측 상관없이 감소된 운용 상태의 가장 중요한 고려사항은 자동으로 더 이상 선박의 위치를 유지 할 수 없다는 것이다. 즉 선박은 DP 능력을 상실한 것이다. 따라서 Risk assessment는 auto DP를 대체할 수 있는 것을 고려해야 하고 이 선박의 경우는 일반적인 자재 보급 선박의 운용 모드로 바꾸어 수동으로 조작해야 한다.

○ Hazard Severity(위험의 심각성)

Hazard 확인 절차에서 어떤 요소의 상실로 인한 잠재적인 결과를 고려하여 현재의 안전 운항이 감소된 상태에 다음과 같은 지침을 사용하여 적용한다.

Category	결과
Low Severity	• 시간 손실만 발생 • 충돌이나 자산의 손실이 없음 • 사람이 다치지 않음 • 환경 손상이 없음
Medium Severity	• 작은 충돌로 인한 경미한 손상 • 한 사람의 경미한 상처 • 경미한 환경 손상
High Severity	• 충돌로 인한 큰 자산상의 손상 • 심각한 상처 • 심각한 환경 손상

앞에 언급한 예시와 관련하여 각 위험 상황의 심각성은 다음과 같다.

예시 1 위험이 남아 있는 bow thruster의 고장은 선박의 조선 능력을 어렵게 하여 접안이 어려울 수 있고, 이것으로 인해 잠재적으로 부두와 충돌할 수 있다. 환경상태에 따라서 동 상황의 중대성은 medium이나 high가 될 수 있다. 이러한 것의 불확실성이 있다면 최악의 결과를 Risk assessment에서 사용하여 높은 것으로 적용할 수 있다.

예시 2 joystick/manual 제어의 실패는 선박의 수동 제어를 통한 위치 유지가 불가능하게 만들 수 있다. 선박의 bow thruster 제어 장치에 따라 bow thruster를 각각 개별로 조작하여 선박을 조종하여 해상구조물로부터 멀어지게 할 수 있고 동시에 supply 작업은 중단된다. hazard의 심각성은 낮을 수 있다.

○ Hazard likelihood(위험의 빈도, 발생가능성)

각 요소는 발생 가능성에 따라 상태가 감소된 상태에서 더 나쁘게 될 수 있는 가능성을 고려해야 한다. 발생 가능성은 다음과 같은 예로 사용될 수 있다.

Category	발생 가능성
Unlikely (발생가능성이 거의 없음)	산업계에서 발생가능성이 매우 드물고 Risk assessment에서 발생한 경험이 드물다.
Possible	산업계에서 가끔씩 발생하고 Risk assessment에서 발생한 경험이 가끔 있다.
Probable	산업계에서 자주 발생하고 Risk assessment에서 발생한 경험이 자주 있다.

예시 1 남아 있는 bow thruster의 상실을 예상가능하고 가능한 사건임

예시 2 중앙 수동 제어의 상실을 예상할 수 있고 발생 가능한 사건임

○ Associated risk(위험 관계)

선박의 운항 능력과 관련된 risk를 결정하기 위해서 아래와 같은 table을 사용한다. 이는 3 X 3 table로 예시로 사용하지만 실제는 더 상세하게 사용할 수도 있다. 아래 표와 같이 위험성의 평가는 '특정의 위험한 일이 일어날 가능성(빈도) 및 심각성(강도)'의 결합으로 설명한다.

Severity	Unlikely	Likelihood Possible	Probable
High	(실행 가능한 risk의 감소가 필요함)	(Unacceptable risk)	(Unacceptable risk)
Medium	(수용 가능한 risk임)	(실행 가능한 risk의 감소가 필요함)	(Unacceptable risk)
Low	(수용 가능한 risk임)	(수용 가능한 risk임)	(실행 가능한 risk의 감소가 필요함)

■ Unacceptable risk – risk를 회색 band로 감소시키지 못하면 운항 중단

■ 실행 가능한 risk의 감소가 필요함

□ 수용 가능한 risk임

예시 1 중대성이 high이고 발생가능성이 possible이므로 상관 risk는 적색 부분에 있게 되고 이것은 받아들일 수 없는 risk가 된다. 따라서 risk 감소를 위한 조치를 찾아내어 적용하여 risk를 감소시켜 수용 가능한 risk로 만들어 운용이 가능하도록 해야 한다. Risk 감소 조치에는 선박에 예인선을 추가 투입하여 접안하는 것이 있을 수 있다. 이 경우 선박이 부두 접안을 위한 조선이 용이할 수 있을 것이다.

예시 2 중대성은 low이고 발생가능성은 possible이므로 수용 가능 risk는 표의 흰색 부분이다. 이러한 상태라고 하더라도 적절한 risk를 감소시키기 위한 조치를 실행 가능한 한 취해야 한다. 그러한 조치에는 선박을 가장 능숙하게 조종 할 수 있는 사람이 joystick 및 수동으로 선박을 조종하여 일반적인 Offshore Supply Vessel과 같이 운용하는 것이 될 수 있다.

○ Risk assessment 정리

	예시 1	예시 2
운용	• 선박이 입항중이며 날씨는 Moderate 상태임.	• DP OSV Class 1인 선박이 해상 구조물과 평행하게 10 m 떨어져 풍하측에서 운용중임.
사고 및 이에 따른 결과	• bow thruster가 고장이 발생하여 예인선을 추가 투입하여 접안시킴	• 현측으로부터의 바람이 강해져 1개 있는 bow thruster가 70%이상 부하로 증가하고 해상구조물로부터 위치가 5미터이상 멀어짐. 즉각적인 조치로 선박을 안전하게 하고 작업을 중단함.
Hazard	• 선박은 더 이상 bow thruster 대체가 없으나 아직 접안 기능은 가능함. 이 상황에서 bow thruster의 고장은 접안에 어려움을 가져옴.	• 선박은 추가적인 위치 상실에 취약함.
Hazard Severity	• bow thruster의 고장은 부두와 충돌로 이어질 수 있음. 환경에 따라서 최악의 상황은 medium 또는 high임.	• 해상구조물로부터 멀어지는 쪽으로의 위치 상실이 충돌로 이어지지는 않고, 사람이 다치거나 선박의 손상 또는 오염이 발생하지는 않음. 따라서 Hazard severity는 low.
Hazard Likelihood	• 엔진 고장으로 접안 능력 상실을 예측할 수 있고 발생 가능함(Probable)	• 다른 변경이 없으면 추가적인 위치 상실의 발생이 가능함(Probable)
Risk	• 관련 risk는 high이고 수용 불가함. 선박은 risk를 감소시켜 최소한 medium로 될 때까지 접안을 중단해야함.	• 관련 risk는 medium임. 이는 가능하다면 추가적인 고려를 하고 적용을 해야 한다는 것을 말함.
추가 risk 감소 조치	• 예인선 추가 투입으로 다시 접안 시행. 가능하면 선박을 부두와 멀리 위치하도록 함.	• 선박의 선수를 돌려 현측으로 오는 바람의 영향을 감소시킴. bow thruster의 사용을 감소시키고 주 추진 장치의 사용을 증가시켜 thruster의 사용을 최적화 한다.
Revised risk assessment	• 현재 Hazard severity는 low이고 hazard likelihood probable로 그대로임 • 새로운 risk는 medium임. 선박은 예인선을 추가 투입해서 접안을 다시 할 수 있음.	• Hazard severity는 아직 low이고 Hazard likelihood는 현재 Possible임 • 선박은 선수를 바꾸어 작업을 다시 수행할 수 있음.

3) 위험성의 관리

위험성의 관리는 우리의 활동에 변화가 생기는 경우 항상 수행해야 하는 절차이다. 이러한 risk 관리는 새로운 일을 시작하는 경우, 작업 환경, 절차 등이 변경되는 경우, 새로운 장비를 구입하거나 중고 장비를 구입하는 경우, risk에 대한 새로운 사실과 정보를 습득하였을 경우, 작업 현장에서 사고가 발생하였을 경우, 사업장에서 작업자에 의해 risk에 대한 의견이 발생하는 경우 수행된다.

위험성의 관리 후 존재하는 risk를 어떻게 제어 하는가에 대한 방법을 찾는 것도 중요하고 위험성을 관리하는 가장 중요한 방법은 실행 가능한 한 그 위험성을 제거하는 것이다. 이것이 불가능하다면 실행 가능한 한 그 위험성을 최소화 하는 것이다.

Risk를 어떻게 제어 할 것인지를 결정할 때는 어느 정도 경험이 있는 사람을 참여시키는 것이 매우 중요한데 이는 방법을 결정하는데 있어 어떤 방법이 더 효과적일 수 있는지에 대한 선택은 경험이 많은 사람의 지식에서 나올 수 있기 때문이다.

선박의 선장 및 기타 책임이 있는 직책을 맡고 있는 사람은 다양한 risks 제어 방법 중 가장 효과적으로 hazard를 제거하거나 감소시킬 수 있는 것을 고려해야하며 이러한 방법은 1개 일수도 있고 다른 제어 방법을 접목 실행하여 최고 수준의 보호 방법을 제공할 수 있도록 해야 한다.

3.2 상황인식과 위험성의 관계

상황인식에 가장 많이 쓰이는 이론적 형태는 Dr. Mica Endsley(1995b)에 의해 제시되었다. Dr. Mica Endsley(1995b) 모형은 상황인식 형성의 3단계(perception, comprehension, projection)로 구성된다.

〈그림 1-Ⅳ-35〉 상황인식 단계

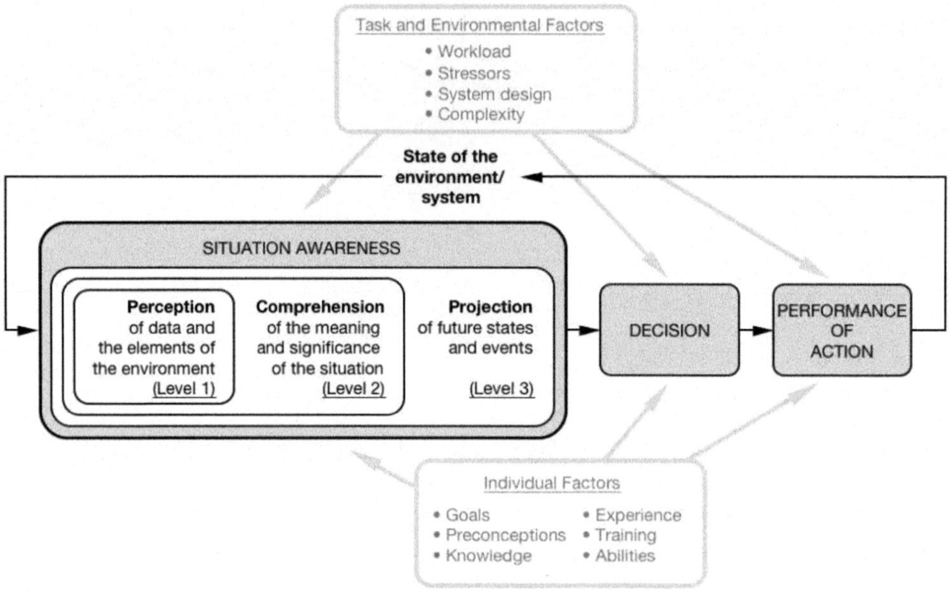

*출처: Endsley's model of situation awareness(adapted from Endsley, 1995b)

○ Perception(Level 1 SA) : 인지

상황인식 첫 단계는 주위의 상태, 특성, 해당 요소들의 역할 등 환경에서 중대한 요인들을 인지하는 것이다. 그러므로 상황인식의 가장 기본적인 수준인 Level 1은 감시과정, 증거 탐색, 간단한 인식을 포함하는데, 이것들은 다수의 상황적 요소(대상, 사건, 사람, 시스템, 환경적 요소들)와 그들의 현재 상태(위치, 상태, 형태, 행위)의 인지를 포함한다.

○ Comprehension(Level 2 SA) : 이해

상황인식 형성의 다음 단계는 패턴 인식, 해석, 평가 과정을 통하여 무질서한 Level 1 SA 요소들을 합성하는 것을 말한다. Level 2 SA는 그것이 개인의 목적과 목표에 어떻게 충격을 줄 것인지를 이해하기 위해 이 정보들을 통합한다. Level 2 SA는 주위환경 또는 개인에게 관계되는 주위환경 부분에 대한 포괄적인 그림을 개발하는 것을 포함한다. 예를 들어 선박 통항량이 많은 협수로에 항해 중인 본선과 타 선박들 간의 상황을 고려해본다면, 주변에 있는 선박의 상황과 예상 진로, 속도 등에 대해서 명확히 인지하고 있다면 상황은 보여 지는 것처럼 심각하지 않을 것이다. 최소한 본인이 당직을 서고 있는 선박에서는 주변의 모든 상황을 파악하여 적절한 대응을 할 수 있을 것이다.

○ Projection(Level 3 SA) : 예측

세 번째 SA는 가장 높은 수준단계 상황에서 파악한 요소들의 장래 영향들을 예측하는 능력을 포함한다. Level 3 SA는 요소들의 상태와 상호 관계에 대한 지식, 그 상황의 이해(Levels 1 and 2 SA), 그리고 이것이 장래의 운항 환경 상태에 어떻게 영향을 미칠 것인가를 결정하기 위해 미리 이 정보들을 추정하는 것을 통하여 성취된다. Level 3 SA를 달성하는 것은 의사결정(decision making)과 같은 것이 아니라 내가 무엇을 가지고 있는가를 의미하는 것이고 이것이 내가 무엇을 해야 할지를 정하는데 도움을 주는 것이다. Level 3을 달성하기 위해서 무엇을 해야 할지에 대한 결정은 바로바로 수행된다.

해상에서 행해지는 통제 목적으로 만들어지는 방법들 중 현장을 기반으로 하여 만들어지지 않은 Practices, Procedures, Technologies, Rules, Regulations들은 실제 상황인식에서는 매우 취약할 수 있다.

따라서 상황인식이 선제되어야 그에 따른 상황자각과 평가의 과정을 거칠 수 있다. 상황평가는 넓은 범위의 정보 취득을 위한 과정을 말하는 것이고 risk는 물적 또는 인적 변화를 가져올 수 있는 것으로 상황평가를 통하여 위험성을 판단할 수 있는 관계가 있다.

운전 중 흡연이 휴대전화 사용 못지않게 위험성이 높다는 사실을 제대로 상황인식하지 못하는 운전자들이 많다. 수면부족 등 피곤한 상태로 운전을 하게 되면 음주 운전을 하는 것과 같은 만큼 그 위험성이 높다는 것을 충분히 상황인식하고, 몸이 피곤하거나 술이 마셨을 때는 절대로 운전을 하지 않아야 한다.

선박에서 상황인식의 오류는 항해사의 자만심, 잘못된 관행, 사고위험의 과소평가 등에서 비롯된다. 예를 들면 항해 중 시계가 나빠도 일반적으로 항해사들이 속도를 줄이지 않고 과속 운항하는 관행은 항해사가 위험성을 과소평가한 것과 밀접한 관련이 있고, 특히 항해사들이 항해장비의 자동화, 시스템화, 디지털화에 지나치게 의존해 직면한 상황을 제대로 인식하지 못하는 것은 관련된 항해장비가 제공하는 정보를 기계적 또는 무조건적으로 받아들이면서 항해사의 상황인식은 떨어질 수밖에 없다.

3.3 선택사항의 식별 및 고려

1) 의사 결정

의사결정(decision making)은 여러 대안 중에서 하나의 행동을 고르는 일을 해내는 정신적 지각활동이다. 모든 의사결정의 과정은 하나의 최종적 선택을 가지게 되며 이 선택의 결과로 어떤 행동 또는 선택에 대한 의견이 나오게 된다. 정보처리 관점에서 의사결정은 정보와 반응 사이의 대응으로 나타난다고 볼 수 있다. 즉, 많은 정보를 인지, 파악하고 그를 평가한 후 하나의 선택을 하는 것이다.

의사결정이 때로는 개별 의사 결정들이 어떤 개인의 필요, 선호에 의해 가치를 갖는 상황 안에서 내려지기도 한다. 반면 의사결정과정은 환경과 계속적으로 상호작용을 일으키는 가운데에서 행해지는 연속적인 과정으로 결정되기도 한다. 그러므로 의사결정은 이성적이거나 비이성적일 수 있으며 어떤 분명한 혹은 불분명한 가정에 기반 한 논리적 이유나 감성적 이유에 의해 내려지는 결정이다.

따라서 의사결정은 반드시 주어진 정보와 지식에 기초하여 결정하여야 하는 논리적 의사결정이어야 한다. 하지만 상황에 따라 최적의 의사결정을 내리는 것이 쉽지 않기 때문에 불확실한 가운데에서도 최적의 의사결정을 위한 여러 가지 방법이 의사결정 분석을 통해 이루어져야 한다.

2) 의사 결정의 특성

가) 불확실성

의사결정에 있어 가장 중요한 특성은 불확실성이다. 결정론(determinism)에 반대로 우리가 사는 세상이 확률적 성격을 가지고 있다는 세계관에서 하나의 선택은 어떠한 결과를 야기할 수 있거나 다른 결과를 만들어 낼 수 있다. 의사결정에 의해 일어날 수 있는 어떤 결과가 선호되지 않거나 대가가 요구된다면 이러한 불확실한 결정은 위험을 포함하고 있다.

나) 친숙성

친숙한 상황이나 선택에서 결정을 할 경우 이 선택은 신속하고 깊은 생각 없이 이루어질 수 있다. 전문가나 초보자가 정보를 처리하는 방식의 차이를 보면 친숙한 상황에서는 전문가가 더 빨리 처리한다. 그러나 이러한 방식이 늘 더 정확하지는 않다는 것을 주의하여야 한다.

다) 편향

편향은 사람들이 의사결정과정 중에 잠재적으로 가질 수 있는 지각적 간섭에 의해 결정을 향상 시키고자 하는 특성을 말하며 다음은 사람들이 보통 가지는 지각적 편향이다.

① 선택적 증거 채택 : 선호하는 결과를 얻기 위해 주관적으로 선택을 지지하는 증거는 채택하고 그렇지 않은 증거는 무시하는 경향

② 관성 : 새로운 상황에 직면했을 때 이전에 가진 사고의 패턴을 바꾸지 않으려는 편향

③ 선택적 지각 : 중요하지 않다고 생각되는 것을 능동적으로 걸러내어 정보를 지각하는 경향

④ 낙천적 소망 : 밝은 면만 보고자 하는 경향에서 지각과 사고를 편향하게 할 수 있음

⑤ 선택지지 : 선택한 것에 대한 기억을 왜곡하여 보다 매력적인 다른 선택을 거부하는 편향

⑥ 최신 선호 : 가장 최근의 새로운 정보에 대한 관심이 기존의 정보를 대체하는 것이며, 반대로는 처음의 것을 선호하는 프라이머시 효과(Primacy effect)

⑦ 반복 편향 : 가장 많이 논의 되거나 가장 많은 정보 원천을 가진 정보를 선호하는 편향

⑧ 고정 편향 : 초기의 정보가 이후의 정보에 대한 관점을 형성하여 결정을 내리게 하는 편향

⑨ 불확실성의 과소평가 : 어떤 상황이나 사실에 대해서 실제로 제어할 수 있는 능력이 없거나 약한데도 불구하고 미래의 불확실성을 과소평가하고 자신이 이것을 제어할 수 있다고 믿으며, 결정에 따른 잠재적 문제를 최소화 할 수 있다고 믿는 것

3) 의사 결정의 유형

가) 구조적 의사 결정

구조적 의사 결정은 비구조적 의사결정과는 반대로 반복적이고, 일상적이며, 이를 다루기 위한 명확한 절차를 포함하므로 매번 새로운 것처럼 다루지 않아도 된다.

나) 반구조적 의사 결정

반구조적 의사 결정은 문제의 일부만이 인정된 절차에서 제공된 확실한 답이 있다. 보통 구조적 의사결정은 낮은 조직 수준에서 좀 더 우세하며, 비구조적 의사결정은 기업의 높은 수준에서 좀 더 일반적이다.

다) 비구조적 의사 결정

비구조적 의사 결정은 의사결정자가 문제를 풀기 위해 판단, 평가, 통찰을 제공해야만 하는 것을 말한다. 의사결정의 각각은 새롭고, 중요하고, 일상적이지 않으며, 의사결정을 위해 잘 이해되고 합의된 절차가 없다.

4) 관리자의 역할

관리자들은 조직에서 핵심적인 역할을 담당한다. 그들의 책임은 의사결정을 내리는 것부터 보고서 작성, 회의 참석, 생일파티 준비까지 다양하다. 관리적 행동에서 전통적, 현대적 모델을 볼 수 있다. 관리자들이 해야 할 일을 설명하는 전통적 관리 모델은 1920년쯤 제시되어 현대에 이르기까지 응용되고 있다. 헨리 파욜(Henri Fayol) 등 초창기 연구자들은 관리자의 5가지 전통적 기능을 계획, 조직화, 조정, 결정, 통제로 설명하였다. 경영관리 활동에서 이런 설명은 오랫동안 지배적인 경영관리 이론이었고, 오늘날도 여전히 대중적이다.

하지만 전통적 모델(Classical model)은 정형화된 관리적 기능을 묘사하지만, 관리자들이 계획하고, 결정하고, 다른 사람들의 작업을 통제할 때 정확히 무엇을 해야 하는지 설명하지 못한다. 이를 위해 일상 활동에서의 관리자를 연구하는 현대 행동과학자들의 이론도 고려해야 한다. 행동적 모델(Behavioral model)은 관리자들의 실제 행동이 전통적인 모델에서 보이는 것보다 덜 체계적이고, 덜 정형적이고, 덜 숙고하고, 덜 조직화되어 있으면서 더 민감한 것처럼 보인다고 설명한다.

5) 선내에서 의사결정을 위한 선택사항

주어진 항해를 안전하고 성공적으로 수행하기 위해서는 면밀하고 세심한 항해계획이 세워져야 하며, 이러한 항해계획 수립을 위한 의사결정은 매우 중요하다. 따라서 항해 계획 수립을 위해서는 관련해도, 항해 정보, 관련법령 등 제반사항을 준비하고 이중 해당 사항의 적절한 선택과정이 필요하다.

가) 선택사항 생성과 결정

의사결정은 반드시 주어진 정보와 지식에 기초하여 결정하여야 하는 논리적 의사결정이어야 한다. 그러나 최적의 의사결정을 내리는 것이 쉽지 않으며 불확실한 가운데에서도 최적의 의사결정을 위한 여러 가지 방법이 의사결정 분석을 통해 이루어져야 한다. 정확한 취득정보가 많을수록 선택사항의 수가 감소하고, 정보가 적으면 적을수록 옵션들은 많아져서 결정을 할 수가 없는 상황이 된다.

따라서 문제해결을 지향한 활동의 선택행위인 의사결정을 효율적으로 내리기 위해서는 다음과 같은 과정의 단계를 거치는 것이 바람직하다.

첫 번째는 결정해야 되는 문제나 상황의 인식이다. 실제로 결정을 내리기 전에 결정의 필요를 낳게 한 문제나 상황을 이해해야 된다. 상대선박과 충돌 회피를 위해서는 각종 항해장비 및 견시 등을 통해서 상황 인식이 필요하다.

두 번째는 정보수집 및 분석단계로 의사결정자는 문제가 생긴 원인이나 문제해결의 가능한 방법에 대한 정보를 수집하여 분석해야 한다. 각종 기기, 선교/기관팀원들의 의견 등으로부터 정보를 수집하여 분석해야 한다.

셋째 단계는 문제해결을 위해서 가능한 여러 대안을 확인하는 단계로 전 단계에서 수집된 정보를 기초로 대안적(代案的)인 행동 과정이 확인되어야 하는데 그러기 위해서 창의성이나 경험 및 복잡한 정보를 통합할 수 있는 능력이 요구된다. 특히 팀원들과 팀워크가 중요하다.

넷째 단계는 앞서 제시한 여러 대안을 평가하는 단계로 결정의 시행과정에서 예상되는 결과를 서로 비교하고 장단점을 주의 깊게 고려하는 단계이다.

다섯 번째 단계는 최종 대안을 선택하는 단계이다. 제시된 여러 대안 중에서 최선의 대안을 선택하는 단계로서, 결정에 의해 영향을 받을 사람들에게 받아들여질 수 있는 최선의 결정을 내리는 단계이다.

제 2 편

물적자원관리

제 1 장

선박기기

1. 항해기기 관리
2. 기관실 기기 관리
3. 전기기기 관리
4. 환경오염방지 설비의 관리

제1장 선박기기

1. 항해기기 관리

1.1 항해기기의 종류

1) 자기 컴퍼스(Magnetic Compass)

가) 원리

지구는 전 표면에 걸쳐서 천연으로 자장이 형성되어 있어 이는 마치 지구가 하나의 거대한 자석이라 생각할 수 있다. 자유롭게 움직일 수 있는 한 자침(magnetic needle)의 중심을 공간에 매어 달면, 그 자침은 지구 자장과 일치하는 방향으로 멈추게 된다.

자기 컴퍼스는 이러한 원리를 이용해 방위 눈금판(Compass card) 아래에 자침을 붙이고 피벗(pivot)으로 수평이 되게 지지하며, 수평면 내에서는 항상 회전이 자유롭게 하여 지구 자기의 방향을 지시할 수 있는 한 장치이다. 따라서 자기 컴퍼스를 이용하여 선박의 침로(course)를 알거나 물표의 방위(bearing)를 관측하여 선위를 확인할 수 있다.

그런데 지구 자석은 정확하게 지구의 남북 방향과 일치하지 않기 때문에 지구에는 두 개의 북이 있음을 알 수 있다. 즉, 지구의 북을 진북(眞北, true north)이라 하고 지구 자석으로 인하여 자석이 가리키는 북을 자북(磁北, magnetic north)이라 한다. 이 진북과 자북과의 차이를 편차(偏差, variation)라 한다.

선박을 건조하는 데는 상당한 기간이 필요로 하며, 주요 재질은 철이다. 선박의 건조 기간 동안 선박은 점차 자석이 되어가며 선박에 놓인 자세에 따라 극이 결정된다. 일단 제작된 자석은 그대로 자기 컴퍼스에 영향을 주게 되므로 자기 컴퍼스의 북은 자북에서 벗어나게 된다. 자기 컴퍼스의 북과 자북과의 차이를 자차(自差, deviation)라고 한다. 따라서 자기 컴퍼스를 제대로 활용하려면 이 자차를 줄여야 한다.

국제해상인명안전협약에서 총톤수 150톤 이상의 선박은 자기 컴퍼스를 비치하여야 하고 각 자기 컴퍼스의 자차는 적절하게 수정되어야 하며, 자차곡선도(Compass deviation card)는 항상 유효한 것이어야 한다고 규정하고 있다.

나) 구조

자기 컴퍼스에는 많은 종류가 있으나 선박에서 일반적으로 사용되고 있는 반영식 자기 컴퍼스(Reflective magnetic compass)의 구조에 대하여 알아본다.

(1) 볼(bowl)

〈그림 2-I-38〉 컴퍼스 볼의 구조

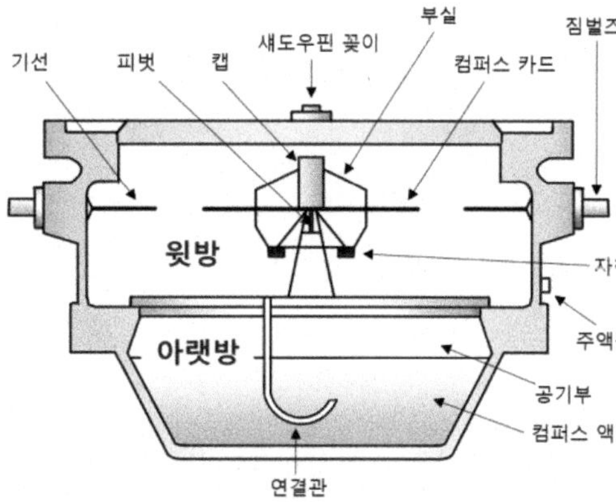

볼은 액체로 채워진 용기이며 자기 컴퍼스의 가장 중요한 부분이다. 카드 부분은 이 액체 속에서 거의 떠 있도록 알코올과 증류수로 된 혼합액체 또는 특수한 기름인 버솔(vasol)로 채워져 있다. 볼의 몸통은 주물로 되어 있고, 볼의 밀실은 상하 2층으로 되어 있다. 윗방에는 컴퍼스 카드가 피벗으로 지지되어 있고 아랫방에는 온도 변동으로 액체가 팽창하거나 수축하더라도 볼의 유리가 파손되거나 볼 내에 기포가 생기지 않도록 하는 장치가 있어서 온도 -20℃에서 50℃까지 견딜 수 있게 설계되었다.

(가) 컴퍼스 카드

온도가 변하더라도 변형되지 않도록 부실에 부착된 운모[22] 혹은 황동제의 원형판으로 주변에 정밀하게 눈금을 파놓았다. 카드의 직경은 형식에 따라 다르나 볼 내경의 3/4으로 선체가 돌면 카드가 볼에 따라 회전하는 것을 방지하고 있다. 그 원주에 북을 0˚로 하여 시계방향으로 360등분 된 방위 눈금이 새겨져 있고, 그 안쪽에는 사방점(四方點, N/S/E/W) 방위와 사우점(四隅點, NE/SE/SW/NW)이 새겨져 있다.

(나) 부실(float)

구리로 만들어진 반구형이고 밑부분은 원추형으로 파인 곳이 있고 이곳에 피벗(pivot)이 들어간다. 부실에 의한 부력의 영향으로 피벗에 실제로 걸리는 중량은 미소하므로 상당히 지북력이 강한 무거운 자석을 사용할 수 있다.

22) 운모(雲母): 석영 · 장석과 함께 화강암을 구성하는 조암광물. 돌비늘이라고도 한다. 층상 구조를 가지며, 보통은 육각판상의 결정형이다. 완전한 쪼개짐이 있어서 아주 얇게 벗겨진다.

(다) 캡(cap)

부실의 밑부분의 원추형으로 움푹 파인 부분으로 사파이어가 끼워져 있고 카드의 중심점에 고정되어 있다. 컴퍼스 카드 자체가 15° 정도 경사되어도 자유로이 회전할 수 있게 되어 있다.

(라) 피벗(pivot)

캡에 꽉 끼어 카드를 지지하므로 끝단에는 백금과 이리듐(Iridium)의 합금이 사용된다. 이 합금은 아주 단단하고 컴퍼스액으로 녹슬지 않으므로 캡과의 사이에 마찰이 적어 카드가 자유롭게 회전할 수 있다.

(마) 컴퍼스액(liquid)

증류수와 에틸알코올을 약 6:4의 비율로 혼합하여 비중이 약 0.95인 액으로 +60~-20℃ 범위에서는 점성 및 팽창 계수의 변화가 작다.

(바) 기선(lubber's line/point)

볼의 내벽의 카드와 동일한 면 내부에 4개의 기선이 있다. 각각 선수, 선미 및 좌우의 정횡 방향을 표시하고 있다.

(사) 윗방, 아랫방, 연결관

볼은 유백유리로서 위, 아래의 두 개의 방으로 나누어져 있고, 윗방은 컴퍼스액이 가득차 있으며 아랫방은 윗부분이 비어 있다. 위, 아래의 방은 연결관으로 서로 통하고 있어 온도 변화에 따라 액이 팽창, 수축하여도 아랫방의 공기부에서 자동으로 조절한다.

(아) 주액구

윗방의 측면에 주액구가 있다. 사용 도중 기포가 생기면 이것은 컴퍼스액이 부족하기 때문이다. 액을 보충할 때는 주액구를 위로 향하게 한 다음 주사기로 액을 천천히 보충하여 기포를 제거한다. 이 작업은 주위의 온도가 15℃ 정도일 때 하는 것이 가장 효과적이다.

(자) 유리 덮개와 섀도우핀 꽂이

볼의 윗면에는 유리 덮개가 있고 그 중심에는 섀도우핀(shadow pin)을 꼽는 꽂이가 있다. 또 볼의 본체 윗면의 원주에는 선수 기선을 000°로 하여 좌우 각각 180°까지 1° 간격으로 눈금이 새겨져 있다.

(차) 짐벌즈(gimbals)

볼을 지지하는 비너클이 기울어져도 볼이 항상 수평을 유지하도록 하는 장치이다.

(카) 자침(magnetic needle)

자력이 감소되지 않는 영구자석이 사용된다. 부실 아랫부분의 양쪽에 고정된 놋쇠 관속에 밀봉되어 있다. 이 자석은 카드의 남북선과 평행이어야 한다.

(2) 비너클(binnacle)

목재 또는 비자성재로 만든 원통형의 지지대이며, 윗부분에는 컴퍼스 볼을 지지하는 짐벌즈가 들어 있어 볼을 지지하고 있으며 비너클에는 다음의 장비가 있다.

(가) 경사계(clinometer)

비너클의 바깥쪽의 뒤쪽에 부착되어 있으며 선체의 경사 상태를 표시하는 계기이다. 자차 측정 작업과 수정 작업은 선체가 수평 상태로 있을 때 실시되어야 하므로, 선체의 수평 상태를 확인하는데 이 경사계가 필요하다.

(나) 상한차 수정구(quadrantal corrector)

컴퍼스 주변에 존재하는 일시 자기의 수평력을 조정하기 위하여 부착된 연철구이다.

(다) 조명 장치

선교에서 방위 눈금을 읽을 수 있도록 설치한 프로젝터용의 조명등으로서 내부 조명용 전구의 밝기를 가변 저항기로 조절한다.

(라) 수정자석 삽입구

자기 컴퍼스에 영향을 주는 선체 영구자기를 조정하기 위한 자석(B자석, C자석, 경선차 수정자석)을 넣는 구멍이다.

(마) 플린더즈 바(flinders bar)

자기 컴퍼스에 영향을 주는 선체 일시자기 중 수직분력을 조정하기 위한 일시 자석이며, 퍼몰로이 바(permalloy bar)라고도 한다.

(바) 경선차 수정자석(heeling magnet)

자기 컴퍼스에 영향을 주는 선체 자기 중 컴퍼스의 중심을 기준으로 한 수직분력을 조정하기 위한 자석이다. 이 자석이 알맞게 조정되어 있지 않은 경우에 선체가 요동하면 카드가 심하게 흔들거리는 수가 많다.

〈그림 2-I-39〉 반영식 자기 컴퍼스

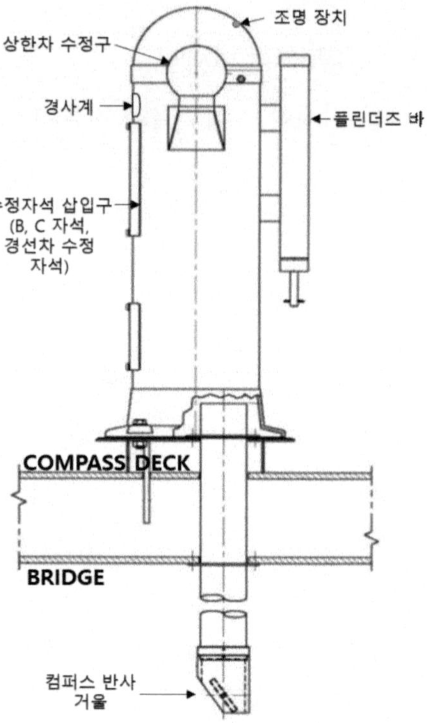

2) 자이로컴퍼스(Gyro Compass)

가) 원리 및 구조

자이로컴퍼스는 고속으로 돌고 있는 팽이를 이용하여 지북을 확인할 수 있는 장치로서 자기 컴퍼스(Magnetic Compass)에서 나타나는 자차와 편차가 없고, 지북력도 강하다. 또한 방위를 전기 신호로 바꿔서 여러 개의 리피터 컴퍼스(repeater compass)를 동작시킬 수 있다.

〈그림 2-I-40〉
프리자이로스코프의 구조

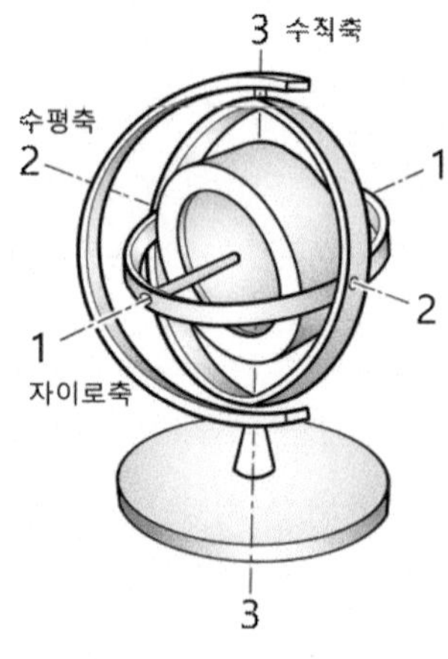

자이로스코프는 〈그림 2-I-3〉과 같이 팽이의 축(자이로축, 스핀축)(1)을 수평환으로 지지하고 이 수평환을 수직환으로 지지하도록 하여 팽이는 자이로축 주위로 회전하고, 자이로축은 수평축(2) 주위로 경사되며 수직축(3) 주위로 돌게 되어 있다. 고속으로 회전하는 팽이가 수평축과 수직축 주위를 회전할 때 마찰이 거의 없는 것을 프리 자이로스코프(free gyroscope)라 하며 자이로축은 공간의 어느 방향이든지 가리킬 수 있다. 이 프리 자이로스코프는 다음과 같은 2가지의 특성이 있다.

(1) 방향 보존성

프리 자이로스코프의 받침대를 경사 시키더라도 로터축은 처음에 지시했던 방향을 그대로 유지하려고 하는데, 이것은 운동하는 물체는 그 운동 상태를 그대로 보존하려는 성질을 가진다는 뉴턴의 관성의 법칙에 의해서이다. 이러한 프리 자이로스코프의 특성을 방향 보존성(rigidity in space, gyroscopic inertia)이라 한다.

(2) 세차 운동(precession)

고속으로 회전하고 있는 자이로스코프의 로터에 그 축과 일치하지 않는 토크[23])가 작용하면 로터축은 로터 자신의 각운동량 벡터와 작용한 토크 벡터와의 합성 벡터 방향으로 가장 가까운 길을 선택하여 그 축 방향을 변화시킨다. 이 성질을 세차 운동(precession)이라 한다.

세차 운동은 언뜻 보면 이해하기 어려운 운동이지만 오른나사의 성질을 이용한 축성 벡터와 벡터의 합성을 생각하면 쉽게 이해할 수 있다. 축성 벡터를 오른나사 법칙으로 설명하면 우리가 판자에 오른나사를 박을 때를 생각하면 된다. 즉, 오른쪽으로 돌려야만 들어가고 왼쪽으로 돌리면 빠져나온다. 〈그림 2-I-4〉 (b)에서 로터의 회전으로 인한 벡터는 종이면에서 나오는 방향이고, 손으로 가한 힘에 의한 회전운동의 벡터는 오른쪽이 된다. 로터축은 이들 두 벡터의 합성방향을 유지하려고 하므로 그 방향이 변동되어 계속 힘을 가하는 P 방향으로 회전하게 된다.

〈그림 2-I-41〉 세차 운동

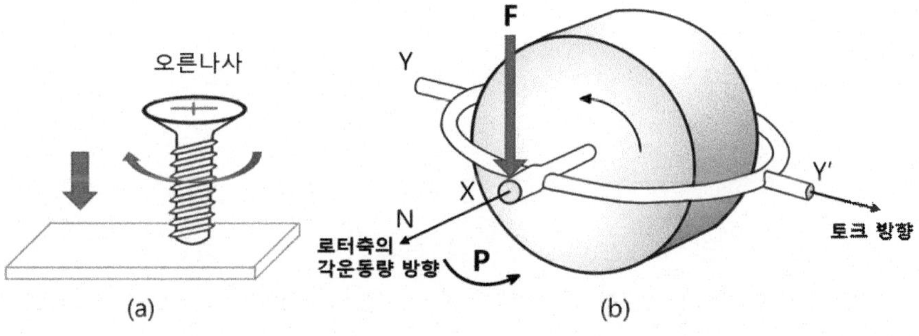

23) 어떤 것을 어떤 점 주위에 회전시키는 효과를 나타내는 양으로서 회전모멘트, 비틀림 모멘트라고도 부르며 힘의 크기와 힘이 걸리는 점에서 회전 중심점까지의 길이의 곱(Nm)으로 나타낸다.

(3) 자이로컴퍼스

자이로컴퍼스는 앞에서 말한 바와 같이 로터축의 수평 세차 운동과 제진 세차 운동이 합성되어 북을 가리킨다. 지북 운동인 수평 세차 운동을 얻기 위하여 토크가 작용하는 방법에 따라 분류하면, 위쪽이 무거운 톱 헤비(top heavy)식과 아래쪽이 무거운 보텀 헤비(bottom heavy)식이 있고, 제진 세차 운동 방향에 따라 분류하면 경사 제진식과 방위 제진식이 있다.

일반적으로 자이로컴퍼스 제작사는 수평 세차 운동을 톱 헤비 방식으로 하는 경우에는 제진 세차 운동은 경사 제진식을 채택하고, 보텀 헤비식으로 하는 경우에는 방위 제진식을 채택하고 있다.

3) 레이더(Radio Detecting and Ranging : RADAR)

가) 원리

산에 올라가 마주 보이는 산을 향하여 '야호'하고 고함을 쳤을 때 '야호'하는 메아리를 들은 경험이 있을 것이다. 그때 여러분은 산까지의 거리가 얼마인지를 생각하여 본 적이 있는가? 이 거리를 측정하기 위해서는 체력장 시험에서 달리기할 때 사용하는 스톱워치가 있어야 하고 공기 중에서 소리가 1초에 340 m를 이동한다는 사실을 알아야 한다.

예를 들어, 마주 보는 산을 향하여 '야호'하고 다시 이 메아리가 올 때 스톱워치로 시간을 측정하여 보니 4초가 걸렸다면, 마주 보는 산까지의 거리는 얼마가 될까? 소리는 1360 m (340×4)를 진행할 것이므로 거리는 이것의 반절인 680 m가 된다. 산의 방향은 어느 방향을 보고 고함을 쳤는가에 따라서 결정하면 될 것이다.

레이더(RADAR)에서 거리나 방위를 측정하는 원리도 이와 똑같다. 다만, 레이더에서는 소리 대신에 전파를 사용한다. 전파의 속도는 1초에 30만km로 소리보다는 엄청나게 빠르기 때문에 시간을 측정할 때는 특별한 스톱워치가 필요하다. 이 특별한 스톱워치를 브라운관으로 구성된 '지시기'라고 한다. 지시기의 화면에는 스캐너의 방향으로 목표물의 영상이 나타나므로 목표물의 방향을 측정할 수 있다.

나) 구성

레이더는 크게 나누어 송신기, 수신기, 지시기, 스캐너로 구성되어 있다. 레이더에서는 보통 송신기와 수신기가 함께 있으므로 송수신기라고 한다.

송신기는 전파를 만들어내는 부분이고, 수신기는 스캐너(scanner)를 통하여 받은 목표의 반사신호를 증폭하는 부분이다. 송수신기에는 송신장치, 수신장치, 송수신 전환장치, 주발전기 및 변조기가 포함되어 있다.

(1) 송신장치

변조기에서 보내온 트리거 신호에 의하여 짧고 강력한 펄스 형태의 레이더파를 발생시키는 장치로 일종의 발진기(osillator)이며, 마그네트론(magnetron)으로 알려져 있다. 이 마그네트론은 강력한 자장 내에서 마이크로파를 만들어내는 발진관으로, 첨두출력 10~50 kW이다. X-밴드 레이더의 경우 9,375 MHz의 마이크로파를, S-밴드 레이더의 경우에는 3,000 MHz의 마이크로파를 각각 발진시킨다.

(2) 수신장치

목표물에 부딪혀 되돌아온 마이크로파의 미약한 반사파가 송수신 전환장치를 거쳐 들어오면, 이것을 증폭시켜 영상신호로 바꾸고 지시기에 보내는 장치이다. 레이더파를 증폭하기 위한 전 단계로서 혼합기(mixer)가 있으며, 이 혼합기는 레이더의 반사파와 국부 발진기 신호의 차주파수를 만들어 내는 장치이다. 이 차주파수를 중간 주파수라고 하며, 수신장치의 증폭기는 바로 이 중간 주파수 신호를 증폭하는 것이다.

(3) 송수신 전환장치(duplexer)

레이더는 송신용 및 수신용으로 한 개의 스캐너를 사용한다. 하지만 송신출력과 수신입력의 사이에는 큰 전력 차이가 발생하므로, 강력한 송신 펄스 전파가 직접 고감도의 수신장치로 들어가는 것을 막아 혼합기를 보호하고, 스캐너로부터 들어온 약한 수신 전파의 신호가 송신장치로 일부 새어들어 수신 감도가 떨어지는 것을 방지하기 위하여 송신할 때는 송신기만이, 수신할 때는 수신기만이 스캐너에 직접 연결되게 한 장치이다. 이 장치에서 TR(Transmit/Receive)관은 레이더파를 송신할 때 발신 펄스파가 수신장치로 들어가는 것을 막아주고, ATR(anti TR 또는 TB)관은 미약한 반사파를 전부 수신장치로 들어가도록 한다.

(4) 주발진기 및 변조기

트리거 발진기(trigger generator)는 주발진기로서 레이더의 두뇌 역할을 하는 곳으로 펄스 전압을 일정 주기로 반복 발생시켜 송신기, 지시기 등이 동기 작동을 하도록 이 펄스 전압을 공급한다. 이 전압을 트리거 펄스라고도 한다.

변조기(modulator)는 이 트리거 펄스를 받아 특수 방전관인 사이라트론(thyratron)을 작동시켜 펄스 발생회로에서 약 10,000V의 전압과 폭이 0.1~1㎲인 펄스로 만들어 송신장치 내의 마이크로파를 만드는 마그네트론으로 보낸다.

다) 지시기

레이더의 지시기에는 자선의 위치인 화면의 중심에서부터 밖으로 뻗쳐 나온 밝은 소인선이 스캐너(scanner)와 같은 속도로 회전하고 있다. 따라서, 스캐너가 한 번 회전할 때마다 화면상의 소인선도 한 번 회전하게 되고, 그때마다 자선 주위에 있는 물체의 영상이 화면상에 밝게 나타난다.

지시기는 탐지되는 모든 목표물의 위치를 나타내기 위하여 평면위치표시(Plane Position Indicator, PPI)방식을 채용하고 있다. 이 방식은 음극선관(Cathode Ray Tube, CRT)의 중심을 자선 레이더의 중심으로 하여 반지름을 거리로, 원주 방향을 방위로 잡는 것이다. 그래서 되돌아온 반사신호를 음극선관 면에 밝은 영상으로 나타내어 목표물의 거리와 방위를 동시에 측정하는 방식이다.

요즈음에는 TV 화면과 같은 비디오 방식을 채택하고 있으며, ARPA의 출현과 더불어 화면도 생화면(raw video), 처리화면(processed video) 등으로 나타나고 있다. 그리고 지시기 화면 및 하부에는 레이더의 전반적인 작동을 제어하기 위한 각종 조정 장치들이 부착되어 있다.

라) 스캐너

〈그림 2-I-5〉와 같이 스캐너는 전파를 발사하고 반사파를 받는 역할을 한다. 즉, 송신장치가 발생시키는 강력한 펄스 전파를 지향성이 매우 높은 빔(beam)의 형태로 공중에 발사하는 역할을 하며, 또 목표물에 부딪혀서 되돌아오는 반사파 신호를 수신하여 수신장치로 보내주는 장치이다.

레이더에는 이와 같은 송신장치 및 스캐너가 있으므로 다른 전파항해 계기와는 다르게 별도의 송신국이 필요하지 않다.

〈그림 2-I-42〉 레이더의 구성요소

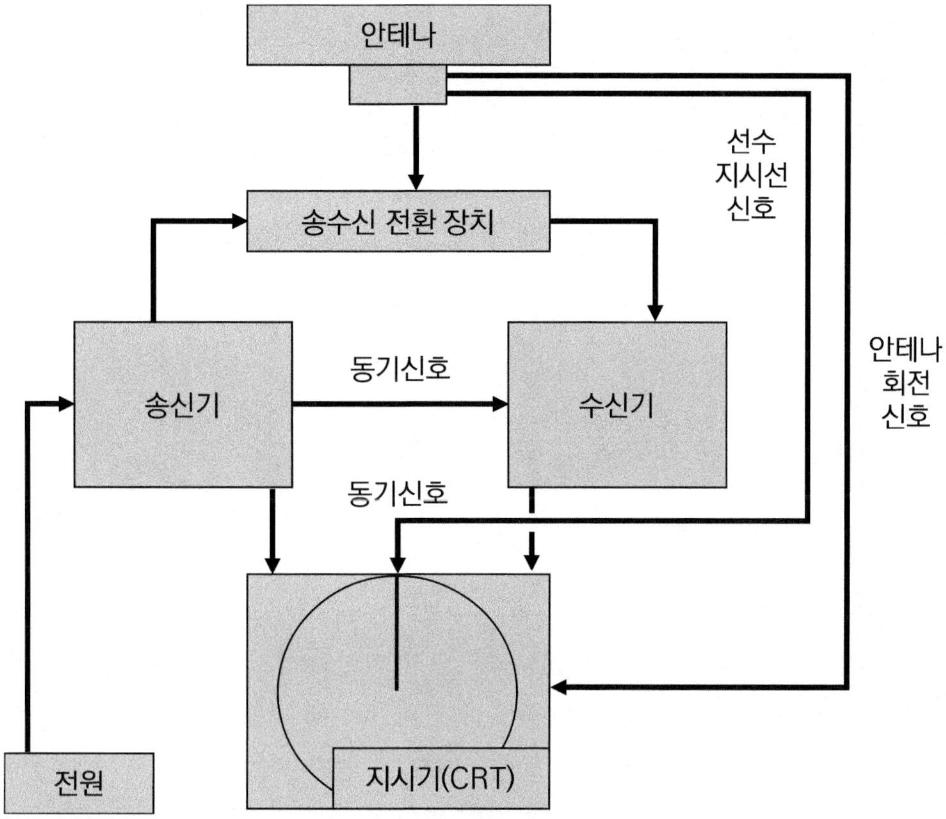

마) X밴드 레이더와 S밴드 레이더

선박용 레이더는 사용파장에 따라 X-밴드(파장 3.2 cm, 주파수 9,375 MHz) 레이더와 S-밴드(파장 10 cm, 주파수 3,000 MHz) 레이더가 주로 이용되고 있다. X-밴드 레이더는 화면이 선명하고 물체의 방위와 거리를 정확하게 측정할 수 있고, 레이더 리플렉터와 같은 조그만 물체를 탐지하기 유리한 반면에, S-밴드 레이더는 먼 거리 물체의 탐지와 눈, 비, 스콜(squall), 안개가 있을 때 유리하다. 이를 알기 쉽게 정리하면 〈표 2-I-1〉과 같다.

〈표 2-I-23〉 X밴드 및 S밴드 레이더

항목	X밴드	S밴드
사용파장 / 주파수	3.2 cm / 9375 MHz	10 cm / 3000 MHz
화면의 선명도	좋음	약간 떨어짐
방위와 거리	정확함	덜 정확함
작은 물체	쉽게 탐지됨	탐지가 어려움
큰 물체	늦게 탐지됨	조기 탐지가능
탐지거리	가까운 거리	보다 먼 거리
눈 · 비 · 안개 등의 기상에서의 탐지	탐지하기 어려움	탐지하기 좋음
해면반사의 영향	심함	덜 심함
맹목구간	넓음	좁음

바) 레이더 영상의 방해 현상

레이더 화면에는 물체로부터의 반사파에 의한 영상 이외의 기상에 의한 파도, 눈, 비, 안개 등과 선박의 연돌(funnel), 마스트, 각종 구조물에 의한 방해 현상이 함께 나타나는데, 이러한 것들이 레이더에 나타난 물체의 영상을 해독하는 데 어려움을 주고 있다. 따라서 사용자는 레이더 영상을 판독하는 데 있어서 이들 방해 현상에 대한 지식을 가지고 방해 현상을 잘못 판단하는 일이 없어야 한다.

(1) 해면 반사에 의한 잡음

해수는 원래 레이더 전파를 잘 반사하는 성질을 가지고 있다. 바람이 전혀 없어서 파도가 일어나지 않으면 거울면 반사가 발생하고, 레이더 전파는 스캐너 쪽으로 되돌아오는 것이 전혀 없게 된다. 해면에 파도가 생기면 자선 가까이 있는 파도에 부딪혀 돌아온 반사파가 화면에 밝은 점으로 나타나는데, 이것은 대칭으로 나타나지는 않는다. 이 영상을 잘 살펴보면 파도의 방향을 유추할 수도 있다. 이처럼 해면 반사에 의한 잡음으로 그 근처에 나타난 물체의 영상이 혼란스럽게 나타나 물체를 식별하기 어렵게 된다. 이것에 대한 조정은 해면반사억제기(Anti-Clutter Sea, STC)로 하고 있다.

해면반사억제기는 어느 정도 잡음이 있도록 너무 크게 조정하지 말아야 하며, 한 위치로 장시간 두어서는 안 되고 자주 재조정하여야 한다. 해면 반사에 의한 잡음은 스캐너가 높을수록 크게 나타난다. 특히, VLCC와 같은 초대형 유조선에서는 이 현상이 아주 크게 나타난다. 이 경우에는 낮은 스캐너의 레이더를 사용하는 것이 좋다. 또, 해면 반사의 잡음은 일반적으로 급격하게 변하지는 않는다. 갑작스럽게 변하면 그곳에 둑이 있다든지 얕은 곳이 있으므로 항해사는 주의 깊게 항해하여야 한다.

(2) 눈 · 비 등에 의한 방해잡음

비나 소나기는 양털 구름처럼 레이더 화면상에 나타난다. 폭풍우는 25마일 이상의 거리에서도 탐지되기도 한다. 폭풍우 외에도 눈 또는 심한 안개, 이슬비, 낮은 구름조차도 레이더의 탐지에 영향을 주어서 물체의 영상을 흐리게 한다. 선박이나 육지가 폭우 속에 있으면 이들을 구분하기가 어렵고, 폭우 바깥에 있는 물체의 반사 세기는 약해지는데, 이런 경우에는 탐지범위가 정상상태의 80%까지 떨어질 수 있다.

비가 내리는 구역이 넓으면 레이더 화면의 중앙이 다른 곳보다 밝게 되어 마치 해면 반사에 의한 잡음처럼 보이기도 한다. 따라서 이러한 곳을 항해할 때는 먼 곳에 있는 구역을 장거리 스케일로 탐색하고, 그것을 미리 플로팅(plotting)하여 두면 좋다. 또, 항해사가 비로 인한 잡음 속에 물체가 있는지를 알기 위해서는 수신기의 감도(gain)를 약간 줄여 본다. 물체의 영상은 대부분 비에 의한 잡음보다 강하게 나타난다. 감도를 비가 내리는 구역의 밖에 있는 물체를 탐지할 때는 원래의 위치로 하고, 비가 내리는 구역에 있는 물체를 탐지할 때는 조금 줄이도록 한다.

이들에 의해 화면이 혼란될 때는 비 · 눈 반사 억제기(Anti-Clutter Rain, FTC)를 조정하여 어느 정도 억제시킬 수 있지만, 사용 시에는 수신기의 이득과 병행하여 사용하는 것이 효과적이다. 그렇지만 스콜같은 폭우가 있을 때 X-밴드 레이더에서는 물체의 영상이 잡음보다 약하게 되기 때문에, 화면 전체가 잡음으로 뒤덮여 아무것도 알 수 없게 된다.

이와 같은 폭우 속에서 항해 중 선박 충돌사고가 많이 발생하였는데, 그것은 전파의 감쇠와 잡음에 의한 차폐로 인해 물체가 어디 있는지 모르고 있다가 접근하여서야 물체를 탐색하기 때문이다.

(3) 레이더의 맹목구간

맹목구간(shadow sector)과 그늘구간(blind sector)은 〈그림 2-I-6〉처럼 선박의 구조물, 즉 전부 마스트(fore mast), 연돌(funnel) 등으로 스캐너에서 발사된 레이더 전파가 차단될 때 생긴다. 이것은 화면의 중심에서 바깥으로 펼쳐져 있는 어두운 구간이다. 이들 구간의 범위는 스캐너와 선박 구조물과의 거리, 크기 등에 좌우된다. 그늘구간의 크기와 형태는 상당히 복잡하지만, 아래 그림에서는 아주 개략적으로 나타내었다.

〈그림 2-I-43〉 맹목구간과 그늘구간

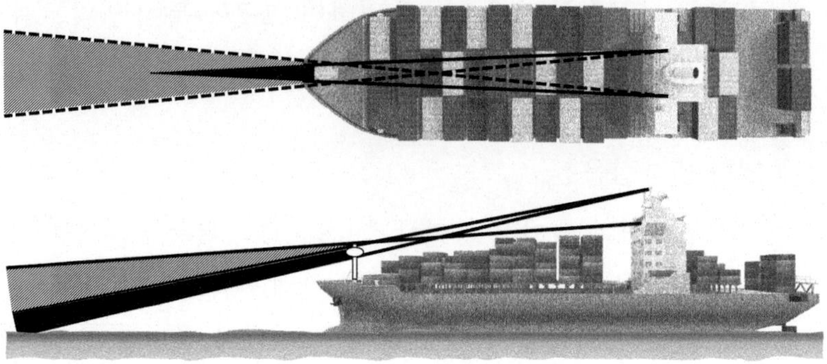

그늘구간을 측정하는 방법에는 크게 두 가지가 있는데, 해면 반사 또는 우설에 의한 잡음이 강할 때 어두운 구역의 범위를 측정하는 방법과 레이더 반사기가 달린 부표 주위를 돌면서 부표가 없어질 때의 방위에서 다시 나타날 때의 방위를 측정하는 방법이 있다. 그늘구간을 측정하고 난 후에는 그것에 대한 그림을 그려 레이더 지시기에 부착시켜 항해 시 참고로 하는 것이 좋다.

전부 마스트에 의하여 앞쪽이 차폐되는 경우에는 특히 위험한데, 이 구역에서 목선 등의 소형 선박과 충돌 사례가 여러 차례 있었다. 항해사나 선장은 안개가 자욱하게 낀 날에는 적어도 그늘구간의 절반까지는 침로를 바꾸어 가면서 항해를 하여야 한다. 권고할 만한 것은 지그재그(zigzag)의 형태로 좌현 변침하다가 다시 우현 변침을 반복하면서 항해하는 것이 효과적이다. 이 그늘구간을 줄이기 위하여 X-밴드 레이더보다는 S-밴드 레이더를 사용하는 것도 한 방법이 된다.

(4) 다른 선박과의 레이더 간섭

부근에 있는 다른 선박이 자선과 같은 주파수대의 레이더를 사용할 때는 자선의 레이더에 타선의 레이더 전파가 수신되어 간섭이 일어난다. 자선 레이더의 펄스 반복 주파수와 상대선 레이더의 펄스 반복 주파수가 같을 경우에는 간섭에 의한 점들은 원 모양으로 나타나고, 펄스 반복 주파수의 차이가 그다지 크지 않으면 점들은 나선형으로 나타나며, 그 차이가 아주 크면 점들이 다양한 형태로 나타난다.

간섭현상은 장거리 스케일에서 뚜렷하게 나타난다. 상대선이 가깝게 있지 않은 한 단거리의 스케일에서는 점들이 알 수 없을 정도의 가느다란 선으로 나타난다. 레이더 간섭현상이 너무 강하면 중요한 항해상의 목표물을 관측하기가 어려우므로 동조 손잡이를 약간 돌리면 효과적이다. 그 밖에 다른 방법은 레이더 간섭 제거장치를 활용하면 효과적이다.

사) 레이더의 허상

선박 레이더의 화면에는 실제로 그 위치에 물체가 존재하지 않는데도 불구하고 상이 나타나기도 하는데 이것을 허상(거짓상)이라고 한다. 이 허상은 영상을 판독하는 데 있어서 혼란을 초래하기 때문에, 레이더 사용자는 이 허상에 대한 지식으로 이들을 잘못 판단하는 일이 없어야 할 것이다.

(1) 간접 반사

〈그림 2-I-7〉과 같이 스캐너에서 발사된 전파가 굴뚝이나 마스트 등의 선체 구조물에 부딪히고 반사하여 그 일부가 물체에 부딪혀서 동일한 경로를 따라 스캐너에 들어오면 물체의 상은 그때의 스캐너의 방향, 즉 물체의 방향이 아닌 선체 구조물이 있는 방향에 나타난다.

〈그림 2-I-44〉 간접 반사에 의한 거짓상

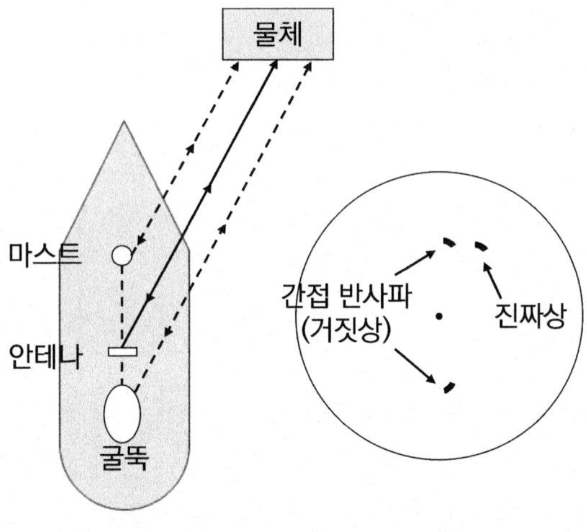

스캐너와 선체 구조물과의 거리는 물체까지의 거리에 비하면 무시할 수 있을 정도로 작으므로 간접 반사에 의한 상의 거리는 실제의 거리와 거의 같다. 이 거짓상은 실제의 상의 움직임보다 불규칙적으로 움직인다.

〈그림 2-I-8〉처럼 침로를 바꾸면 이 거짓상은 바로 사라지거나 맹목구간에 그대로 있기도 한다.

〈그림 2-I-45〉 변침 시의 간접 반사에 의한 거짓상

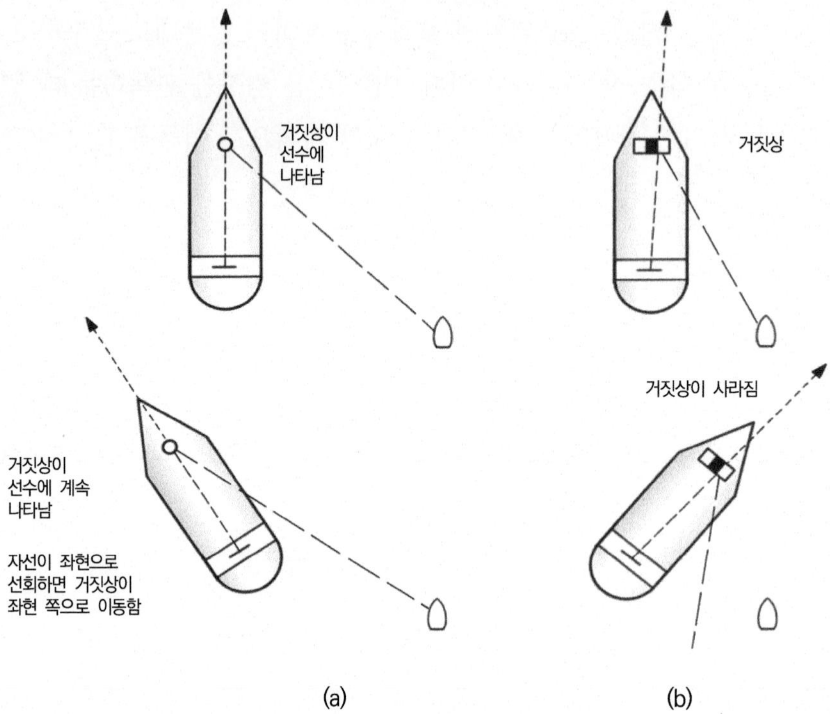

(2) 거울면 반사

이것은 간접 반사의 일종으로 선체의 구조물이 아닌 육상의 구조물, 즉 매끈한 안벽, 빌딩 또는 창고 등과 같은 거울면을 가진 물체를 전파가 지나는 경우에는 〈그림 2-I-9〉와 같이 물체의 실상(진짜상) 이외에 거울면의 반사에 의한 허상(거짓상)이 생긴다. 이 허상까지의 거리는 자선과 장해물까지의 거리에다 장해물과 물체까지의 거리를 합한 것이 된다. 이 허상은 간접 반사의 경우와 마찬가지로 실제의 상에 비하여 불규칙적으로 움직인다.

〈그림 2-I-46〉 거울면 반사

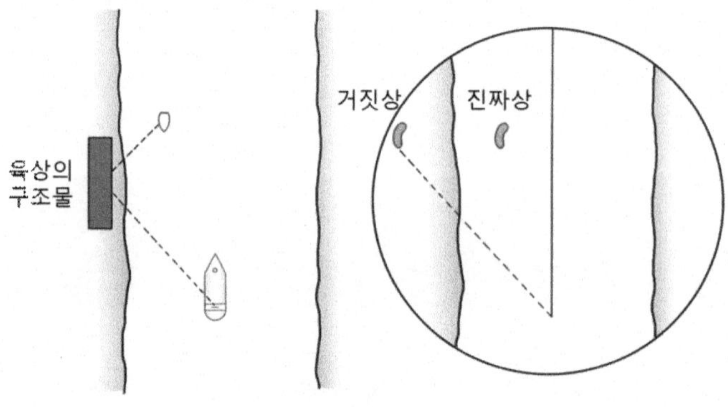

(3) 다중 반사

자선의 정횡 방향에 강한 반사파를 내는 대형선 등이 있을 때에는 하나의 펄스가 자선의 선체와 물체 사이를 2회 이상 왕복하여 실상과 같은 방향에 동일한 간격으로 하나 이상의 상이 나타난다. 상대선과 자선이 〈그림 2-I-10〉과 같이 서로 1마일 정도의 짧은 거리로 같이 가고 있거나 반대 방향으로 지나는 경우에 발생한다. 다중 반사에 의한 허상은 실제의 상보다 약하게 나타난다.

〈그림 2-I-47〉 다중 반사에 의한 허상(거짓상)

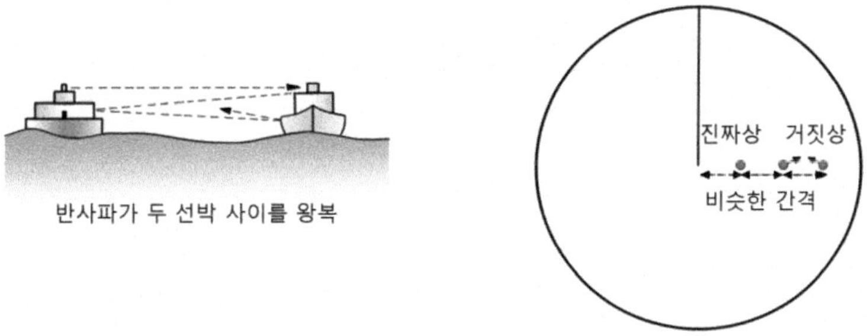

(4) 측엽

측엽(side lobe)에 의한 반사파는 자선 부근에 큰 물체가 있을 때 나타나며, 〈그림 2-I-11〉과 같이 주엽(main lobe)에 의한 반사파와 같은 거리에 호의 모양으로 표시된다. 측엽이 없는 스캐너를 설계하는 것은 불가능하다. 가까이에 있는 물체는 주엽뿐만 아니라 측엽에 의해서도 나타나며, 또 이 측엽에 의한 허상은 짧은 거리에서만 나타난다. 이는 감도나 해면반사억제기(STC)를 조정하여 억제시킬 수 있다.

〈그림 2-I-48〉 측엽에 의한 거짓상

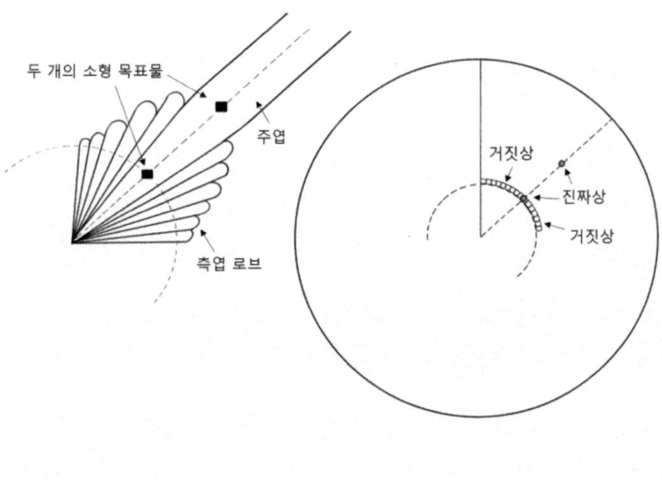

(5) 2차 소인 반사

〈그림 2-I-12〉의 예와 같이 2차 소인에 의한 반사파는 거리 스케일에 따른 최대 탐지범위보다 더 먼 거리의 물체로부터 수신된 반사파로, 거리는 틀리지만 방위는 올바르게 나타난다. 이와 같은 현상은 초굴절(super-refraction)의 경우에 나타난다. 이에 대해서는 거리 스케일을 변경하여 펄스 반복률(PRR 또는 PRF)이 변하면 레이더 화면상의 위치가 달라지므로 허상임을 확인할 수 있다. 이런 허상이 나타나는 경우는 기온의 역전층이 있을 때이다.

〈그림 2-I-49〉 제2차 소인에 의한 거짓상

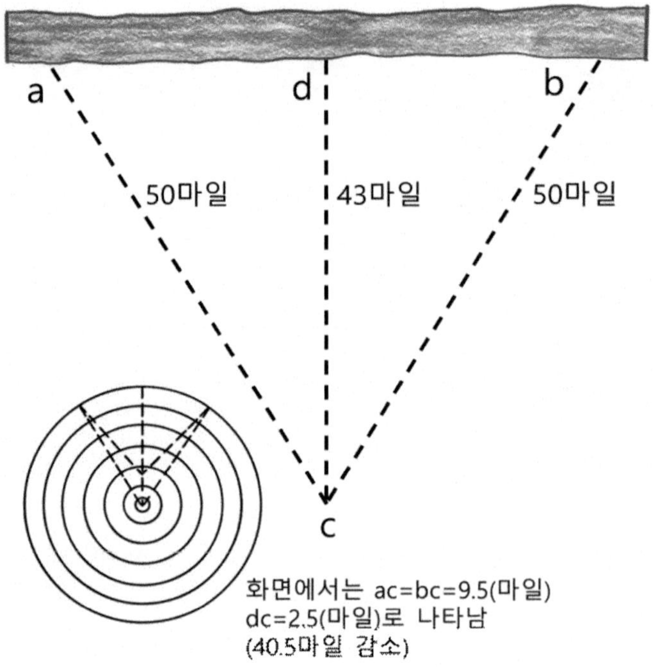

4) 자동 레이더 플로팅 장치(ARPA)

자동 레이더 플로팅 장치(Automatic Radar Plotting Aids, ARPA)란 종래의 레이더 기능에, 현대 기술의 여러 가지 첨단 전자장치에 의한 많은 기능들을 추가하여 항해자로 하여금 각종 물표의 영상 정보들을 내장된 컴퓨터 프로세서의 연산기능에 의하여 보다 쉽고 효과적으로 사용할 수 있도록 하여, 특히 모든 물표에 대한 자동 플로팅 정보를 화면상에 숫자 및 그래픽으로 보여줌으로써 곧바로 상대 선박들의 정확한 움직임을 파악할 수 있게 한 장치이다.

이 장치는 동시에 다수의 물표들을 추적하면서 물표 각각의 움직임을 정확하게 분석하여, 그 정보 자료들을 화면상에 알기 쉬운 모양으로 자동으로 표시해 줌으로써, 장치를 사용하는 항해자에게 자선의 주변 상황에 대하여 쉽고도 신속한 판단을 가능하게 한다. 또한 ARPA가 주변 물표들에 대해 자동으로 플로팅을 함으로써, 좁은수로 등의 교통량이 많은 해역에서는 충돌 예방에 더욱 효과적일 수 있다. 그리고 고정 물표인 섬, 육지 등과 이동 물표인 선박 등이 화면상에 구별되어 나타나기 때문에, 레이더 화면에 의한 물표의 식별이 수월하다.

가) 기능

ARPA의 주요 기능은 다음과 같다.

(1) 탐지(detection) : 물체의 존재를 인식하는 것

(2) 인지(acquisition) : 추적하고자 하는 목표물을 선택하여 그 위치를 컴퓨터에 알리는 절차이다.

- 자동인지 기능을 가진 경우 : 자동인지 또는 수동인지 모두 20개
- 수동인지 기능만 가진 경우 : 수동 선택하여 10개 인지

(3) 추적(tracking) : 목표물의 위치 변화를 극히 짧은 시간 지속해서 관측하는 과정

- 관측자 요청 시 : 과거 8분간의 항적을 4개 이상의 점으로 표시
- 소인선 10회전에 5번 식별되는 물표는 계속 추적

(4) 표시(display)

(5) 작동경보(alarm)

- 자동인지경보 : Guard ring(지정 탐지범위) 이내로 목표물이 들어오면 경보
- 위험경보 : 미리 설정해 둔 최소 CPA(Closest Point of Approach, 최근접지점), 최소 TCPA(Time of CPA, 최근접지점 도달시간) 이내로 들어오면 경보
- 목표물상실경보 : 추적되고 있는 물표가 사라지면 경보
- 목표물초과경보, 자기진단경보

(6) 정보 요건

- 목표물까지의 방위, 거리, CPA, TCPA, 진침로, 속력

(7) 시행조선

- 자선의 피항 조선의 결과를 시뮬레이션할 수 있음

나) 탑재 요건

ARPA는 1974년 국제해상인명안전협약의 내용 중에 포함되어 있는 선박 항해설비로서, 1984년 9월 1일 이후에 건조되는 총톤수 10,000톤 이상의 모든 선박은 건조 시에 이 장치를 설치하도록 하고, 그 이전에 건조된 선박에 대해서는, 총톤수 10,000톤 이상의 유조선과 총톤수 15,000톤 이상의 유조선 이외의 선박에 대해 설치하도록 규정하고 있다. ARPA를 설치한 선박이 항해 중이고 APRA를 이용하여 레이더 당직을 유지할 때, ARPA는 자격 있는 당직자가 작동해야 한다.

5) 전자해도표시정보시스템(ECDIS)

가) 정의

전자해도표시정보시스템(Electronic Chart Display and Information System, ECDIS)는 기존의 종이해도를 대신하여 항해용 전자해도정보를 디스플레이 해주고, GPS, Gyro compass, Speed log 등의 센서를 이용해 선위 및 자선 정보를 표시해 주는 기능을 가지고 있을 뿐 아니라, 그 밖의 여러 가지 센서와 접속하여 다양한 정보를 인터페이스 하는 항해기기이다.

국제해사기구(IMO)의 ECDIS 성능기준(IMO Resolution MSC.232(82))에 따르면 "전자해도표시정보장치는 적절한 백업장치를 갖춘 경우에 1974년 The International Convention for the Safety of Life at Sea (SOLAS)협약 제5장 제19규칙 및 제27규칙이 요구하는 최신판 해도도 승인된 항해용 센서로부터 위치정보를 사용해 항로계획 및 항로감시, 또한 필요에 따라 항해 관련 정보를 선택하여 표시하는 것에 의해 선원을 지원하는 것이 가능한 항해정보시스템이다"라고 정의하고 있다.

따라서 ECDIS라는 용어가 사용되는 경우 IMO의 ECDIS 성능기준 및 기타 관련 IMO 성능기준에 기초하여 테스트 및 승인되고 인정된 항해용 전자해도시스템이고, 따라서 SOLAS 협약 제5장에서 정하고 있는 ECDIS 해도 구비요건에 적합함을 의미한다.

나) ECDIS 성능기준

IMO의 ECDIS 성능기준은 1995년 11월 'Res.A.817(19)'로 처음 채택되었으나, 성능기준에서 채택한 기능과 기술사양 등의 문제점을 해결하기 위하여 2009년 이후 시스템을 대상으로 하는 The Revised Performance Standards for ECDIS로서 「IMO Resolution.

MSC 232(82)」가 2006년 12월에 채택되어 현재의 성능기준에 이르고 있다.

ECDIS 기능은 다음 그림과 같이 성능요건(performance standard)에서 요구되는 기본 기능과 그 외의 부가 기능으로 크게 나눌 수 있다.

〈그림 2-I-50〉 ECDIS 기능

기본 기능	+	부가 기능
자선 위치정보		Target 추적정보 표시
침로/속력 표시		AIS 정보 표시
항로계획		Radar Overlay
항로감시		자동항행
알람/경보표시		기상정보 표시
해도 표시		기타
항해기록		

ECDIS는 종이해도를 대신하는 기능뿐 아니라 GPS를 이용한 Positioning 기능, 언제든지 재이용 가능한 항로계획(route planning) 기능, 계획된 항로로부터 이탈이나 변침점의 방위거리를 나타내는 항로감시(route monitoring) 기능, 설정한 안전등심선의 횡단항해, 위험물 접근 등을 알려주는 알람 기능 등 기본기능만 보더라도 다양한 기능을 가진 것을 알 수 있다.

더욱이 부가 기능으로서 Target 추적 데이터의 표시, 레이더 영상의 오버레이, AIS 데이터 표시 등 종이해도에 머무르지 않고 항해정보를 통합적으로 관리하는 사용자 편의의 항해용 정보기기라 할 수 있다.

다) 센서

(1) 센서 제공 데이터

센서(sensor) 관련 IMO의 ECDIS 성능기준에 따르면 ECDIS에서 센서 정보를 제공하는 어떠한 장치의 성능도 저하시키지 않는 것이어야 하며, ECDIS의 기능이 성능기준 이하가 되는 제품은 접속하지 말아야 한다. 또한, 반드시 접속해야 할 센서는 선위측정 시스템, 자이로컴퍼스, 선속거리계의 3가지 항해기기이다. 그리고 외부장치에 System Electronic Navigational Chart (SENC)정보를 제공하는 수단을 갖추어야 하는데, Radar 및 해도 데이터의 Overlay 기능이 있다.

ECDIS 성능기준에서 규정하고 있는 3종류의 필수 센서 이외에도 많은 센서가 접속가능하다. 접속한 센서로부터 제공되는 데이터를 〈표 2-I-2〉에 나타내고 있다.

〈표 2-I-24〉 센서 제공 데이터

센 서		데이터
성능기준에서 규정한 필수 센서	측위시스템	일시, 경위도, 상대속력, 대지침로
	자이로 컴퍼스	진선수방위, ROT
	선속거리계	대수속력, 항주거리
성능기준에 규정되지 않은 선택적 센서	ARPA	추적한 Target 데이터
	Radar	레이더 영상
	AIS	타선 데이터
	Echo Sounder	수심
	Anemometer	진풍향, 진풍속
	Drift Meter	Drift
	TCS	타각, 선회각속도

(2) NMEA 프로토콜

NMEA 표준 프로토콜은 미국 해상장비제작사협회(The National Marine Electronics Association, NMEA)에서 제정한 선박용 전자장비의 표준 디지털 통신 프로토콜로서, ECDIS의 등장 이전까지는 장비와 장비 간 1 대 1 연동신호로만 사용되거나 주로 아날로그 연동신호만 운용되었으며, ECDIS 등장과 더불어 비로소 ECDIS 터미널을 중심으로 한 통합적인 연동이 가능해졌다.

NMEA 0183은 시간, 방위, 위치 등의 정보를 전송하기 위한 규격으로서 NMEA 0183의 데이터는 Gyrocompass, GPS, Log 등의 여러 항해장비를 연동할 수 있는 종합항법시스템(INS)에서 사용된다. NMEA 0183은 직렬(serial)방식의 통신을 사용한다.

NMEA 0183은 물리 계층, 데이터링크 계층, 애플리케이션 계층 등 3가지 레이어로 구성되어 있다. 물리 계층은 RS-232, RS-422 등의 전기적인 전송규격을 뜻하고, 데이터링크 계층은 Baud rate, Data bit, Parity bit, Stop bit 등을 정해 놓는다. 애플리케이션 계층은 데이터를 전송하는 Sentence에 대한 규약이다.

라) 표시 카테고리 및 정보 레이어

(1) 표시 카테고리

ECDIS는 해도표시구역 내에 표시된 정보를 다음과 같은 카테고리로 구분하여 필요한 정보를 선택해 표시할 수 있는 기능이 있다.

(가) 기본표시

'기본표시(base display)'는 전자해도상에 가장 기본적인 정보만을 표시해 주는 카테고리이다. 해안선이나 안전등심선 등 해도로서 필요한 최저요건이 되는 다음 정보를 포함한다. 따라서 이러한 정보의 소거는 불가하다. 또한, 이 카테고리는 안전한 항해에 대해 충분한 정보표시가 아님을 유의해야 한다.

① 해안선(고조시)
② 자선의 안전등심선
③ 안전등심선에 의해 표시된 안전한 해역 내에 있는 안전수심보다 낮은 수중독립 위험물
④ 안전등심선에 의해 표시된 안전한 해역 내에 있는 고정구조물, 가공선 등의 독립된 위험물
⑤ 축척, 레인지 및 방위
⑥ 수심 및 높이의 단위
⑦ 표시 모드

(나) 표준 표시

'표준 표시(standard display)'는 기본표시에 부가해 부표나 비컨과 같은 항로표지나 그 명칭, 정박지나 항로의 경계선 등 항로계획 및 항로 모니터링에 있어 최저요건으로 사용되는 정보가 포함된 카테고리이다. IMO에서 정하는 성능기능에서는 항상 한 번의 조작으로 이 표준 모드로 변경이 가능하도록 정하고 있다.

① Display base 정보
② 간출선
③ 부표, 비컨 및 기타 고정항로표지나 고정구조물
④ 항로, 해수로 등의 경계

⑤ 목시 및 레이더로 확인 가능한 지리적 특징
⑥ 항행금지 또는 제한된 해역
⑦ 해도축척 경계
⑧ 경고문의 표시
⑨ 항로경계시스템과 Ferry 항로

(다) 모든 표시

'모든 표시(all other information)'는 전자해도가 가지고 있는 모든 정보를 포함하여 표시해 주는 카테고리이다. 수심이나 해저케이블, 항로표지의 등질 및 기타 지명 등 대단히 상세한 정보가 표시된다.

① 임의 지점에서의 수심
② 해저케이블 및 파이프라인
③ 독립된 모든 위험물의 상세
④ 항로표지의 상세
⑤ 경고문 내용
⑥ ENC 갱신일
⑦ 최신 해도갱신번호
⑧ 자침편차
⑨ 경위도선

이렇게 3가지의 카테고리는 사용자에 의해 정보의 추가(all other information 모드를 제외) 및 비표시(base 모드 제외)가 가능하다. 따라서 항해의 안전을 전제로 한 경우 사용자가 사용하기 쉬운 표시로 수정해 사용하는 것이 필요하다. 다만 이 경우 표시모드(standard display)에는 부표나 항로 등 감시대상으로 사용되는 오브젝트가 포함되어 있기 때문에 최소한 표준표시 이상의 모드를 사용할 것을 권장한다.

(2) 정보 레이어

ENC 및 벡터 포맷 전자해도정보는 위에서 설명한 바와 같이 Display Base, Standard Display, All Other Information을 이용할 수 있어야만 한다. 또한 ENC는 '정보 레이어'라고 하는 데이터가 몇 장이나 오버레이 되어 하나의 화면을 구성하고 있다.

전자해도가 가지고 있는 오리지널 정보의 레이어에 수동 업데이트를 이용한 수동으로 수정된 레이어나 항로계획기록(㉰ VTS 보고 및 Call Captain 지점 등)과 같은 정보를 입력한 레이어(사용자 해도) 등을 오버레이 하여 하나의 화면에 해도정보를 표시하고 있다.

〈그림 2-I-51〉 정보 레이어

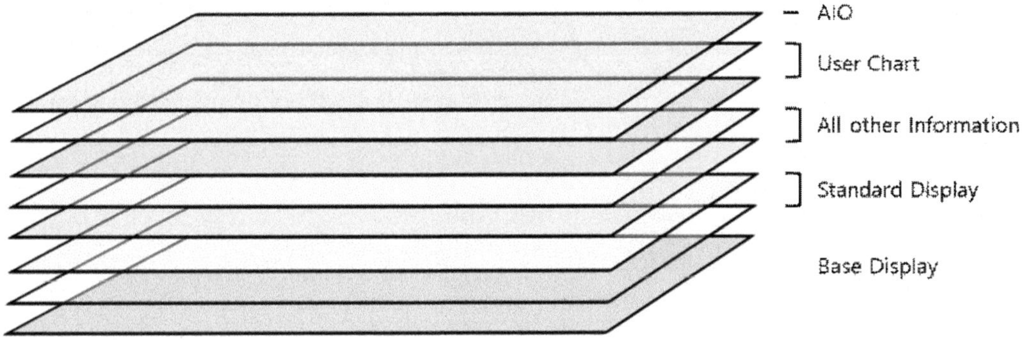

마) 경보(alarm) 및 표시(indication)

ECDIS와 연동되어 접속하는 센서로부터 받는 데이터 및 하드웨어에 이상이 발생한 경우에 시스템 에러로서 경보및 표시하는 기능이 있으며, IMO 성능기준에서 정하고 있는 주요 경고 및 표시현황은 〈표 2-I-3〉과 같다. ECDIS에서는 위와 같은 에러가 검출된 경우 알람 표시화면 및 경보표시 구역의 경고표시 색을 변경하는 것과 함께 알람음을 울려 사용자에게 경고한다.

항해사는 알람음이나 표시를 소거하기 전에 어떠한 장애가 발생하고 있는가를 반드시 확인할 필요가 있다. 특히, 전자해도 위에 본선의 위치를 표시하는 ECDIS의 기본특성상 측위 시스템으로부터 입력되는 신호에 이상이 발생한 경우에는 반드시 확인 및 점검이 필요하다.

〈표 2-I-25〉 경보 및 표시

구분	내용
Alarm	Crossing safety contour
Alarm or Indication	Area with special conditions
Alarm	Deviation from route
Alarm	Positioning system failure
Alarm	Approach to critical point
Alarm	Different geodetic datum
Alarm or Indication	Malfunction of ECDIS
Indication	Default safety contour
Indication	Information overscale
Indication	Larger scale ENC available
Indication	Different reference system
Indication	No ENC available
Indication	Route planning across safety contour & specified area
Indication	Crossing a danger in route monitoring mode
Indication	System test failure

* Alarm(경보) : An Alarm or Alarm system which announces by audible means, or audible and visual means, a condition requiring attention
* Indicator(표시) : Visual indication giving information about the condition of a system or equipment

6) 음향 측심기(Echo Sounder)

가) 원리

음향 측심기는 수심을 측정하고 해저의 질, 어군의 존재를 파악하기 위한 장치로서 출 · 입항 시, 연안 항해 시 또는 수로 측량이 부정확한 곳을 항해할 때 안전 항해를 위하여 많이 사용하고 있다. 음향 측심기의 작동원리와 계산방법은 다음과 같다.

짧은 펄스의 초음파를 예를 들면 1분당 100의 비율로 만들어 수직으로 해저로 보낸다. 이 해저는 이 펄스를 반사한다. 수심에 따라 다르지만, 얼마의 시간이 지난 후 이 반사 펄스는 선박으로 되돌아온다. 이 시간에 펄스는 선박의 용골과 해저 사이의 거리의 2배에 같은 거리를 지난다. 수심이 너무 얕지 않은 한 〈그림 2-I-15〉의 AB보다 작은 거리 d로 인한 피타고라스 오차는 무시할 수 있다. 수중에서의 음속은 온도, 염도, 수압 등에 따라 달라지지만, 대게 1500 m/s로 한다. 따라서 d는 다음과 같이 계산할 수 있다. 즉, 2d=vt 이므로 $d={}^{1}/_{2}vt$

이다. 여기서 v는 해수 속에서의 음파의 속도, t는 음파가 진행한 시간이다. 예를 들어 펄스의 송신 시간과 반사 펄스의 수신 시간이 0.1초라면 펄스는 150 m를 진행하므로 수심은 75 m가 된다. 초로 표시하는 대신에 해상 수심을 미터(meter), 패덤(fathom), 피트(feet)로 표시한다.

얕은 수역에서는 <그림 2-I-15>에서 보듯이 A와 C 사이의 거리가 너무 커서 이를 무시할 수 없는 경우에는 이 값은 실제의 수심보다 더 크게 나타나므로 이 상황에서 음향측심기를 믿는 것은 위험하다.

〈그림 2-I-52〉 음향측심기의 원리

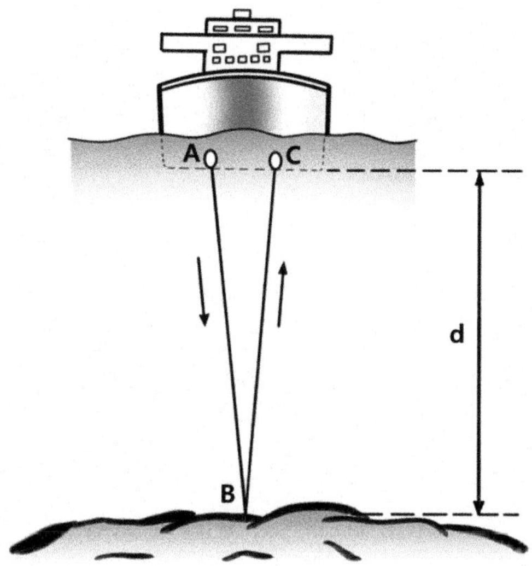

측정한 수심은 선박의 항진한 길의 수심을 기록할 뿐만 아니라 언제든지 수심을 알 수 있도록 자동으로 기록되고 있다. 예를 들어 1분당 100번 측심하고 선박의 속력이 10노트라면 연속한 두 지점의 거리는 약 3미터{(10×1852)÷(60×100)}가 된다. 이로부터 항해사는 수심의 갑작스런 증가 또는 감소가 있을 때는 주의할 필요가 있다. 이 시간 동안 크게 변하면 해안선 가까이에 있는 해저는 언덕이나 골이 있을 것이다. 실제로 해도에 이 변화를 항상 표시할 수는 없다.

나) 구성

음향측심기는 <그림 2-I-16>과 같이 구성되어 있으며, 펄스 발생기, 증폭기, 기록기는 보통 하나의 장치에 들어 있다.

(1) 진동자 : 송신 진동자는 전기적인 진동이 가해질 때 진동하기 시작한다. 음파의 반사파로 진동하게 되어 있는 수신 진동자는 기계적인 진동을 다시 전기적인 진동으로 바꾸는데, 이 진동자를 트랜스듀서(transducer)라고 한다. 트랜스듀서의 진동면은 물과 접촉되어 있으며 크기는 약 100 mm x 200 mm이다.

(2) 펄스 발생기 : 송신 트랜스듀서에 전기적인 진동을 발생하는 것이다.

(3) 증폭기 : 수신 트랜스듀서가 음파 진동을 전기적인 진동으로 바꾼 것을 증폭하는 장치이다.

(4) 지시기 또는 기록기 : 수심을 측정하고 표시하는 것이다.

〈그림 2-I-53〉 음향측심기의 구성

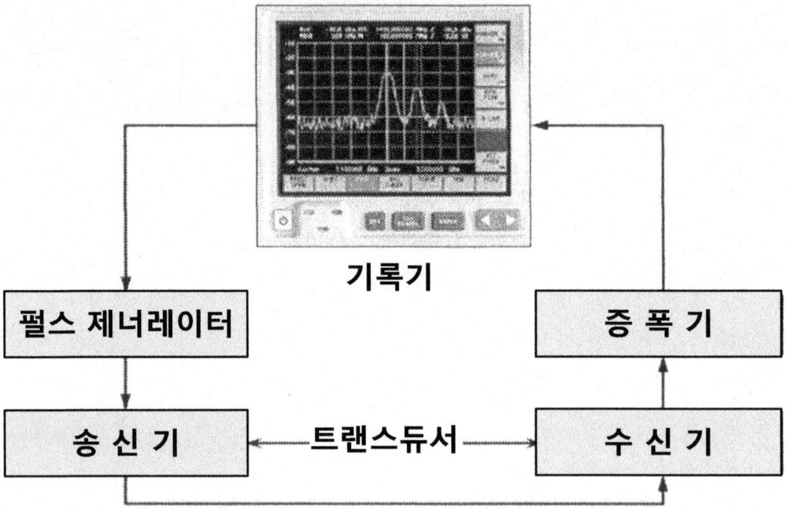

7) 선속계(Speed Log)

가) 전자식 선속계

전자식 선속계(Electromagnetic log, EM log)는 "도체와 자장이 상대적인 운동상태에 있을 때 도체에는 기전력이 유기된다."라는 패러데이(Faraday)의 전자 유도 법칙을 응용한 것이다. 자장의 방향, 도체의 운동 방향, 기전력의 방향은 서로 직각을 이루고, 만약 자장이 일정하면 기전력의 세기는 운동의 속도에 비례한다. 이 기전력은 도체나 자장이 움직이면 발생된다. 전자식 선속계에서 기전력은 해수에 대한 선박의 운동에 따라 발생하므로 이를 이용하여 선박의 대수속력을 구할 수 있다.

유체의 흐름을 검출하는 검출부의 형태에 따라 내극형과 외극형으로 분류할 수 있고 이 외극형에는 돌출형(penetration type)과 플러쉬형(flush type, flat type)으로 나눌 수 있다. 돌출형은 센서 부분이 선저하로 30 cm 정도 돌출되기 때문에 센서가 바닷속 부유물에 의해서 손상을 당하는 경우가 많다. 플러쉬형은 센서가 선저면과 거의 같게 설치되므로 위와 같은 문제는 전혀 신경을 쓸 필요가 없다.

(1) 동작 원리

선박이 이동할 때 검출부로 속력 신호 전압과 속력 전위차계로부터 온 응답신호는 비교 회로로 들어간다. 이 두 신호는 비교 회로에서 두 신호의 전압차, 즉 편차 전압으로 바뀐다. 이 편차 전압은 증폭기에서 증폭되어 서보 모터를 구동시킨다. 이 서보 모터는 기계적으로 결합된 속력 지시판의 바늘을 회전시키며, 동시에 속력 전위차계를 구동시켜서 편차 전압이 0이 될 때까지 동작한다. 이 편차 전압이 0이 될 때 속력 지시판의 바늘이 가리키는 눈금이 그 때의 속력이 된다.

(2) 구조

전자 선속계는 전압을 검출하는 검출부, 이 전압을 증폭하는 신호 증폭부, 이것을 다시 전력 증폭시키고 서보 모터(servo motor)를 구동시켜 속력 및 항정을 나타나게 하는 속력·항정 발신부(speed and distance transmitter), 이 발신부의 지시판에 동조하는 속력과 항정 지시기, 검출부를 승강시키는 자동 승강기 및 제어 상자(control box)로 구성되어 있다.

〈그림 2-I-54〉 전자식 선속계의 계통도

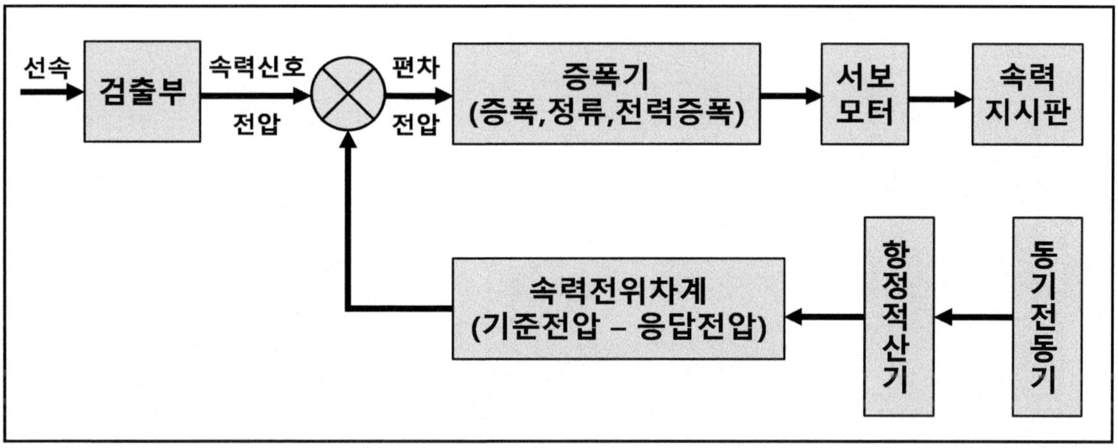

나) 도플러 선속계

도플러 선속계는 도플러 효과를 기초로 한 선속계이다. 항해 중인 선박의 밑바닥에서 해저를 향하여 발사한 음파와 이것이 해저에서 반사되어 수신된 음파에는 주파수 차가 생기는데 이를 도플러 주파수(Doppler frequency)라고 하며, 이것은 선박 속도에 비례한다는 원리를 이용한 것이 도플러 선속계(Doppler log 또는 Doppler speed log)이다.

(1) 동작 원리

초음파 펄스가 송수파기에서 해저로 발사될 때는 송수파기는 움직이는 물체의 역할을 하고, 해저나 수괴(water mass)[24]는 관측자와 같다. 반대로 초음파 펄스가 반사되어 되돌아올 때는 해저나 수괴는 움직이는 물체의 역할을 하고, 송수파기는 관측자와 같다. 그러므로 송수파기와 해저 사이에서의 주파수 변화는 2번 일어난다. 송수파기에서 수신된 반사파 신호는 주전자장치에 보내져 주파수 변화가 검파되어 해저 또는 수괴에 대한 선박의 상대속도가 계산된다.

(2) 구조

도플러 선속계는 전기에너지를 음파로 바꾸고 음파를 전기적 신호로 바꾸는 트랜스듀서, 트랜스듀서에 송신파를 보내거나 수신파를 받아서 증폭하는 증폭부, 속력 및 항정을 표시하는 지시부가 있다.

① 송 · 수파기 장치 : 전기에너지를 음파로 바꾸고 음파를 전기적 신호로 바꾸는 부분으로서 수온의 검출도 여기서 한다.

② 결합부 : 이 장치는 주 전자장치에서 온 송신 신호를 증폭시켜 송 · 수파기에 보내고, 송 · 수파기에서 수신된 신호를 증폭하여 주 전자장치에 보낸다. 여기에는 송신기 회로와 수신기 회로가 들어 있다.

- 송신기 : 주 전자장치에서 송신 신호를 받아 전력 증폭 회로에 보낸다. 증폭된 신호는 송 · 수신 스위치 회로를 지나 선저에 있는 송 · 수파기로 보내진다. 다음에, 반사 음파는 송 · 수파기에 수신되면 송 · 수신 스위치 회로를 지나 각 수신기에 전달된다.
- 수신기 : 송 · 수파기에서 온 미약한 신호를 증폭한다. 송신 기간과 송신 종료 후의 잠시 동안은 차단 신호로 인해 수신되지 않는다. 이들 증폭기로 증폭된 입력 신호는 여과기를 통하여 검파기에 전달된다. 또, 여과기의 출력은 이득 증폭기를 작동시켜 수신부의 출력이 항상 일정하게 한다. 검파기는 자동이득 증폭기의 출력을 주 전자부에 전달한다.

24) 수괴는 해수의 표면 부근에 미소한 생물 또는 플랑크톤이 있는 층을 말한다. 이 수괴는 선체 부근의 것을 이용하면 선체 운동과 같은 방향으로 운동하는 경향이 있으므로 실속보다 느리게 나타나고 반대로 심도가 깊은 곳의 것을 이용하면 수신 신호가 너무 약하다. 따라서 선저로부터 10~30m 곳에 있는 것을 이용한다.

〈그림 2-I-55〉 도플러 선속계의 계통도의 일례

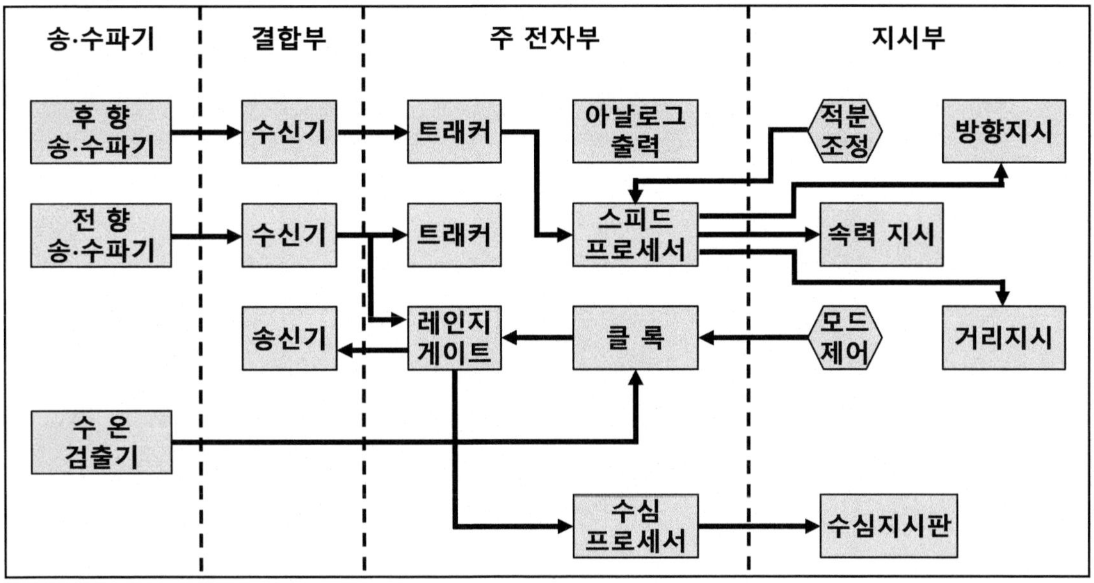

③ 주 전자부 : 이 선속계의 전계통 동작이 필요한 모든 시각 신호(clock pulse)를 만들며 송 · 수파기로부터 온 신호를 처리하고 그 출력 데이터를 지시장치에 보낸다. 모든 디지털(digital)회로는 PCB(printed circuit board)로 되어 있다.

④ 지시부 : 동작 모드의 조작과 정보의 표시는 지시 장치에서 이루어지며, 동작 모드 신호는 주 전자부에 전달되어 동작 모드를 결정한다. 모든 동작 모드의 전환은 앞면 패널(panel)에서 한다. 여기에는 속력 표시기, 심도 표시기와 거리 계수기가 있다.

(3) 대지속력과 대수속력 측정

초음파의 빔은 200미터에서 400미터 사이의 수괴(water mass) 층에서 흡수되고 산란된다. 이 수괴 층에서 반사파가 수신될 때 얻어진 속력은 해저에 대한 속력이 아니고 이 층에 대한 속력이 되는데 이것은 해저와는 불확실하여 혼동이 일어난다. 따라서 선저로부터 10~30 m에 있는 수괴의 반사파 도달시간과는 상당한 차이가 있다. 도달 시간차가 있으므로 수신기를 송신이 끝난 후 즉시 혹은 조금 있다가 짧은 시간동안 작동하도록 한다. 따라서 해저로부터의 반사신호가 올 때에는 송신하고 잠시 후 수신기가 작동한다. 해저로부터의 반사파가 오지 않을 때에는 송신후 즉시 수신기가 작동하여 10~30 m의 수괴 층으로 오는 반사파에만 작동하게 된다. 이런 경우에는 대지속력을 나타내는 불이 꺼지고 대수속력을 나타내는 불이 켜진다.

8) GPS

'전세계적인 위치결정방식'이라는 의미의 GPS(Global Positioning System)는 시간과 거리를 사용한 항법 방식이라는 뜻에서 일명 내브스타(NAVSTAR, Navigation system with time and ranging)라고 부르기도 한다.

가) GPS의 위치 측정방식

내브스타 GPS의 시스템은 첨단 장비를 이용하고는 있지만, 그 원리는 아주 간단하다. 이 내브스타 GPS는 여러 개의 중거리에 있는 위치를 알고 있는 인공위성에서 발사하는 전파를 수신하고, 그 도달시간으로부터 관측자까지의 거리를 구하여 위치를 결정하는 방식이다. 지구의 중심을 원점으로 하고, 지구의 자전과 더불어 회전하는 3차원의 지구 좌표계를 사용하여 관측자의 위치를 구하므로 위도, 경도, 고도로 표현할 수 있고, 또 도플러 주파수를 측정하여 관측자의 속도 성분을 알 수 있다.

(1) 위성까지의 거리

내브스타 GPS는 위성까지의 거리가 기본이 된다. 지구상 관측자의 위치는 우주공간에 있는 여러 개의 인공위성으로부터의 거리를 측정하여 구한다. 여기서 의문이 되는 것은 우주공간에 있는 인공위성에서 지구상의 우리가 있는 곳까지의 거리를 어떻게 정확하게 측정할까 하는 점과 또 움직이는 인공위성의 위치를 어떻게 정확하게 알 수 있는가 하는 점일 것이다. 이 문제는 다음 절에서 설명하기로 하고, 여기서는 위성이 어디 있는지를 정확하게 알고 있고, 위성에서 우리가 있는 곳까지의 거리를 정확하게 알고 있지만, 우리는 현재 지구상의 어디에 있는지 모른다고 가정하자.

예를 들어 오른쪽 그림의 위성 'A'를 기준으로 우리가 있는 곳까지의 거리가 24,000 km라면 위성 'A'를 기준으로 우리가 있을 수 있는 곳은 위성 'A'를 중심으로 만들어진 공의 표면 어딘가에 있다고 생각할 수 있다. 위성 'B'에서의 거리가 22,000 km라면 위성 'A'와 똑같이 위성 'B'를 중심으로 한 공의 표면상의 한 점이 된다.

그러면 위성 'A'를 중심으로 한 공의 표면과 위성 'B'를 중심으로 한 공의 표면상의 한 점이 된다. 그러면 위성 'A'를 중심으로 한 공의 표면과 위성 'B'를 기준으로 한 표면은 반드시 겹치게 되어 원이 생길 것이다. 즉, 우리의 위치는 이 원주의 어딘가에 있다고 할 수 있다.

또 다른 위성 'C'까지의 거리가 20,000 km라면 이들 3개의 공이 겹치는 곳은 두 점이 될 것이다. 이처럼 지구상에서 우리의 위치가 어디인지 전혀 모른다고 하더라도 3개의 위성까지의 거리를 알 수 있으면 우리의 위치는 〈그림 2-I-19〉와 같이 두 교점 중에 하나라고 할 수 있다.

〈그림 2-I-56〉 위성 3개의 거리로 구하는 위치

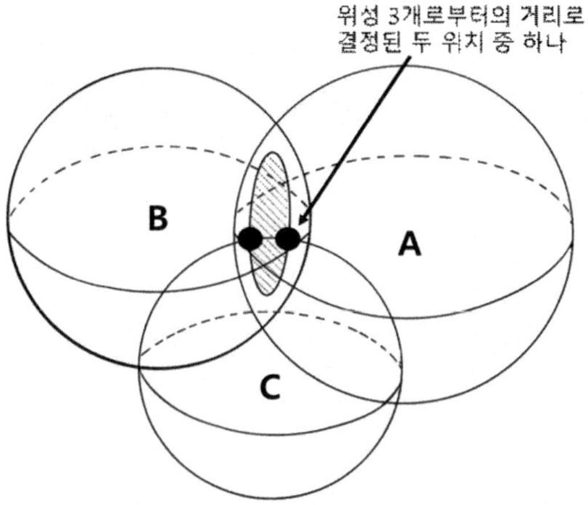

통상 우리의 위치를 대략적으로는 알고 있기 때문에 두 교점 중에 어느 것이 진짜 우리의 위치인지는 쉽게 결정할 수 있다. 이론적으로 말하면, 지구상에서의 우리의 위치는 최소 3개의 위성까지의 거리만 알고 있으면 구할 수 있다. 그런데 선박은 항상 지표상에 있으므로 최소 2개의 위성까지의 거리만 알고 있으면 위치를 구할 수 있다.

그러나 위성의 시계와 수신기 내의 시계에는 오차가 있으므로 하나의 위성까지의 거리가 추가로 필요하다. 요약하여 말하면, 비행기의 경우에는 높이도 알아야 하므로 4개의 위성까지의 거리가 필요하고 선박의 경우에는 3개의 위성까지의 거리가 필요한 것이다.

(2) 위성까지의 거리측정

GPS는 관측자의 위치에서 위성까지의 거리를 알 수 있다는 것이 전제되므로 거리를 측정해야 한다. 일반적으로 거리는 자동차와 같은 이동체가 한 시간 동안에 60 km를 갈 때 2시간 동안에는 얼마나 갈까 하는 문제이다. 이때 거리는 1초에 3억 m를 진행하므로 전파의 전달시간을 알면 이 둘을 곱하면 구할 수 있을 것이다.

전파의 전달속력이 일정하다고 하면, 위성에서 우리가 있는 곳까지의 거리는 시간이 얼마만큼 걸리는가 하는 것이므로 결국은 시간을 측정하는 문제로 볼 수 있다. 시간의 측정은 원리적으로 아주 간단하다. 운동장의 양 끝의 거리를 측정하여 보자.

예컨대, 학생 A와 학생 B가 운동장의 양 끝에 서로 마주보고 서서 똑같이 큰소리로 하나에서 열까지를 계속 반복하여 센다고 하고, 이때 각 숫자를 세는 간격은 정확하게 1초라고 하자. 예를 들어 학생 A가 '셋' 하면서 학생 B가 '둘' 하는 소리를 들었다면, 학생 A는 학생 B와의 시간차가 1초임을 알고 있고, 또 소리의 속력은 1초당 340 m씩 이동함을 알고 있기 때문에 그 거리가 340 m임을 쉽게 알 수 있을 것이다. 만일, 세는 속도가 2배 정도 빠르면 세는 간격은 0.5초가 되므로 170 m, 세는 속도가 100배이면 그 간격은 0.001초가 되므로 3.4 m가 된다고 할 것이다.

다른 예를 들어 보자. 세는 간격을 0.01초라 하고 학생 A가 '셋' 하면서 학생 B가 '둘' 하는 소리를 들었다면 계속 관측한 것이 아닌 한, 학생 A는 학생 B가 지금 막 '둘'을 한 것을 들은 것인지, 아니면 '열'까지를 센 다음의 '둘' 한 것을 들은 것인지를 파악할 수 없을 경우가 있을 것이다. 경과시간을 살펴보면 지금 방금 '둘' 한 것이라면 0.01초에 해당하지만 '열' 까지 센 다음의 '둘'이라면 0.1초가 될 것이다.

이런 문제가 발생한 것은 여기서 사용한 시간자(time ruler)가 '하나'에서 '열'까지 반복되는 시간자를 사용하면 될 것이다. 이와 같이 시간자의 한계 때문에 발생하는 문제를 GPS에서는 미확정 정수(unknown integer) 또는 애매성(ambiguity) 문제라고 한다.

위의 예는 학생이 '하나, 둘, 셋, ……' 하는 소리를 사용하지만, 내브스타 GPS는 가짜 잡음신호(Pseudo-Random Noise code, PRN code)라는 일련의 복잡한 디지털 신호를 사용한다. 그 이유는 위성의 신호와 수신기의 신호를 비교하기 쉽고 잡음으로 인한 모호성을 피하기 위한 것이지만, 더 큰 이유는 미국 국방부의 전략적인 목적이라고 볼 수 있다.

따라서 미국 국방부에서는 일반 선박에서 사용하여도 별 지장이 없다고 생각하는 C/A (Coarse Acquisition) 코드만을 개방하고 있는 실정이다. 현재 일반 선박용 내브스타 GPS 수신기는 이 코드를 사용하고 있다.

(3) 위성의 시계와 수신기 시계와의 동기

위성과 똑같은 시간에, 똑같은 시간 간격으로, 똑같은 가짜 잡음신호를 우리가 가진 수신기에서도 만들어 내어야만 위성으로부터의 도착시간을 정확하게 측정할 수 있으므로 위성과 수신기에는 정확한 시계가 있어야 한다. 그러기 위해서는 수신기에도 위성에 설치된 원자시계와 똑같은 시계가 있어야 하지만, 이 원자시계의 값이 워낙 비싸므로 보통은 수정시계로 대신하고 있다. 그러므로 측정한 전달시간에는 수신기의 시계와 위성의 시계와의 차이만큼 오차가 있다. 이 시간 오차는 일정하다고 볼 수 있으므로 이것을 수정하려면 추가로 하나의 위성까지의 시간을 측정해야 한다.

여러분은 중학교에서 배운 연립 방정식을 생각하여 보면 쉽게 이해할 수 있을 것이다. 미지수의 개수만큼 방정식의 개수가 필요하기 때문이다. 즉, 비행기의 경우, 미지수가 위도, 경도, 높이, 시간오차의 4개이므로 최소 4개의 위성까지의 거리로 방정식을 만들어야 하고, 선박의 경우는 위도, 경도, 시간오차의 3개이므로 최소 3개의 위성까지의 거리로 방정식을 만들어야 한다.

(4) 위성의 위치

지금까지 우리는 위성의 위치를 알고 있는 것으로 하였다. 그런데 우리는 위성의 위치를 어떻게 알까? 위성은 20,200 km의 높이로 지구 주위를 돌고 있다. 미공군에서는 이 GPS 시스템 계획에 따라 각 위성은 아주 정확한 궤도를 따라 움직이도록 하였다.

그러므로 대기의 영향이 없는 한 위성은 정확하게 자기의 궤도를 따라 움직이므로 우리는 미리 위성의 위치를 알 수 있다. 어떤 수신기는 각 위성의 궤도를 표시하는 위성 궤도력(軌道曆, ephemeris almanac)을 컴퓨터의 롬(ROM)에 저장하였다가 사용하기도 한다.

위성의 궤도에 대한 수학적 모델은 그 자체로도 정확하지만 더 확실히 하기 위해서는 위성을 계속 감시하여야 한다. 이 일은 미국 국방부가 관할하는 지상의 4개의 감시국에서 하고 있다. 각 위성은 12시간마다 한 번씩 지구 주위를 돌고 있으므로, 감시국 중의 어느 한 곳을 하루에 2번씩 지나게 되어 있다.

위성이 지날 때 감시국은 위성의 높이, 위치, 속력을 정확히 측정한다. 이 값은 위성의 원래 값과 차이가 있는데 이를 궤도오차(ephemeris error)라고 한다. 이 궤도오차는 달과 태양의 인력과 태양의 복사압으로 생기며 그 크기는 작다. 육상감시국은 이 오차를 측정하여 이것을 위성에 보낸다. 위성에서는 이 값을 수신기 쪽으로 송신한다. 그러므로 위성은 가짜 잡음신호를 송신할 뿐만 아니라 정확한 위성의 위치오차와 시스템의 상태에 관한 데이터 메시지를 송신한다.

나) GPS의 구성

내브스타 GPS는 21개의 기본 위성과 3개의 예비 위성으로 구성되는 24개의 위성과 이들을 지원하고 제어하는 육상제어시설로 구성된다. 육상제어시설은 위성의 궤도와 위성시간을 측정하는 적어도 4국 이상으로 구성되는 육상감시국과 이들의 자료를 수집하여 궤도를 계산하는 주제어국 및 이들 자료를 위성에 송신하여 입력시키는 송신국으로 구성된다.

위성궤도는 〈그림 2-I-20〉과 같이 20,200 km의 높이에 6개의 거의 원모양의 궤도가 배치되어 있고, 이 궤도에는 공전주기가 약 12시간인 위성이 균등한 간격으로 4개씩 모두 24개의 위성이 배치되어 있다. 이렇게 하면 지구상의 어디에서나 적어도 4개, 평균 5~6개의 위성 전파를 수신할 수 있다.

〈그림 2-I-57〉 GPS 위성 배치도

다) GPS 위치선의 오차

GPS에서 거리를 측정할 때 GPS의 전파속도가 일정한 것으로 생각하였지만 전파의 속도는 변하므로 이에 따라 오차가 발생한다. 그 밖에도 시계의 오차, 다중경로로 인한 오차, GDOP로 인한 오차, 고의 오차가 있다.

(1) 전파속도의 변동에 따른 오차

전파의 속도는 우주 공간에서는 일정하지만 전파가 내브스타 GPS 위성에서 지상의 관측자까지 오려면 이온층과 대기층을 지나므로 이곳에서 전파의 속도가 변한다. 우선, 이온층에 대하여서는 다음과 같은 방법을 이용하여 해결하고 있다.

첫째로, 장기간의 관측을 통하여 이온층에서의 평균적인 속도변동을 구하고 이 값을 측정값에 가산하는 방법이다. 그러나 이 값은 실제와 차이가 있다. 둘째로는 2개의 서로 다른 주파수를 가진 전파를 이용하는 방법으로 이것은 이온층이 전혀 없는 것과 같은 효과를 얻을 수 있다.

대기층에서는 물방울이 GPS의 신호에 영향을 주고 있으나 이것을 정확하게 수정하는 것은 불가능하다. 다행히도 이것은 위치에 영향을 줄 만큼 크지 않다.

즉, 고주파 신호가 전리층을 지날 때는 속도감소는 물론, 전파의 굴절로 인하여 전파의 진행 방향이 휘게 된다. 전파의 전체 지연값은 주파수의 제곱에 거의 반비례하는데, 전술한 바와 같이 항법신호를 2개의 서로 다른 주파수로 송신하는 것은 이들 2개 주파수를 비교해서 지연값을 결정하려는 것이다.

주 관제국에서는 보정에 필요한 파라미터를 결정해서 이를 주기적으로 위성에 보내고, 위성은 이를 다시 GPS 사용자에게 송신한다. 한편, 대류권에서의 지연은 주파수와 무관하며 비교적 작은 값이다. 전리층과 대류권을 다 고려할 때 전파지연으로 인한 거리오차는 2.4~5.2 m 정도이다.

(2) 시계오차와 수신기 오차

위성시계 자체는 정확하지만 상대성 이론에 따르면 이것도 약간의 오차가 있다. 이 오차는 감시국에서 조정하지만, 그렇게 한다고 하더라도 때때로 측정위치에 오차를 생기게 하는 수가 있다. 각 위성에 탑재된 시계가 매우 안정된 것이기는 하지만 이 역시 GPS 시스템 시간에 비해 최대 976μs까지 오차가 생길 수 있는데, 이 오차는 수신기에서 항법신호(navigation message)에 포함된 시계 보정계수를 이용하여 수정된다. 시계오차 자체에 따른 거리오차는 사실 1ft 내외로 극히 작지만, 이 오차는 Ephemeris(위성위치를 표시하는 천체력) 오차에 포함된 상태에서 별도로 분리할 수가 없으므로 통상 Ephemeris 오차와 하나로 묶어서 취급한다.

수신기에서도 전기적인 상호간섭 또는 수학적인 반올림에 의한 오차가 생기는 데 이 오차는 큰 경우도 있고 작은 경우도 있다. 수신기측 소프트웨어와 하드웨어에 의한 신호처리에서 생기는 잡음이나 분해능도 거리를 측정할 때 오차를 유발하는데, 이 오차는 성능이 우수한 4채널 수신기를 사용할 때 약 1.5 m 정도이다.

(3) 다중경로 오차(Multi-path Error)

이 오차는 위성에서 발사된 신호가 육지나 다른 곳에 부딪혔다가 수신기에 갈 때 생기는 오차이다. 즉, 신호의 전파 중 주변 건물이나 물체 등에 반사됨으로써 1개 이상의 여러 경로를 통해서 신호를 수신하게 되는 경우 거리 측정에 관계되는 신호의 특성이 왜곡되어 오차가 생기는 것을 말한다.

이 다중경로 전파로 인한 오차는 비교적 작으며 대개 1.2~2.7 m 정도이다. 최근의 수신기는 특수한 안테나를 사용하고 진보된 신호처리 기술을 이용하여 이 문제를 최소로 줄이고 있으나, 특수한 경우에는 측정 위치에 큰 오차가 발생하기도 한다.

한편, 다른 요인에 의한 오차는 여러 가지 방법을 통해 경감시킬 수 있으므로 측위의 정확도를 관리할 수가 있으나 이 다중경로에 의한 오차는 발생을 예측하기 곤란하며 예기치 못한 오차가 되어 버릴 수 있다. 일반적으로, 위성으로부터의 신호가 물체에 반사된 후 수신 안테나에 도달하는 것은 위성의 앙각이 낮은 경우가 많으므로, 안테나의 수평방향 감도를 낮게 하여 저고도의 위성으로부터는 신호를 수신하지 않게 하는 것이 유일한 대책이 된다.

(4) GDOP(Geometric Dilution Of Precision) 오차

이 오차는 기하적인 오차를 말하며, 위치를 정확히 측정하기 위해서는 우리의 위치에서 볼 때 위상의 사이의 각도가 큰 위성을 선택하여야 할 것이다. 이것을 이론적인 개념으로 설명한 것이 바로 이 GDOP이다. 성능이 좋은 수신기는 보이는 모든 위성의 상대적인 위치를 분석하고 이 GDOP 오차가 가장 작은 4개 이상의 후보 위성을 선택하여 위치를 구한다.

(5) 고의 오차(Selective Availability, S / A)

미국 국방부에서는 위에서 말한 오차 이외에 오차를 발생시켜 고의로 위치의 정확도를 떨어뜨리고 있다. 이것은 걸프 전쟁 이후부터 군사적인 목적에서 시행하다가 2000년 5월 1일부로 해제하였으나 다시 언제 시행될지 모르는 일이다.

이상을 정리하면 내브스타 GPS는 여러 가지의 오차가 있지만, 그 오차의 값은 C/A 모드의 경우 100 m 내외가 된다고 한다. 물론 수신기에 따라서는 이보다 훨씬 작기도 하다. 내브스타 GPS는 고의 오차가 얼마이냐에 따라 정확도가 결정된다고 볼 수 있는데, 이는 전적으로 미국의 의사에 달린 일이다. 이것에 관한 대책 및 연안 또는 육상에서 더욱 정확한 위치를 측정하기 위하여 각 나라에서는 로란 C를 보완하여 이용하거나 DGPS를 개발하여 운용하고 있다.

(6) 위성 천체력 오차

위성의 위치를 표시하는 천체력(Ephemeris)은 MCS(Master Control Station)에서 결정된다. 사용자가 4개 위성으로부터 거리를 측정하여 자신의 위치를 산출하는 것과는 반대로, 위성이 4개의 감시국(monitoring station)으로부터 거리를 측정하여 위성위치를 산출하는 방식에 의해 MCS에서 위성의 위치를 결정하는 것이다. 이때 위성위치의 정확도에는 감시국의 위치와 감시국 시계의 오차 및 신호처리 지연특성, 위성에 미치는 중력이나 Solar Pressure Parameter 등이 관련된다.

MCS에서는 Ephemeris Parameter가 포함된 항법 데이터를 위성에 주기적으로 송신하며, 위성은 이 신호를 수신해서 자신의 위치를 산출, 보정하는데 이용한다. 위성의 시계 오차와 Ephemeris 오차는 1.5 m 정도의 거리오차를 유발한다.

(7) 위성에서의 신호처리 지연

위성에서 신호를 처리하고 이를 통과시키는 데에서 지연되는 것을 의미하며, 그 값은 통상 지상에서의 실험을 통해서 교정시키고 있다. 이에 따른 오차는 항법신호에 포함되는 위성시계 오차보정용 파라미터에 같이 실어 보냄으로써 수정하고 있으며 신호처리 지연에 따른 오차의 크기는 1 m 정도이다.

(8) 이동체의 역학적 상황

사용자측 이동체(항공기, 차량 또는 선박 등)의 역학적 상황(dynamics) 역시 거리오차를 유발하는 요인인데, 이는 칼만필터(Kalman Filter)를 이용하거나 수신기의 설계를 특수하게 하여 보상한다.

(9) 위치결정에 필요한 입력사항

내브스타 GPS로 위치를 정확히 구하려면 수신기에 따라서 차이가 있으나 다음과 같은 요소를 결정하여야 한다.

① 2차원의 위치를 구할 것인가와 3차원의 위치를 구할 것인가를 결정한다.
② 위성의 고도를 선택하여야 하고, 신호 대 잡음비를 선택하여야 한다.
③ PDOP(Position Dilution Of Precision)를 얼마로 할 것인가를 결정한다. 수신기에 따라 다르나 PDOP가 5보다 작을 때는 위치 오차는 20 m 미만이라고 한다.
④ 안테나의 높이를 설정하고, 사용 해도에 맞는 측지 기준을 설정한다.

9) 선박자동식별장치(AIS)

가) 기능

선박자동식별장치(Automatic Identification System, AIS)는 선박과 선박 간, 선박과 연안기지국 간의 항해 관련 데이터 통신이 가능하게 된 시스템이다. 이러한 AIS는 선박의 식별, 선명, 목적지, 선위, 침로, 속력 등의 데이터를 수신하여 상대선박의 호출 및 상대선박과의 피항조치를 올바르게 할 수 있도록 도와준다.

이러한 AIS의 등장으로 기존의 충돌예방 및 VTS 기능이 한층 확장되어 선박의 자동추적 및 관제가 보다 간소화되었다. 이러한 AIS의 주요 기능을 요약하면 다음과 같다.

① 충돌예방(collision avoidance) 기능

② VTS 기능

③ 선위보고제도(ship reporting schemes) 기능

④ 항행원조 및 수색구조

⑤ 항적분석을 통한 해양사고 조사

나) 구성

AIS는 채널 활용을 극대화하기 위하여 하나의 기준 시간 동안 육상국 및 모든 AIS 설치 선박들이 타임슬롯을 할당하는 방식(time slot allocation)을 사용한다. 하나의 채널은 9,600bps의 전송률로 분당 2,250개의 타임슬롯으로 나누어 이를 각 선박에 할당하여 주어진 시간 간격으로 정보를 송신할 수 있다.

각 기지국은 각자의 전송 스케줄, 즉 슬롯을 결정한다. AIS의 위치 메시지는 60초 단위로 이루어진 2,250개 타임슬롯 중 하나를 차지한다. AIS 트랜스폰더는 서로를 동기화하여 동일 슬롯내의 메시지 전송을 피하게 된다.

AIS 트랜스폰더는 두 개의 독립된 VHF 수신기이며, 수신기는 두 개의 채널에서 동시에 메시지를 수신할 수 있다. 따라서 분당 4,000개 이상의 메시지 수신이 가능하다.

AIS는 다음 그림과 같이 한 개의 송신기로 AIS01과 AIS02를 번갈아 가며 전송을 한다.

〈그림 2-I-58〉 타임슬롯을 이용한 데이터 전송방식

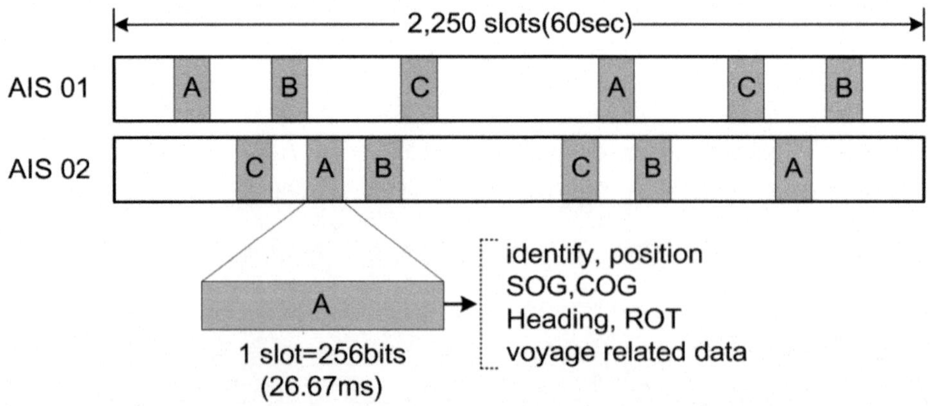

다) AIS 전송정보

(1) 송신정보

AIS는 선명을 포함한 선박정보를 자동으로 식별하는 장치이므로 연속적으로 본선 정보를 상대선이나 연안기지국에 송신하여야 하고, 상대선이나 연안기지국의 데이터를 수신하여야 하며 이런 데이터들을 표시할 수 있어야 한다.

(가) 정적정보(Static Information)

선박이 결정되면 변화하지 않는 정보이다. 즉, MMSI 번호, IMO 번호, 선명, Call Sign, 선폭과 선박길이, GPS 안테나의 위치, 선박타입 및 선박 내 고정 안테나 위치 등이다. 이 정보는 매 6분 또는 요청이 있을 때 업데이트된다.

(나) 동적정보(Dynamic Information)

선박의 움직임과 관련된 정보를 표시해 준다. 선박의 위치(경위도), 대지침로(COG) 및 속력(SOG), 선수방위(heading), 선회각속도(ROT), 항해상태 등이다. 제한된 수역에서 선박의 위치정확도는 항적추적, 충돌방지 등의 목적으로 15m 이내이어야 한다.

(다) 항해 관련 정보(Voyage Related Information)

목적지(destination), 도착예정시간(ETA), 선박 흘수(draft), 승선인원, 변침점 등 항로설정에 관한 등에 관련된 정보이다.

(2) AIS 정보의 특징

레이더는 기상상태가 악화되어 레이더의 수신감도가 떨어지면 물표탐지에 어려움이 발생하고, 소형 선박이 원거리에 있을 경우 탐지가 어렵고, 반사를 통해 선박 등을 식별하는 레이더 특성상 만곡부나 섬 반대편의 선박탐지가 어렵다. 또한, 선박탐지 시에도 선명에 대한 식별은 불가하다는 한계점을 가지고 있다.

이러한 ARPA / Radar 정보의 한계점을 극복한 AIS 정보가 가지는 특징을 분석해보면 다음과 같다.

① 갱신시간이 짧기 때문에 거의 실시간 정보로 상대선의 움직임을 실시간으로 파악할 수 있다.

② ARPA에 나타나는 목표물 상실, 섬 등으로 상대선이 차폐되어도 정보취득이 가능하다.
③ 목표물이 고속으로 이동하여도 잃어버릴 가능성이 낮다.
④ 선박의 통항이 많은 해역에서는 무선 채널의 과부하가 발생한다.
⑤ 레이더 영상과 AIS 정보가 중첩되어 표시되는 경우 두 정보간 불일치 현상이 발생한다.

(3) AIS Target 심벌

Radar 및 ECDIS 등에서 사용되는 AIS 심벌을 〈표 2-I-4〉에 나타내고 있다. 상태에 따라 심벌이 변화하게 되고 AIS Target를 이용할 때에는 다음과 같은 주의가 요구된다.

① 기호의 위치는 Target이 송신한 GPS 안테나 위치를 나타낸다.
② AIS Target은 선박의 선수방위(송신된 경우)를 나타내는 이등변삼각형(색변동 가능)으로 그래픽 표시된다(선회방향을 나타내는 표시 포함)
③ 정적정보가 확립될 때까지의 식별자는 MMSI 번호이다. 그 이후 선명과 Call Sign을 표시하는 것이 가능하다.

〈표 2-I-26〉 AIS Target Symbols

항 목	심 벌	항 목	심 벌
AIS Target (sleeping)		Selected Target	
Activated AIS Target including Dangerous Target		Lost Target	
AIS Target True Scale Outline		Target Past Positions	
AIS Target turning to Starboard		AIS Target turning to Port	

10) 전세계 해상조난 및 안전시스템(GMDSS)

가) 개념

기존의 조난안전통신시스템의 단점을 보완하기 위하여 전혀 새로운 개념의 시스템을 구축하여야 할 필요성이 제기되었으며, 이러한 시스템의 구현은 최근의 전기, 전자, 자동 제어 등의 기술 발달에 의하여 이루어지게 되었다. 이 새로운 개념의 시스템은 전세계 해상조난 및 안전시스템(Global Maritime Distress and Safety System : GMDSS)이라고 하며, 1988년 IMO에 채택되어 기존의 500 kHz 모스 부호 시스템을 대신하게 되었다.

GMDSS의 기본 개념은 조난 선박의 근처에 있는 다른 선박은 물론 육상의 수색 및 구조당국이 신속하고 정확하게 조난신호를 감지하도록 하여, 지체 없이 합동 수색 및 구조작업에 임할 수 있도록 하는 것이다. 또, 긴급 및 안전통신과 함께 항행경보 및 기상경보를 포함한 해사안전정보(Maritime Safety Information, MSI)의 제공에도 이용할 수 있도록 하고, 아울러 일반 무선통신 업무에도 제공된다. 이것은 인공위성의 중계, 디지털 통신, 텔렉스 등의 새로운 기술을 이용하여 가장 적합한 통신기술과 운용 방법, 절차 및 통신시설을 구체화시키는 통합시스템을 마련하기 위한 것으로, 선박통신 체제에 일대 변혁을 가져오게 되었다. 이 시스템은 1999년 2월 1일부터 모든 여객선 및 총톤수 300톤 이상의 선박에 전면 발효되었다.

〈그림 2-I-59〉 GMDSS 장비

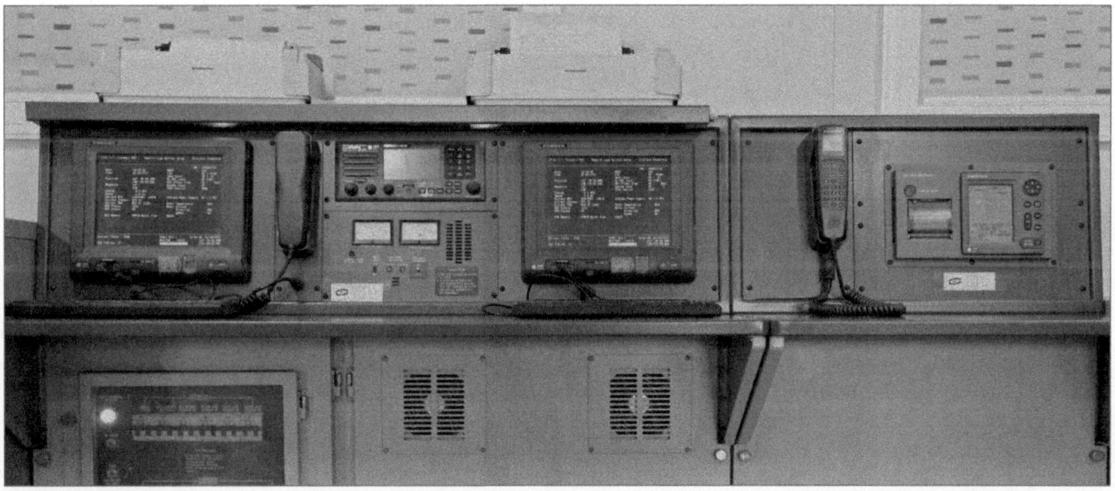

*출처: 한국해양대학교 실습선 한나라호

나) GMDSS 통신 설비

(1) 디지털 선택 호출(Digital Selective Calling, DSC) 장치

DSC는 기존의 MF, HF, VHF 무선 설비에 부가된 장치로서, 일정한 형태의 디지털 신호로 처리된 호출부호를 사용하여 선박별, 선단별, 국가별, 해역별 및 전 선박의 선택 호출을 자동으로 하며, 통신 자체는 그 후 적당한 주파수를 이용하여 무선전화, 직접 인쇄 전신 등에 의하여 한다.

(2) 협대역 직접 인쇄(Narrow Band Direct Printing, NBDP) 전신

NBDP는 MF와 HF를 사용하는 무선 텔렉스이다. 이 시스템은 종래의 모스 전신에 대신하는 송신 수단으로, 자판을 조작하여 송신하며, 수신자가 없어도 통보가 자동으로 수신, 기록된다.

(3) VHF 무선 설비

DSC와 무선통신으로 조난경보 신호를 발신할 수 있는 설비로서, VHF 채널 70(156.525 MHz)에 의한 DSC와 채널 6, 13 및 16에 의한 무선전화 송수신을 가능하게 한다. 또, 채널 70에 의한 DSC 청수 당직을 계속 유지할 수 있는 장치가 부가되어 있다. 물론, 다른 채널로 일반 무선통신도 가능하다.

(4) MF 무선 설비

DSC나 무선전화를 사용하여, 2,187.5 kHz와 2,182 kHz로 송수신을 하며, 조난 경보 신호를 발신할 수 있는 설비이다. 또 2,187.5 kHz로 DSC 청수 당직을 계속 유지할 수 있는 장치가 되어 있다. 일반 무선통신도 가능하다.

(5) MF/HF 무선 설비

DSC, 무선전화 및 NBDP를 사용하여 중단파대와 단파대의 모든 조난 안전 주파수로 송수신되며, 조난경보 신호를 발신할 수 있는 설비이다. 평상시에는 조난 주파수 이외의 주파수로 일반 무선통신도 가능하다.

(6) 국제해사위성기구(INMARSAT) 선박지구국

INMARSAT 해사 위성을 이용하여 통신을 하는 위성 통신 설비로, 협대역 직접 인쇄 전신

에 의한 조난 및 안전통신의 송수신, 조난 우선 호출의 송수신을 할 수 있는 설비이다. 또한 조난경보 신호를 발신할 수 있고, 무선전화나 직접 인쇄 전신으로 일반 무선통신의 송수신도 할 수 있는 설비이다.

(7) NAVTEX 수신기

NAVTEX 수신기는 518 kHz로 운용되는 수신전용의 협대역 인쇄 전신 수신장치로서, 연안 항행 선박에 대하여 필요한 해사안전정보의 수신에 사용된다. NAVTEX는 일정한 형식에 따라 정보를 선택할 수 있으며, 자동수신이 가능하다.

(8) 고기능 집단호출(EGC; Enhanced Group Call) 수신기

국제해사위성기구에 의해 운용되는 EGC는 독특한 전 세계 자동업무제도로서, 전해역, 특정 구역, 또는 지역의 항행경보, 기상경보와 기상 예보 및 육상 대 선박의 조난경보를 수신하는 장치이다.

(9) 비상위치지시용 무선표지(EPIRB; Emergency Position Indicating Radio Beacon)

EPIRB는 선박이나 항공기가 조난 상태에 있고, 수신 설비도 이용할 수 없음을 나타내는 것으로, 수색과 구조작업 시 생존자의 위치결정에 도움을 줄 수 있도록 무선표지 신호를 발신하는 무선 설비이다.

(10) 수색 및 구조용 레이더트랜스폰더(Search and Rescue Radar Transponder, SART)

SART는 선박의 조난 시에 수동으로 작동시켜 근처 선박의 9 GHz 주파수대 레이더 화면에 생존자의 위치를 표시해 준다.

(11) 양방향 VHF 무선전화장치(Two-way VHF Radio)

휴대가 가능한 VHF로서 조난 현장에서 생존정과 구조정 사이, 또는 생존정과 구조 항공기 사이에서 조난자의 구조에 관한 무선전화 통신에 사용되는 장치이다.

(12) 2,182 kHz 무선전화 경보신호 발생장치 및 청수 수신기

GMDSS 장비가 설치되어 있지 않은 선박에 무선전화 조난 주파수인 2,182 kHz로 무선전화 경보신호를 송신하고, 다른 선박에서 송신한 경보신호를 수신하기 위한 장치이다.

1.2 항해기기의 관리

1) Autopilot, Gyro compass

가) Alarm 관리

이장의 경우 일반화물선에서 가장 널리 사용되고 있는 TOKIMEC 제품을 기본으로 하여 기술하였다.

(1) Alarm의 식별

(가) Alarm Lamp

Autopilot Steering stand 전면부에는 〈그림 2-I-60〉에서 볼 수 있듯이 중요 부분의 기능에 문제가 발생하였을 때 시각적으로 즉시 알람을 식별할 수 있도록 Lamp가 설치되어 있다. 또는 관련 알람이 발생하였을 경우는 청각적으로도 인지할 수 있도록 Alarm Sound를 발생시킨다.

〈그림 2-I-60〉 Autopilot Steering Stand 전면부

*출처: 한국해양대학교 실습선 한나라호

(나) Alarm List

상기의 Alarm Lamp의 내용을 포함한 알람의 정확한 원인을 코드화하여 알려준다. 이러한 Alarm Code는 해당 코드별로 〈표 2-I-5〉에서 보는 것처럼 알람명 및 그 원인을 알 수 있게 하여, 발생된 알람을 쉽게 식별하고, 그 원인을 파악하여 해결할 수 있도록 도모하고 있다.

〈표 2-I-27〉 Alarm List

<table>
<tr><th rowspan="2">Alarm No</th><th rowspan="2">Name of Individual Alarm (display name)</th><th rowspan="2" colspan="2">Cause of Alarm</th><th rowspan="2">Alarm Detail Display</th><th colspan="3">Group Alarm display</th><th rowspan="2">Remark</th></tr>
<tr><th>SYSTEM FAIL</th><th>AUTO FAIL</th><th>CAUTION</th></tr>
<tr><td rowspan="9">1</td><td rowspan="9">AUTO unit display area is abnormal (INDICATE)</td><td colspan="2">MMA → PID Communication is invalid</td><td>E01. 1</td><td>-</td><td>-</td><td>(○)</td><td></td></tr>
<tr><td rowspan="8">MMA-Hard ware is abnormal</td><td>EEPROM error</td><td>E01. 2</td><td rowspan="8">-</td><td rowspan="8">-</td><td rowspan="8">○</td><td rowspan="8"></td></tr>
<tr><td>RTC SRAM</td><td>E01. 3</td></tr>
<tr><td>RTC battery</td><td>E01. 4</td></tr>
<tr><td>Memory-access overflow</td><td>E01. 5</td></tr>
<tr><td>WDT restart</td><td>E01. 6</td></tr>
<tr><td>S. I/O-I input</td><td>E01. 7</td></tr>
<tr><td>S. I/O-I Loop</td><td>E01. 8</td></tr>
<tr><td colspan="2"></td><td></td></tr>
<tr><td>2</td><td>PILOT WATCH (PILOTW.)</td><td colspan="2">Off course during course keeping in AUTO/NAV mode</td><td>E02. 1</td><td>-</td><td>-</td><td>○</td><td></td></tr>
</table>

(2) Trouble Shooting

(가) Failure Phenomena List

〈표 2-I-6〉에서 볼 수 있듯이 Alarm Lamp와 연계하여 Autopilot 작동 중에 발생할 수 있는 이상 현상을 쉽게 식별할 수 있도록 열거해 두었다.

〈표 2-I-28〉 Failure Phenomena List

Trouble-shoot No.	Phenomena
TS-21	Rudder limit is invalid(in auto steering)
TS-22	Rudder motion is fast/slow
TS-23	Yawing is large(in auto steering)
TS-24	Ship sails on the deviated course from the set course (in auto steering)
TS-25	Course cannot be set in auto steering
TS-26	No data on the data display
TS-27	some display lamps or Alarm indicators do not light in the lamp test
TS-28	Steering mode cannot be switched
TS-29	Bar graph display is strange
TS-30	Ship's speed display is strange
TS-31	Steering repeater is abnormal
TS-32	Illumination is too bright / dark
TS-33	SET. course display does not light
TS-34	Other than the set course is displayed in the SET. course display
TS-35	R.O.T. of the data selection indicator blinks
TS-36	Rate of turn in auto course changing is too large / small
TS-37	ADPT of the control mode indicator blinks
TS-38	Power failure indicator in the Alarm UNIT(option) lights. Display of power failure indicator in the Alarm UNIT(option) is depended on to the specification. Refer to PR-6000 Finished Plan.
TS-39	Individual Alarm indicator in the Alarm UNIT(option) lights. [Group Alarm indicator SYS.FAIL or CAUTION] Display of individual Alarm indicator in the Alarm UNIT(option) is depended on the specification. Refer to PR-6000 Finished Plan.

(나) Countermeasure Table

앞에서 식별된 Alarm 또는 Failure는 그 현상을 조속히 파악하고, 그에 따른 조치를 취하여야 한다. 이러한 일련의 과정을 Troubleshoot(TS) No. 별로 〈표 2-I-7〉에서 보는 것처럼 Countermeasure Table을 작성하여 두고 있기 때문에 신속한 대응이 가능한 것이다.

〈표 2-Ⅰ-29〉 Countermeasure Table

Trouble-shoot NO.	Phenomena (contents)	Check Procedure and Action to be Taken	Remark
TS-25	Course setting in auto steering cannot be done.	① Switch the system to another when the SET. course display does not change even by turning of coruse setting knob.	Setting course can be changed only in auto steering.
TS-26		① It is not abnormal if pressing the ◁ SEL. switch displays data.	Every pressing the ◁ SEL. switch changes data. No display (blank) in included as one of the display.
		② When Alarm generates, take actions according to contents of the Alarm troubleshoot number.	
		③ When lighting normally by the lamp test, raise illumination by pressing the +✪ switch.	
TS-27		① Some lamps are for optional specification. When the option is not installed on own ship, the lamps do not light by the lamp test. Refer to chapter 3, 3.3 NO.7 for details.	
		② When Alarm generates, take actions according to contents of the Alarm troubleshoot number.	
		③ When lamps do not light even by strong pressing the LAMP TEST switch, check for display lamps by positions of switches and control knobs, or for Alarm indicators by Alarm detail display of the data display.	
TS-28		① Use by switching the system to another.	
		② If the steering mode selection switch stops at the middle position between each steering mode, turn the switch to the correct position.	

나) 정기적 점검

Autopilot은 항행 중 24시간 사용되는 장비로 그 중요성과 항해에서 차지하는 그 비중은 언급할 필요가 없을 것이다. 이러한 이유로 제조사별로 기본적으로 점검해야 할 사항을 제시하고 있다. 또한 실무에서는 이러한 제조사에서 제시하는 점검사항과는 별도로 작성하여 매 당직 또는 매일 점검이 이루어질 수 있도록 하고 있다. 여기에서는 제조사에서 제시하고 있는 점검항목을 살펴보기로 한다.

(1) Daily Check Table

매일 점검이 이루어져야 할 사항을 제시하고 있으며, 제시된 점검항목은 기본적으로 거의 모든 제조사의 점검사항과 유사하기 때문에 그 내용을 명확히 파악하고, 실질적으로 점검표에 의해 점검이 시행되어야 한다.

〈표 2-I-30〉 Daily Check Table

(Example of note) Check mark ✓: Normal
△: Normal after rework or repair

	Date of Check	Installation '97.05.01													
	Inspector	TOKIMEC service ○○○○													
	Check Items														
		NO.1 system	NO.2 system												
a.	HAND mode Steering wheel PS 10°														
	Rudder angle receiver (indicator) indication (P, S 10°)	✓	✓												
	Indication HAND ON.	✓	✓												
	System selection and display	✓	✓												
b,	NFU mode, Operate steering lever leftward and rightward														
	Rudder angle indication moves in the direction above	✓	✓												
	Rudder motion stops with lever at center	✓	✓												
	Indicator NFU ON.	✓	✓												
c.	AUTO mode, setting course Press and turn knob leftward and rightward.														
	Setting course display changes.	✓	✓												
	Heading deviation bar graph display changes.	✓	✓												
	Auto course changing function	✓	✓												
	Indicator AUTO ON.	✓	✓												
d.	RC mode (option) Turn RC knob leftward, center, rightward														
	Rudder angle indication moves in the direction above.	✓	✓												
	Rudder angle 0 with knob at center	✓	✓												
	Indicator RC ON.														
e.	LAMP TEST Press switch														
	All display lamps and Alarm lamps ON.	✓	✓												
	Buzzer sounds.	✓	✓												
f.	P/S indicator ON. Helm unit														
	In the direction of order rudder angle, Green (STBD) or Red (PORT) ON	✓	✓												
g.	Warning labels coming off, dirtiness (facia panel, remote control, inside stan)														
h.	Items to be dealt with Items to be informed	none													

(2) A Half Yearly / Yearly Check Table

6개월 또는 12개월을 주기로 하여 점검할 사항을 나타내고 있으며, 전문가에 의한 점검사항이 아닌 본선의 책임자에 의해 이루어져야 하는 점검사항을 제시하고 있다. 또한 제조사는 다르더라도 점검항목은 대동소이함을 알 수 있으며, 앞서 언급된 전문가들에 의해 이루어져야 하는 점검항목은 별도로 작성되어 있으며, 이러한 항목은 본선에서 시행할 수 없는 부분이기 때문에 여기서는 언급하지 않는다.

〈표 2-Ⅰ-31〉 A Half Yearly / Yearly Check Table

(Example of note) Check mark ✓: Normal △: Normal after rework or repair

Date of check	'97.05.01													
Inspector	○○○○													
Check items														
	NO.1 system	NO.2 system												
a. Fixing screws in mechanical sections														
Connecting screws in terminal boards														
Check and retighten loosing parts	✓	✓												
Electronic (electric) parts mounting condition	✓	✓												
b, Connecting wires inside Root of mounting (being near cutting)														
c. Control knobs														
Loosened play in fixings Retighten loosened parts	✓	✓												
d. Switches														
Conditions of motion	✓	✓												
e. Repeater unit Open scale Loosened play in driving gears														
Loosened play yes or no	✓	✓												
Wearing play or no	✓	✓												
f. Taking rudder time (Read rudder angle indicator indication)														
HAND mode 0 → P30° (sec)	12	12												
P30° → 0 (sec)	12	12												
0 → S30° (sec)	12	12												
S30° → 0 (sec)	12	12												
NFU mode 0 → P30° (sec)	10	10												
P30° → 0 (sec)	10	10												
0 → S30° (sec)	11	11												
S30° → 0 (sec)	11	11												
g. Warning labels (all labels) (Cleanliness, coming off, dirtiness)	✓	✓												
h. Items to be dealt with														

다) 기타 주요 점검항목

(1) Fuse 교환

선내 전원의 불안전과 갑작스런 과부하 및 오랜 시간 사용에 따라 퓨즈(fuse)가 튀게 된다. 이러한 경우는 다음과 같은 적절한 절차에 의해 퓨즈 교환이 이루어져야 한다. 일반적으로 모든 선박에는 Spare를 일정량 보유하고 있는데 교환 시에는 필히 퓨즈의 Ampere를 확인하고, 해당 퓨즈를 사용하여 교환하여야 한다.

① Steering Stand에 전원을 차단(일반적으로 Bridge 주변에 전원공급 Switch Board Panel이 있는데, 해당 Switch를 Off시킨다.)
② Steering Stand의 전면부 Cover를 Open한다.
③ Steering Stand 내부에 있는 Service Switch를 Off한다.
④ 해당 퓨즈를 제거하고 New Fuse를 넣는다.

(2) Gyro Repeater의 Synchronizing

• Autopilot Steering Stand 전면부 Gyro Repeater

① Autopilot Steering Stand 전면부에 있는 Repeater용 Power S/W를 Off한다.
② Autopilot Steering Stand의 Repeater 중심에 위치하고 있는 Synchronizing Knob를 Pushing하면서 회전시켜 Main Gyrocompass의 Bearing값과 일치시킨다.
③ Repeater의 지시값이 Main Gyrocompass의 Bearing과 같아지면 Repeater용 Power S/W를 On한다.
④ Repeater의 Bearing이 Main Gyrocompass와 추종하는지를 확인한다.

• Local Gyro Repeater(bridge내, wing bridge, steering gear room내)

① Local Gyro Repeater 하부에 설치되어 있는 Power S/W를 Off한다.
② Main Gyrocompass의 Bearing을 Reading하면서 Local Gyro Repeater 옆면부에 부착되어 있는 Synchronizing Knob을 Pushing하면서 회전시켜 값을 일치시킨다.
③ Repeater의 지시값이 Main Gyrocompass의 Bearing과 같아지면 Repeater용 Power S/W를 On한다.
④ Repeater의 Bearing이 Main Gyrocompass와 추종하는지를 확인한다.

〈그림 2-I-61〉 Local Gyro Repeater

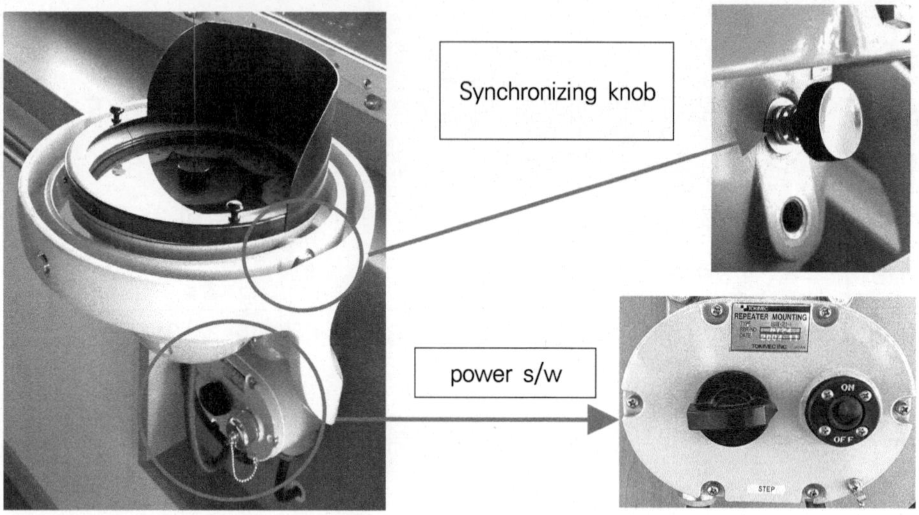

*출처: 한국해양대학교 실습선 한바다호

(3) Gyrocompass Error 수정

Gyrocompass의 Error는 태양, 별, 중시선 등 여러 가지 방법으로 계산할 수 있다. 이렇게 계산된 Gyrocompass의 Error가 일정한 값을 유지하고 그 값의 크기가 크다면 수정을 해야 하며, 수정 방법은 다음과 같다.

- Gyrocompass Monitor상의 수정

① 최근에 설비되고 있는 Gyrocompass에 적용되는 것으로 Gyrocompass의 Error가 측정되어졌다면 이 값을 보정한 값은 Master Gyrocompass에 직접 수정을 시행하지 않고, 이에 연결된 Gyrocompass Monitor상에서 Display되는 Gyrocompass 값을 수정하면 된다. 이렇게 Gyrocompass Monitor상에서 수정된 값이 다른 여러 장비에 정보를 보내게 된다.

② 일반적으로 장착되어 있는 Gyrocompass Monitor에 관한 수정방법은 Instruction에 쉽게 설명이 되어 있으므로 필요시 Instruction을 참조하여 수정하면 되고 종종 Maker별로 수정방법을 명시한 Steel Plate를 Monitor 부근에 부착하는 경우도 있다.

- Master Gyrocompass의 수정

① Gyrocompass Monitor가 설치되어 있지 않은 Type의 Gyrocompass로서 측정된 Error를 보정하기 위해서는 Master Gyrocompass 자체에 수정을 시행하여야 한다.

② 여기에서의 자체 수정이란 Autopilot의 하부 Master Gyrocompass가 격납된 부분의 Cover를 Open한 후에 Master Compass를 외부로 취외하고, Master Compass의 하부 지지대와의 고정나사를 풀고 Master Compass 자체를 조금씩 회전시켜 Error를 수정한 후에 앞서 푼 고정나사를 Tightening 시키면 된다. Error가 수정된 Master Gyrocompass는 다시 원상 복구시키면 수정절차가 완료된다.

2) Rudder Angle Indicator

가) Rudder Angle Indicator의 종류

기본적으로 Rudder Angle을 나타내고 있는 장치들은 여러 가지 Type이 있지만, 여기에서는 일반화물선에서 많이 설치되고 있는 Type만을 중심으로 언급한다.

〈그림 2-I-62〉 Rudder Angle Indicator

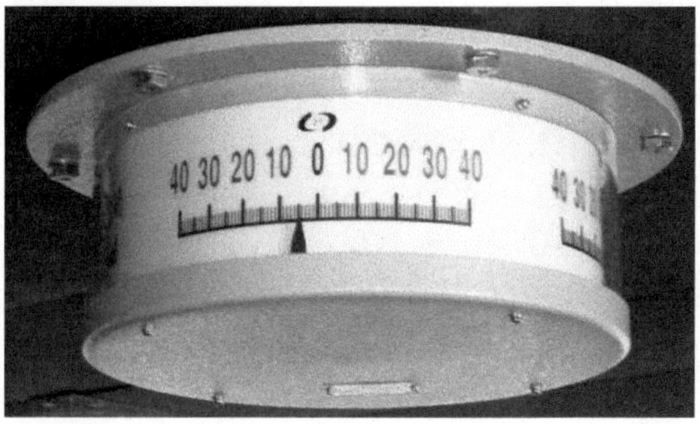

(a) Panorama Type

(b) Flush Mounting Type

*출처: 한국해양대학교 실습선 한바다호

나) Zero setting

(1) For Panorama Type

① Autopilot의 Steering Mode를 Hand Mode로 전환하고 Wheel을 중립에 둔다.
② Indicator의 하부의 Cover를 제거한다.
(필요에 따라서는 전원을 차단하는 것이 바람직하다)
③ Cover를 제거한 후에 Indicating Needle의 고정나사를 푼다.
④ Indicating Needle을 움직여 Zero로 맞춘 후에 고정나사를 Tightening한다.
⑤ Autopilot의 Wheel을 움직여 Indicator가 정확히 추종하는지 확인한다.

⑥ 추종 확인 후 Cover를 복구한다.

(2) For Flush Mounting Type

① Autopilot의 Steering Mode를 Hand Mode로 전환하고, Wheel을 중립에 둔다.
② Indicator로 공급되는 전원을 차단한다.
③ Indicator의 전면부 Glass Cover를 제거한다.
④ Indicating Needle을 움직여 Zero에 Setting한다.
⑤ Indicator에 전원을 공급한다.
⑥ 전원공급 후에 Autopilot의 Wheel을 움직여 Indicator가 정확히 추종하는지 확인한다.
⑦ 추종 확인 후 Cover를 복구한다.

3) RADAR(JRC / JMA 9000 Series 및 ATLAS 9000 Series)

가) Routine Maintenance

일반적으로 레이더에는 고전력이 공급되므로 이를 관리 운용하는 데는 상당한 주의가 필요하다. 그 이유로 일상적으로 관리해야 할 부분은 다음과 같이 아주 제한적이다.

① 각 장비의 먼지 또는 녹, 해수를 마른 헝겊으로 제거한다.
② 원활한 통풍을 위해 Air Vent를 Brush로 청소한다.
③ Air Vent Filter가 설치되어 있다면 Filter의 오염상태에 따라 교환한다.

나) Maintenance의 중요 부분

(1) Scanner

• Supply Oil Seal(every six months) - Only For JMA

① Radar의 Main Power를 Off한다.
② Scanner Gear Box를 Open한다.
③ Grease Nipple을 찾아 Grease Gun을 이용하며 Instruction에 명시된 해당 Grease를 주입한다(Oil seal로 Grease가 약간 유출될 때까지 주입).
④ 주입 완료 후 Gear Box를 복구시킨다. 이때 Bolt의 Tightening은 적절한 절차(주로 Instruction에 명시되어 있음)에 따라 시행하여야 한다.

• Oiling Gear(at least every six months) - Only For JMA

① Radar의 Main Power를 Off한다.

② Scanner Gear Box를 Open한다.

③ Brush나 Spreader를 이용하여 Instruction에 명시된 해당 Grease를 Main Shaft Drive Gear의 표면에 바른다.

④ Gear에 Greasing 후 Gear Box의 Cover를 복구한다. 이때 Bolt의 Tightening은 적절한 절차(주로 instruction에 명시되어 있음)에 따라 시행하여야 한다.

• Cleaning Scanner And Gear Box

① Cleaning Scanner : Scanner의 표면에 이물질이 고착되어 있는 경우는 Radar Beam의 방사를 약하게 하거나 반사시킬 수 있기 때문에 항상 청결하게 유지하여야 한다. 이물질을 제거할 때는 물이나 알코올을 부드러운 천에 적셔서 시행하여야 한다.

② Cleaning Gear Box : 습기나 해수 등에 의해 상당히 부식이 진행될 수 있기 때문에 주기적으로 점검을 실시하여 부식방지 정비를 시행하여야 한다. 일반적으로 이러한 부식을 방지하기 위한 최우선의 방법은 Painting일 것이다.

(2) Display Unit

Display Unit에 먼지가 쌓일 경우는 비디오를 어둡게 하고 명확성을 떨어뜨리기 때문에 부드러운 천을 가지고 가볍게 문질러 청소를 하여야 한다. 강하게 문지르거나 Gasoline 및 Thinner 등을 이용하면 Display Unit에 Damage를 발생시킬 수 있으므로 피하여야 한다.

(3) Coaxial Cable

Coaxial Cable의 Pipe Grand는 철저하게 Watertight가 이루어져야 한다.

이러한 Watertight를 위한 가장 좋은 방법은 주기적(every six months)으로 Painting 하는 것이 추천되고 있다.

다) Function Check

일반적으로 레이더는 별도의 점검 수단을 강구하지 않고도 자체적으로 기본적인 Function Check을 할 수 있는 시스템을 구축하고 있다. 일반적으로 Self Check라고도 하는 이 기능은 쉽게 레이더 작동상의 Condition Check를 함과 동시에 문제가 있는 부분을 식별해주기 때문에 아주 유용하다. 이러한 Function Check에 포함된 점검항목은 Maker마다 다소 다르기 때문에 충분히 사용 전에 Instruction을 숙지하고 정기적으로 시행하여야 한다. 다음은 JRC사 JMA 9000 Series의 Function Check에 포함된 내용이다.

① Self Check : Check of Memory, Safety Switch, Various Currents And Voltages And Communication Lines
② Panel Check : Check of Panel
③ Arpa Check : Check of ARPA
④ Mag Current : Check of Magnetron Current
⑤ Pm : Check With Performance Monitor
⑥ Error Logging : Error Logging Display
⑦ System Info : System Information Display

라) 정기적인 부품 교환

(1) Magnetron 교환

이극관으로서 양극은 매우 정확한 크기의 공동을 가진 원통형이며, 음극은 막대기형으로 원통의 중심축에 있어 말굽자석이 원통축을 따라 강력한 자계를 만드는 장치로 소모성이다. 이는 Maker별로 표준 사용시간을 명시하고 있으며, 그 이상 사용 시는 급격한 감도저하의 원인되기 때문에 정확하게 사용시간을 Check하고 적절한 시기에 교환을 하여야 한다. 교환 방법은 각 기종별로 Instruction에 명확하게 나와 있기 때문에 절차에 따라 교환하여야 한다. 앞서 언급한 바와 같이 레이더는 고압전류를 사용하는 장비임을 한 번 더 명심하고, 항상 주의하면서 명확한 절차에 따라 모든 작업이 이루어져야 한다.

마) Radar Limitations

레이더는 사람에게 있어 눈과 같은 역할을 하는 장비로 안전항해에 있어 그 중요성은 언급할 필요가 없을 정도이다. 하지만 이러한 중요성에도 불구하고 안전항해상 장비에 대한 과신은 반드시 피해야 한다고 명시하고 있다. 그런 이유에 있어서 레이더의 경우는 기기 자체가 다음과 같은 한계, 즉 단점을 가지고 있기 때문이다. 이러한 한계는 반드시 사전에 충분히 측정되어야 하고, 항해사들은 이를 반드시 숙지하고 있어야 한다.

(1) Blind Sector

① 원인

선박에 있어서 레이더의 Scanner는 일반적으로 Accommodation 상부 Radar Mast에 설치하게 되는데 이러한 이유로 Radar Mast 및 주변에 있는 Funnel 등이 〈그림 2-I-63〉처럼 Radar Scanner에서의 빔의 송수신을 차단하게 된다.

〈그림 2-I-63〉 Blind Sector

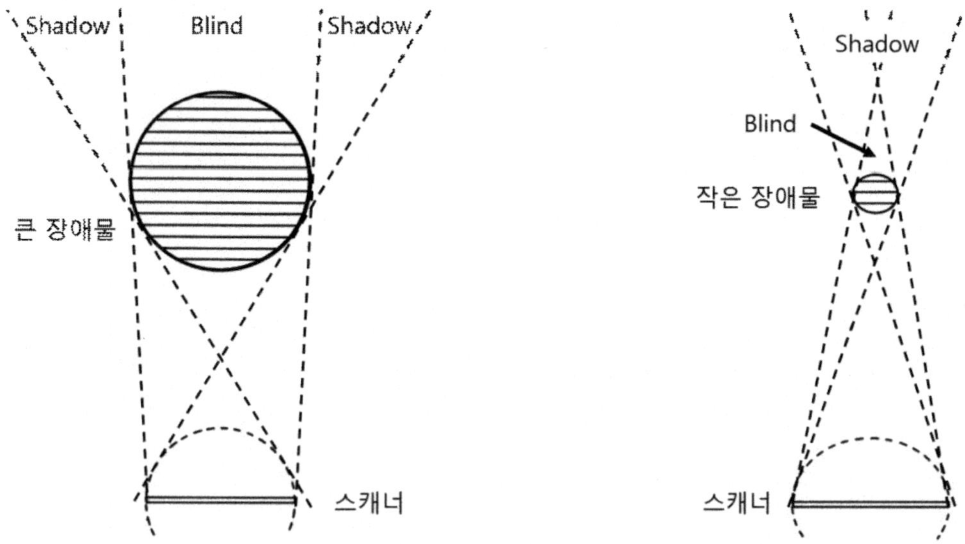

② 측정방법

Radar의 Scale을 Small Range에 설정하고 적절한 Tune 값을 설정한 후 Gain을 최대값에 Setting을 한다. 이때 레이더 화면에는 이득률이 최대이기 때문에 화면 전체가 해면반사파로 덮일 것이다. 이러한 가운데 해면반사파가 전혀 잡히지 않는 구간이 나타나게 되는데 이 구간이 Blind Sector가 된다. 〈그림 2-I-64〉은 이러한 방법을 통하여 측정된 Blind Sector의 예이다.

〈그림 2-I-64〉 Blind Sector 작성 예

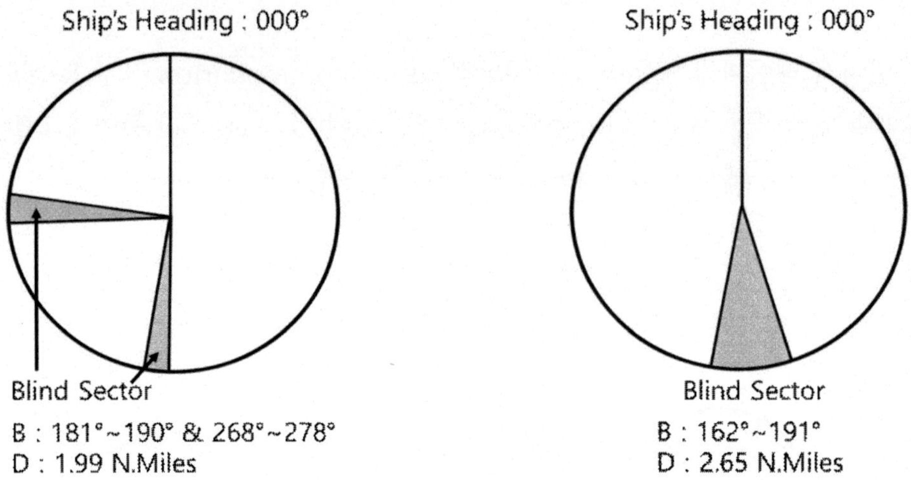

③ 대응 방법

레이더를 사용할 때 위의 방법에 의해 측정된 Blind Sector 표를 레이더의 눈에 잘 띄는 곳에 부착하여 항해사에게 항상 숙지하도록 유지하고, 수시로 Blind Sector 부분을 육안으로 감시하여야 한다. 또한 육안감시가 불가한 상황에서는 가능하다면 선박의 선수를 좌우 회두시켜 Blind Sector를 감시하여야 한다.

(2) Minimum Detection Range

최소 탐지거리는 선박이 항행 중에 근접 물표에 대한 탐지능력을 말하며 선박에 탑재되어 있는 레이더가 최소 얼마정도 떨어져 있는 물표까지 탐지할 수 있는지를 계산하여 이를 숙지하고 항해에 적극 활용하여야 한다.

① 규정

최소 50미터 이내의 물표를 감지할 수 있어야 한다.

② 계산법

본선에 장착되어 있는 Radar의 Small Range에서의 Short Pulse의 Duration을 Instruction에서 찾아 그 Short Pulse의 Duration의 1/2에 해당하는 값이 최소 탐지거리가 된다.

㉠ short pulse duration : $0.1\mu s$

$0.1/2 \times$ 전파의 속도$(3 \times 10^{8}) = 15$ meters

(3) False Echoes

• False Echoes의 종류

① Indirect Echo : 선박에 설비되어 있는 물체에 반사되어 수신된 경우 다른 위치에 물표가 있는 것처럼 Display한다.

〈그림 2-I-65〉 Indirect Echo

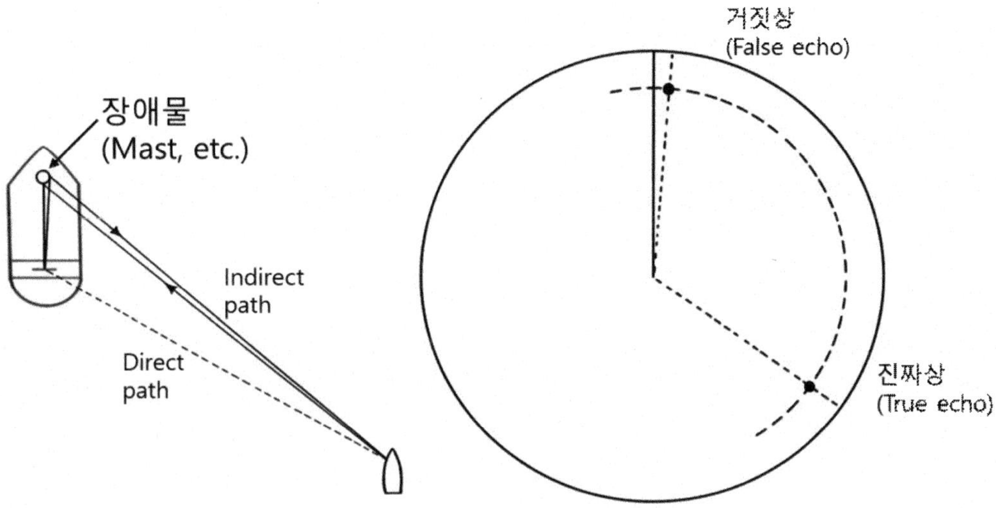

② Multiple Echo : 선박과 근접거리에 있는 선박간 다중 반사에 의한 수신으로 같은 방위에 등거리로 여러 개의 점으로 물표가 표시된다.

〈그림 2-I-66〉 Multiple Echo

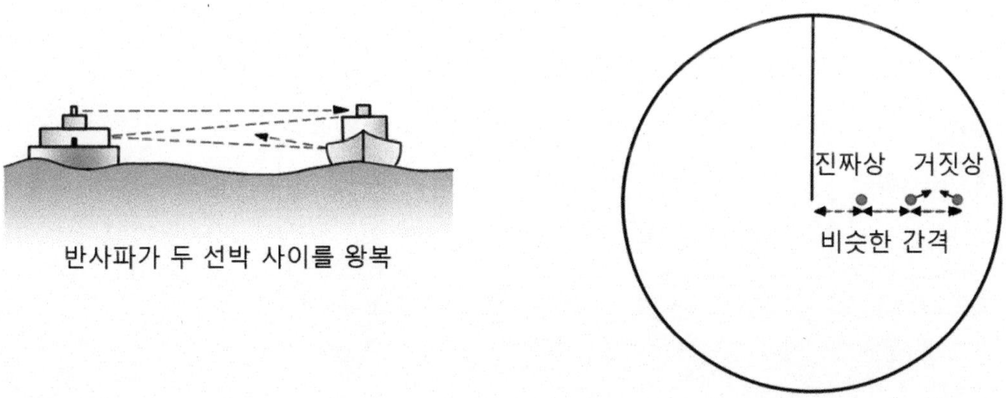

③ Side Echo : 선박의 근접거리에 있는 물표가 수신이득률이 높아 Side Lope에 의해 반사 수신된 전파가 표시된다.

〈그림 2-I-67〉 Side Echo

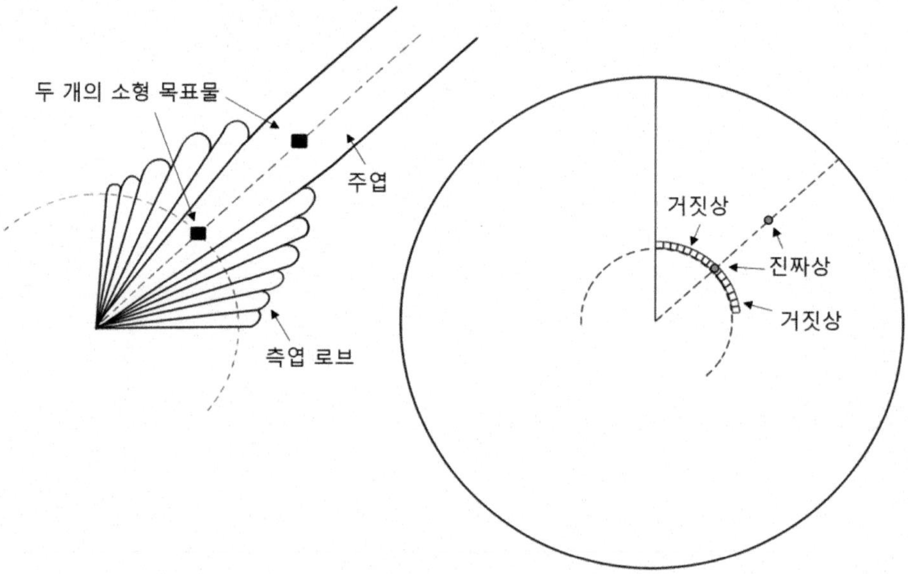

④ Radar to Radar Interference : 주위를 항해하는 선박과 같은 주파수대의 레이더를 사용하므로 인하여 전파간섭에 의해 레이더에 여러 개의 나선형의 점들이 나타난다.

〈그림 2-I-68〉 Radar to Radar Interference

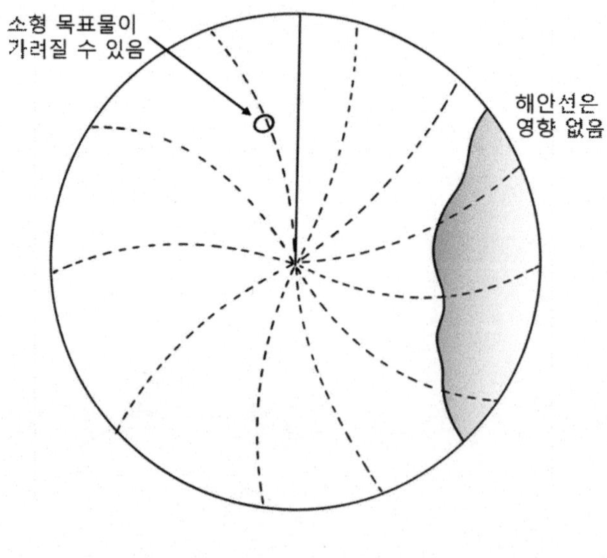

• 대응

① Indirect 및 Multiple Echo의 경우는 수신전파의 반사각이 우연히 맞아 선박의 Scanner로 수신된 경우이므로 선박의 Heading을 좌우로 회두시키고, Gain 값을 다소 낮추면 감쇠시킬 수 있다.

② Side Echo : 본선의 레이더의 수신이득률이 너무 높아서 Side Lope에 의해 반사된 전파도 물표로 인지를 한 경우이므로 Gain 값을 다소 낮추면 감쇠시킬 수 있다.

③ Radar to Radar Interference의 경우는 최근에 설비되는 레이더의 경우 자체적으로 Interference Rejection 기능을 갖추고 있어서 이 기능을 실행시키면 감쇠시킬 수 있으며, 만약 그런 기능이 없다면 레이더를 잠시 Standby 상태로 전환한 후 다시 on시키면 감쇠시킬 수 있다.

4) Magnetic Compass

〈그림 2-I-69〉 Magnetic Compass

*출처: 한국해양대학교 실습선 한바다호

가) Routine Maintenance

일반적으로 Magnetic Compass는 특별히 정기적으로 점검해야 할 사항은 없다. 하지만 비상시, 즉 Gyrocompass의 고장이 발생할 경우에는 그 대용으로 사용해야 하는 하므로 최소한 다음과 같은 사항에 관해서는 점검이 이루어져야 한다.

(1) Lamp 확인

Magnetic Compass는 통상 선박의 외부(compass deck)에 설치가 된다. 이러한 이유로 해풍이나 직사광선에 노출이 되어 부식 및 경화가 촉진될 수 있고, 일반적으로 보호차원에서 Cover를 씌워 관리를 하고 있다. 이때 Magnetic Compass 내부에 설치되어 있는 Lamp가 켜지지 않는다면 Magnetic Bearing 확인이 불가할 것이다.

(2) 자차 확인

Magnetic Compass는 비상대응의 차원에서 항상 관리가 되어야 하고, 항상 정확한 Bearing 값을 갖도록 유지하여야 한다. 그러므로 항상 자차를 계산하고 Log Book에 기록을 유지하고 있는 것이다. 하지만 이러한 자차는 선박의 노후 및 기타 선체 변화(물건의 이동, 개조 등)에 의해 그 자차가 변화하게 되는데 이런 경우는 적절한 절차에 의해 자차를 수정하여야 한다. 일반적으로 실무에서는 +/- 5도 이상의 자차가 생기면 수정을 실시한다.

(3) Bowl 내부의 Bubble 확인

선박의 운항해역의 기온차 및 Magnetic Compass의 Bowl Sealing 부적절 등의 이유로 Compass Bowl 내부에 Bubble이 생길 수가 있다. 이러한 Bubble은 Compass의 정확한 Bearing 지시에 영향을 미치기 때문에 가능하면 조속히 제거하여야 한다. Bubble 제거 방법은 일명 De-Aeration 작업이라고 하여 상당히 장시간에 걸쳐 복잡한 절차에 의해 이루어져야 한다(통상 instruction에 자세히 명시되어 있음).

하지만, 통상 항해 중 상당량의 Bubble이 발생하였을 경우는 보유하고 있는 Spare Bowl로 교환을 하거나, 만약 Spare를 보유하고 있지 않다면 임시적으로 Bubble을 제거하여야 하는데 그 절차는 다음과 같다.

① Magnetic Compass Bowl을 분리한다.
② Bowl을 다소 흔들어 Bubble이 모이도록 한다.
③ Bowl을 천천히 수직으로 세워 Bubble이 Filler Hole로 모이도록 한다.
④ Filler Plug 및 Gasket을 제거한다.
⑤ 주사기를 이용하여 지정된 Liquid를 적당량 Filler Hole로 주입한다.
⑥ Bubble이 제거될 때까지 Liquid 주입 후 Fuller Plug 및 Gasket을 복구한다.

나) 자차 수정

여러 교재 및 Instruction에 자차 수정에 관한 절차가 명확히 명시되어 있다. 여기서는 가장 일반적으로 그리고 간편하게 자차를 본선 자체적으로 수정할 수 있는 방법을 제시하여 실무에서 직접 사용 가능하도록 한다.

〈그림 2-I-70〉 Binnacle의 구조 및 자차 수정용 자석

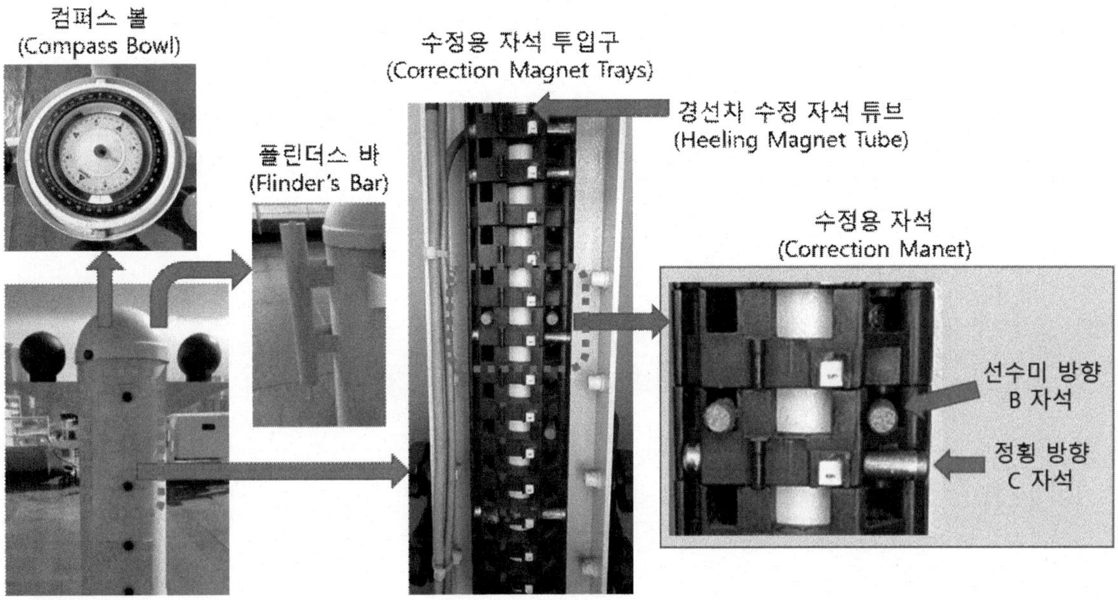

*출처: 한국해양대학교 실습선 한바다호

(1) 자차 수정법

- 사전 준비

① 선박을 가능하면 Even Keel 상태로 유지한다.

② 방위의 기준이 될 Gyrocompass의 Error 값이 수정되어 있어야 한다.

③ 해면상태가 양호한, 즉 선박의 Rolling 및 Pitching이 최소가 되는 지점에서 시행되어야 한다. 만약 다소 Compass Card의 요동이 있다면 Heeling Magnet으로 상하 이동시켜 요동을 최소화시킨다(경선차 수정).

④ 가능하면 편차가 적은 곳에서 실시하는 것이 유리하다.

• 4점 방위의 자차 수정

① 자침방위 090도에 Steady하고 선수미 B-magnet를 넣거나 빼고, 또는 상하 Hole로 이동시켜 자차가 최소가 되게 한다(㉮자차가 E일 때는 Red가 앞쪽으로).

② 180도에 Steady하고 횡방향 C-magnet를 넣거나 빼고, 또는 상하 Hole로 이동시켜 자차가 최소가 되게 한다(㉮ 자차가 E일 때는 Red가 왼쪽으로).

③ 270도에 Steady하고 선수미 B-magnet를 움직여 자차를 반으로 줄인다.

④ 000도에 Steady하고 횡방향 C-magnet를 움직여 자차를 반으로 줄인다.

• 8점 방위의 자차 수정

① 045도에 Steady하고 연철구를 움직여 자차를 최소가 되게 한다.

② 135도에 Steady하고 연철구를 움직여 자차를 반으로 줄인다.

(2) 자차 수정 시 주의사항

① Gaussin Error를 없애기 위해 위의 여러 방위에 Steady일 때 적어도 2분 이상이 경과한 후에 자차 수정작업이 시행되어야 한다.

② 통상 실무에서는 4점 방위의 수정만으로도 정확한 자차 수정이 충분히 가능하다.

다) 자차 곡선 작성

위에서 수정된 자차의 결과를 바탕으로 자차 곡선을 그리고 선교에 게시하여야 한다. 이러한 자차 곡선은 B, C 및 Heeling Magnet의 위치를 포함하여 측정된 자차의 값을 연결하는 곡선형의 Graph로 작성되어야 한다. 〈그림 2-I-71〉는 이러한 기준을 바탕으로 작성된 자차 곡선의 일례이다.

〈그림 2-I-71〉 작성된 자차 곡선의 예

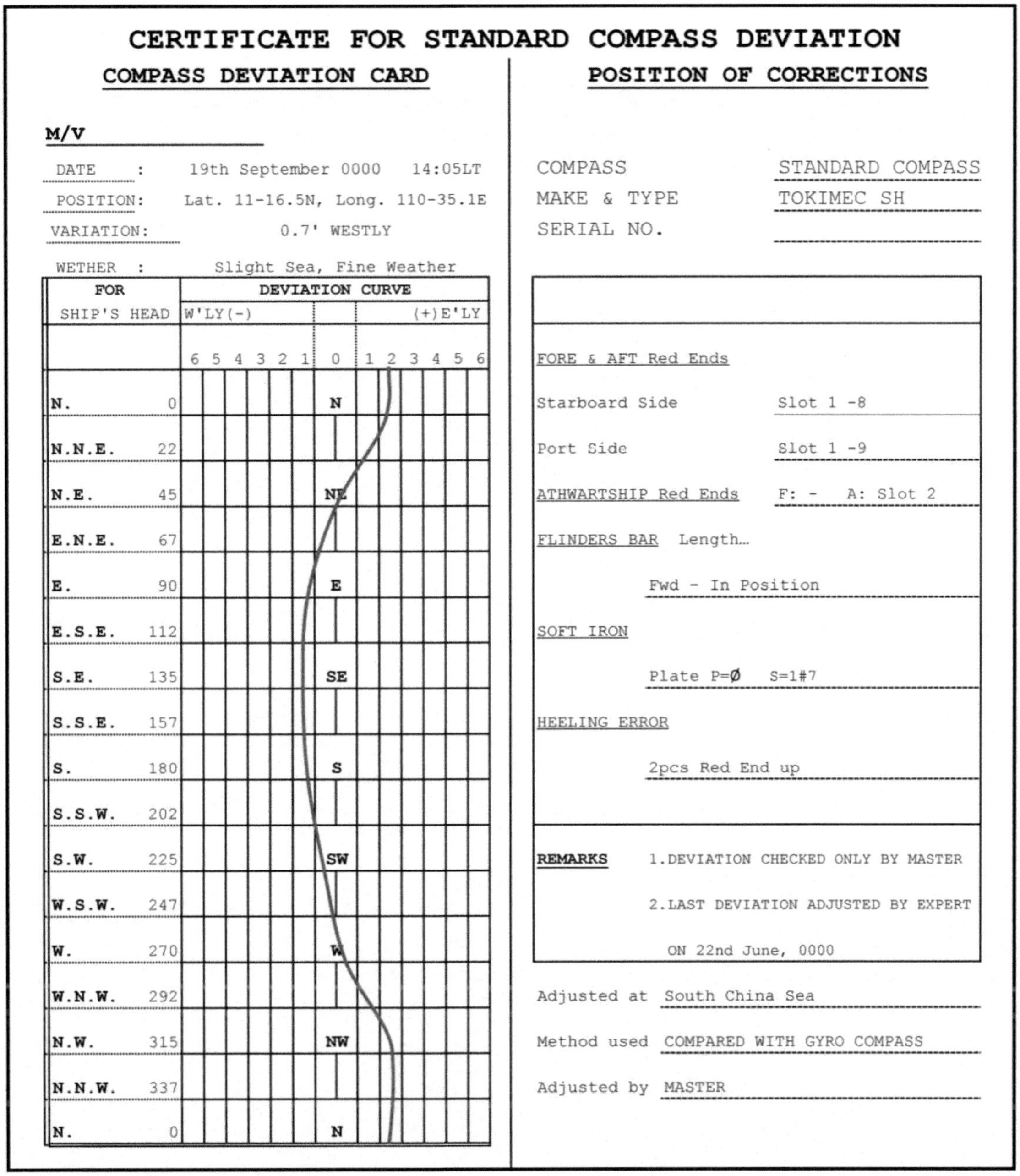

CERTIFICATE FOR STANDARD COMPASS DEVIATION

COMPASS DEVIATION CARD

M/V

DATE : 19th September 0000 14:05LT

POSITION: Lat. 11-16.5N, Long. 110-35.1E

VARIATION: 0.7' WESTLY

WETHER : Slight Sea, Fine Weather

FOR SHIP'S HEAD		DEVIATION CURVE W'LY(-) 6 5 4 3 2 1 0 1 2 3 4 5 6 (+)E'LY
N.	0	N
N.N.E.	22	
N.E.	45	NE
E.N.E.	67	
E.	90	E
E.S.E.	112	
S.E.	135	SE
S.S.E.	157	
S.	180	S
S.S.W.	202	
S.W.	225	SW
W.S.W.	247	
W.	270	W
W.N.W.	292	
N.W.	315	NW
N.N.W.	337	
N.	0	N

POSITION OF CORRECTIONS

COMPASS STANDARD COMPASS

MAKE & TYPE TOKIMEC SH

SERIAL NO.

FORE & AFT Red Ends

Starboard Side Slot 1 -8

Port Side Slot 1 -9

ATHWARTSHIP Red Ends F: - A: Slot 2

FLINDERS BAR Length...

Fwd - In Position

SOFT IRON

Plate P=Ø S=1#7

HEELING ERROR

2pcs Red End up

REMARKS 1.DEVIATION CHECKED ONLY BY MASTER

2.LAST DEVIATION ADJUSTED BY EXPERT

ON 22nd June, 0000

Adjusted at South China Sea

Method used COMPARED WITH GYRO COMPASS

Adjusted by MASTER

*출처: 한국해양대학교 실습선 한바다호

5) GPS Receiver(Including DGPS Receiver)

〈그림 2-I-72〉 GPS Receiver

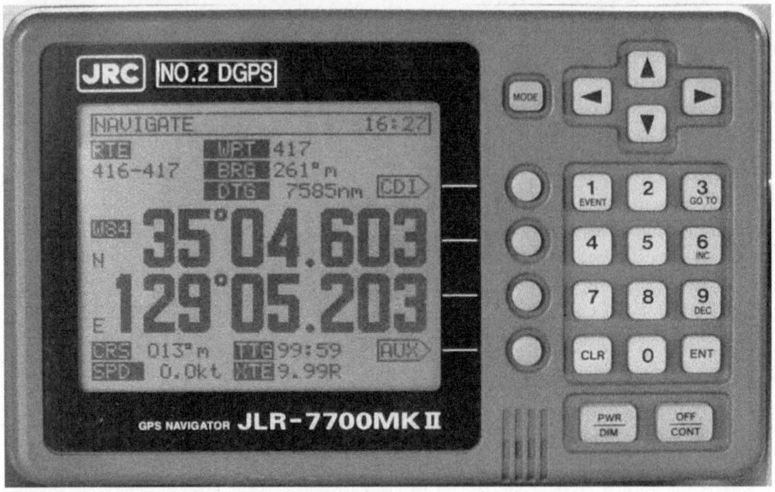

*출처: 한국해양대학교 실습선 한바다호

가) Routine Maintenance

일반적으로 GPS Receiver 또한 특별한 점검사항은 없으나, 다음과 같은 검사는 본 장비의 최적 상태유지 및 사용기간의 연장을 도모할 수 있을 것이다.

① 장비가 적절한 설치 여부 및 고정용 Screw의 Tightening 상태 확인

② 각종 케이블의 연결상태 확인(Power Supply 및 Antenna Cable)

③ 퓨즈의 상태

④ 장비 자체의 어떤 손상 여부

⑤ 각종 연결 케이블의 손상 여부

나) Critical Problem

(1) Power Failure

① 전원이 들어오지 않을 경우는 가장 먼저 퓨즈의 상태를 확인한다.

② 퓨즈 상태가 양호하다면 전원공급 케이블을 분리하여 Tester기로 전원의 공급 여부를 확인한다.

(2) 위치수신 불가

① 일반적으로 위치수신 불가는 특정 지역에 있어서 종종 잠시 위치수신을 못하는 경우가 발생할 수 있다. 하지만 이러한 현상은 본선에서 자체적으로 해결할 수 없는 것이지만 잠깐의 위치수신 불가이므로 항해안전에는 크게 영향이 없을 것으로 판단된다.

② GPS Receiver의 수신 안테나의 설치 위치가 다소 부적절하여 선체의 구조물에 의하여 전파수신이 잘 되지 않아 위치수신이 종종 되지 않는 경우도 있다.

③ 상기와 같은 이유가 아닌 위치수신이 전혀 되지 않는 경우의 주요 원인은 GPS Receiver의 안테나가 일반적으로 선박의 가장 높은 외부에 설치되는 관계로 선체 진동이나 강한 해풍에 의하여 손상을 입는 경우이다.

안테나의 상태를 직접 확인하는 것은 고소 지역에 설치되어 있는 관계로 위험성이 크기 때문에 일반석인 안테나 상태 확인 방법은 GPS Receiver의 Antenna Cable을 분리하여 Tester기로 Antenna Cable의 접점을 연결하여 안테나의 상태를 확인한다. 만약 안테나의 저항치가 무한대가 나온다면 이는 안테나에 손상이 발생하였다는 의미이다. 이때는 안테나를 직접 점검하여 손상부분을 수리하여야 한다.

6) Ship's Clock

〈그림 2-I-73〉 Ship's Clock

*출처: 한국해양대학교 실습선 한바다호

가) Maintenance

(1) Trouble Shooting

• 작동이 되지 않을 경우

① 전원 S/W 확인 : 〈그림 2-I-74〉의 (a)에서 보는 것처럼 먼저 Control Panel부의 작동 S/W(time on/off switch)가 On 상태에 있는지 확인한다. 그리고 Ship's Clock의 전면부를 개방하면 AC 및 DC Power S/W가 (b)처럼 보일 것이다. 이러한 Power S/W가 On 상태에 있는지를 또한 확인한다.

〈그림 2-I-74〉 Ship's clock 전원 확인 방법

(a) Time On/Off S/W

(b) Power On/Off S/W

*출처: 한국해양대학교 실습선 한바다호

② Fuse 상태 확인 : 상기의 Time On/Off S/W가 정상상태에 있음에도 불구하고 작동이 되지 않을 경우는 〈그림 2-I-38〉에서 보이는 Fuse의 상태를 확인하여야 한다. 이때 그림에서 보는 바와 같이 일반적인 전자기기의 것과는 다른 Type의 Fuse가 설치되어 있음을 알 수 있는데, 현재 거의 대부분의 Ship's Clock은 제조사에 상관없이 그림에서 보는 Fuse를 사용하고 있다고 할 수 있다.

〈그림 2-I-75〉 Fuse

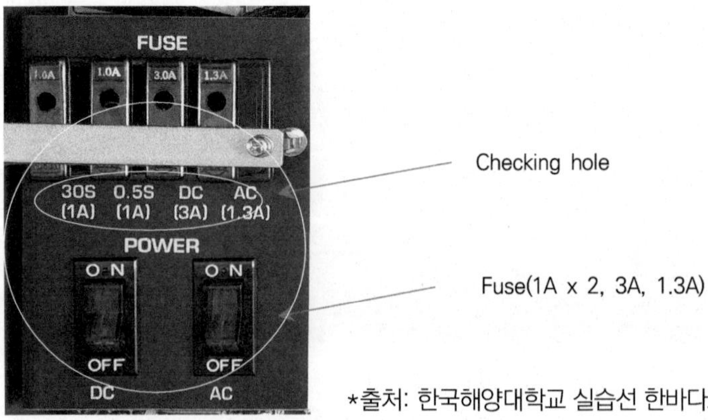

*출처: 한국해양대학교 실습선 한바다호

Fuse의 상태를 확인하는 방법은 아주 간단하다. 〈그림 2-I-38〉처럼 Fuse의 상단에 각각 Hole이 있는데, 이러한 Hole은 정상상태인 경우에는 아무런 표시가 없지만, Fuse가 끊어진 경우에는 하얀색으로 표시가 되기 때문에 Hole 내부의 색깔을 확인하면 간단히 Fuse의 상태를 확인할 수 있다.

③ 전원공급 상태 확인 : 앞의 모든 상태를 점검한 후에도 작동이 되지 않을 경우에는 〈그림 2-I-39〉에서 보는 선내 전원의 공급부를 직접 점검하여야 하며, 만약 전원이 정상적으로 공급되고 있다면 이때에는 더이상 본선에서 할 수 있는 다음의 점검항목은 없으며, Board의 문제가 있는 것으로 판단할 수 있으므로 수리신청서를 작성하여 Service Engineer에 의한 수리가 이루어져야 할 것이다.
하지만 만약 전원이 들어오지 않는다면 선내의 전원 및 Ship's Clock으로 들어오는 전원 계통을 모두 점검하여야 할 것이다. 점검 절차는 〈그림 2-I-39〉에서 보는 단자를 Tester기로 점검을 하면 되는데 기본적으로 AC 220 V 및 DC 24 V가 정상상태에서는 공급되어야 하므로 이를 점검하면 된다.

〈그림 2-I-76〉 Ship's Clock 내부

*출처: 한국해양대학교 실습선 한바다호

• 시간이 잘 맞지 않는 경우

0.5 sec 및 30 sec Logger Signal 확인을 하여야 한다. Ship's Clock의 일정한 주기 즉 0.5 sec 및 30 sec 주기의 펄스로 작동이 되는데 이들 Logger Signal은 +/-24 V의 전압을 형성하게 된다. 만약 이러한 펄스의 주기가 일정하지 않다면 이는 시계가 정상적으로 작

동하고 있지 않다는 말과 같기 때문에 이 또한 Board상의 문제로 간주할 수가 있겠다.

이러한 경우는 본선에서 수리할 수 있는 방법이 없기 때문에 Board 문제에 관한 것과 함께 수리신청서를 작성하여 Service Engineer에 의해 수리가 이루어질 수 있도록 하여야 한다. 펄스의 점검 방법은 단자 부분을 Tester기로 DC Mode에서 Stop Watch를 같이 사용하여 펄스의 주기를 점검하면 된다.

(2) Adjustment

• 시간의 전・후진

① Ship's Clock의 Slave 조정 : Ship's Clock의 Slave의 조정은 모든 선내의 시계가 연결이 되어 있어 함께 조정하게 되어 있다. 따라서 선내 시간의 변경이 있을 경우에는 Ship's Clock의 Slave만 조정하면 선내의 다른 시계를 개별적으로 조정할 필요는 없게 된다. 조정방법은 아주 간단하면 기본적으로 Advance 및 Reverse를 위한 S/W를 작동시켜서 조정하면 된다.

② 선내 전반의 Slave Clock 점검 : 앞서 언급한대로 Ship's Clock의 Slave만 조정을 하게 되면 다른 선내 시계는 개별적으로 조정할 필요는 없지만, 종종 시간이 약간씩 틀린 경우가 발생할 수 있기 때문에 주기적으로 Stop Watch를 사용, 선내 순찰을 통하여 필요에 따라서는 선내 전반의 시계를 점검하고 조정을 하여야 한다.
조정방법은 간단히 분침을 직접 움직일 수 있는 시계와 시계의 뒷부분에 조정 Knob이 있는 시계가 있는데 간단히 조정하여 수정을 하면 된다. 이러한 개별적 시계의 조정이 다른 시계에 어떠한 영향도 미치지 아니한다.

• 초침 조정

① Master Clock의 초침 조정 : Master Clock은 아주 정교하게 제작된 시계이므로 특별히 조정을 할 필요는 없지만 간혹 초단위의 오차가 발생할 수 있는데, 이때에는 시보 등을 청취하여 정확한 시간을 확인하고 Master Clock의 초침을 수정하여야 하는데 조정방법은 앞서 언급한 Time On/Off S/W를 이용하여 0점 조정을 한 후에 Off하고 정확한 시간에 On시켜 조정을 하면 된다.

② Bridge 및 ECR의 Slave Clock의 초침조정 : 이는 개별적 Slave Clock의 조정인데, 앞서 언급된 Time On/Off S/W를 이용한다면 또 다시 Master Clock에 오차가 발생하게 되므로, 개별적 방법으로 오차수정을 하여야 하는데 기본적으로 모든 선내 시계 중에

초침을 가지고 있는 시계의 경우는 〈그림 2-I-40〉에서 보는 바와 같은 Second Adjust 용 S/W가 별로도 설치되어 있는데 이를 이용하여 오차수정을 하면 된다(통상 Bridge나 ECR Control Console의 각종 Dimmer S/W가 부착 부분에 같이 설치되어 있음). 수정방법은 아주 간단한데, 그림에서의 Second Adjust S/W를 한 번 누르면 초침이 정지하고 한 번 더 누르면 다시 움직이기 시작한다. 이러한 기능을 이용하여 0점 조정을 하여 해당 S/W를 한 번 누르고, 시간을 확인하여 정확한 시간에 다시 해당 S/W를 한 번 더 누르면 된다.

〈그림 2-I-77〉 Second Adjust S/W

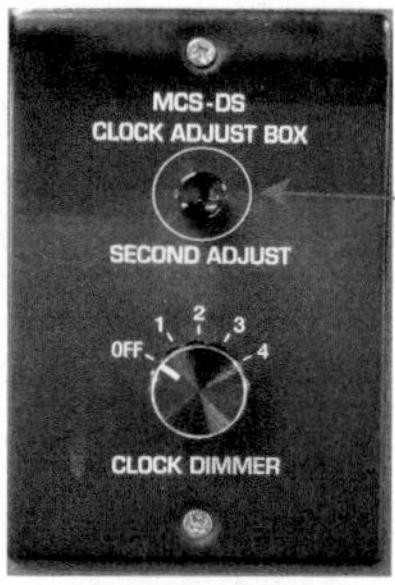

*출처: 한국해양대학교 실습선 한바다호

7) Doppler Speed Log(FURUNO DS-30)

Doppler Speed Log는 다른 장비와는 달리 특별히 점검을 해야 할 항목은 없으나, 기본적으로 다음과 같은 사항에 관하여 숙지하고, 주기적 시행 및 적절하게 문제발생 시에 대체할 수 있는 방법을 알아 두어야 할 것이다.

〈그림 2-I-78〉 Doppler Log Speed

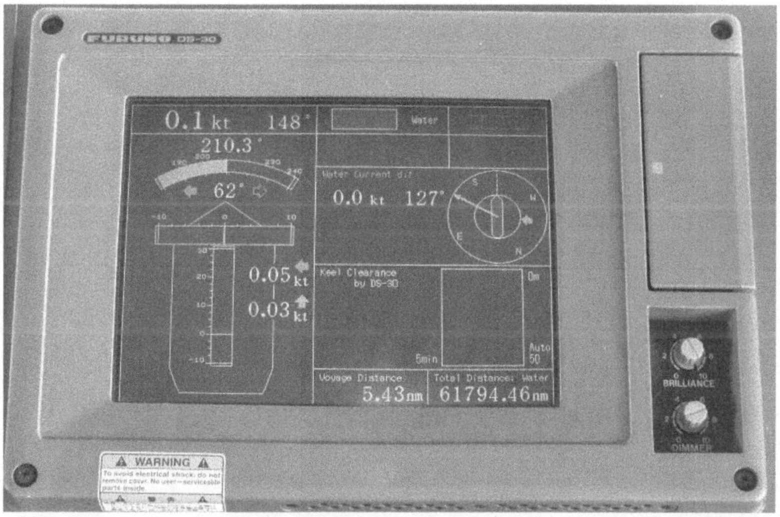

*출처: 한국해양대학교 실습선 한바다호

가) Self Check

대부분의 Doppler Speed Log는 특별히 점검할 사항이 없어서 사용자가 기기의 상태를 확인하기가 어려울 것이다. 이러한 측면에서 스스로 자가 진단을 할 수 있는 Self Check 기능이 대부분 부가되어 있다. 이러한 Self Check 기능은 주요한 Circuits의 상태를 진단하는 것으로 주기적으로 시행을 하여 상태를 확인하여야 한다.

만약 Self Check의 실행 결과 문제점들이 발생한다면 이는 본선에서 수리할 수 있는 사항이 아니므로 Service Engineer에 의해 수리가 이루어질 수 있도록 조치를 취하여야 한다. Self Check 기능의 시행 방법은 대부분의 기종에서와 같이 간단히 Menu Key를 실행하면 Self Check 항목이 나오게 되는데 바로 선택하여 실행하면 된다.

나) Error Warning

〈표 2-I-32〉 Error Table

Error Code	Error Status
000	Error in data communication with transceiver unit
001	Abnormal ship's mains voltage (outside ±15% of rated value)
002	Overheated transducer (transducer surface temperature more than 60℃)
003	Abnormal +B voltage
004	Abnormal TX voltage of beam 1
005	Abnormal TX current of beam 1
006	Abnormal TX voltage of beam 2
007	Abnormal TX current of beam 2
008	Abnormal TX voltage of beam 3
009	Abnormal TX current of beam 3
020	Abnormally high temperature in display unit
100	Heading data input error (gyrocompass)
101	Rate-of-turn data input error
102	High temperature in rate-of-turn gyro
103	Abnormal lazer in rate-of-turn gyro
104	Abnormal control in rate-of-turn gyro
200	Temperature sensor input error (transducer)
201	Clinometer pitching signal input error
202	Clinometer rolling signal input error

*출처: 한국해양대학교 실습선 한바다호

Doppler Speed Log는 작동 중에 발생하는 Error를 Code화 하여 화면에 표시해준다. 발생된 Error Code는 〈표 2-I-10〉과 같이 Instruction에 나와 있는 Error Table을 확인하여 해당 Error의 내용을 분석하고, 필요한 조치를 취하여야 한다. 여기서 필요한 조치란 본선에서 점검할 수 있는 항목과 그렇지 못한 항목의 경우는 수리신청을 하여 Service Engineer에 의해 수리가 이루어질 수 있도록 하는 것이다.

본 기기는 항해 중에 계속해서 작동을 시키는 장비 중에 하나로 그 중요성은 언급할 필요가 없을 것이다. 따라서 항상 수시로 작동 중에 Error 발생 여부를 확인하여야 한다.

다) Troubleshooting Flow Chart

Doppler Speed Log의 작동시킬 때 발생할 수 있는 기본적인 Error나 문제들은 간단히 본선에서도 일정한 절차에 의해서 점검을 하고 처리하여야 할 것이다. 이러한 일련의 절차를 사용자가 쉽게 접근하여 해당 Error나 문제를 처리할 수 있도록 〈그림 2-I-79〉와 같은 Troubleshooting Flow Chart를 제시하고 있다. 이러한 Flow Chart는 대부분의 항해기기처럼 Instruction에 나와 있기 때문에 필요에 따라서는 숙지하고, 문제발생 시 절차에 따라 조치를 취하여야 한다.

〈그림 2-I-79〉 Troubleshooting Flow Chart

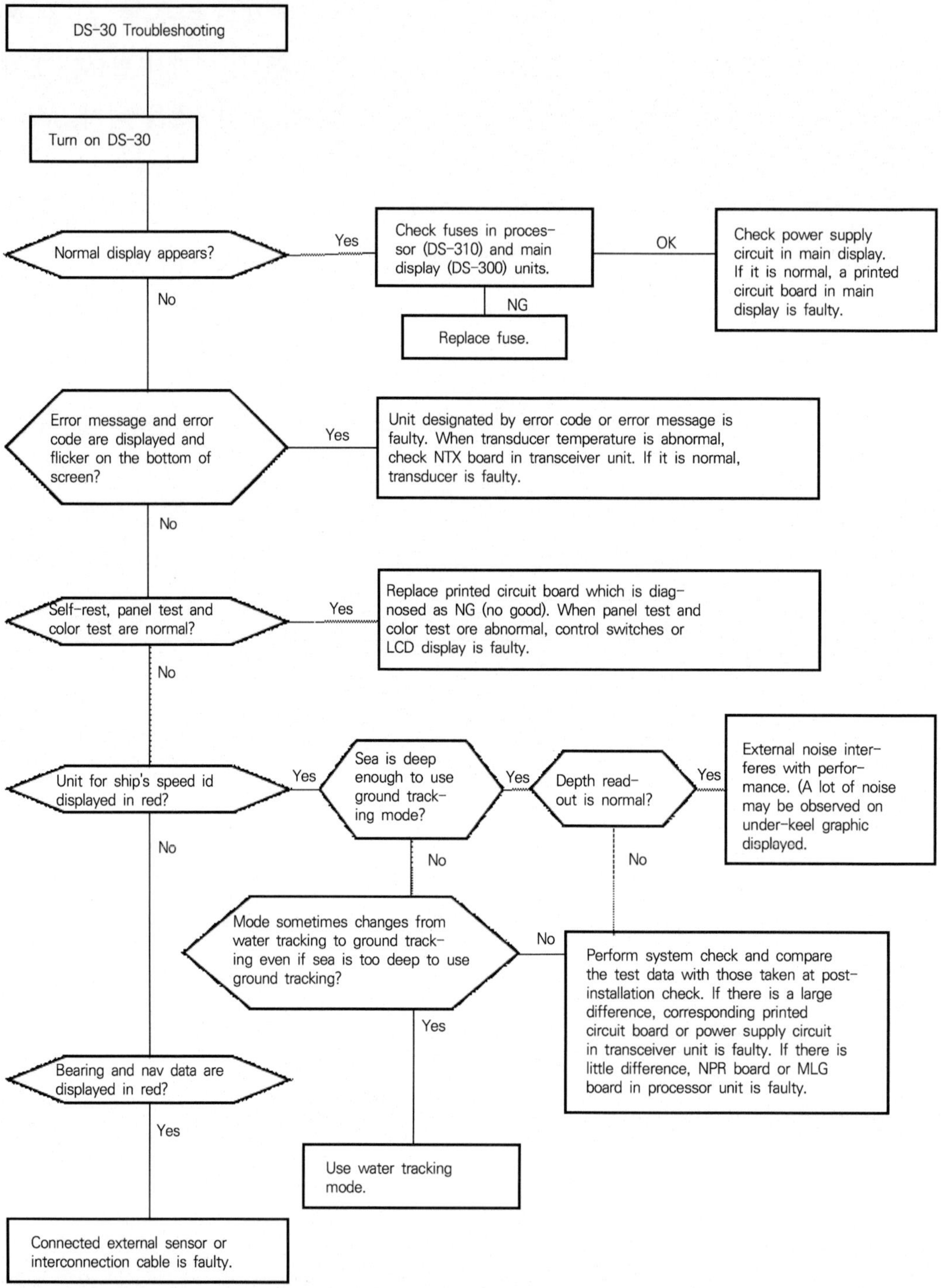

8) Echo Sounder(FURUNO FE-700)

〈그림 2-I-80〉 Echo Sounder

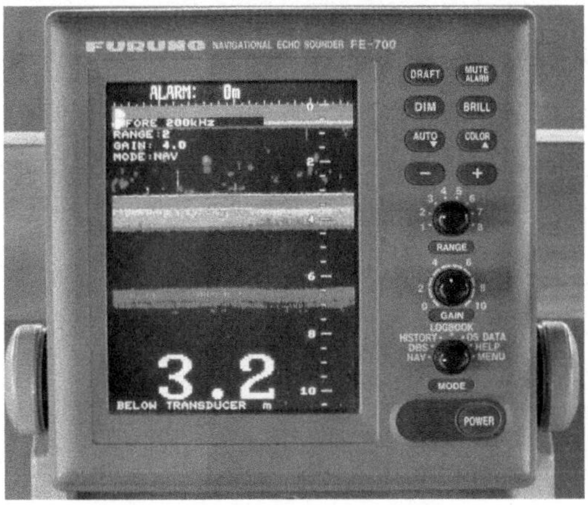

*출처: 한국해양대학교 실습선 한바다호

Echo Sounder 또한 Speed Log와 마찬가지로 특별히 다른 항해기기에 비해 점검할 사항은 없다. 이런 관계로 가장 기본이 되는 사항들에 관해서만 점검 및 관리가 되어야 할 것이다.

가) Maintenance

(1) Self Check

기본적으로 거의 대부분의 항해기기가 가지고 있는 기능과 같은 것으로 Echo Sounder 또한 이러한 기능을 가지고 있다. 주요 자가진단의 목적은 ROM, RAM, Color Bar 및 Keyboard의 작동상태를 점검하는 것이다. 실행방법은 간단히 Menu상에서 선택을 하면 된다. 이 또한 해당 기능의 수행 후에 진단된 문제는 본선에서 조치할 수 있는 사항이 아니므로 수리신청이 이루어져야 할 것이다.

(2) Display Unit의 Cleaning 및 Fuse, Battery의 교환

장비의 청결상태 유지는 해당 장비의 사용 수명 연장에 기여할 것이다. 그리고 본선에서 정비할 수 있는 항목으로 Fuse 및 Battery의 교체인데, 기본적으로 전원이 On되지 않을 경우는 Fuse를 확인하고 지정된 해당 Fuse로 교체하면 된다.

Battery의 경우는 기기를 Power Off 했을 경우 Memory Data를 보전하기 위한 것으로 통상 수명이 3년 정도이므로 주기적으로 확인하여 지정된 해당 Battery로 교체하면 된다.

나) Troubleshooting

〈표 2-I-11〉은 장비를 작동시키는데 있어서 발생할 수 있는 문제에 관하여 그 현상 및 조치 사항을 나타낸 것이다. 문제가 발생할 경우 해당 항목에 맞는 조치를 취하고, 만약 해당 조치를 취하였는데도 불구하고 정상상태로의 작동이 불가하다면 Service Engineer에 의한 점검 수리가 이루어지도록 조치하여야 한다.

〈표 2-I-33〉 Troubleshooting

Symptom	Probable Causes	Remedy
No picture, no reading measure	Low power supply	Check the supply voltage.
	Fuse blown	Replace the fuse.
	Power cable damaged	Check the cable and repair.
No echo sounding picture	Transducer cable damaged	Repair the cable.
	Transducer cable connection loosened	Tighten the connections.
	Transmitter not working	Make sure the maximum output power is selected. (See section 3.2 System Menu 1.)
Irregular display	Low sensitivity	Increase the Gain by turning the GAIN control clockwise
	Low reflectivity from seabed	Suspect muddy seabed.
	Marine life on transducer	Remove marine life from the transducer when dry docked.
Loss of seabed display	Out of range	Check the range scale setting.
	Air bubbles caused by going astern or running over other ship wakes	This is normal, it is not a sign of equipment trouble.
Heavy noise	Wrong installation place of transducer	Find cause of noise. Relocate the transducer if noise persists.
	Other echo sounders nearby	If more than one echo sounder is working on the ship, there is no ideal measure to cure the problem.
Surface noise	Aeration in near surface area	Not an equipment problem.
	Rough weather	Not an equipment problem.

2. 기관실 기기 관리

2.1 기관실 기기의 종류

1) 주기관

가) 기능

〈그림 2-I-81〉와 같이 선박의 주기관(Main Engine)은 선박의 추진과 관련하여 사용되는 기관으로서 석유, 가스 등의 연료를 연소하여 발생하는 열에너지를 기계적 에너지로 변환시키는 장치를 의미한다. 주기관은 연료를 연소하여 발생하는 열에너지를 추진에 필요한 기계적 에너지로 변환하는 방식별로 내연기관과 외연기관으로 나눌 수 있다.

내연기관은 작동유체가 기관의 내부에서 연소가스 자체가 작동 유체로 이용되는 것을 의미한다. 반면, 외연기관은 열기관의 작동유체인 물이 보일러와 같은 외부기기에서 연소를 통하여 생성되는 증기와 연소가스가 간접적으로 접촉하는 기관이다. 선박 추진용 내연기관은 통상적으로 디젤기관이 사용되고 있으며, 소형선박에서는 4행정 사이클(4-stroke cycle) 기관이 사용되고 대형선박에서는 2행정 사이클(2-stroke cycle) 기관이 사용되고 있다.

디젤기관은 공기를 실린더 내부로 유입시키고, 피스톤을 이용하여 유입된 공기를 압축시켜 공기 온도를 약 500~650℃ 정도로 상승시킨다. 그리고 연료유를 실린더 안으로 분사하고, 이때 연료유는 자기 발화온도 이상으로 가열되어 발화하며 폭발적인 힘을 방출하여 피스톤을 하강하도록 한다. 피스톤에 전달된 힘은 피스톤에 연결된 크랭크축에 전달되고, 다시 축 끝단에 연결된 프로펠러를 회전시킴으로써 추진력을 얻게 되는 구조를 갖게 된다.

나) 특징

주기관은 내연기관과 외연기관으로 구분되며, 내연기관(Internal Combustion Engine)은 기관내부에 직접 연료와 공기를 혼합하여 공급하여 연소시키고 이때 발생하는 고온, 고압의 연소가스로 유효한 동력을 생산하는 것을 말한다. 따라서 내연기관은 연료가 직접 기관 내에서 연소하고, 연소가스와 작동물질이 동일함에 따라 이것은 결국 연소가스가 직접 기관을 작동시키는 것을 의미한다.

반면, 외연기관은 기관 외부의 장소에서 연소가 진행되고, 연소가스와 작동물질이 전혀 별

개로 작동되는 열기관이다. 증기기관의 경우 증기가 작동물질이 되며 연료를 보일러 내에서 연소시키고, 이 때 생산되는 연소 가스의 열을 이용하여 보일러 물을 증기로 변환시키고, 생산되는 증기를 활용하여 왕복식 기관이나 증기터빈을 작동시킨다. 결국 외연기관은 연소에 의해서 발생한 연소가스가 직접 기관을 움직이는 것이 아니고 증기가 기관을 작동하게 한다.

〈그림 2-I-81〉 선박의 주기관 예시

*출처: 한국해양대학교 실습선 한나라호

2) 발전기

가) 기능

통상적으로 선박의 추진과 관계없는 엔진(engine)을 보조기관이라고 한다. 이러한 보조기관은 선박의 전기를 생산하여 공급하기 위한 선박용 발전기 엔진을 의미하고, 선박용 발전기 엔진은 4행정 중속 엔진이 실무에 설치되어 사용되고 있다. 선박용 발전기 엔진의 전반적인 구조는 선박의 추진기관인 주기관과 유사하며, 중속 발전기 엔진은 대부분 720 RPM(Revolutions Per Minute), 900 RPM의 엔진이 사용되고 있고, 선박용 발전기 엔진은 4행정 기관이 대부분이다.

실무적으로 상선은 입 · 출항 또는 하역 시에 운전되는 기기들에 필요한 동력의 용량에 따라 작동 엔진의 대수가 결정된다. 상선은 3대의 발전기를 설치하는 것이 일반적이며 입 · 출항 시에는 2대를 병렬운전하고 1대는 준비(stand by) 상태로 대기한다. 항해 시에는 1대를 운전하는 경우가 대부분이다. 선박용 발전기(generator)는 원동기의 종류에 따라 디젤발전기(Diesel Generator; DG), 가스터빈발전기(Gas Turbine Generator; GTG), 축발전기(shaft generator) 등으로 분류된다.

나) 특징

〈그림 2-I-82〉와 같이 디젤엔진은 발전기를 일정한 회전수로 회전시켜야 하므로, 정속 회전이 중요하다. 회전에 필요한 디젤발전기 엔진의 동력전달 순서는 피스톤에서 폭발한 에너지의 전달 순서를 의미하는데 피스톤에서 연소 폭발한 열에너지를 기계적 에너지로 전환하는 것이 핵심이다. 여기서 발생하는 에너지는 커넥팅 로드(connecting rod)를 거쳐서 크랭크 샤프트(crank shaft)에 전달되면 플라이휠(flywheel)을 통과하여 발전기의 회전자를 회전시키는 운동을 한다. 디젤발전기는 트렁크 피스톤형(trunk piston)으로 크로스헤드(crosshead)와 피스톤 로드가 없는 것이 특징이다. 연소한 찌꺼기가 크랭크챔버(crank chamber) 안으로 유입될 수 있는 단점이 있다. 이렇게 오염된 윤활유는 지속적으로 사용할 수 없으므로 청정기를 이용하여 청정하여 사용하거나 새로운 윤활유로 교환하여 사용하여야 한다. 주기관은 크로스헤드형이라서 실린더 오일과 시스템유를 별도로 사용한다.

〈그림 2-I-82〉 선박용 디젤 발전기 예시

*출처: 한국해양대학교 실습선 한나라호

3) 비상발전기

가) 기능

일반적으로 선박에는 전력을 공급하기 위한 장치로 2대 이상의 발전기가 설치되어 있고, 각종 부하장비의 사용빈도 및 상황 등을 고려한 종합적인 선박 소비전력, 입·출항 시에 일시적으로 증가하는 전력 등에 따라 적절히 단독 또는 병렬운전을 시행한다. 한편 주전력용 발전기가 정전(blackout) 등과 같이 운전이 순간적으로 또는 장기적으로 불가능하게 되는 비상사태가 발생할 경우 디젤기관으로 작동되는 〈그림 2-I-83〉과 같은 비상발전기를 설치하여 이를 대비한다. 비상발전기는 비상시에 조명이 필요한 장소의 조명용 전등, 제어용 장치, 자동조타기(auto pilot), 자이로 컴퍼스 등과 같은 운항과 조종에 필수적인 전기기기에 전력을 공급하기 위한 목적으로 설치된다.

나) 특징

비상발전기는 주전원이 차단된 상태에서, 비상시 선박의 운항과 조종에 필수적으로 사용되는 장치를 작동시킨다. 비상시에 이용할 수 있는 전력은 안전확보의 관점에서 관련된 모든 필수 설비를 동시에 가동될 수 있도록 충분한 용량이어야 한다. 비상발전기에 대한 구비요건은 SOLAS(The International Convention for the Safety of Life at Sea)협약 제 2-1장 규칙 제43조 및 제44조에 규정되어 있고, 구체적인 설비규정은 다음과 같다.

- 인화점이 섭씨 43도 이상의 연료가 독립적으로(independent) 공급되는 원동기에 의해 구동되어야 한다.
- 주전원의 전력공급이 정지할 경우에는 자동적으로 시동이 되고 비상배전반에 자동적으로 접속되어야 한다. 비상용 발전기는 자동적으로 제 설비에 전원이 공급되어야하고 자동시동장치 및 원동기의 특성은 비상발전기가 안전하며 가능한 범위내에서 신속하게(Max. 45sec) 최대부하로 급전하는 것이어야 한다.
- 시동장치는 섭씨 0°와 같은 저온상태에서도 작동될 수 있어야 하며, 이것이 실행 불가능하거나 저온의 상태로 변화될 가능성이 존재하는 경우에는 가열설비를 설치하여야 한다.
- 주관청이 승인한 범위내에서 자동시동방식의 비상발전기의 경우 Min. 3회의 연속시동이 가능한 용량의 에너지를 비축한 시동장치를 갖추어야 하며, 수동에 의한 시동법의 유

효성이 확인되지 아니할 경우에는 30분 이내에 추가하여 3회의 시동이 가능하도록 제2의 에너지원을 비치하여야 한다.

〈그림 2-I-83〉 선박용 비상발전기 예시

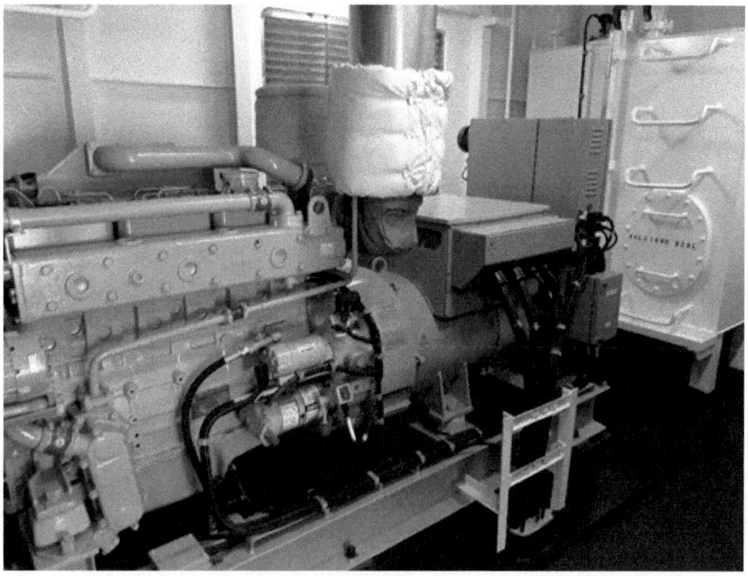

*출처: 한국해양대학교 실습선 한나라호

4) 보조보일러

가) 기능

선박용 보일러는 외연기관의 핵심 구성요소로서 고온·고압의 증기를 발생하여 추진용 증기터빈을 작동하거나, 저압의 증기를 생산하여 선박용 연료가열, 청수가열, 취사 및 난방에 필요한 증기를 발생시키는 장비이다. 이때, 〈그림 2-I-84〉과 같이 보조보일러(Auxiliary Boiler)는 주 추진기관이 아닌 선박용 연료유에 대한 가열(Heating) 및 각종 보조 장치의 가열 등에 사용되는 보일러로서 주로 디젤기관이 주 추진기관으로 설치된 선박에서 사용되는 보일러를 의미한다. 일반적으로 보일러 종류와 형태는 사용목적과 생산자에 의해 결정 및 분류되며, 특히 보일러의 연소가스의 통과 위치에 따라 연관보일러, 수관보일러, 복합식 보일러로 구분되며 물 순환에 따라 자연순환 보일러, 강제순환 보일러, 관류 보일러로 구분된다. 그 중 관류 보일러의 일종인 수관식 배기보일러(Economizer)는 보일러의 구조가 별도의 물과 증기드럼(Steam drum)이 설비되지 않고 관만으로 구성되어 순환수 펌프에서 공급된 물이 다단계의 증발용 Bank Tube를 거치면서 가열, 증발, 과열되는 보일러이다. 일반적으로 상선의 경우 보조보일러로 직립형 수관보일러를 설치하여 운용하고 있다. 수관보일러는 튜브(Tube)의 외벽으로 흐르는 연소가스의 열이 Tube 내부를 통과하는 물에 열을 전달하여 증기를 발생시키는 방식의 보일러이다. 직립형 수관보일러의 외관 및 기본구조는 보일러동(Shell)과 상부의 경판(Mirror Plate)과 하부의 오지링(Ogi Ring)과 용접되어 보일러 형체를 구성하며, 오지링의 내측에는 노(Furnace)가 용접되어 연소실(Combustion Chamber)을 형성한다.

나) 특징

선박에서 사용되는 수관식 보일러(Water tube type Boiler)는 구조상 고압대용량으로 제작이 가능하며 전열면적이 크고 효율이 우수하다. 관수 순환방향이 일정하여 순환이 용이하며, 증기 발생시간이 빠르다. 하지만 선박에서 사용되는 수관식 보일러는 구조가 복잡하고 관수처리가 필요하다. 부유수량에 대한 증발속도가 빠르기 때문에 습증기 발생이 우려되며 철저한 급수 처리가 요구된다.

보일러 내에 공급하는 물을 급수(Feed water)라 하며, 이는 보일러에서 가장 중요하고, 관련 급수 시스템은 다음과 같이 구성된다.

- 급수탱크(Cascade Tank)
  : 주 증기라인 덤핑(Dumping)증기와 응축수가 Drain Cooler에서 60~80℃가 되도록 하여 급수탱크로 떨어져, 순환 및 보충 역할을 하는 곳이다.
- 급수펌프(Feed Water Pump)
  : 보일러에 급수를 공급하기 위한 펌프로 보일러 압력과 급수계통의 유동 마찰을 극복하고 유동에너지를 갖는 압력까지 가압한다. 펌프가 Continuous Type인 경우 Mini Return Line을 설치된다.
- 수면계(Water Level Gauge)
  : 일정 수위를 유지하기 위해 수위를 관찰하는 곳이고, 2개의 수면계를 장치하는 것이 원칙이다.
- 자동수위조절밸브
  : 보일러 수위에 따라 자동적으로 밸브를 개폐하여 이와 연계된 탱크내의 수위를 일정하게 유지하는 역할을 하는 밸브로 구성된다.

보일러의 수위를 일정하게 유지하기 위해 보일러 드럼의 증기 측의 수두와 물(水) 측의 수두의 차압이 차압전송기(Differential Pressure Transmitter : DPT)에서 전류(4~20mmA)로 변환되어 전류신호가 E(I) Positioner에 전달되어 변위된 공압이 수위조절밸브의 개폐의 정도를 자동으로 제어한다.

〈그림 2-I-84〉 선박의 보조보일러 예시

*출처: 한국해양대학교 실습선 한나라호

5) 유청정기(L.O./F.O./D.O. purifier)

가) 기능

〈그림 2-I-85〉과 같이 유청정기는 선박의 연료유와 윤활유 내의 불순물을 제거하기 위하여 제작된 장비이다. 선박용 디젤기관의 연료로써 많이 사용되고 있는 중유에는 기본적으로 모래, 먼지, 수분 및 고형분 등과 같은 불순물이 포함되어 있어서 이것을 그대로 사용하게 되면 실린더 벽(Cylinder Wall)의 마모, 연료분사 밸브의 손상 및 폐색 등을 초래하게 된다. 선박에서는 통상적으로 용도에 따라 L.O. purifier, F.O. purifier, D.O. purifier 등이 배치되어 있다.

윤활유의 경우 시스템유로서 장시간 사용하게될 경우 여러 가지 불순물 및 연료유, 수분 등이 혼합되어 내부에서 오손이 발생되므로 반드시 청정하여 사용하여야 하며 일반적으로 엔진을 운전하는 동안에는 윤활유 청정기(L.O. purifier)를 통하여 주기관 L.O Sump Tank 내부의 시스템유를 순환하며 청정한다. 연료유의 경우, H.F.O Settling Tank의 연료유를 연료유 청정기(F.O. purifier)를 통해서 청정하여 H.F.O Service Tank로 이송하고, H.F.O Service Tank 내부의 청정된 연료유 액위(Level)가 증가될 경우 Overflow 되어 다시 H.F.O Settling Tank로 순환시킨다.

나) 특징

고형물(이물질 등)이 섞인 혼탁한 액체와 유사한 서로 용해가 되지 않는 비중이 다른 액체(예컨대, 기름과 물)에서도 중력에 의해서 분리가 이루어지게 된다. 비중이 서로 다른 두 액체가 섞인 혼합액체를 공급하면 Baffle Plate를 기준으로 혼합액체가 분리되어 경계면이 형성된다. 여기에 비중이 큰 액체 쪽의 출구에 장애물(Threshold)을 설치하면 혼합 경계면을 조절할 수가 있게 된다. 즉, 장애물의 높이를 조절함으로써 비중이 다른 두 종류의 액체를 확실하게 분리할 수가 있다. 장애물의 높이가 너무 낮으면 상당한 양의 가벼운 액체가 무거운 액체 출구 쪽으로 이동하게 되고, 반대로 너무 높으면 무거운 액체가 가벼운 액체 출구 쪽으로 이동하게 된다. 이러한 분리작용은 중력에 의해 서서히 진행된다. 일반적으로 사용되는 청정기는 분리속도를 증가시키기 위해서 기계적으로 중력 이상의 힘에 해당하는 원심력을 발생시켜 사용하고 있다.

〈그림 2-I-85〉 선박의 청정기 예시

*출처: 한국해양대학교 실습선 한나라호

6) 각종 펌프

가) 기능

펌프는 기체 또는 액체 등의 유체를 흡입하여 다른 쪽으로 밀어내거나 송출하도록 만든 기계로서, 다양한 형식의 펌프가 선박에 설치된 장비의 용도에 적합하게 사용된다. 낮은 곳의 액체를 끌어 올려서 압력을 가하여 높은 곳 또는 압력이 있는 용기에 보내는 장치를 말한다. 펌프의 기본원리는 항아리 속에 있는 음료를 빨대를 이용하여 빨아 마시는 것과 같다. 예컨대, 우리가 빨대에 입을 대어 숨을 들이마시면 빨대 내부로 흡입되고, 공기는 우리들의 폐 속으로 빨려 들어가므로 빨대 내의 압력은 저하되어 대기압보다 낮아지게 된다. 그러면 대기압을 받는 항아리 내부의 음료는 압력이 상대적으로 낮은 빨대 속으로 이동하게 된다. 이처럼 우리가 호흡하는 대신에 기계적으로 진공을 만들어 액체를 흡입한 다음 송출하는 것이 펌프이다. 일반적으로 펌프는 터보형, 용적형, 특수형으로 구분한다.

나) 특징

펌프 중에서 제일 많이 사용되고 있는 터보형 펌프는 임펠러(Impeller)를 케이싱 내에서 회전시켜, 그때 발생하는 원심력이나 양력에 의해 액체를 송출하는 방식이다. 즉 회전차의 원심력에 의해 액체가 이동하면서 여기에 진공에 가까운 부압이 발생하여 액체를 흡입하는 원리로 작동하는 것이다. 따라서 흡입측에 액체가 충분히 있다면 연속적으로 흡입하여 상승되므로 일반적으로 저수두로 대용량의 액체를 이송하는 데 사용된다. 터보형 펌프를 회전차의 형식에 따라 분류하면 원심펌프, 사류펌프, 축류펌프로 구별된다.

원심펌프는 주로 원심력의 작용에 의해 액체에 에너지를 전달하는 펌프로, 임펠러의 토출측이 그대로 벌루트 케이싱에 연결되는 벌루트 펌프(volute pump)와 디퓨저부에 연결되는 디퓨저펌프(diffuser pump)가 있고, 축류 펌프는 임펠러의 양력을 이용하여 액체에 에너지를 전달한다. 사류펌프는 원심력과 임펠러의 양력의 두가지 힘에 의해 에너지를 전달하는 것이다. 특히 용적형 펌프는 피스톤의 왕복운동에 의해 일정량의 액체를 밀어내는 왕복펌프와 치차나 편심로터 등의 회전운동에 의해 액체를 송출하는 회전펌프가 있다. 물론 용적형 펌프는 터보형 펌프와 다르게 간헐적으로 액체를 송출하기 때문에 압력 맥동을 동반하는 것이 있고, 안전관리적인 측면에서 진동 문제에 주의할 필요가 있지만, 일정량의 액체를 확실히 이송하는 소용량의 고압의 경우에 상당히 적합하다.

특수형 펌프는 상기의 작동원리와는 다른 것으로, 제트펌프, 에어리프트 펌프, 재생펌프 등이 있고, 각각 독자적인 우수한 특성을 갖고 있다.

〈그림 2-I-86〉 선박용 원심펌프 예시

*출처: 한국해양대학교 실습선 한나라호

7) 공기압축기(Air compressor)

가) 기능

선박에서 주로 사용하는 공기압축기는 고압식인 압축기와 저압식인 송풍기가 있다. 송풍기는 일반적으로 압력 증기가 10 kPa 미만인 것을 의미하며, 그 이상의 압력을 갖는 것을 압축기라 한다. 선박에서 압축공기는 주로 주기관 및 발전기 기관으로 사용되는 디젤 기관의 시동용, 각종 공기압식 제어기기 구동용, 갑판용 보조기계의 구동용 및 각종 일반 작업용으로 구분되어 사용되고, 이러한 압축 공기를 생산하는 기계를 공기 압축기(Air compressor)라고 지칭한다. 공기압축기의 운전은 공기탱크에 설치되어 있는 압력 스위치에 의하여 자동적으로 온/오프(on/off) 제어된다.

〈그림 2-I-87〉과 같이 선박용 공기압축기에서 만들어진 압축 공기는 25~30 bar의 압력을 가지는 시동공기(Starting Air), 약 7 bar의 압력으로 감압되어 사용되는 제어공기

(Control Air) 및 일반 공급 공기(General Service Air)로 구분된다. 일반적인 선박의 경우 보통 3대의 동일한 용량의 공기 압축기와 제어용 공기압축기 및 잡용 공기압축기 및 비상용 공기압축기가 1대씩 설치된다. 이와 같은 공기 압축기 시스템을 구비하는 것은 선급 규정상 2대 이상의 압축기를 반드시 설치하도록 정하고 있기 때문이다. 그리고 이때 압축기는 공기탱크에 압축공기를 넣기 위하여 동력에 의하여 구동되는 2대의 공기압축기를 설치하되, 그 중 적어도 1대는 독립동력에 의하여 구동되는 것이어야 하며, 각공기압축기의 합계용량은 공기탱크에 압축공기를 1시간 이내에 주입할 수 있어야 한다.

〈그림 2-I-87〉 선박용 공기압축기 예시

*출처: 한국해양대학교 실습선 한나라호

나) 특징

공기압축기는 에너지를 전달하는 방식에 따라 터보형과 용적형 압축기로 구분할 수 있고 터보형 압축기는 원심형, 축류형으로 구분되며 용적형 압축기는 왕복동식, 회전식으로 구분된다.

원심식 압축기의 구조는 원심펌프와 비슷하며, 회전차의 회전에 의해 기체는 원심력에 의해 운동량이 커져 회전차 밖으로 밀려나 나선형 몸체의 내부를 지나 송출구로 흐르면서 속도 에너지가 압력 에너지로 바뀐다. 축류식 압축기에서 공기를 취급하는 경우 1단의 압축비는 1.2정도이며, 선박에서는 주로 다단식으로 사용한다. 그리고 다량의 기체를 압송하기 위하여 회전 날개와 안내 날개를 조합해서 교대로 배치하는 데 회전날개는 회전차에, 안내 날개는 케이싱(casing)에 설치한다.

회전식 압축기는 용적식 압축기의 일종이며, 회전차의 회전에 따라 회전차와 케이싱 사이의 공간이 커지고 작아짐이 반복되면서 기체를 흡입, 압축 및 송출하는 기계이다. 왕복식 압축기는 가장 널리 사용되는 압축기이며 압축기의 압력이 높고 소요 공기량이 적은 경우에 주로 사용된다. 왕복 압축기는 피스톤의 왕복운동으로 기체를 흡입, 압축하는 것으로 실린더 배치방식에 따라 횡형, 직립형, V형, W형으로 분류되고, 압축방법에 따라 단동, 복동으로 구분된다.

왕복동 공기압축기의 경우, 피스톤 상부는 저압 실린더이며 피스톤 하부는 고압 실린더이다. 공기는 스트레이너를 통과한 다음 1단 실린더에 흡입되고, 1단 실린더 내로 흡입된 대기압의 공기는 1단 피스톤의 왕복운동에 의해 흡입 및 압축이 진행된다. 1단 흡입밸브로 흡입된 공기는 필요한 공기압력에 이동할 때까지 실린더 내에서 압축되며 이 압축력이 토출밸브의 스프링 힘보다 커지면 토출밸브가 열려 압축공기는 1단 냉각기 및 드레인 분리기를 통해 2단 실린더로 흡입된다. 2단 흡입밸브로 흡입된 공기는 필요한 공기압력에 도달할 때까지 실린더 내에서 압축되며 이 압축력이 토출밸브 스프링보다 커지면 토출밸브가 개방되고, 압축공기는 2단 냉각기 및 2단 드레인 분리기를 통해 3단 실린더로 흡입된다. 3단 흡입밸브로 흡입된 공기는 필요한 공기압력에 이동할 때까지 실린더 내에서 압축되어 이 압축력이 토출밸브 스프링 힘보다 커지면 토출밸브가 개방되어 압축공기는 3단 냉각기와 3단 드레인 분리기를 통과하는 압축공기는 역류방지 밸브(Non-return (check) valves)를 거쳐 공기 저장조(air storage tank)로 저장된다. 특히 기체 중에 함유되어 있는 액체 및 응축 액체를 기체로부터 분리하기 위한 드레인 분리기(drain separator)에서 분리된 드레인은 자동 드레인 밸브를 통하여 압축기 정지 시 대기 중으로 방출된다.

8) 선박 축계 및 추진(shaft and propeller)

가) 기능

주기관(Main Engine)에서 발생하는 동력은 한 줄의 축을 거쳐서 선미 외부의 추진기(propeller)와 연계되고, 또한 추진기의 회전에 따라 발생되는 물의 추력은 같은 축을 거쳐서 선체에 전달되어 힘이 발생하게 된다. 이렇게 일체화된 연결된 축을 축계(shafting)라고 한다. 축계는 선체의 기선(base line)에 평행한 경우와 선미쪽으로 내려간 경우가 있는데, 내려간 축계에 대하여 실무적으로 경사(rake)가 있다고 한다. 축계의 구성요소는 다음과 같다.

• 추력축과 그의 베어링

: 플랜지 커플링(Flange Coupling)에 의하여 중간축에 연결되며 중간축은 중간축 베어링에 의하여 지지된다.

• 중간축과 그의 베어링

: 축의 무게를 지지하고 추계의 중심선을 일직선으로 유지한다. 선박에 따라 중간베어링은 1개에서 4개가 있다.

• 추진기 축과 선미관

: 축계의 끝부분은 선체의 선미부분을 관통하여 프로펠러에 연결되는데 이부분을 프로펠러 축, 또는 선미축이라고 지칭하고 선미관 베어링에 의하여 지지된다.

• 추진기

: 프로펠러에 의하여 프로펠러 축에 조립되는데 프로펠러와 프로펠러 축과의 결합은 통상 원추형으로 가공하여 맞춘 다음 프로펠러 너트로 죄이도록 되어있다.

나) 특징

육상용 내연기관에서는 크랭크축의 축 방향으로 미는 힘은 거의 작용하지 않으므로 약간의 추력은 메인 베어링의 측면으로 받을 수 있으나, 선박용 기관에서는 배가 전 후진할 때 생기는 추력을 받는 추력축과 추력 베어링이 필요하다. 〈그림 2-I-88〉과 같이 중대형 선박에서는 미첼식 추력 베어링(Michell Thrust Bearing)이 가장 보편적으로 사용되고 있다. 중간축(intermediate shaft)의 수는 중앙 기관실형(midship engine room type)의 화물선에서 5~7개 정도이며, 선미 기관실형(after engine room type)의 경우에서는 1~2개 정도이다. 일반적으로 축계에 따라 기관실로부터 해수관이 배치되고 중간축 베어링(plummer block bearing)과 선미 베어링(stern tube bearing)에 냉각 해수가 공급된다. 중간축은 추력축과 추진기축과의 사이에 이어지는 축으로서 소형선에서는 추진기축을 길게 하여 중간축을 생략하는 설계도 있다. 20,000 TEU급 초대형 컨테이너선박의 경우 기관실로부터 긴 터널(tunnel)을 거쳐서 추진기축까지 중간축을 두기 때문에 터널 축(tunnel shafts)이라고도 한다.

〈그림 2-I-88〉 선박용 축계 예시

*출처: 한국해양대학교 실습선 한나라호

9) 유윤활식 선미관

가) 기능

유윤활식 선미관은 추진기축이 선체를 관통하는 곳에 설치되는 것으로 해수가 선미관을 통하여 내부로 인입되는 것을 방지하고, 윤활유가 외부로 유출되는 것을 방지함과 동시에 추진기축(tail shaft)에 대하여 기계의 마찰을 감소시키는 역할을 한다. 대표적으로 대형 상선의 경우 대부분 기름 윤활방식을 채택하고 실무에 설치하여 사용하고 있다. 유윤활식은 밀봉장치가(sealing device) 중요한 역할을 하게 되는데 밀봉이 필요한 위치에 적절하게 기름을 공급 또는 주입하면 유막 윤활이 언제나 유지되며 축 및 베어링에 대한 마멸이 최소화된다. 그리고 선박의 선미관에서 이러한 마멸을 최소화하는 데 있어서 중요한 역할을 하는 것은 오일 씰(oil seal)이다. 선박의 선미관에서 사용되는 엔진이나 모터의 회전 축 단부에서의 기름 누출을 막는 역할까지 포함하는 오일 씰은 선미측과 선수측의 두 부분으로 구성된다. 전자는 선박의 흘수로 정하여지는 수압에 대한 봉수가 목적이며, 후자는 선미관내에 있는 압력유가 선박 내부로 유입되는 막아주는 것이 핵심 목적이다.

나) 특징

유윤활식 선미관의 AFTER SEAL과 FORWARD SEAL로 나누어져 있다. 선미관 BEARING 용의 L.O.는 GRAVITY TANK로부터 공급받고 선미관을 통과한 기름은 응축탱크(drain tank)에서 집적되고, PUMP로서 2차적으로 중력탱크(gravity tank)로 이송되게 된다. 중력탱크(gravity tank)의 높이는 통상 선미측 밀봉부의 해수압력과 유압력의 평형을 고려하여 만재 흘수선보다 약 3~4미터 상위단에 설치되는데, 공선 항해(Ballast Voy.)와 만재 항해(Laden Voy.)의 흘수차가 크게 발생할 경우를 대비하여 필요시 중력탱크(gravity tank) 가 상하로 설치하는 경우도 있다.

10) 선박 냉동기 및 공조 시스템(Air Cond. and Prov. Ref. Machinery)

가) 기능

일반적으로 물질로부터 증발열을 빼앗아 증발함으로써 냉동작용이 발생하게 된다. 이러한 냉동작용에 있어서 액체가 증발하여 기체가 되기 과정에서 주위로부터 열을 흡수(냉동효과) 하여야 하며, 역으로 기체가 액체로 되기 위해서는 열을 방출(난방효과)하여야 한다. 특히 여기서 의미하는 냉동은 특정 물체 또는 특정 장소로부터의 열을 제거함을 통하여 온도를 주위의 온도보다도 낮은 온도의 상태로 유지하는 것을 의미한다. 선박에서 냉동은 선원들의 일상생활과 밀접한 관계를 가지고 있는 다양한 식재료의 저장, 관리, 공기 조화 등에 적용된다. 예컨대, 선박용 신선식품(식자재) 등을 낮은 온도로 저장하는 것을 냉장, 어느 점 이하의 온도로 동결시키는 것을 냉동으로 각각 구분하고 이를 기준으로 각종 식자재를 관리한다. 선박에서는 이를 위한 목적의 관점에서 저온을 얻는 방법은 여러 가지가 있는데 대표적으로 융해, 승화, 증발 등의 물리적 현상에 의한 흡열작용(endothermic reaction)을 이용하는 것과 기계적인 일 또는 열에너지를 소비해서 저온물체에서 열을 흡수하여 고온영역에 열을 방출하는 것이 있다.

냉동사이클(증발과정-압축과정-응축과정-팽창과정)에서 압축기는 증발기에서 되돌아오는 냉매를 액화하기 쉽도록 고압의 기체로 압축하는 장치이며 응축기는 증발기에서 냉매가 흡수한 열을 냉각수 또는 공기로서 냉각시켜 냉매를 액화하는 장치이다. 팽창밸브는 응축기로부터의 액체냉매를 증발기에서 기화하기 쉬운 저압의 액체냉매로 전환시키기 위한 장치이며 증발기는 팽창밸브를 통과한 저온 저압의 액체 냉매가 저온에서 기화하여 주위의 열을 흡수하는 곳이며 실질적으로 열교환이 발생하는 장소이다.

증발기 시스템에는 냉동기 시스템과 에어컨 시스템이 있고, 에어컨 시스템은 거주구역의 공기의 온도, 습도 등을 조절하는 공기조화장치이다. 공기조화는 일반적으로 공기의 온도, 습도, 다양한 먼지 및 오염물질의 오염 정도를 의미하는 청정도 및 기류분포를 공기조화가 필요한 공간의 요구에 적합하도록 조절하는 역할이며, 공기조절(air conditioning) 또는 공조라고 지칭하고 있다.

나) 특징

〈그림 2-I-89〉와 같이 모든 냉동장치는 냉동사이클을 통해서 작동되게 된다. 냉동사이클은 압축-응축-팽창-증발 4단계로 구성된다. 액체는 열교환에 의해 액체상태에서 증기상태로 변하면서 열을 흡수하고(evaporator), 기체에서 다시 액체로 변하면서 열을 방출한다. 압력이 일정하다면 변화하는 동안 상태의 변화가 발생함에도 불구하고 온도는 일정하다. 그리고 높은 온도의 물체로부터 낮은 온도의 물체로 이동함에 따라 증발기와 응축기에 포함된 금속 부속은 동, 황동, 알루미늄 등과 같은 열전도률이 높은 금속을 일반적으로 사용한다.

〈그림 2-I-89〉 선박용 냉동기 예시

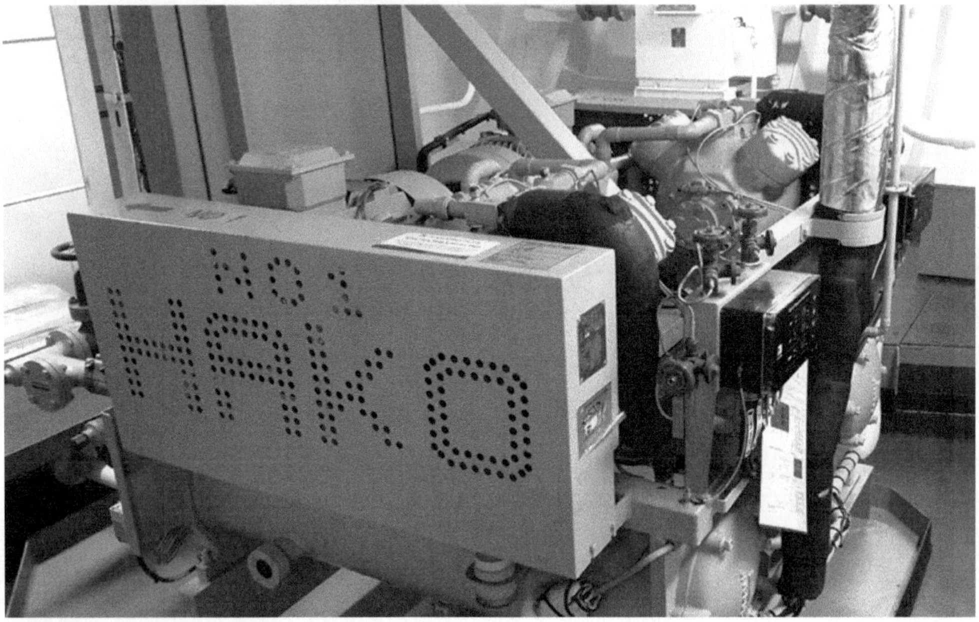

*출처: 한국해양대학교 실습선 한나라호

〈그림 2-I-90〉과 같이 공기조화시스템은 공기의 온도, 습도, 청정도 및 기류분포 등 4개 요소 외에 복사나 압력을 제어의 대상으로 하는 경우도 있다. 그리고 선박에서 공기의 청정도는 공기 중에 포함되는 먼지, 유해가스, 취기, 미생물 등의 농도가 선원의 승선생활이나 기관실에서의 제어되는 적절한 값이 되도록 제어하는 것을 목적으로 한다. 특히 기류분포는 제한된 공간내에서 실내공기의 흐름이 0.25 ㎧ 정도가 되게 실내기류를 조성하는 것을 목적으로 한다. 공기조화는 그 목적이나 대상에 따라 생활 환경,즉 거주역의 온도, 습도, 기류와 청정도를 최적 상태로 하여 근로(승선생활 등) 능률을 향상 시키기 위한 쾌감공기조화와 산업

공기조화로 구분할 수 있다. 전자는 건물, 공간, 실내에서 거주하는 사람을 대상으로 하는 것으로 사람이 쾌적한 활동을 할 수 있도록 실내의 공기상태를 조절하여 냉방 및 난방을 진행하는 것이며, 후자는 물품의 생산, 관리, 저장을 효과적으로 행하기 위한 것으로 공정 전체의 실내의 습도와 온도 등을 효율적으로 관리하기 위한 것이다. 선박에서는 화물창의 제습, 전자기기를 보호하기 위하여 기관제어실의 냉방 등이 해당된다.

선박의 공기조화장치(Air Handling Unit : AHU)의 대표 기능은 아래와 같다.

- 항해/정박 중 공기의 냉각, 가열 (온도의 조절)
- 항해/정박 중 공기의 가습, 감습 (습도의 조절)
- 항해/정박 중 공기유속의 균일화 (기류의 조절)
- 항해/정박 중 공기의 청정 (청정도 유지)

〈그림 2-I-90〉 선박의 에어컨 예시

*출처: 한국해양대학교 실습선 한나라호

11) 조수기(F.W. Generator)

가) 기능

〈그림 2-I-91〉와 같이 조수기는 해수를 사용하여 청수를 생산하는 장비로서 진공이 형성된 용기에 해수를 공급하고 여기에 주기관 냉각수의 열을 가열하면 해수가 증발되고, 이를 응축항 증류수를 만드는 장치를 지칭한다. 원양항해를 위한 선박의 운항은 결국 보일러 급수,

기관의 냉각수 및 청정기의 작동수 등 각종 기기의 운영에 소요되는 용수 뿐 아니라, 선원들의 승선생활을 위한 다량의 청수가 지속적으로 공급되어야 한다. 따라서 선박에서는 조수기를 이용하여 해수 중에 포함된 염분을 제거하여 청수를 생산한다. 조수기의 종류에는 저압 증발식 조수기와 역삼투압식 조수기가 사용되고 있으며, 상선은 저압 증발식 저수기를 통상적으로 사용하고 있다. 저압 증발식 조수기(L.P Fresh Water Generator)는 주기관으로 사용되는 디젤기관의 냉각수를 가열원으로 이용하여 해수를 증발시켜 청수로 만드는 장치이다. 반면에 역삼투압 조수기(R.O Fresh Water Generator)는 반투막이 있는 용기에 담긴 해수에 역삼투압을 이용하여 청수를 생산하는 장치이다. 조수기의 구성은 Heat Exchanger, Separator Shell & Condenser, Water Ejector, Ejector Pump, Distillate Pump, Salinity Alarm, Deflector, Mesh Separator, Solenoid Valve 등으로 구성되어 있다.

나) 특징

저압 증발식 조수기는 열원(Heat source)을 사용하여 해수를 증발시키고, 이때 발생되는 수증기를 냉각수로 냉각시키면 순수한 청수를 생산할 수 있게 된다. 물은 주위 압력이 낮으면 상대적으로 낮은 온도에서도 증발시킬 수 있다. 결국 저압 증발식 조수기는 압력이 낮으면 적은 에너지로도 물 분자를 쉽게 기화시킬 수 있는 원리를 사용한다고 할 수 있다. 그리고 저압 증발식 조수기는 압력을 하강시키기 위하여 이젝터(Ejector)를 사용하여 장치 내에 진공을 형성하고, 청수를 생산하기 위해서 장치 내에 해수를 공급한다. 더불어 저압 증발식 조수기에 공급된 해수를 증발시키기 위한 열원(Heat source)이 필요하다. 따라서 대부분의 조수기는 주기 냉각수(M/E Jacket)를 열원으로 사용하여 해수를 가열한다. 또한 진공 중에서는 주기 냉각수(M/E Jacket)에서 나온 냉각수의 온도만으로도 해수를 증발시킬 수 있음에 따라 해수를 끓인 후 증발된 수증기를 콘덴서(condenser)에서 응축하여 증류수를 만든다.

조수기의 핵심 원리인 삼투압(osmotic pressure) 현상은 두 개의 용액을 반투막으로 격리하면 자연상태에서 농도가 낮은쪽 용매는 농도가 높은쪽으로 이동하는 것을 의미하고, 역삼투압현상은 고농도의 용액에 일정 이상의 강한 압력을 가하면 용매가 반투막을 통과하여 저농도의 용액으로 이동하고 고농도의 용액이 저농도의 상태로 변화되는 것을 의미한다. 이와 같은 역삼투압의 원리를 이용하여 바닷물에서 순수한 물을 생산하는 것이 역삼투압식 조수기이다.

〈그림 2-I-91〉 선박의 조수기 예시

*출처: 한국해양대학교 실습선 한나라호

2.2 기관실 기기의 관리

1) 기관실 기기 정비의 개요

선박의 기관실에는 다양한 기관과 기기들이 독립 또는 연계되어 복합한 시스템의 형태로 존재하고 있다. 따라서 기관시스템 전체의 구성은 각 기관과 기기들이 각각의 목적에 기초하여 유기적이고 복잡한 관계를 형성하고 있으므로 이와 관련된 정비관리는 매우 중요하다. 실무적으로 선박은 장시간을 원양항해를 수행하기 때문에 복잡한 연계 장비와 시스템의 성능은 점점 열화될 가능성이 매우 크다. 특히 선박 운항 중 현존선의 운항조건에 최적화된 기관 및 기기의 정비관리는 운항조건의 변화에 맞추어 체계적으로 관리될 필요가 있다. 실제로 선박은 20년에서 30년정도의 긴 수명주기를 갖고 있어서 정비 및 유지보수가 매우 중요하다. 선박소유자 및 선박관리기업은 정비기간 동안 선박 고장 예방 및 사고 예방을 위한 노력이 필요하며, 이런 관점에서 예방정비, 계획정비, 예지정비, 상태정비, 원격정비 등이 실무에서 적용되고 있다.

2) 기관실 기기 정비의 종류와 특징

가) 예방정비

선박예방정비는 기관실 주요 기기의 정상 작동을 지원하고, 이를 위한 정기적인 일정에 따라 기기의 주요 항목을 검사하는 것을 의미한다. 선박예방정비의 경우 기관실 주요 기기의 규칙적인 고장 주기와 정비주기를 고려하여 제한적인 모니터링 방식을 통하여 그 상태와 결과를 예상한다. 형식적인 차원에서 예방정비는 정상 작동하는 부품까지도 교체하여야 함에 따라 작동시기, 시간, 조건 등과 연계하여 부품 비용의 발생과 기기 잔존 수명에 영향을 줄 수 있음에 따라 관리자는 이를 충분히 고려하여야 한다. 예방정비(Preventive maintenance : PM)는 선박의 운항 중 각종 기관실 기기의 종류, 수량, 시스템의 운영 상태를 유지, 보수, 개선하기 위한 독립적인 관리 프로그램을 기반으로 진행하는 예방적 접근방식을 의미함에 따라 선박소유자는 예방정비에 각종 자원을 투자하여 선박운항 시간이 경과됨에 따라 확대되고, 비용이 증가하는 수리를 사전에 방지할 수 있는 장점이 있다.

나) 계획정비

선박계획정비(Planned Maintenance)는 기관실 주요 기기 및 장비 구성품의 정비 업무를 위하여 개별 기관사관에게 효과적인 정비를 위한 정비주기, 정비방법 및 감독 요령 등을 제공하고 제공된 자료를 통해 정비를 계획하여 수행하는 것을 목적으로 한다. 선박에서 계획정비는 각 갑판(deck)별로 설치 운영 중인 각종 기기와 장비의 유지 및 보수를 위한 효과적인 계획정비 방법 및 감독요령을 제시하고, 다음과 같은 장점을 제공해준다.

- 기관실 기기 및 장비의 복잡한 정비를 편리하게 식별하고 관리할 수 있는 간단한 절차를 작성하여 복잡성을 감소시키는데 기여하고 있다.
- 요구되는 사전 정비항목의 한계점을 표시하며 요구되는 계획정비를 실시하고, 계획정비 이행에 필요한 공구, 부속, 자재 및 계측기 그리고 작업순서를 제시하여 완벽한 정비를 실시할 수 있게 하여 정비를 실시함으로서 선박 운항지연 및 각종 안전사고를 방지하는데 기여하고 있다. (화물설비 : 화물격납설비, 압력용기, 압력관 장치, 압력 및 온도 제어장치, 벤트장치, 동력통풍장치 등이 있고, 전기설비 : 회전기계, 배전반, 구 전반, 분전반, 케이블, 변압기 등, 기관장치 : 주기관, 보조 기관, 발전기, 추진축 계, 동력전달장치, 프로펠러, 보일러, 가열기, 압력용기, 공기관, 측심장치, 밸브평형수 장치, 연료유 장치, 조타장치, 계류장치 등이 있음)

- 정비에 소요되는 인력과 물자를 예측하여 이에 필요한 조치를 취하는데 기여하고 있다.
- 기관 사관이 장비이력카드(History Card), 정비 지침서, 정비지침카드(Maintenance Requirement Card), 정비계획표에 기초하여 정비를 수행하는 데 있어 기술적인 미비점을 발견하여 개선함으로써, 조기에 문제를 해결하는데 기여하고 있다.

다) 예지정비

최근 스마트 선박의 등장으로 인하여 기관실 내의 장비들은 상호 네트워크로 연결되어 있으며 발생된 데이터를 활용하여 육상과 선박 간의 예지 정비(Predictive maintenance)에 대한 정보공유가 활발하여 진행되고 있다. 이러한 관점에서 예지 정비는 자산 또는 기기에 문제가 발생하였을 때 수리하는 사후 정비(Reactive maintenance)와 부품의 상태에 관계없이 정해진 주기에 따라 유지보수를 진행하는 예방 정비(Preventive maintenance)와는 달리, 선박의 주요 기기 및 장비에 고장이 발생하기 전에 디지털 코드화된 신호를 분석하여 선제적으로 기관실 기기와 장비의 고장 및 문제에 대응하는 개념이다. 결국, 예지정비는 기관실 내의 기기 및 장비에 대한 자산관리 측면에서 고장, 파손 등에 대한 위험을 미리 예측하여 조기에 유지 보수함으로써 종합적인 선박관리 비용을 절감하고, 운영 효율성을 극대화하는 데 있다.

라) 상태기반정비

선박상태기반 정비(Condition Based Maintenance : CBM)는 과도한 예방정비 및 계획정비의 준수로 인한 정비비용을 절감하기 위하여 우주항공 산업에서 가장 먼저 시작되었다. 이를 기반으로 선박에 적용되는 상태기반 정비는 기관 및 기기에 고장이 발생하지 않았으면 정비할 필요가 없다는 논리에 근거한다. 결국 선박의 기관 및 기기의 상태에 대하여 상태기반정비는 초기 단계에서 부터 결함을 탐지하고, 결함 위치를 확인하여 고장시간을 상당히 축소하는 것과 더불어 예측시스템을 활용하여 선박정비계획을 직접 관리하는데 도움이 된다. 대표적으로 센서(sensor)와 데이터(data)를 융합한 상태기반 정비 방법은 해운기업이 관리하는 다양한 선종별 설치된 각종 기관 및 기기에서 생성되는 데이터에서 장점을 취할 수 있고, 더 정확하고 신뢰성 있는 진단을 통하여 미래를 예측할 수 있는데 많은 도움이 될 것으로 예상된다.

마) 원격정비

선박에서는 선원이 복잡한 기관시스템을 항시 감시할 수 있도록 중앙 집중 감시 장치를 별도로 설치하여 운용하고 있으며, 이러한 장치를 모니터링 시스템 또는 감시시스템이라고 통칭한다. 모니터링 시스템은 기관장비의 작동 현상을 즉시 파악이 가능하도록 다양한 센서로부터 현재 상태를 계량화 한 값을 표준화된 데이터방식으로 수신하여 선원에게 기관의 운전정보를 제공할 뿐만 아니라 기관에 장착된 원격 제어기(remote actuator/controller)를 이용하여 원격 제어/관리(remote control/management)또한 가능하게 구성되어 있다. 또한 각 센서 값의 한계치를 High, Low, Abnormal로 설정하여 설정한 한계치에 도달할 경우 운용자(책임사관 및 기관장)에게 시각적, 청각적 경고(alarm)의 방법으로 알리는 기능도 가지고 있다. 그러나 기존에 운항 중인 선박에 설치된 독립모니터링 시스템은 전체 기관 시스템을 유기적이고 예측 불가능한 변화 상황을 고려할 수 없기 때문에 단순 감시·감독기능만을 제공하고, 문제해결의 관점에서 진단의 개념까지는 포함하고 있지 않다. 따라서 수십 개에서 수백 개에 이르는 기관 시스템의 운전 상황을 모두 고려하여 각 기관 또는 전체 기관 시스템의 상태를 진단하는 것은 오롯이 최종 운영자인 선원의 책임이며, 기관 시스템의 일부를 제작한 제조사도 기관 전체의 종합적인 진단을 하는데 한계가 있다.

바) 기관실 무인화

기관실 무인 자동화 선박이란 Unattended Machinery Automatic Control(UMA)시스템을 기반으로 주기관, 발전기 및 보기의 경보장치, 안전장치 및 자동장치 등이 정상상태이며 기관실 무인화가 가능하다고 판단되는 상태 또한 선장이 항로의 상황, 기상 상태 등을 감안하여 조선에 지장이 없다고 확인이 되는 경우에 기관실 무인화 운전이 가능한 선박을 의미한다. 다만, 기관실 무인화 운전 중 주기관의 핵심제어권한(ownership for control)을 선교(bridge)로 변경하여 확장경보(Extension Alarm)를 공유할 수 있는 상태로 한다. 기관실 무인화 운전은 24시간을 기준으로, 기관 각부의 운전상태를 확인한 후에 추가적인 지속 여부를 결정한다.

기관실 무인 자동화 전환 시에는 기관실 무인화 시스템의 검사를 아래의 〈표 2-I-34〉와 같은 Checklist에 따라 당직 기관사가 모든 기기 및 장비의 정상적인 운전상태를 확인하여야 하고, 본선 기관장에게 동 사실을 보고한 후 선교 당직 항해사에게 통보하고 핵심제어권한(ownership for control)을 선교(bridge)로 전환함으로써 시작된다. 이에 따를 주기의 제어는 통상 항해 중 선교에서 당직 항해사가 주기관의 부하를 변경해야 할 경우에는 선장은 그 사항을 사전에 기관장에게 통보하여야 한다. 비상시에는 당직 항해사가 선 조치 후 선장과 기관장에게 조기에 동 사실을 보고하고, 주기관 운전 시 주의하여야 한다. 다만, 다음의 경우에는 기관실 유인 당직체제 유지를 원칙으로 한다.

- 입항 2시간 전부터 출항 2시간 후까지
- 악천후 항해 시
- 선박의 교통량이 많은 연안항해 시
- 좁은 수로 통항 시
- 시계 제한시
- 기타 선장의 판단으로 유인 당직체제가 필요한 경우

반드시 숙지해야할 기관당직
가. 기관당직이란 당직을 구성하는 자가 기관구역에 있는 지의 여부를 불문하고 기관구역에 대하여 책임을 지는 당직을 말한다. 나. 기관당직 해기사는 안전하고 효율적인 작동과 유지에 대한 일차적인 책임을 진다. 다. 당직을 인계할 경우에는 당직을 인수하는 해기사가 당직임무를 유효하게 수행할 수 있다고 판단될 경우 당직을 인계하여야 한다. 라. 당직을 인수할 자는 선박의 여러 시스템의 작동 등 필요사항을 확인하여야 한다. 마. 기관당직 해기사는 기관실에 기관장이 있다고 하더라도 기관장과 책임을 맡겠다는 통지가 서로 이해될 때까지 기관구역의 운전에 대한 책임을 진다. 바. 기관구역이 유인상태인 경우 기관당직 해기사는 항상 추진장치를 조정시킬 준비를 하여야 한다. 사. 기관실이 정기적으로 무인상태인 경우에 기관당직 해기사는 즉시 호출을 받을 수 있어야 하며, 호출시 즉시 기관실로 가야 한다. 아. 모든 선교의 지시사항은 즉시 이행되어야 하며, 특별한 경우를 제외하고는 주기관의 회전방향 또는 속도의 변화는 기록되어야 한다. 자. 기관당직 해기사는 당직 중 수행하는 수리작업에 관하여 통지하여야 한다. 차. 기관실을 운전준비 중인 상태로 둔 경우, 기관당직 해기사는 조선 중에 사용할 수 있는 모든 기계와 장치를 즉시 이용할 수 있는 준비상태로 두어야 한다. 카. 당직임무가 끝나기 전에 기관당직 해기사는 주기관 및 보조기계와 관련하여 당직 중 발생한 모든 사건을 적절히 기록하여야 한다. 타. 제한된 시정 등의 여러 가지 조건에서 기관당직 해기사는 선교의 명령이행 등 필요조치를 취할 수 있게 준비하여야 한다.
출처 : 항해당직 기준의 작성방법(제40조의2제2항 관련)

〈표 2-Ⅰ-34〉 기관실 UMA 점검항목

기관실 UMA 점검항목

M/V (S/S) **VOY.NO:**

NO	CHECK POINT			DATE	DATE	DATE	DATE	DATE	DATE	DATE
					. .	. .	. .	. .	. .	. .
1	E/R SUPPLY VENT FAN CONDITION									
2	EXH. GAS ECONOMIZER MANOMETER									
3	M/E J.C.F.W. EXPENSION TK LEVEL									
4	AUX. C.F.W. EXPANSION TK LEVEL									
5	PROV. REF. COMP. UNIT	LEVEL	COMP. L.O.							
			CONDENSER R-22							
		PRESS.	SUC. / DISCH	/	/	/	/	/	/	/
			L.O.							
6	AIR COND. PLANT	LEVEL	COMP. L.O.							
			CONDENSER R-22							
		PRESS.	SUC. / DISCH	/	/	/	/	/	/	/
			L.O.							
7	PURIFIER ROOM EXH. FAN CONDITION									
8	STORE ROOM ARRANGEMENT									
9	STEER. GEAR	IN RUN / MOTOR HEAT		/	/	/	/	/	/	/
		L.O. LEVEL /TEMP.	NO.1 TK	/	/	/	/	/	/	/
			NO.2 TK	/	/	/	/	/	/	/
		PRESS.	CYL. #1 / #3	/	/	/	/	/	/	/
			CYL. #2 / #4	/	/	/	/	/	/	/
		GREASE P'P CONDITION								
10	S/TUBE L.O. GRAVITY TK LEVEL #1 / #2			/	/	/	/	/	/	/
11	CYL. OIL MEASURING TK LEVEL									
12	I.C.C.P POWER UNIT	CONDITON FWD. / AFT.		/	/	/	/	/	/	/
		POWER / HULL POTENTIAL		/	/	/	/	/	/	/
13	M.D.O. SER. TK LEVEL / DRAINING			/	/	/	/	/	/	/
14	HOT W. CIRC. PUMP CONDITION									
15	CALORIFIER CONDITION									
16	WORKSHOP ARRANGEMENT									
17	MAIN ENGINE	CYL. COVER LEAKS								
		EXH. V/V ROTATOR								
		SPRING AIR DRAIN L.O. TK LEVEL								
		EXH. GAS TEMP. HIGH / LOW		/	/	/	/	/	/	/
		J.C.F.W. TEMP. HIGH / LOW		/	/	/	/	/	/	/
		NO.1 T/C TURBINE /BLOWER SIDE	L.O. LEVEL							
			L.O. TEMP.							
	기관장 점검									

3) 기관 기기 관련 안전수칙과 각종 Check List

가) 기관실 작업 안전수칙 개요

선박에 승선하고 있는 선원들은 자신과 더불어 동료들의 안전과 건강에 상당한 주의를 기울이도록 공동의 노력을 다하고, 심각한 상황이나 급박한 위험은 발견 즉시 개별 책임사관에게 보고하여야 한다. 선박에 설치된 기기와 설비의 운전은 제조사 도면 및 운용지침서에 따라 적절하여야 하며 안전 및 건강에 상당한 영향을 줄 수 있을 것이라는 관점에서 아래의 〈표 2-I-35〉의 절차에 따라 충분히 주의를 기울여 운전하여야 한다. 더불어 승선 중 선원은 반드시 적절한 안전보호장구와 보호복을 착용하고 작업에 임하여야 한다. 대표적으로 선원들은 기관실 기기와 장비의 운전이나 정비작업 중에는 누구에게도 위험을 전가하는 행동을 하여서는 안 된다. 따라서 선원은 적절한 안전장치를 마련하고, 표준작업수칙에 따라 작업에 임하여야 한다. 선박에서 표준작업수칙에 기반하여 제반 작업 및 장비를 취급한다면 안전사고를 예방할 수 있고, 선박 내의 인적·물적 자원의 손실 및 운항효율의 저하를 사전에 방지할 수 있을 것이다.

〈표 2-I-35〉 선박의 작업안전 업무체계표

선 장 ↓ ↑ 기관장 ↓ ↑ 작업책임사관 ↓ ↑ 현장 작업책임자 ↓ ↑ 작 업 자	- 선박 제반 작업 통제 및 확인 총괄 - 안전관리자 - 작업중인 작업자 중 최상위자(2인 이상 작업시)가 수행 - 작업현장회의의 주관 및 안전한 작업환경 확보, 유지 - 작업별 안전 CHECK LIST에 의한 안전점검 - 정비 및 수리작업에 대한 적절한 인원배치 - 작업자의 안전 및 개인보호장구의 사용/착용 확인 - 작업위험요소를 안전관리자에게 보고 - 중대위험작업시 작업허가제도 시행(작업책임사관) - 안전관리 규정 준수 의무 - 1인 작업시는 현장 작업책임자를 겸하며 작업전 원포인트 지적확인을 실시한다.

〈표 2-I-36〉 기관실의 중대작업

작업내용	장소
산소결핍, 유독가스 잔존의 우려가 있는 장소에서의 작업	닫혀있는 화물창, 화물탱크, 발라스트탱크, 유류 탱크, VOID SPACE, COFFERDAM, DUCT KEEL, 청수탱크, CHAIN LOCKER 등
열을 이용한 금속의 용접, 절단 또는 가열 작업	기관 공작실내 작업을 제외한 모든 구역에서의 열작업
감전의 우려가 있는 440V 이상의 전기공사작업(단, 안전관리자의 판단하에 전원을 끄고 안전하게 작업할 수 있는 기관 MOTOR 작업등은 제외)	440V 이상의 항해, 통신기기, 기타 기기의 수리 또는 점검작업 등
고소(float) 혹은 몸의 중심을 선체 밖으로 내놓고 하는 작업, 단, 흘수 측정작업은 제외	매달리거나 혹은 족장 설치를 요하는 고소작업과 현외측 작업
기타 비일상적 위험작업으로 선장 또는 안전관리자가 사전에 지정한 작업	

위의 〈표 2-I-36〉와 같이 선박이라는 특성을 고려하여 작업환경·작업내용·근로시간 등 직무스트레스 요인에 대하여 분석하고, 작업시간 단축, 장·단기 순환작업 등의 개선대책 등을 종합적으로 판단하기 위하여 기관실의 중대작업을 시행하고자 할 때는 반드시 〈표 2-I-37〉, 〈표 2-I-38〉과 같은 작업허가서를 받아야 한다.

〈표 2-I-37〉 선내 작업 허가서

선박용 작업 허가서 (WORK PERMIT)

▣ 작업허가 주요 내용

1. 작업구간 : ________________________항 (혹은 __________ ~ ____________ 항해중)

2. 작업종류 : □ 밀폐구역 □ 열 □ 고압전기 □ 고소/현외 □ 기타 □저온부(LNG/LPG 등)

3. 작업내역:
   -
   -
   -

4. 작업기간 : 20 년 월 일. : 시 ~ 월 일. : 시

5. 작업책임사관 : 직책__________________________ 성명________________________

   ☞ 업체명(외부작업시) :

6. 예상 문제점 또는 지시/협의사항
   -
   -
   -
   -

상기 작업을 허가함.

20 년 월 일

선박안전관리자 ____________________(서명) 선장 ____________________(서명)

〈표 2-I-38〉 외부업체용 작업허가 신청서

선박용 외부업체용 작업허가 신청서

다음 작업과 관련하여 해당 작업자 환경안전교육(항만안전특별법, 중대재해특별법 등) 및 작업별 안전점검을 첨부와 같이 시행하고 작업허가를 신청하오니 승인하여 주시기 바랍니다.

1. 선박명 / 장소 : ________________호 / ________________항

2. 업체명 / 작업인원 : ________________ / 총________명

※ 작업책임자 성명 / 연락처 : ____________ / ____________

3. 작업일시 : 20 년 월 일, : 시 ~ 월 일, : 시

4. 주요 작업내용 : 중대작업 □ , 일반작업 □

-
-
-
-
-

5. 기타사항(각종 지원 요청 사항, 주의사항 등)

-
-
-

첨 부 : 1. 외부작업자용 환경안전수칙 1부
2. 작업별 안전 CHECK LIST 각 1부

20 년 월 일

위 신청인 직책____________ 성명 ____________(서명)

나) 기관실 작업 안전 CHECK LIST

기관실에서의 작업은 위험작업으로서 고소작업, 화기작업, 중량물 이동작업 등이 있으며, 그에 따라 발생되는 사고는 산소결핍, 가스중독, 감전 등이 있다. 선내 안전사고를 방지하기 위해서는 작업 전 안전수칙에 대해 이해와 사전협의가 무엇보다 중요하다. 기관실의 작업관련 Check List 및 주의사항을 다음과 같이 살펴보고자 한다.

◉ 기관 일반작업 안전수칙

- 작업 전 준비사항

① 작업책임자는 작업방법, 순서, 용구 사용법 및 유의사항 등에 대해 안전 교육을 실시하여 가능한 한 모든 위험 요소를 사전에 제거하도록 하여야 한다.

② 작업자는 작업복, 안전화, 안전모, 손전등 등 적절한 보호 장구를 착용한다.

③ 부상의 우려가 있는 돌출물이 있는 개소에는 경계표시의 게시 또는 부상을 방지하기 위한 적절한 조치를 하여야 한다.

④ 수공구는 사용전에 필히 점검하여야 하며 부적당한 공구의 사용은 금지하여야 한다.

- 작업 중 안전수칙

① 기기 개방 및 피스톤 개방시 아이 볼트 등의 완전한 취부를 반드시 확인한다.

② 피스톤 발출, 주기 터닝 및 과급기 분해 등 중량물 작업시에는 부근 작업자들의 안전을 위해 책임자 한 사람이 총괄지휘 하여야 한다.

③ 개방된 크랭크 핀, 모터 및 발전기는 캔버스 등으로 씌워 불의의 손상을 막는다.

④ 분해한 베어링, 샤프트 및 기타 정밀을 요하는 부속품은 플레이트 위에 캔버스 등을 깔고 그 위에 꼬리표를 붙여 표시하고 작업중 중량물 낙하로 인한 손상을 막는다.

⑤ 한 기기의 분해된 부품은 한자리에 모아서 타 부속품과 혼동되지 않게 정리 배열한다.

⑥ 작업중 불순물이 들어갈 우려가 있는 파이프나 구멍 등에는 반드시 플러깅을 철저히 한다(절대 : 걸레 등을 이용 금지)

⑦ 중대형 장비의 각종 시운전은 각부의 사전 점검을 철저히 하여 이상 유무 등을 확인한 후 시행한다.

⑧ 개별 장비용 안전장치나 보호커버 등은 허가없이 분리하지 말 것이며 또한 필요에 의해 분리하였을 시에는 확실히 복구하여야 한다.

⑨ 각종 기기, 밸브의 개방검사 및 파이프 작업 등 정비작업을 함에 있어서 위험하다고 판단되는 경우에는 반드시 "작업중" 등의 게시를 명확히 하여야 한다.

⑩ 수공구는 정확한 방법으로 사용함과 동시에 해머로 대용하는 등 본래 용도외에 사용을 금지한다.

⑪ 기계를 회전하면서 하는 작업에는 손이 말려 들어갈 위험이 있으므로 주의하여야 하며 장갑의 사용은 금지하여야 한다.

- 기타 주의사항

① 주기 터닝시는 프로펠러 부근 및 크랭크 챔버 내부의 안전을 반드시 확인한다.

② 화학약품 취급시는 사용요령을 숙지하고, 피부에 화상을 입지 않도록 안전복장을 착용한다.

③ 동절기에는 장시간 사용치 않는 각 파이프 계통 및 펌프 케이싱 하우징(casing housing)의 플러그를 풀어 동결 파열을 방지한다.

④ 예비품, 계기 및 도구 등은 지정된 장소에 고정하고, 기관실이나 스토어의 기둥과 벽 등에 걸쳐서 놓거나 공구류를 기기 주변에 방치하지 말아야 한다.

⑤ 설치된 위치 및 자체 온도 때문에 위험성을 갖게 될 모든 스팀 공급/배출 파이프 및 부속장치는 단열재를 사용하여 외부와 차단시킨다.

〈표 2-Ⅰ-39〉 기관용 일반작업 안전 점검 항목

선박 기관용 일반작업 안전 점검 항목

1. 작업전 준비사항

a) 돌출물이 있는 개소 경계 표시 및 부상 방지 조치	□YES	□N/A
b) 수공구 사용 전 점검 및 부적당한 공구의 사용 금지	□YES	□N/A
c) 안전모. 안전화 및 해당 작업에 적합한 안전 장구 및 복장 착용	□YES	□N/A
d) 작업책임자는 작업 방법, 순서, 용구 사용법 및 아래의 작업 중 안전수칙 교육 시행 및 확인	□YES	□N/A

2. 작업중 안전수칙

a) 기기 개방 및 피스톤 발출 시 아이 볼트 등의 완전한 취부 확인

b) 피스톤 발출 등 중량물 작업 시 작업자들의 안전을 위해 책임자 한 사람이 총괄 지휘

c) 개방된 크랭크 핀, 저어널, 모터 및 발전기는 캔바스 등으로 씌워 불의의 손상방지

d) 분해한 베어링, 사프트 및 기타 정밀을 요하는 부속품은 플레이트 위에 캔바스 등을, 등을 깔고 그 위에 꼬리표를 붙여 표시하고 작업중 중량물 낙하로 인한 손상방지

e) 한 기기의 문해된 부품은 한자리에 모아서 타 부속풍과 흔동되지 않게 정리 배열

f) 작업 중 불순물이 들어갈 우려가 있는 파이프나 구멍 등에 플러링 철저(걸레사용금지)

g) 시운전은 각부의 사전 점검 및 이상유무 확인 후 시행

h) 안전장치나 보호커버 등의 불필요한 취의 글지 및 필요에 의해 취외시 확실 히 복구

i) 각종 기기, 밸브의 개방검사 등 위험소지가 있을시 "작업중" 등의 경고문 게시

j) 수공구는 정확한 방법으로 사용하고 본래 용도 외에 사용 금지

k) 공작기기 작업 시 손이 알려 들 어갈 위험에 대비 및 장감 사용 금지

l) 공작기계 작업 시 보호안경 착용하고 깍인 쇳가루를 털어낼 때 브러시를 사용할 것이며, 절대로 손으로 닦지 말아야 한다

m) 소음이 심한 기관실 작업 시 귀마개 착용

n) 주기 터닝 시는 프로펠러 부근 및 크랭크 챔버내의 안전여부 확인

o) 화학약품 취급 시 사용요령 숙지 및 피부에 화상방지용 보호복(안전피복) 착용

p) 동절기 장기 비사용 파이프 계통 및 펌프 케이싱의 플러그를 풀어 동결 파열 방지

q) 예비품, 계기 및 도구 등은 지정장소에 고정, 기기 주면에 방치 금지

r) 고온의 스팀 공급/배출 파이프 및 부속장치는 단열재를 사용, 외부와 차단

20 년 월 일

확인 : 현장작업책임자 ______________ (인)

작업책임사관(외주시) ______________ (인)

〈표 2-I-40〉 주기관 작업 안전 점검 항목

선박용 주기관 작업 안전 점검 항목

1. 작업전 준비사항

항목		
a) 동일 축(또는 상하)에서 나누어서 작업 시 각각 지휘자 선정 및 작업방법과 연락방법 등 사전 협의	□YES	□N/A
b) 크레인 사용시 작동기능 시험 및 각종 안전장치의 기능과 체인 및 와이어 로프의 마모와 손상 유무 사전 점검	□YES	□N/A
c) 안전모. 안전화 및 해당 작업에 적합한 안전 장구 및 복장 착용	□YES	□N/A
d) 작업책임자는 작업 방법, 순서, 용구 사용법 및 아래의 작업 중 안전수칙 교육 시행 및 확인	□YES	□N/A

2. 작업중 안전수칙

a) 중량물 발출 작업 시 발출에 사용되는 용구의 확실한 취부 및 충문한 강도의 와이어 로프 사용

b) 발출 작업 시 작업자간의 신호 명확화, 내릴 시 안전 받침대 사용과 착지부분 강도에 유의

c) 무거운 공구 사용 시 주변 장애물 유무 확인 및 타격면의 반동 타력에 주의

d) 주기터닝 작업 시 당직 항해사에게 연락, 선미의 상태 확인 및 명확한 신호 후 시행

e) 크랭크 케이스 내 진입 시 터닝기어가 물려있는지 확인 후 미끄럼 방지 작업화 착용

f) 기관 기동전 인원배치 및 기기상태 확인 후 정확한 신호 및 연락

20　　년　　월　　일

확인 : 현장작업책임자 ________________ (인)

작업책임사관(외주시) ________________ (인)

〈표 2-I-41〉 작업 안전 점검 항목

선박용 작업 안전 점검 항목

1. 작업전 준비사항

항목		
a) 보안경, 안전화 및 해당 작업에 적합한 안전 장구 및 복장 착용	□YES	□N/A
b) 상의의 옷자락은 안으로 넣고, 소매자락을 묶을 때는 끈 사용금지	□YES	□N/A
c) 작업책임자는 작업 방법, 순서, 용구 사용법 및 아래의 작업 중 안전수칙 교육 시행 및 확인	□YES	□N/A

2. 작업중 안전수칙

a) 쇠 부스러기를 털어낼 경우 브러시로 털어 내며 맨손 사용 금지

b) 스핀들 내면, 부시 소제 시 작동 중지 및 브러시나 막대에 천을 감아 사용

c) 베드 위나 기어상자 공구대 위에 직접 공구를 놓지 않는다.

d) 중심이 기울어진 물품의 장치는 균형추를 달아 둔다.

e) 공작물이 돌출되었을 때 위험표시를 하고 작업 시행

f) 공작물 절삭시 진동방지를 위한 심압대 등을 사용

g) 공작물을 고정시킨 후 척 핸들은 제거

h) 공작물이나 바이트 등 공구를 고정, 제거할 시 스위치를 끈다.

i) 공작물의 치수 측정 시 정지 후 측정 및 마이크로미터, 버니어 캘리퍼스, 다이얼 게이지 등을 사용 시 주의

j) 바이트는 가급적 끝이 짧게 나오게 고정, 절삭 성능이 나쁠 시 바로 교환

k) 회전 중 공작물을 직접 맨손으로 접촉금지, 특히 나사면에 주의

l) 운전 중 작업대 이탈 금지

m) 이송(FEEDING)상태에서의 정지 금지 및 정전시 스위치를 끄고 이송장치 해제

n) 작업 중 절대로 선반 위로 올라가지 않는다.

20　　년　　월　　일

확인 : 현장작업책임자 ____________________ (인)

작업책임사관(외주시) ____________________ (인)

〈표 2-I-42〉 열작업 안전 점검 항목

선박용 열작업 안전 점검 항목

1. 작업전 준비사항(안전관리자와 함께 점검)

■ 소화기구는 양호하며, 즉시 사용 가능하도록 작업위치 근처에 비치하였나? □YES □N/A

■ 작업 개소, 작업 구역 및 인근 구역내에 인화/폭발 가능한 물질과 가스는 제거되었는가? (확인시간 : , 잔존가스 종류/농도 :) □YES □N/A

■ 불똥이 선창, 통풍기 또는 기타 개구부에 들어 가지 않도록 폐쇄 또는 차폐막을 설치 하였는가? □YES □N/A

■ 창내 격벽, 갑판 또는 갑판 격벽에서나 그 가까이에서 작업할 경우 확인사항 □YES □N/A
◆ 구획의 반대편/화물창 내에 인화/폭발할 수 있는 물질, 가스는 없는가?
(확인시간 : , 잔존가스 종류/농도 :)
◆ 열로 인하여 영향을 받을 수 있는 전선, 배관 또는 기타의 것들이 없는가?

2. 작업중 안전수칙

■ 사전에 전결권자로부터 작업허가를 받고 작업을 시작한다.

■ 위험구역 설정 등의 안전조치를 시행해야 한다.

■ 개인보호장구 착용 확인해야 한다.
- 안전모, 안전화, 안면보호구(필요시 용접마스크), 앞치마, 방호장갑(전기용접의 경우 절연장갑) 등

■ 전선 피복상태, 절연성, 접지, 가스 누설 여부 등의 장비 상태 확인해야 한다.

■ 적절히 환기되고 있는 지 확인해야 한다.

■ 화재의 위험을 감시하기 위해 작업 종료 후 적어도 2시간 동안 적당한 간격으로 검사해야 한다.

■ 모든 작업자와 장비가 철수되었음을 확인하고, 이를 작업책임사관에게 통보해야 한다.

20 년 월 일

확인 : 현장작업책임자 ____________ (인)
작업책임사관(외주시) ____________ (인)
선박안전관리자 ____________ (인)

〈표 2-I-43〉 고소/현외작업 안전 CHECK LIST

선박용 고소/현외작업 안전 CHECK LIST

1. 작업전 준비사항(안전관리자와 함께 점검)

항목		
■ 위험 TAG를 부착 또는 게시하였는가?	□YES	□N/A
■ 당직사관에게 수리내용. 기간을 통지하였는가?	□YES	□N/A
■ 작업자는 적합한 보호장구(안전모. 안전화, 안전벨트. 구명동의, 구명로프 등)를 착용하였는가?	□YES	□N/A
■ 공구 이송 시의 안전확보와 공구 및 작업 시 발생되는 잔재물 낙하방지 조치는 이루어 졌는가?	□YES	□N/A
■ 작업장소 하부의 통행제한 조치. 적절한 장소에 경고문 부착?	□YES	□N/A
■ 승강용구(STAGE, BOS' N CHAIR, ROPE, PORTABLE LADDER, ROPE LADDER) 등은 직업하기에 충분한 강도인지 확인하였으며, 고박여부 확인 및 탑승 전 부하시험을 시행하였는가?	□YES	□N/A
■ 기름, 물, 공구 등의 추락위험 요인을 제거하였는가?	□YES	□N/A

2. 작업중 안전수칙

- ■ 필요시 감시원과 구명장비를 배치하고 당직사관과 통신수단을 확보한다.
- ■ 작업자에 대한 안전수칙 교육을 실시한다.
- ■ 해상 상태 및 기상조건이 허락하는 경우에 작업을 실시한다.
- ■ 당해 작업을 수행하는 작업자는 적절한 유경험자(숙련자)여야 한다.
- ■ 2 미터 이상 고소작업 시 착용하고 버클은 바르게 사용. 벨트 끝은 벨트고리를 확실하게 통하도록 조치
- ■ 신축조절기 사용 시 각 링에 바르게 걸어야 하여 벨트 끝이나 작업복이 말려 들어가지 않도록 주의, 작업에 지장이 없는 한 로프의 길이를 짧게해서 사용한다.
- ■ U-자 걸이 사용 시 훅을 잘못 거는 일이 없도록 벨트의 O-링이나 각 링 부근에는 훅이 걸릴 수 있는 물건 부착을 금지한다.
- ■ 용접 및 절단 작업 시 안전벨트 로프에 불티가 닿지 않도록 주의. 축을 걸 때에도 용접 및 절단 부위에서 3 미터 이상 격리한다.
- ■ 안전벨트는 로프의 이동에 의해 벗겨지거나 빠질 염려가 없는 구조로 충격력을 견딜 수 있는 구조물에 작업에 지장이 없는 한 높은 위치 선정한다.
- ■ 보손체어 사용 시 기계동력에 의한 인양을 금지한다.
- ■ 작업용구는 빈통 등에 담아 추락방지 및 작업장하부 통행통제, 필요시 안전망을 설치한다.
- ■ 고소작업 시 DISC GRINDER 절삭공구의 사용은 가능한 한 억제, 부득이 사용해야 할 경우에는 ROPE의 절단 등 위험에 특별히 주의한다.

20 년 월 일

확인 : 현장작업책임자 ______________ (인)

작업책임사관(외주시) ______________ (인)

선박안전관리자 ______________ (인)

〈표 2-I-44〉 중량물 취급작업 안전 점검 항목

선박용 중량물 취급작업 안전 점검 항목

1\. 크레인 사용작업

1.1 작업전 준비사항

- 작업 전 크레인 작동점검 결과는 만족스러운가? □YES □N/A
- 크레인 와이어는 작업하기에 적절한가?
  - 한 가닥(STRAND)에서 소선의 수가 10% 이상 절단 및 부식, 변형 여부 □YES □N/A
- 운반하여야 할 중량물이 안전하중(S.W.L)을 초과하지 않았는가? □YES □N/A
- 사용하는 TOOL은 작업하기에 적합하며 안전한가? □YES □N/A

1.2 작업 안전 수칙

- 해상 상태 및 기상조건이 당해 작업을 실시하기에 적당해야 한다.
- 크레인(Crane) 또는 원치(WINCH) 사용자는 적절한 유경험자(숙련자)여야 한다.
- 작업자는 필요한 보호장구(안전모, 안전화 등)를 착용하여야 한다.
- 신호수를 정하고 작업자 상호간 신호방법을 약속한다.
- 작업장 주위. 운반되는 장소에 장애물은 확인, 제거해야 한다.
- 모든 핸들은 정위치에 있는 것을 확인한 후 스위치를 넣어야 한다.
- 기동 및 정지는 서서히 하며 무거운 물건을 들(내릴) 때 몇 차례 제동. 안전함을 확인 한 후 인양(강하)
  - 작업 시 발생되는 잔재물 낙하 방지를 위한 조치를 한다
- 크레인 운전자는 다음의 경우에는 운전을 금지해야 한다.
  - 정해진 신호수 이외의 신호나 신호가 불분영할 때
  - 위험신호 렴프나 벨이 울리거나 혹이나 클램프의 물림상태 불량 시
  - 기타 위험하다고 판단되었을 때
- 사용 시 와이어 로프의 꼬임. 감김을 방지하고 안전하중 이상이 걸리지 않도록
  - 중량에 따라서 로프의 수와 굵기를 선택
- 작업 후 지정장소에 두고 전원차단 및 고정장치에 고박

2\. 인력 운반작업(안전하중 20~25 kg)

2.1 작업전 준비사항

- 복장은 적절한가? (작업복, 안전모. 장갑, 안전화 등) □YES □N/A
- 운반물이 인력운반의 한계를 넘지 않는가? □YES □N/A
- 운반 경로에 불안전한 곳이나 장애물은 없는가? □YES □N/A

2.2 작업 안전 수칙

- 물건을 들때는 물건이 시야를 막아서는 안된다.
- 물건을 들 때는 몸을 근접시켜서 허리를 똑바로 세운 채로 다리의 힘으로 이동한다.
- 던지지 말고 조심하여 내리며 넘어지지 않도록 쌓고 위험하지 않도록 한다.
- 무거운 것을 내릴 때는 허리를 낮춰 내리고 무리하다고 생각할 때는 도움을 요청한다.
- 물건을 안아서 운반할 경우는 발밑이 안보이게 되므로 운반통로에 장애물 제거
- 이동 물체의 일부가 도중에 빠지거나 추락하지 않도록 고박상태 확인
- 발밑에서 어깨까지 25Kg. 발밑에서 허리까지 50Kg, 발밑에서 무릎까지 75Kg 이상의 물건을 들어 올려야 되는 작업은 기계를 이용하여 운반한다.

20 년 월 일

확인 : 현장작업책임자 ______________ (인)

작업책임사관(외주시) ______________ (인)

선박안전관리자 ______________ (인)

〈표 2-I-45〉 취부작업 안전 점검 항목

선박용 취부작업 안전 점검 항목

1. 작업전 준비사항

a) 조립공정계획에 안전도 문제를 고려하여 공정을 수립	□YES	□N/A
b) 공구(절단기, 용접기 등)의 사전 안전점검	□YES	□N/A
c) 안전모. 안전화 및 해당 작업에 적합한 안전 장구 및 복장 착용	□YES	□N/A
d) 작업책임자는 작업 방법, 순서, 용구 사용법 및 아래의 작업 중 안전수칙 교육 시행 및 확인	□YES	□N/A

2. 작업중 안전수칙

a) 가용접(TACK 용접)은 양면을 본 용접과 같이 견고하고 반영구적으로 한다.

b) 중량을 받는 부분의 용접은 필히 고장력봉을 사용한다.

c) 조립 작업 시 부착된 보강재는 본 용접 완료 후 제거한다.

d) 모든 공구는 필히 완전한 것을 사용할 것이며 화기가 닿지 않도록 조치한다.

e) 사다리는 미끄러지지 않도록 설치한다.

f) 모든 취부 작업 시 지그(jig) 및 보강재(support)를 설치하고 작업한다.

g) 수직으로 조립되는 2 개 이상의 부재는 수직부재 전부를 보강재로써 결속시킨다.

20　　년　　월　　일

확인 : 현장작업책임자 ____________________ (인)

작업책임사관(외주시) ____________________ (인)

〈표 2-Ⅰ-46〉 고압용기작업 안전 점검 항목

선박용 고압용기작업 안전 점검 항목

1. 작업전 준비사항

a) 보일러 내부 소제, 정검시 충분한 환기, 잔유 가스유무와 산소량 확인 및 감시원 배치	□YES	□N/A
b) 냉동기, 공기암축기 등의 개방 준비 시 가스 드레인 완전 펌프 다운 또는 배출 후 내부 잔압 확인	□YES	□N/A
c) 안전모. 안전화 및 해당 작업에 적합한 안전 장구 및 복장 착용	□YES	□N/A
d) 작업책임자는 작업 방법, 순서, 용구 사용법 및 아래의 작업 중 안전수칙 교육 시행 및 확인	□YES	□N/A

2. 작업중 안전수칙

a) 보일러의 드럼에 분리된 맨홀. 밸브 등의 분리 시. 기타 스팀 관계의 제 밸브와 파이프 등의 취외 시 잔압이 없도록 충분히 드레인 배출

b) 보일러의 점화 시 화로 내에 충분한 공기를 보내 잔류가스를 방출한 후 정화

c) 스팀관계 밸브의 조작 시 서서히 행하여 파이프 계통이나 주 밸브의 드레인 밸브를 열어 드레인을 제거한 후 밸브를 개방

d) 안전 방출밸브는 정확한 세팅치를 유지하도록 정비

e) 보일러 송풍 덕트 하부에 고인 기름의 정기적 소제 및 보일러 앞의 누유 받침 청결 유지

f) 산소병, 아세틸렌병 및 냉매 가스병은 충격을 가할 염려가 없는 통풍이 양호한 그늘에 결박 및 정해진 안전표식 게시

g) 공기탱크의 정기적 부식 및 점식에 대한 내부검사 시행 및 기름, 그리스 등이 내부에 고여있지 않도록 청결 유지

h) 고압용기의 이동 시 밸브 폐쇄 확인 및 견고하게 고정. 끌림이나 굴림 금지

i) 압력이 방출되어 있지 않는 한 그 근처에서의 용접 또는 가열작업 금지

j) 압력용기(공기 탱크)의 드레인 정기적 배출

k) 이동이 가능한 용기는 항상 고박

20 년 월 일

확인 : 현장작업책임자 ________________ (인)

작업책임사관(외주시) ________________ (인)

3. 전기기기 관리

3.1 선박 전력시스템

1) 선박 전력시스템의 개요

가) 개요

전원 동력장치는 발전기, 변압기, 배전반, 선외 급전반, 축전기로 구성되는 전원장치와 보기용 전동기, 하역장치, 시동장치, 갑판보기, 전열장치나 동력 분전반, 주방기기, 접속상 등의 전기 기구로 구성되는 동력장치를 총칭하여 의미하는 것이다.

선박의 주전원인 발전기는 추진기관, 디젤기관 그리고 터빈기관에 의하여 작동되며, 선내의 부하에 충분한 전력이 공급되는 용량 보유와 동시에 일반적으로는 각 선급협회 가 명시한 강선규칙에 의해 한 대에 문제가 발생하더라도 보조/여분의 발전기로서 항해 중 필요한 전력을 공급할 수 있도록 2대 이상이 설치되어 있다.

일반화물선에는 주로 교류(AC) 발전기가 설치되며, 그 용량은 일반상선에서는 수백 kVA에서 수천 kVA이고, 전압은 통상 AC 450 V, 3상, 60 Hz가 채택된다. 회로전압은 동력회로가 440 V, 조명장치, 통신장치, 항해장치 등의 회로는 110 V, 또는 220 V의 저압이 사용된다. 발전기에서 공급되는 440 V 전압을 조명장치 등에 사용하는 저압으로 낮추기 위해서는 일반적으로 건식 변압기가 사용되는데 그 용량은 수십 kVA에서 수백 kVA 정도이다. 또한, 선박의 주전원이 상실될 경우 선내 비상 조명 및 전화장치, 경보장치의 비상전원(back up)용 전원으로는 축전지(battery)가 사용되는데, 24 V 수백 AH용량을 가진 납(lead acid)축전지, 알카리(alkaline) 전지가 주로 사용된다. 또한, SOLAS협약에서는 선내 주전원이 상실될 경우에도 불구하고, 정상복원의 관점에서 비상조타의 기능이 필요하며, 이를 위한 전원으로서 비상용 발전기가 설치된다. 선박에 설치된 발전기로부터 부하로 연결되는 전력의 급전은 전부 배전반을 통하여 제공되는데 배전반의 종류로는 주발전기로부터 전력을 제공받아 부하에 급전하는 주 배전반과 비상용 발전기에서 전력을 다시 급전하는 비상배전반이 있고, 통신, 항해장비용 전기를 공급하는 축전지용 배전반, 전지의 충전, 방전과 함께 비상용 조명 등이 있다. 초대형 컨테이너선, 자동차운반선, 초대형 여객선 등의 경우 해당 선박 특유의 부하에 공급하기 위한 보조 급전반등이 설치되는 사례가 있다. 선박용 주배전반 및 비상용 배전반의 구성은 발전기반, 동기반, 440 V급전반, 저압(220 V 또는 110 V) 급전반 등으로 이루어지며, 발전기반에는 발전기 보호를 위한 기중차단기(Air Circuit

Breaker, ACB)가 있어 과전류, 단락, 저전압, 역전류 등에 대해 보호되는 이외에 전압계, 전류계, 전력계, 주파수계, 접지검정등 각종계기 및 병렬운전에 필요한 스위치, 동기검정등, 동기검정기(synchroscopes)등이 설치되어 있다. 또 440 V급전반 및 저압급전반에는 급전 회로용으로서 과전류, 단락보호를 위한 퓨즈 또는 차단기(Molded Case Circuit Breaker : MCCB)가 사용되고 있다. 주요 동력 장치로서는 각종 펌프류, 계선기, 압축기, 통풍기, 조타기, 하역기계 등의 보기를 구동하는 전동기 및 시동기, 전열장치, 주방기기 등이 있다. 급전 방식은 주배전반 또는 비상용 배전반에서 부하의 종류 또는 크기에 따라 직접 전기를 갖게 하거나 기계장치의 힘 에너지를 소비하는 것 또는 그 소비 에너지의 크기를 의미하는 부하(load)로 공급하는 경우와 중간에 분전반을 거쳐서 각 부하에 공급하는 경우가 있는데 이들 분전반도 동력장치에 포함된다.

나) 선박 발전기의 용량 및 운용

선박용 발전기는 항해시(Sea going), 입·출항시(Port In/Out), 하역시(Cargo loading /unloading), 정박시(At Harbour) 등 모든 운항 상태에서 안정된 전원을 공급하여야 하며, 선박의 안전성, 신뢰성 및 경제성을 고려하여 설치되어야 한다. 선박용 발전기의 적절한 용량 및 대수의 결정은 제한된 기관실 내의 공간 활용 및 운항 시 에너지 소비의 효율적 관리를 가능케 한다. 초기 단계에 이것을 위하여 전기 부하 분석표(Electric Load Analysis : ELA)를 작성하며, 각 항해 중 운전조건(Condition)별 부하(Load)를 총괄적으로 검토한 후 합리적인 전력 배분 및 설치비 등을 감안하여 용량 및 대수를 결정한다. 선박용 발전기 용량은 선박의 운항 상태별 필요로 하는 소요 선력을 기준으로 발전기의 용량을 결정하되 예상하지 못한 부하의 추가 변동에 대비하여 약 10% 정도의 여유를 유지하도록 한다. 그리고 선박용 발전기 대수는 아래의 〈표 2-I-47〉를 참조하여 최소한 2대 이상의 디젤 원동기(Diesel engine) 구동 발전기를 설치하며, 운항 상태별 운전 발전기의 대수는 선박소유자와 용선자 또는 화주 등의 종합적인 요구사항에 따른다. 한 대의 발전기가 고장이 나더라도 나머지 발전기로서 항해 시 필요한 주요 부하에 전원을 공급할 수 있어야 한다. 필요 시 모항으로 귀환할 수 있도록 선내 설치된 최대 용량의 전동기를 시동할 때 전압 강하(Voltage drop)가 15% 이내에서 이루어질 수 있도록 설계단계에서부터 고려된다. 통상적으로 항해 조건(Normal seagoing condition)에서 발전기 용량이 결정될 시는 발전기 한 대에 85% 정도의 부하 퍼센트(Load percentage)를 기준으로 발전기 용량을 결정한다. 선박의 입·출항(Port In/Out condition), 적·양하 작업(Cargo handling condition) 등 상태에서 발전기 용량이 결정될 시는 발전기 전체를 운전하여 약 90% 이하의 부하 퍼센트(Load percentage)

기준으로 발전기 용량을 결정한다. 비상 발전기(Emergency generator)의 용량 결정은 비상 상태 조건(Emergency condition)에서 사용하여야 할 모든 부하들을 사전에 분석하여 결정하되 약 10% 정도의 여유를 갖도록 한다.

〈표 2-I-47〉 본선 발전기 운용현황 예시

운용 모드		발전기 운전 대수
항 해 시	(하절기)	2대
	(동절기)	1대 또는 2대
입 출 항 시		3대
대형 부하 필요 시		4대
정 박 시		1대

다) 선박 전력시스템

(1) 주배전반

아래의 〈그림 2-I-92〉와 같이 주배전반은 선박용 발전기를 제어하고 발전기에서 생산된 전력을 통하여 각 부하에 배전하도록 일정 장소에 집적하여 관리하는 것을 의미한다. 대용량 발전기가 대부분인 육상에서는 발전소에서 발전기를 제어하고 승압하여 송전, 다시 변전소에서 수전하여 감압 배전하고 있으나, 선박의 경우 자체에서 모든 것을 송전하고 있기 때문에 발전반, 배전반에 시스템이 집중화되어 있다. 따라서 선박의 경우 mirror switchboard system 개념을 도입 synchronizing panel을 중심으로 양쪽에 generator panel 및 feeder panel을 배치하도록 설계한다.

주 배전반은 다음과 같이 구성되어 진다.

- Generator panel
  : 발전기를 제어하고 발전된 전력을 ACB를 통하여 받아들이는 panel

- Synchronizing panel
  : 2대 이상의 발전기를 설치하여 병렬 운전할 경우 발전기를 동기화(synchronizing) 시키는데 필요한 패널

- Feeder panel
  : 발전기를 통하여 입력된 전력을 bus bar를 통하여 각 부하로 배전하는 패널

• Bus bar

: 발전기 패널로부터 전력을 받아 주 배전반(main switchboard)의 각 feeder panel에 전력을 공급하는 통전로

전력공급 계통의 보호장치는 다음과 같다.

• Short circuit protection(단락회로 보호)
• Over current protection with preferential trip(선택적 차단을 겸비한 과전류 보호)
• Reverse power protection(역전력 보호)
• Under voltage protection(부족전압 보호)
• Earth fault protection(접지 보호)

〈그림 2-I-92〉 선박의 주배전반 예시

*출처: 한국해양대학교 실습선 한나라호

(2) 필수 및 중요 장비

선박의 전력시스템은 필수 및 중요 장비로 범주화되어 진다. 이때 필수 장비(Essential Equipment)는 선박의 추진과 조타를 위하여 반드시 계속해서 동작시켜야 하는 장비들을 의미하며 일반적으로 아래의 〈표 2-I-48〉과 같다.

〈표 2-I-48〉 기관실 필수장비 목록 예시

Essential Equipment	Steering Gear
	Lubricating Oil Pumps
	Cooling Water Pumps for Main and Aux. Engines
	Lighting Convertors
	Transformer
	Generators for Supply such Equipment

아래의 〈표 2-I-49〉과 같이 중요 장비(Important Equipment)는 선박의 주 기능, 즉 전력 생성, 화재 탐지 및 소화, 폐수 배출, 추진, 조타, Ballasting and Cargo pumping, Anchoring and Mooring을 유지하는 데 필요한 장비들을 의미하며, 일반적으로 다음과 같다.

〈표 2-I-49〉 기관실 중요 장비 목록 예시

Important Equipment	Windlass
	Fuel Oil Transfer Pumps
	Starting Air Compressors
	Bilge and Ballast Pumps
	Cargo Oil Pumps
	Ventilation Fans for Engine and Boiler rooms
	Inert Gas Fans
	Transformers and Generators for Supplying such Equipment

(3) 비상 배전반

아래의 〈그림 2-I-93〉과 같이 비상배전반은 주 발전기(Main Generator)가 정상적으로 운전 시에는 주 스위치보드(Main Switchboard)로부터 전원을 공급받아 주요 장비들에 전원을 공급하며, 발전기 이상으로 전력이 공급되지 못하면 45초 이내에 비상 발전기

(Emergency Generator)가 자동으로 기동되어 비상 스위치보드(Emergency Switchboard)에 연결된 주요 장비들에 전원을 공급한다.

〈그림 2-I-93〉 선박의 비상배전반 예시

*출처: 한국해양대학교 실습선 한나라호

(4) 비상차단 및 부하의 선택차단

아래의 〈표 2-I-50〉과 같이 비상정지장치는 통풍기, 보일러용 송풍기, 연료용 이송 펌프, 연료용 분연 펌프, 기타 연료유 압력 펌프 등의 설치 장소 및 그 부근에 화재가 발생하였을 때 접근할 수 있는 다른 적당한 장소에(예: Fire Control Station, 기관실 입구, W/H 등) 비상 정지 장치를 설비하는 것을 말한다.

〈표 2-I-50〉 비상차단 목록 예시

관련 기기	
E/R Sup./Exh. Fan	CO2 Room Exh. Fan
Purifier Room Exh. Fan	Aux. Boiler Force Draft Fan
M/E Aux. Blower	M/E F.O Supply Unit
S/R Room Supply Fan	M/E Nozzle Cooling Pump
Packaged Air.Cond in Engine Control Room	Incinerator
M/E F.O Supply Pump	M/E F.O Circ. Pump
H.F.O Purifier	H.F.O Transfer Pump
H.F.O Puri.Feed Pump	Galley Supp/Exh. Fan
D.O Purifier	Accom. Air Cond. Plant
D.O Transfer Pump	Sanitary Space Exh.Fan

〈그림 2-I-94〉과 같이 부하선택차단(Preferential Trip)은 1대 이상의 발전기가 운전 되고, 중요한 기기들이 전기에 의해 구동하는 동안, 발전기의 과부하로 인하여 선박내 전원이 모두 차단되는 것을 방지하기 위하여, 비필수(Non Essential) 또는 비 중요(Non Important) 부하들을 자동으로 차단하기 위한 설비를 의미한다. 관련 기기용 차단기(Breaker)들은 Shunt Coil을 포함한 형식을 사용하여야 하며, 발전기 트립(Trip)시 관련 부하들이 자동적으로 차단되도록 회로를 구성하여야 한다. 부하의 차단은 가능한 2단(예: PT 1, PT 2) 이상으로 선택차단 될 수 있도록 구성하여야 하며, 개념상 선택 차단(Preferential Trip) 조건에 포함 시키는 부하들의 예는 〈표 2-I-51〉와 같다.

〈표 2-I-51〉 부하선택 차단 목록 예시

관련 기기	
F.W Hyd. Pump	Ballast Stripping Pump
Galley Power	Starting Air Compressor
Work Shop Power	Calorifier
Packaged Air.Cond in Engine Control Room	Ballast Pump
Accom. Air Cond. Plant	Provision Crane
F.W Generator	Air Cond. C.S.W Pump

〈그림 2-I-94〉 선박의 부하선택차단

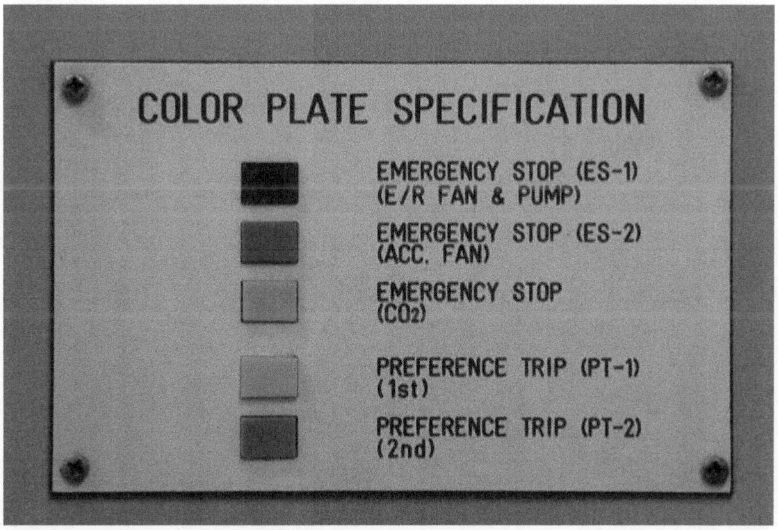

*출처: 한국해양대학교 실습선 한나라호

(5) 발전기 Black Out시 대응

〈표 2-I-52〉에 기반하여 각종 등화, 동력, 냉동/냉장, 각종 청소장비, 화물장비 등과 같은 장기는 전기에 의해서 작동되기 때문에 선박 운항 중 전원상실은 결국 동력의 상실을 의미하며, 특히 선박 입 · 출항, 좁은 수로(narrow channel) 통항 시 전원이 상실되면 선박운항(ship maneuvering performance) 불가에 기인한 중대한 사고를 초래하게 된다. 그러므로 STCW(International Convention on Standards of Training, Certification and Watchkeeping for Seafarers)협약에 따른 교육과 경험을 갖춘 선원은 발전기의 운전법을 숙지하여 전원상실에 따른 즉각적인 복구 조치를 할 수 있는 대응능력을 갖추어야 하며, 특히 선박용 발전기 담당 사관은 지속적인 전원 유지의 중요성을 인지하여 발전기의 운전, 유지보수, 정비 등에 최선을 다해야 하고, 정비 중이거나 운전 준비 중인 발전기에 대해서는 관련 사실을 모든 선원에게 숙지시켜야 한다. 따라서 기관장은 선내 전원상실에 대한 즉각적인 전원 복구를 위해서 설치된 비상발전기의 운전 특성을 이해하고, 관련하여 선원들에 대한 교육·훈련을 시행하여야 한다.

• 전원상실에 대비한 평소 조치사항

① 선박용 발전기의 특성 및 운전법을 이해하여야 한다.
② 예비(standby) 선박용 발전기는 항상 운전상태를 유지하고, 지속적인 정비 등으로 운전이 불가한 발전기는 운전불가 사실을 모든 선원이 이해하여야 한다.
③ 자동화 선박에서는 예비 발전기의 S/B 선택 스위치를 점검하여야 한다.
④ 자동화 선박에서 자동으로 전원이 복구되지 않을 경우의 상황을 가정하여 수동 운전에 의한 전원 복구 절차를 마련하여야 한다.
⑤ 선박용 비상 발전기가 설치된 선박의 경우 주기적으로 매달 비상 발전기를 시운전하여 최적의 상태를 운영·관리하는 것과 더불어 비상 전원회로를 파악하여 전원 상실시에 비상 전원이 작동되도록 시스템을 활용하여야 한다.

〈표 2-I-52〉 선박의 발전기 Black Out 발생 비상대응 점검 항목

선박 비상대응 점검 항목
발전기 BLACKOUT발생 (기관실용)

no	대응방법	확인 YES	확인 N/A
1	경보 확인. 전원 상실 사실을 선교 및 모든 기관사에게 통보	☐	☐
2	(필요시) 비상발전기를 운전하여 비상전원 공급	☐	☐
3	(필요시) 조수기를 정지하고 모든 밸브를 장근다.	☐	☐
4	주기관 조종위치를 필요시 ENGINE ROOM CONTROL로 전환, 정지	☐	☐
5	다음 사항을 점검하여 전원 상실의 원인을 확인하고 조치한다.	☐	☐
	a) SAFETY DEVICE(L.O LOW PRESS. /JCFW OUTLET H.T/ OVER SPEED등)의 동작여부를 확인하여 수리 조치	☐	☐
	b) 유류(연료유, 윤활유) 계통의 레벨/펌프/스트레이너/온도, 압력 조절하여 점검 및 조치	☐	☐
	c) 예비발전기가 기동되지 않았을때 터닝장치/REMOTE 조종 스위치/ 시동공기 압력/AUTO CONTROL장치 등을 점검 및 조치	☐	☐
	d) 배전반 및 CONTROL SYSTEM의 고.저 전압/고.저 주파수 감시장치에 의한 ACB TRIP여부 확인 및 조치	☐	☐
	e) ABC CONTROL SYSTEM의 전원상실 및 고장(FUSE/TRANSFORMER 소손)에 의한 ACB TRIP여부 확인 및 조치	☐	☐
	f) AUTO CONTROL SYSTEM 일 자동부하 조절장치의 조종위치 확인 및 조치	☐	☐
	이상과 같이 배전반. CONTROL SYSTEM. 기축의 기동 INTERLOCK 장치 및 SAFETY DEVICE를 점검, 조치 후 예비발전기의 L.O. PRIMING. 터닝 및 각부를 점검하여 기동하고 ACB를 투입한다.	☐	☐
6	비상발전기를 정지한다.	☐	☐
7	배전반의 전력 상태를 확인하면서 각종 보조기기를 운전한다.	☐	☐
	a) 발전기관련 펌프(냉각수, 연료유)를 기동	☐	☐
	b) 보조 보일러관련 펌프(급수, 순환수, 연료유)를 기동	☐	☐

	c) 보조 보일러 비상정지 스위치를 복귀하고 점화	☐	☐
	d) 청정기 히터 스팀을 차단	☐	☐
	e) STERN TUBE L.0 펌프를 기동	☐	☐
	f) 타기모타 기동을 확인하고 필요시 선교에 기동 조치	☐	☐
	g) 주기관련 펌프(냉각수, 윤활유, 연료유)를 기동	☐	☐
	h) 기관실 통풍기를 가동	☐	☐
	i) 공기압축기를 기동하여 시동공기 탱크를 주입	☐	☐
8	주기관의 비상정지 스위치를 복귀하고 시동에 필요한 제반 상태를 정검후 선교에 통보하고 주기를 기동하여 정상운전	☐	☐
9	냉동기의 비상정지 스위치를 복귀하고 기동 복귀하고 기동	☐	☐
10	공기조화장치(거주구역, 기관제어실)의 비상정지 스위치를 복귀하고 기동	☐	☐
11	청정기(F.O, L.O. 필요시 D.O.)의 비상정지 스위치 복귀, 기동	☐	☐
12	(필요시) 냉동콘테이너용 전원 스위치를 복귀	☐	☐
13	(필요시) 조수기를 기동	☐	☐
14	다음 사항을 점검하여 전원 상실한 발전기의 고장원인을 조사	☐	☐
	a) SAFETY DEVICE의 작동 및 이상 유무	☐	☐
	b) INTERLOCK 장치의 작동 및 이상 유무	☐	☐
	c) 유류(연료유, 윤활유) 계통의 레벨/평프/스트레이너/온도. 입력 조절장치 등의 작동 및 이상 유무	☐	☐
	d) 발전기의 과급기, 가바나 등 속구장치의 이상 유무	☐	☐
	e) 발전기의 기계적 장치의 이상 유무	☐	☐
15	자체 수리 불가시 육상지원(기술/인력/기부속 등)을 요청	☐	☐
16	자체 수리 가능시 고장원인별 수리계획에 의거 수리 집행	☐	☐
17	수리 완료후 시운전을 실시	☐	☐

- 전원 복구시 SEQUENTIAL START 되는 펌프 및 보조기기 등을 반드시 운전 여부를 담당 기관사가 확인한다.
- 담당 기관사의 조치(업무) 사항을 다른 기관사가 보조 할 수 있다.

DATE : ____________________ 기관장 : ____________________

2) 선박 전기기기의 관리

가) 개요

선박은 전력을 공급함으로써 작동하는 전기기기와 장비가 설치되어 있다. 선박의 전력 설비의 대표적인 사례로는 등화 기기, 유무선, 위성통신 기기, 위치 측정 장치 외에 계류용 윈치 등이 있다. 또한, 선박의 거주 구역에는 조리기구, 조명 기구, 공기 조절 장치 등의 전기기기도 존재하며, 선박의 목적과 화물의 특징에 따라 각종 크레인, 전동 해치(hatch), 펌프(pump) 등이 있다. 그리고 이와 관련된 선박전기 설비는「선박안전법 제26조」의 규정에 따른 선박의 발전기, 전기 시스템, 접지, 비상발전기, 전기설비 등에 관하여 필요한 사항을 모두 포함하는 개념으로 정의될 수 있다.

나) 전기기기 관리를 위한 테스터기 사용

멀티미터(Multimeter)는 전압, 전류 및 저항 등의 값을 선택스위치를 사용하여 하나의 계기로 측정할 수 있도록 만든 것이다. 멀티테스터는 바늘이 이동하여 값을 표시하는 아날로그 멀티테스터와 디지털 숫자가 표시되는 디지털 멀티테스터가 있으나, 최근에는 신뢰성, 편의성, 시인성 등으로 디지털 멀티테스터가 상대적으로 많이 사용되고 있다.

전기회로에서 중요한 것 중에 절연저항이 있다. 전기설비에는 절연저항이 우수해야 하는데 만약 절연상태가 나쁘게 되면 감전되거나 누전되어 위험하다. 이러한 절연저항을 측정하는 것으로 절연저항 측정기(Megger tester)가 있다. 절연저항계는 선로(line)단자와 접지(earth)단자가 있으며 이것에 리드선 (Lead line)을 연결하여 절연 저항을 계측한다. 일반적으로 고압전로 및 기기에는 1000 V 정격을 사용하며 저압전로 및 기기에는 500 V 정격을 사용한다. 절연저항계를 사용하기 전에 절연저항기의 'L' 단자와 'E' 단자를 단락하여 지침이 '0'을 나타내는지를 확인해야 하며 단자 'L' 과 'E'를 개방하면 지침은 무한대를 표시하여야 한다.

〈표 2-I-53〉 절연저항 측정 점검 항목

선박 절연저항 측정 점검 항목

Ship Name :

YEAR :

PAGE 1

NO.	APPARATUS OR CIRCUIT	KW	M OHM	M OHM	REMARKS
	NO.1 GENERATOR	480			
1	STATOR COIL				
2	ROTOR COIL				
3	EXCITER STATER COIL				
4	EXCITER ROTOR COIL				
5	SPACE HEATER	0.315			
6	GOVERNOR MOTOR				
	NO.2 GENERATOR	480			
7	STATOR COIL				
8	ROTOR COIL				
9	EXCITER STATER COIL				
10	EXCITER ROTOR COIL				
11	SPACE HEATER	0.315			
12	GOVERNOR MOTOR				
	TURBINE GENERATOR	520			
13	STATOR COIL				
14	ROTOR COIL				
15	EXCITER STATER COIL				
16	EXCITER ROTOR COIL				
17	SPACE HEATER	0.05			
18	T/G LOCAL CONTROL PANEL				
	EMERGENCY GENERATOR	80			
19	STATOR COIL				
20	ROTOR COIL				
21	SPACE HEATER	0.25			
	#1 GROUP STARTER PANEL				
22	#1 M/E CAM SHAFT L.O PUMP	3.7			
23	#1 M/E F.O CIRC PUMP	1.5			

DATE : ________　**HUMIDITY** : ________　**3/E** : ________

PLACE : ________　**AMB TEMP** ; ________　**C/E** : ________

다) 전기관련 작업 시 주의 사항

일반적으로 전기에 감전되면 신체적으로 상당한 위험이 존재함에 따라 비교적 적은 양의 전류라도 머리, 폐 또는 생체 기관에 통과하게 되면 치명적일 수 있다. 특히 선박에서 감전사고 또는 단락사고를 예방하기 위해 정비 또는 검사 수행 시 다음과 같은 주의 사항을 인지하여야 한다.

- 개인보호장구 착용하고 절연 매트 설치
- 전기 작업전 점검 사항
- 충분한 조명 확보
- 젖은 작업복, 일상복 등의 착용 금지
- 주위 수분(물) 및 인화성 위험물 제거
- 전원차단, 경고 표시 게시 및 EARTH 상태 확인
- PLUG 삽입시 전압 확인 측정
- CABLE 절연상태, 적정 FUSE 사용상태 점검
- 손목시계, 반지 및 기타 금속성 물질 제거
- HIGH VOLTAGE 작업시 (HIGHER THAN 1KV):
  - 2인 1조 작업 및 고압전기에 대한 교육 이수자(AUTHORISED PERSON COMPETENT PERSON)가 작업 시행 및 관련 점검서식 활용
  - 배전반 차단기(VCB) OFF 후 VOLT. DETECTOR INDICATING LAMP "OFF" 확인
  - 배전반 전, 후면 DOOR 개방전 기계적 또는 전기적 INTERLOCK 해제
  - 계측작업시 GROUND DETECTOR (VDC 1000V) CABLE 분리
  - VCB 발출 작업시 표시기 상태 확인

주요 검사로는 다음과 같은 매일 검사 및 정기검사를 시행한다.

- 매일 검사
  : 외부 손상여부를 파악하고 특히 소음, 악취, 변색 유무 확인
- 정기 검사
  - 각 BUS BAR의 고정부, 설치부, 배선부 확인 후 불량부는 볼트를 재조정 실시
  - 각 장치(진공 차단기, 진공 접촉기, 보호 릴레이, 전류 및 전압 변성기, 퓨즈, 모듈카드 등)의 손실 또는 손상 유무 확인. 불량부 발견시 예비품으로 교환
  - 작동 이상 유무 확인을 위해서 각 장치의 기계적 작동부를 확인하고 이상 발견시 예비품으로 교환

〈표 2-Ⅰ-54〉 고압전기 작업 안전 점검 항목

선박용 고압전기 작업 안전 점검 항목

1. 작업전 점검사항 (선박안전관리자와 함께 점검)

- ■ 위험 기기 또는 설비에 DANGER(위험) TAG를 게시/부착하였는가? □YES □N/A
- ■ 작업에 적합한 개인보호장구 착용 확인하였는가? □YES □N/A
- ■ 작업 전 작업개소의 전원은 차단하였는가? □YES □N/A
- ■ 작업기기의 담당사관에게 수리내용, 기간을 통지하였는가? □YES □N/A
- ■ 작업 주위의 습기, 물기, GAS 등의 요소는 제거되었는가? □YES □N/A

2. 작업중 안전수칙 (2인 이상 작업)

- ■ 사전에 전결권자로부터 작업허가를 받고 작업을 시작한다
- ■ 물이 있는 곳에서 전기설비를 사용하여야 할 경우, 방수 대책이나 감전방지 차단장치를 설치한다.
- ■ 절연보호구(고무장갑, 고무장화, 고무매트 등)을 준비하거나 착용한다.
- ■ 접지(EARTH) 여부를 확인한다.
- ■ 작업자 상호간 전원 차단 또는 전원공급의 신호방법은 사전 약속한다.
- ■ 작업장소의 정격전압을 확인하였으며, 작업에 사용되는 전선, FUSE 등의 제료 및 공구는 정격용량의 승인된 것을 사용해야 한다.
- ■ 작업 동참자는 "전기쇼크 발생시 응급조치방법" 을 이해하고 알아야 한다
- ■ 고전압 장비, 제조자의 안내서를 참조하여야 하여 작업은 고압전기의 위험에 대한 사항을 숙지하고 있는 본선 기관사 또는 회사에서 승인된 업체 직원이 시행해야 한다.
- ■ 모든 작업자와 장비가 철수되었을을 확인한다.

20 년 월 일

확인 : 현장작업책임자 ____________________ (인)
작업책임사관(외주시) ____________________ (인)
선박안전관리자 ____________________ (인)

4. 환경오염방지 설비의 관리

4.1 환경오염방지설비의 종류

1) 유수분리기

가) 개요

기관실에 설치된 각종 기기와 장비의 운전이나 정비 또는 각종 기기와 장비의 배관 계통으로 부터의 누설 등으로 인하여 오수(bilge)가 발생한다. 이 경우 각 계통에서 정상적으로 발생하는 빌지나 드레인 등은 각각 빌지 저장 탱크(Bilge Holding Tank)와 각 드레인 탱크(Drain tank) 등에 저장되며 정비 또는 누설 등에 의해 비정상적으로 발생되는 빌지는 기관실 바닥에 저장되게 된다. 이러한 빌지의 대부분은 물이며 그 중에 소량의 기름이 포함되어 있지만, 해양오염을 방지하기 위하여 그 자체로 배출할 수 없다. 따라서 선박에서는 빌지를 처리하기 위하여 유수분리기를 사용해야 한다. MARPOL 협약에 따라 유분 농도의 배출규제 제한치가 1985년부터 100 ppm에서 15 ppm으로 강화됨에 따라 원양항해에 종사하는 선박에는 기름여과장치와 자동정지장치 등의 설치가 의무화되었다. 국내의 경우 기름오염방지설비의 기술기준(제15조 제2항 관련)에 따르면 기름배출 감시장치(Oil Discharge Monitoring Equipment : ODME)는 유량계 · 유분농도계 · 감시기록장치 · 선속계 및 자동배출정지장치(단, 재화중량톤수 4천톤 이상의 유조선)를 갖추고 운전설명서를 현장에 비치하는 것이 필요하다.

나) 기능

유수분리기의 구성요소와 기능은 다음과 같다.

- 〈그림 2-I-95〉와 같이 Oily Water Separator 전용 Pump는 Bilge Holding Tank에 저장된 Bilge(선저폐수)를 Suction하여 Pre-Treatment와 분리장치인 Oil Filter Equipment로 규정된 압력으로 공급한다.
- Pre-Treatment(전처리 장치)는 기름과 물의 비중차에 의한 분리효과를 높이기 위해 Heater를 갖추고 있으며, 처음 분리는 여러 개의 마찰판을 지나면서 부상과 축적된 기

름은 구상 면으로 형성된 상부에 모이게 된다. 이와 병행하여 Coalescer Net에서 작은 기름미립자를 응집시켜 부상을 시킨다.

- Oil Level Sensor(유분 감지기)는 부상된 기름을 감지하면, 솔레노이드 밸브(SV2 여자)가 작동하여 기름을 Oily Bilge Tank로 보낸다. 동시에 역 세척공기(SV1 여자) 와 세척수(SV3 소자)가 각 1차, 2차 분리 단을 세척하여 시스템의 성능과 효율을 향상시킨다.

- Oil Filter Equipment는 전처리 장치에서 1차적으로 분리된 것을 같은 원리를 이용해 최종적으로 유분 농도를 15 ppm으로 하여, 선외로 배출하는 곳이며, 상부에 유분이 감지되면 전 처리장치와 같이 작동한다.

- 〈그림 2-I-96〉과 같이 선저폐수농도경보장치(15 ppm 경보 장치)는 오일 필터 장치에 최종적으로 선외로 유분 농도를 감지하여 15 ppm이상이면 경보를 울리며 3-way V/V가 작동(SV4 소자)선외로 나가는 것을 Bilge Holding Tank로 회수시킨다. 선저폐수농도경보장치는 교정 이후 5년 이내 또는 제조자가 명시한 정비주기 중 짧은 간격으로 제조자 또는 제조자가 위임한 자에 의하여 교정되어야 한다. 이 경우 교정을 하지 않는 대신에 교정된 선저폐수농도 경보장치(Oil content meter/15 PPM Bilge Alarm)로 대체할 수 있다.

〈그림 2-I-95〉 선박의 유수분리기 예시

*출처: 한국해양대학교 실습선 한나라호

〈그림 2-I-96〉 유수분리기의 선저폐수농도경보장치

*출처: 한국해양대학교 실습선 한나라호

2) 분뇨처리장치

가) 개요

분뇨처리장치는 선박 내에서 발생되는 분뇨(거주구역 등에서 배출되는 각종 대변 및 소변 등의 오물)를 처리하기 위한 장치로서 국제항해에 종사하는 선박의 경우 단순저장식, 생물화학적 처리식, 전기분해식을 주로 사용하고 있다. 또한, 단순저장식, 생물화학적 처리식, 전기분해식의 일부 변경조합된 형태를 취하기도 한다. 분뇨처리장치의 배출기준은 MARPOL(The International Convention for the Prevention of Pollution from Ships) 협약 부속서 제4장 제11규칙에서 규정하고 있다. 구체적인 배출기준을 살펴보면 다음과 같다.

- 가장 가까운 육지로부터 3해리를 넘는 거리에서 분뇨마쇄소독장치를 사용하여 마쇄 및 소독한 분뇨를 선박이 4 knot 이상의 속력으로 항해하면서 분뇨를 배출하는 경우 또는
- 가장 가까운 육지로 부터 12해리를 넘는 거리에서 마쇄 및 소독하지 아니한 분뇨를 선박이 4 knot 이상의 속력으로 항해하면서 배출하는 경우이다.

나) 기능

〈그림 2-I-97〉과 같은 분뇨처리장치의 종류에 따른 기능을 살펴보면 다음과 같이 구분할 수 있다.

• 생물화학적 처리

: 분뇨처리장치(sewage treatment plant, STP)에서 자기교반기(magnetic stirrer), chemical등을 이용하여 분뇨를 생물화학적으로 처리하며 유출액이 해상에서 눈으로 식별가능한 고형물을 생성시키지 않고 변색을 유발하지 않는 방법이다. 이와 같은 처리는 미국 33CFR에서 규정한 MARINE SANITARY DEVICE(MSD) TYPE II에 해당되며 유출물 중 대장균의 수가 200마리/100ML이하의 고형물의 크기가 150 ML보다 작아야 한다고 엄격하게 규정하고 있다.

• 마쇄 및 소독처리

: 마쇄소독장치(comminuter system)을 이용하여 분뇨를 마쇄 및 소독처리하는 방법으로 MARPOL 73/78 부속서에는 육지에서 4해리 미만인 해역에서의 해상배출을 금지하고 있다. 미국 33 Code of Federal Regulations (CFR에서 MARINE SANITARY DEVICE(MSD) TYPE I에 해당하는 것으로 유출액 중 대장균의 수가 1000마리/100ml이하이고, 눈으로 식별가능한 고형분이 없어야 한다고 엄격히 규정하고 있다.

• 분뇨처리 장치

: 분뇨를 항내에서 저장탱크에 저장하다가 육지로부터 12해리이상 해역에서 배출하는 방식으로 미국 33CFR에서 규정한 MARINE SANITARY DEVICE(MSD) TYPE III에 해당한다.

〈그림 2-I-97〉 선박용 분뇨처리장치 예시

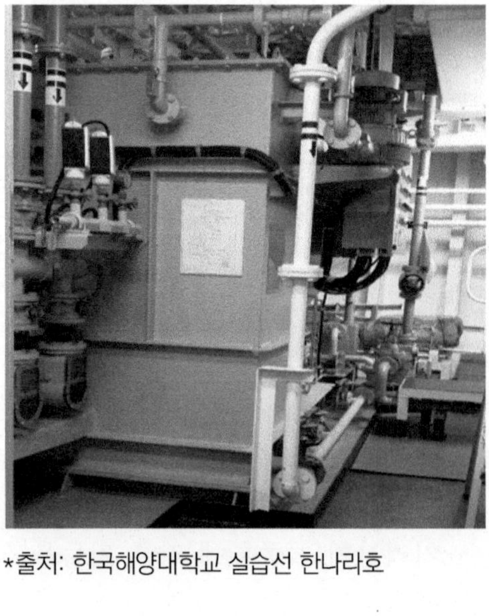

*출처: 한국해양대학교 실습선 한나라호

3) 소각장치

가) 개요

유수분리기에서 분리되고 하수처리 및 정수를 하는 과정에서 생기는 침전물인 슬러지(sludge)나 폐유 및 선내에 발생한 쓰레기(Garbage)는 소각기로 소각하거나 육상에 양육하도록 되어 있다. 기관구역에서의 기름 오염방지설비의 설치기준에 의하면 총톤수 400톤 이상의 선박으로서 슬러지를 소각하기 위해서는 소각설비를 설치하도록 규정되어 있다.

선박용 소각기 본체는 초기버너, 폐유버너, 초기 블로워, 배기댐퍼 및 연소실(1차, 2차)과 Feeding Door로 구성되어 있으며 실제 소각이 이루어지는 곳이다. 폐유탱크는 기관실에서 발생하는 슬러지나 폐유를 Oily Bilge Tank로 저장하여 슬러지 펌프로 폐유탱크에 이송하여 소각하기 위해 가열, 교반 및 수분을 드레인 시키는 곳이다. 소각기용 DIESEL OIL TANK(경유 탱크)는 초기점화 시나 소각기 연소실의 온도가 기준온도(850℃)에 도달하도록 Primary Burner가 작동 할 때 DIESEL OIL을 공급하기 위한 탱크이며 소각기 정지시 라인 프러싱(Flushing)에도 사용된다.

나) 기능

선박용 소각기의 재료, 구조 및 설치의 기준은 다음과 같다.

- 주요 기기 및 부속품에 사용하는 재료는 내화성과 내식성을 갖추어야 한다.
- 관련 기기 및 장비에 대하여 용이한 점검과 보수를 할 수 있어야 한다.
- 선체의 동요와 진동에 충분히 견딜 수 있어야 한다.
- 고열부분 및 화재의 위험이 있는 부분은 적절한 방열조치를 한 것이어야 한다.
- 점화 전 소각기 내부를 충분히 환기시켜 잔여 가스를 배출시킬 수 있어야 한다.
- 소각기의 밑바닥으로부터 드레인(drain) 등이 배출되지 아니하여야 한다.
- 소각기는 연소가스가 누설되지 않는 것이어야 하며, 배출된 연소가스가 선박 안에 다시 흡입되지 아니해야 한다.
- 고체폐기물을 이동하기 위하여 설치된 소각기의 투입구는 화염 역류의 위험이 없는 구조이어야 하고, 이중문이 설치되어야 한다.
- 자동점화 기능이 설치된 소각설비는 점화장치가 가동된 후에 점화용 연료가 공급되어야 한다.
- 폐유 · 폐기물 및 연료가 자동공급이 가능한 경우에는 이를 위한 구체적인 제어가 필요하다.
- 소각기에서 외부로 연결되는 연기통로는 내연기관의 배기관과 직접설치가 되어 있지 안

되며, 2개 이상의 소각기의 연기통로가 상호간에 연결되거나 보일러의 연결통로와 연결되는 경우에는 정지된 상태의 소각기 또는 보일러에 연소가스가 역류(return)되지 않도록 제작하여 설치한다.

- 검사 · 수리 및 조작을 위해 여유 공간을 갖고 튼튼한 지지대로 제작된 받침위에 설치되어 있어야 한다.
- 소각기의 안전장치는 설정된 온도를 초과하거나 화염이 없어질 경우에는 자동적으로 폐유 및 폐기물과 연료의 공급이 정지되어야 한다.

현재 선박에서 보편적으로 사용되고 있는 〈그림 2-I-98〉과 같이 국제해사기구가 정한 기준에 따라 형식승인을 받고자 하는 단위용량 4,000 kW 이하의 선내소각기의 요구조건은 다음과 같다.

- 연소실에서의 연료가스 배출 온도는 최대 1200℃ 최소 850℃이어야 한다.
- 작동 후 5분 내에 600℃에 도달할 수 있게 설계되어야 한다.
- 소각기 용량은 1500 Kew 되어야 한다.
- 배기가스는 최소한 6%의 용존산소를 유지하여야 한다.
- 다이옥신 생성을 방지하기 위해 배출구로부터 2.5 M 내로는 배기가스 온도가 최대 350℃로 배출되도록 급격히 냉각되어야 한다.
- 연료가스 온도와 용존 산소는 예열과 냉각기간 동안 검사되어서는 안 된다.

〈그림 2-I-98〉 선박의 소각기 예시

*출처: 한국해양대학교 실습선 한나라호

4) 육상 배출관

가) 선저폐수 및 유성잔류물의 표준배출구

배출관장치는 선저폐수 또는 유성잔류물 저장탱크로부터 육상수용시설에 이송할 수 있는 배관장치와 표준배출연결구(Standard Discharge Connection : SDC)를 갖추어야 한다. 다만, 당해 선박의 구조와 유성찌꺼기의 점도, 발생량, 농도 등을 고려하여 해양수산부장관이 지장이 없다고 인정할 경우에는 표준배출연결구를 설치하지 아니할 수 있다. 이와 관련된 표준배출연결구는 철제 또는 이와 동등한 기능과 성질을 갖춘 재료이며, 제곱센티미터당 6 kg/㎠의 사용압력에 대하여 충분한 강도를 유지할 수 있어야 한다. 그리고 아래의 〈표 2-I-55〉과 같은 동등한 규격을 유지하여야 한다.

〈표 2-I-55〉 표준연결구 기준

항 목	규 격
바깥지름	215 ㎜
안지름	배관을 연결하기에 적합한 지름
볼트원의 지름	183 ㎜
플랜지의 홈 너비	22 ㎜
플랜지의 두께	20 ㎜
볼트 · 너트의 지름 및 갯수	각각 20 ㎜의 지름 및 적당한 길이의 것 6개

나) 선박평형수배출관장치

선박평형수배출관장치(ballast water management system)는 해양 또는 수용시설에 배출하기 위한 배출구가 있어야 하고(다만, 선박평형수를 수용시설에만 일방적으로 배출하는 선박은 해양에 배출하기 위하여 별도의 배출구를 설치하지 아니할 수 있음), 배출되는 선박평형수를 감시하는 상갑판상 및 그 이상의 위치에 선박평형수의 배출을 정지용 장치가 설치되어야 하고(다만, 배출과 관련된 감시하는 해역 및 항만 등의 장소와 배출정지장치가 있는 장소 사이에 전화, 팩스, 문자 등 정보전달시스템 및 장비 등을 갖추고 있는 선박과 현존선에 대하여서는 그러하지 아니함). 해양에서의 배출구는 감항성을 유지할 수 있는 범위내에서 선박평형수를 최대한 적재한 상태에서의 흘수선보다 상부에 위치하고 선측(Hull-side)까지 연결되어야 하지만 선박평형수를 배출하는 경우에는 그러하지 아니한다. 특히 선박평형수배출관장치는 수용시설에의 배출용 매니폴드가 폭로갑판상(upper deck) 양측 선측에 설치되어 있어야 한다.

특히 유조선의 경우 선박평형수배출관장치를 분리평형수탱크 또는 원유세정설비와 함께 설치하여야 하므로 화물유펌프 및 배관내 잔존 기름을 다양한 형태의 수용시설과 화물탱크 및 혼합물탱크로 이송할 수 있는 장비가 설치되어야 한다. 그리고 유조선의 경우 선박의 매니폴드밸브(manifold valve)의 외부와 연결되고, 소구경관의 단면적이 주화물배출관 단면적의 10% 이내인 소구경관이 포함되어야 한다.

4.2 환경오염방지 설비의 관리

1) 주요 기록부의 관리

가) 개요

선박의 선장은 그 선박에서 사용하거나 운반·처리하는 폐기물·기름 및 유해액체물질에 대한 선박오염물질기록부를 해당 선박 내부에 상시적으로 비치하고, 해당 사용량·운송량 및 처리량 등을 기록하여야 하며, 이러한 관리를 통한 개별 장비의 유지보수 및 오염물질 배출저감 등을 목적으로 한다. 특히 선박오염물질기록부의 보존기간은 최종기재를 한 날부터 3년으로 하며, 그 기재사항·보존방법 등에 관하여 필요한 사항은 해양수산부령으로 정한다.

나) 해양오염방지 관련 기록부의 종류

- 폐기물기록부(garbage record book)

  : 해양수산부령이 정하는 일정 규모 이상의 선박에서 발생하는 폐기물의 총량·처리량 등을 기록하는 장부를 의미하고, 해양환경관리법 제72조제1항의 규정에 따라 해양환경관리업자가 처리대장을 작성·비치하는 경우에는 동 처리대장으로 갈음한다. 선박의 폐기물 종류에는 플라스틱류, 부유성 던니지(dunnage) 또는 포장재, 분쇄된 종이제품 또는 병, 도자기, 포장재, 걸레, 유리, 음식쓰레기, 종이제품, 금속 등이 있다. 폐기물 처리는 폐기물의 종류에 따라 결정되며 일반적으로 본선의 지정된 폐기물 관리자에 통합하여 처리되어야 한다.

• 기름기록부(oil record book)

: 선박에서 사용하는 기름의 사용량과 처리량을 기록하는 장부를 의미하고, 해양수산부령이 정하는 선박의 경우를 제외하며, 유조선의 경우에는 기름의 사용량·처리량 외에 운반량을 추가로 기록하여야 한다. 또한, 선박에서 발생되는 유성혼합물인 빌지, 윤활유 슬러지, 연료유 슬러지 및 드레인 등으로부터 발생되는 슬러지는 본선 발생량의 이송, 계측 및 처리 등의 전과정을 정확하게 기록하여야 한다. 기름기록부는 본선의 폐유처리 관련 자료로 사용되고 빌지량의 이상 급증을 조기에 발견할 수 있어 대형사고로 진전되는 것을 막는 역할도 한다.

• 유해액체물질기록부
(Cargo Record Book for Ships Carrying Noxious Liquid Substances in Bulk)

: 선박에서 산적하여 운반하는 유해액체물질의 운반량·처리량을 기록하는 장부를 의미한다. 유해액체물질기록부에는 선박 내부에서 화물의 이동, 화물을 선적 및 양하하는 것에 관한 사항, 화물의 잔류물 또는 혼합물을 다양한 형태의 수용시설에 배출될 경우 이에 관한 사항, 화물창의 세정에 관한 사항, 화물창 세정수, 선박평형수, 잔류물의 해양배출에 관한 사항 또는 그 정화방법에 관한 사항, 화물창에 선박평형수를 선적하거나 배출하는 것에 관한 사항, 사고, 그 밖의 사유로 인한 유해액체물질의 예외적인 배출에 관한 사항 등을 기록하여야 한다.

2) 해양오염방지관련 증서

가) 기능

선박소유자는 선박 기인 각종 환경오염에 대한 적합성과 관련된 감항성(seaworthiness)을 담보받기 위하여 국가대행 검사기관은 선급(선박의 등급을 매겨 분류(classify)하는 것으로, 선급협회를 약어로 표현)을 통하여 지정된 검사를 수검하고, 국제협약에 적합한 인증을 증서를 통하여 발급받아서 관리하여야 한다.

나) 종류

• 선박용 해양오염방지 검사증서(Marine Pollution Prevention Certificate)는 기름오

염방지설비 · 유해액체물질오염방지설비 · 폐기물오염방지설비 또는 대기오염방지설비를 설치하는 것이 필요할 선박과 유해화학물질 선적기준에 적합한 화물창을 설치하여야 할 선박의 선주가 해양수산부령에 따라 정기검사, 중간검사, 임시검사, 임시항해검사를 수검받고, 적합성을 인증받은 증서이다.

- 선박용 방오시스템검사증서(International anti fouling systems certificate)는 선박의 선체표면에 이용되는 방오도료(Anti-fouling paint)에 포함된 유기화합물과 유해물질의 사용을 금지하는 유해한 방오시스템에 대한 적합성을 인증받은 증서이다.
- 선박용 국제대기오염방지증서는 대기오염 저감과 관련된 선박의 구조와 질소산화물 배출과 관련 기록 및 인증방법의 기록에 대한 적합성은 인증한 증서이다.
- 선박용 국제기름오염방지증서(International Oil Pollution Prevention)는 선박의 구조 · 장치 · 설비시스템 · 부착물 · 배치 및 재료와 그 상태가 모든 사항에서 충족하여야 하며, 해당 선박이「1973년 선박으로부터의 오염방지를 위한 국제협약에 관한 1978년 의정서」부속서 I 의 해당요건이 모두 만족하고, 적합함을 인증한 증서이다.
- 선박용 국제오수오염방지증서(International Sewage Pollution Prevention)는「1973년 선박으로부터의 오염방지를 위한 국제협약에 관한 1978년 의정서」부속서 Ⅳ 제9규칙 및 제10규칙에 따라 분뇨처리장치/분뇨마쇄소독장치/저장탱크 및 배출관이 설비되어 적합함을 인증한 증서이다.
- 선박용 국제대기오염방지증서(International Air Pollution Prevention)는「1973년 선박으로부터의 오염방지를 위한 국제협약에 관한 1978년 의정서」부속서 VI의 제5규칙에 따라 요구되는 검사의 결과 및 규정에 적합함을 인증한 증서이다. 선박용 디젤엔진의 전반적인 구조는 선박의 추진기관인 주기관과 비슷하며, 중속엔진으로 대부분 720 RPM, 900 RPM의 엔진으로 사용하며, 선박용 디젤 발전기는 4행정 기관이다.

제 2 장

선박구조

1. 선박의 구조 및 정비

2. 선박의 복원성

3. 비상조치 및 손상제어

제2장 선박구조

1. 선박의 구조 및 정비

1.1 선박 각 부의 명칭

1) 선박의 주요 치수

선박의 특성 표시 또는 크기의 비교, 선박의 조종, 선체정비, 구성재료의 치수와 배치 등을 결정하는 데 있어서 선박의 길이, 폭, 깊이 등을 사용하는데, 이를 선박의 주요 치수라 한다. 이 주요 치수는 사용목적에 따라 그 계측 기준이 차이가 있다. 예컨대 건현을 계산하기 위한 길이, 선박원부에 등록하기 위한 길이, 선박의 정적특성 및 복원특성을 계산하기 위한 길이 등은 각기 그 계측 기준을 다르게 적용하고 있다.

〈그림 2-Ⅱ-100〉 선박의 주요 치수

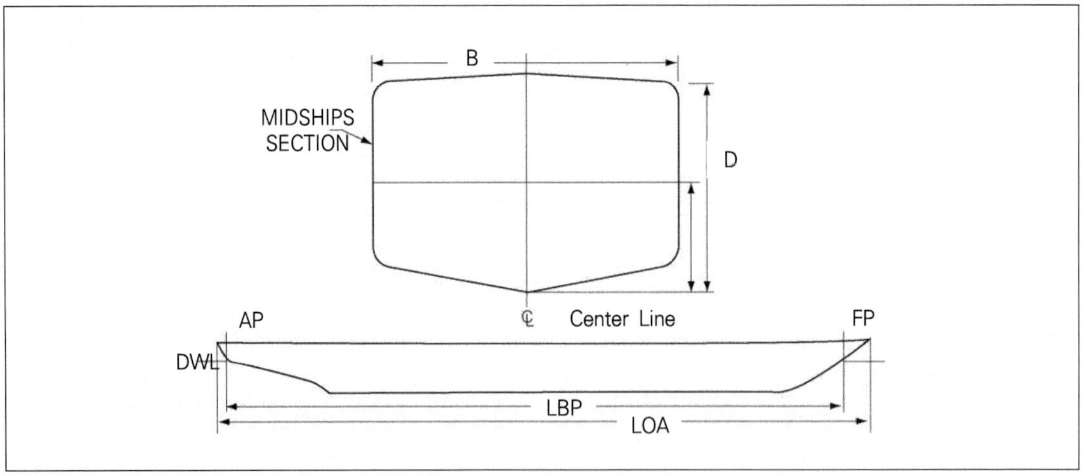

가) 선박의 길이

(1) 전장(Length Over All, LOA)

선체에 고정적으로 붙어 있는 모든 돌출물을 포함한 선수의 최전단으로부터 선미의 최후단까지의 수평거리를 말하며, 부두접안 및 입거 등 선박조종에 사용되는 길이이다.

(2) 수선간장(Length Between Perpendiculars, LBP)

계획 만재흘수선상의 선수재의 전면과 타주의 후면(타주가 없는 선박은 타주재 중심선)에 각각 수선을 세워 이 양 수선 사이의 수평거리를 말하며, 선체 길이의 중앙은 수선간장의 가운데를 가리킨다. 강선구조 규정, 선박 만재흘수선 규정, 선박구획 규정 등 일반적으로 사용되는 길이이다.

(3) 수선장(Water Line Length, LWL)

계획 만재흘수선상 물에 잠긴 선체의 선수재 전면으로부터 선미 후단까지의 수평거리를 말하고 배의 저항, 추진력 계산 등에 이용된다.

(4) 등록장(Registered Length)

상갑판 보(Beam)상 선수재 전면에서부터 선미재 후면까지의 수평거리를 말한다. 선박원부에 등록되고 선박국적증서에 기재되는 길이이다.

나) 선박의 폭

(1) 전폭(Extreme Breadth, Bex)

선체의 폭이 가장 넓은 부분에서 외판의 외면으로부터 맞은 편 외판의 외면까지의 수평거리를 말한다. 입거 및 선박조종 등에 사용되는 길이이다.

(2) 형폭(Molded Breadth, B)

선체의 폭이 가장 넓은 부분에서 늑골의 외면으로부터 맞은편 늑골의 외면까지의 수평거리이다. 선박법, 강선구조 규정, 선박 만재흘수선 규정 등에 사용되는 길이이다.

다) 선박의 깊이(Depth, D) 또는 형심(Moulded Depth, D)

선체중앙에 있어서 용골의 상면(Base line)으로부터 건현갑판(또는 상갑판 보)의 현측 상면까지의 수직거리이다. 선박법, 강선구조 규정, 선박 만재흘수선 규정 등에서 사용되는 깊이이다.

2) 선체의 주요 형상

선박이 해상의 운송 수단으로 이용되는 것은 부양성, 적재성 및 이동성이 있기 때문이다. 선체(Hull)가 이러한 기능을 발휘하기 위해서는 특수한 형태와 복잡한 구조가 요구된다. 또한 선체는 이동 중이거나 정박 중에도 여러 종류의 외력을 받기 때문에 선체의 구조는 이에 견딜 수 있는 충분한 강도를 가져야 한다. 따라서 선체 구조는 견고하게 제작되고, 그 중에서도 선수, 선미, 기관실은 더욱 튼튼하게 만들어진다. 선체의 형상은 그 용도에 따라 가장 적합한 성능을 가질 수 있게끔 설계되며, 〈그림 2-Ⅱ-2〉는 선체의 형상을 나타내고 각 부의 명칭은 다음과 같다.

〈그림 2-Ⅱ-101〉 선체의 형상과 명칭

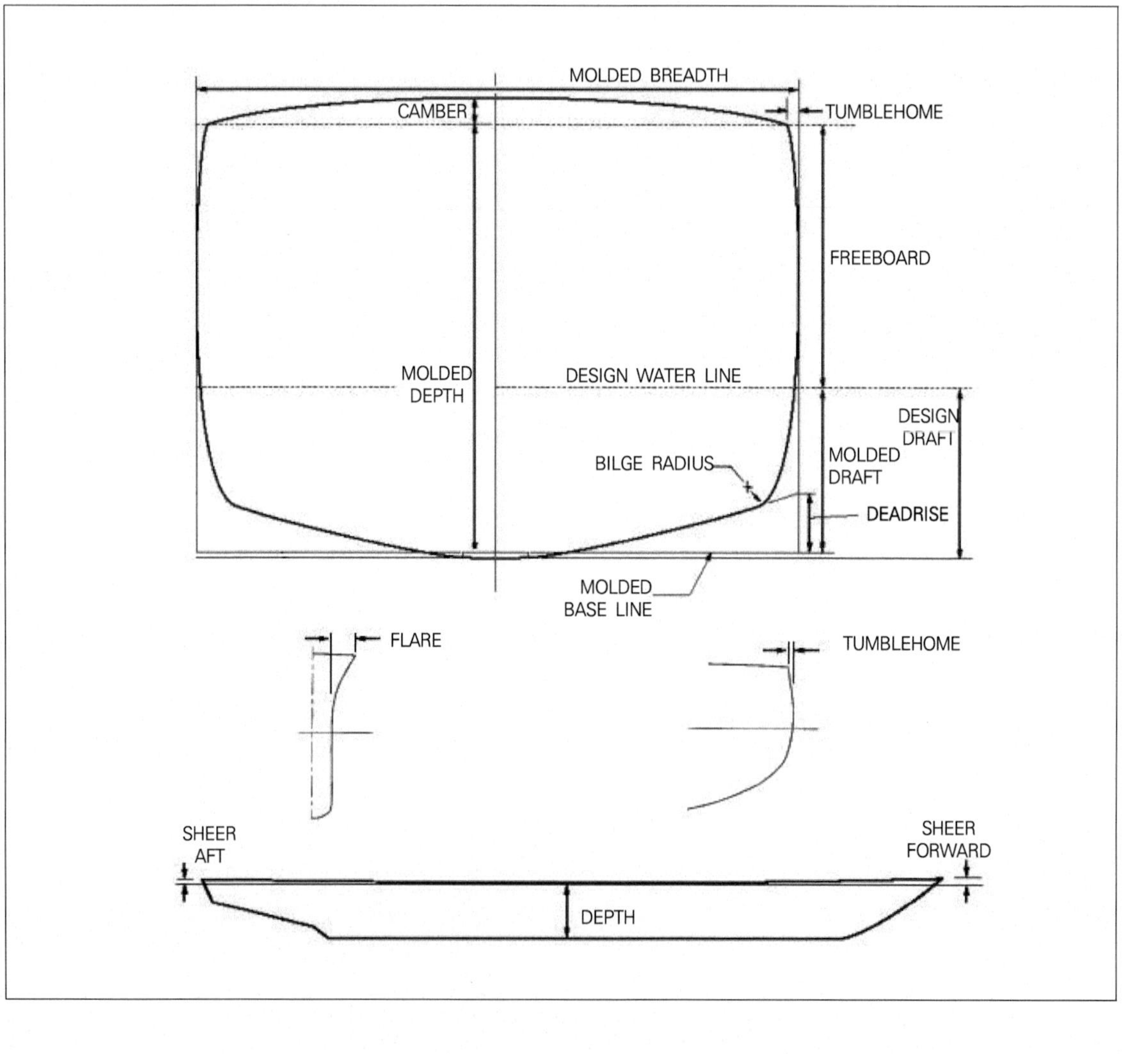

가) 선체

연돌(Funnel), 키(Rudder), 마스트(Mast), 추진기(Screw Propeller) 등을 제외한 선박의 주된 부분이다.

나) 선수

선체의 앞부분을 선수(Bow)라 하고, 선수 방향을 어헤드(Ahead)라 한다. 그 모양에 따라 클리프 선수(Clipper Stem), 직립형 선수(Upright Stem), 경사형 선수(Raked Stem), 구형 선수(Bulbous Stem) 및 램형 선수(Ram Stem) 등이 있다.

다) 선미

선체의 뒷부분을 선미(Stern)라 하고, 선미 방향을 어스턴(Astern)이라 한다. 그 모양에 따라 타원형 선미(Counter Stern), 순양함형 선미(Cruiser Stern) 등이 있는데, 타원형 선미는 상선에서, 순양함형 선미는 군함에서 많이 볼 수 있다.

라) 선체 중앙

선체 길이의 중앙부를 선체 중앙(Midship)이라 하고, 선수미선과 직각을 이루는 방향을 어빔(Abeam)이라 한다.

마) 현호

건현 갑판의 현측선이 휘어진 것을 말한다. 선체 중앙 부위에서 가장 낮으며 선수와 선미를 높게 하여 예비 부력과 능파성을 향상시키고 선체의 미관을 좋게 한다. 선수에서는 그 현호(Sheer)를 선체 길이의 약 1/50, 선미에서는 약 1/100이 되게 한다.

바) 캠버

갑판보는 갑판상의 배수와 선체의 횡강력을 위해 양현의 현측보다 선체 중심선 부근이 높도록 원호를 이루고 있는데, 이 높이의 차를 캠버(Camber)라 하며 그 크기는 선폭의 1/50이 표준이다.

사) 텀블 홈 및 플레어

상갑판 부근의 선측 상부가 안쪽으로 굽은 정도를 말한다. 플레어(Flare)는 텀블 홈(Tumble Home)의 반대의 경우로 선측 상부가 바깥쪽으로 굽은 정도를 말한다.

아) 빌지

빌지(Bilge)는 선저와 선측을 연결하는 만곡부이다.

자) 선저 경사

중앙 단면에서 선저의 경사도이다. 선체의 강도상 목선이나 단저 구조선 등에서 볼 수 있다. 이중저구조선에는 선저가 편평하다.

1.2 선박에 작용하는 힘

1) 선체가 받는 힘

선박은 화물이나 여객을 싣고 항해할 수 있도록 외판, 선저 외판, 갑판에 의해 수밀이 유지되어야 할 뿐만 아니라 파랑의 충격, 너울에 의한 굽힘 모멘트, 중력과 부력에 의한 전단력, 무거운 하중에 견딜 수 있는 구조이어야 한다.

일반적으로 해상에서 선박은 선체의 중량과 해수의 부력에 의해 균형을 이루고 있으나, 선체의 형상 및 화물의 적재 여하에 따라 부분적으로는 균형을 이루지 못한다. 더군다나 화물이나 여객 등을 만재하고 거친 대양을 항해할 때는 더욱 어려움이 수반된다. 따라서 선체의 구조를 어떻게 할 것인가를 고려할 때는 선체가 황천에 견딜 수 있으며 안전하게 항해할 수 있는지가 매우 중요하다.

즉, 거친 해상환경의 영향에 대해 선체의 강도를 어떻게 유지하고, 이를 위해서는 우선 선체에 어떠한 힘이 작용하는지를 검토하여야 한다.

선체는 물이 새지 않는 상자형 용기라 생각할 수 있으며, 항해 중, 정박 중을 불문하고 다양한 힘이 작용하고 있다. 이를 크게 나누면 선체를 종방향으로 굽히려는 힘, 선체의 횡단면을 변형시키려는 힘, 선체를 비틀려는 힘, 선체를 형성하고 있는 부재에 국부적으로 작용하는 힘으로 나눌 수 있다.

가) 종방향의 힘

선박이 항해할 때에 각 부분은 중력과 부력의 차이, 즉 상향력과 하향력에 의하여 선체는 종방향으로 굽힘 모멘트를 받게 된다. 특히, 파도 안을 항행할 때에는 파도의 위치에 따라 호깅(Hogging) 및 새깅(Sagging) 상태가 된다. 이 때 갑판과 선저 외판은 압축력과 인장력을 번갈아 받게 된다. 이때 가장 큰 영향이 미치는 경우는 선체의 길이가 파장과 같을 때이다.

호깅 상태는 선체 길이의 중앙부가 파정에 위치하는 경우를 말한다. 호깅상태는 화물을 중앙부에 적게 적재하고, 전·후단에 화물을 많이 선적할 경우에도 일어난다. 이 현상이 가중되면 갑판이나 선저에 균열 또는 주름이 발생하며, 이 상태가 반복되는 경우 극단적으로 선체가 절단되기도 한다.

이와는 반대로 새깅의 경우, 선체 길이의 중앙이 파곡에 위치하게 되면 선체의 전부와 후부에는 부력이 크게 작용하고 중앙부에서는 중력이 크게 작용하므로 갑판과 선저에 압축력과 인장력이 교차로 작용하게 되고, 심하면 호깅과 같이 선체가 절단되기도 한다. 새깅은 화물을 중앙부에 과적하고 전·후단에 적게 실을 경우에도 일어난다.

일반적으로 호깅 상태에서는 갑판에 인장응력, 선저판에는 압축응력이 발생하고, 새깅 상태에서는 갑판에 압축응력, 선저판에 인장응력이 발생하는데, 이러한 변형력을 견디기 위해 선체는 길이 방향의 힘, 즉 종강력을 충분히 가져야 하며, 이러한 종강력을 형성하는 부재로는 중심선 거더, 용골, 선저외판, 종격벽, 선측 외판, 갑판하 거더, 내저판, 상갑판, 마진 플레이트, 선측 종재 등이 있다.

〈그림 2-Ⅱ-102〉 호깅과 새깅 상태

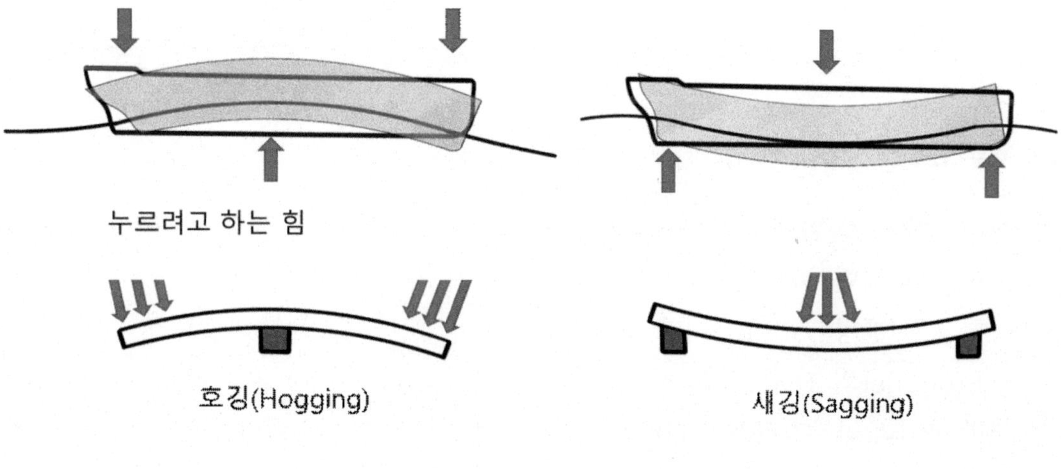

나) 횡방향의 힘

선체가 횡방향에서 파랑을 받거나 횡동요를 하게 되면 선체의 좌현과 우현의 흘수가 달라져서 변형이 일어나는 것을 래킹(Racking)이라 한다. 이러한 횡방향의 변형력에 견디기 위하여 충분한 횡강력을 가져야 하며, 횡강력을 형성하는 부재로는 갑판보, 늑골, 늑판, 빔 브래킷, 외판, 횡격벽, 갑판 등이 있다.

다) 선체를 비틀려는 힘

선박이 선측으로부터 강한 바람을 받아 측면으로 기울어지거나, 선박이 항해할 때 전방 또는 후방으로부터 파도 및 바람을 비스듬히 받아 파도와 풍압의 작용방향이 선수미부에서 서로 차이가 발생하게 되면 선체의 길이방향을 축으로 하여 비틀어지는 비틀림 모멘트가 작용하게 된다. 일반적으로 선박의 길이와 파도의 길이가 거의 동일하고 선박과 파도의 진행방향이 45° 각도이며, 파정 또는 파곡이 선박의 중앙부에 위치할 경우 선박에 작용하는 비틀림 모멘트는 최대가 된다.

〈그림 2-Ⅱ-103〉 선체를 비틀려는 힘

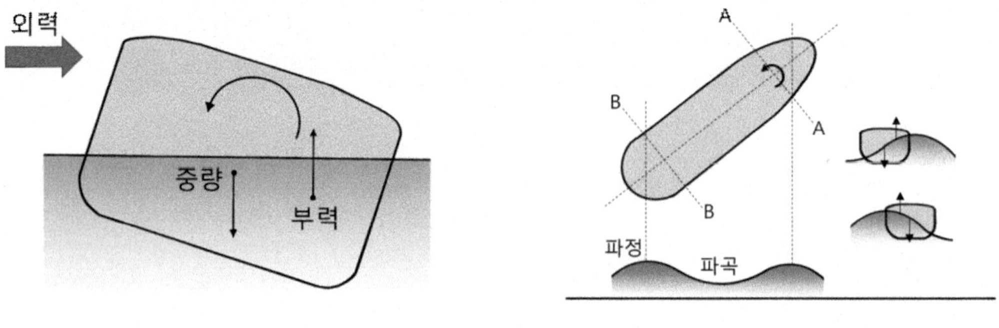

라) 국부적으로 작용하는 힘

선박에 한정적으로 발생하는 힘으로서 항해 중 황천을 만나면 종동요(pitching)와 횡동요(rolling)가 심해지면서 선수부와 선미부에는 파랑에 의한 충격으로 심한 진동이 발생한다. 이러한 현상을 팬팅(panting)이라 부른다. 파랑에 의한 충격에 대항하기 위한 선수재(stem), Propeller의 진동에 대항하기 위한 선미재(stern frame) 등은 선체 구성의 주요소가 될 뿐만 아니라 국부강력재가 된다. 그 외에 기둥, 횡격벽 등이 있다.

2) 선박의 강도

선체강도의 세부적인 계산은 외력이 부분적이거나 전체적으로 가해지기도 하며 힘의 형태도 다양하므로 복잡한 과정을 거치게 된다. 또한, 그러한 힘은 정적인 힘과 동적인 힘이 동시에 작용하기도 하고, 이러한 힘에 의해 종단면 또는 횡단면에서 굽힘 변형 또는 비틀림 변형 및 래킹으로 인한 변형이 발생하게 된다. 현실적으로 선박의 선체는 다양한 부재들이 서로 연결되어 건조되어 있고, 각 부재들의 기능들도 단일하지 않으므로 어떠한 특정 부재에 걸리는 응력을 정확하게 산정하는 것은 거의 불가능하다.

따라서 선체강도의 계산에 고려되어야 할 주안점은 선체의 각 부재가 그들이 사용되는 주된 목적을 수행할 만큼 충분히 강한가를 밝히고, 강도상 돌연한 불연속은 배제되었는가를 밝히는 것이다. 적합하게 설계된 선박에서는 항해 중 전체 구조가 외력에 대하여 하나의 탄성범위 내에서 작용하여야 하며, 각 부재는 발생하는 인장하중과 압축하중의 적당한 양을 견딜 수 있어야 한다. 또한 어느 부재도 특별히 더 강하거나 더 무겁지 않은 상태이어야 한다.

특히, 선체는 부재의 수가 매우 많은 복잡한 구조물이므로 개개의 부재 모두를 고려하여 해석하는 것은 비경제적이다. 따라서 해석의 대상, 목적, 구조물의 역학적 특성을 고려하여 적당한 이상화와 적절한 해석법의 선택이 이루어져야 하고, 국부적인 해석과 전체적인 해석이 상호 보완이 되도록 계산을 진행하여야 한다.

가) 종강도

선박을 길이방향으로 굽히려는 힘, 즉 종굽힘 모멘트에 대항하는 강도를 종강도라 하고, 배의 강도 중에서 가장 중요하기 때문에, 이러한 응력성분의 결정은 실제 항해조건과 가능한 한 가까운 가정을 설정하여 행해져야 한다. 종강도는 배를 1개의 보(Beam)로 가정하고, 보에 작용하는 종굽힘 모멘트를 계산한 뒤 보이론(Theory of a Beam)을 적용하여 평가한다.

일반적으로 종강도 응력은 하중곡선을 적분함으로써 얻어지는 종굽힘 모멘트로부터 구할 수 있고, 하중곡선은 선체의 전체 길이에 걸쳐서 중량과 부력의 차를 연속적으로 나타냄으로써 구할 수 있다. 이러한 종굽힘 모멘트와 선체횡단면계수를 이용하여 보이론에 의한 상갑판 및 선저판에서의 응력을 구할 수 있다.

선박에 작용하는 종굽힘 모멘트에 대항하여 배의 종강도에 기여하는 부재를 종강도부재라고 한다. 선박을 구성하는 구조부재가 종강도부재로서의 역할을 하기 위해서는 길이방향으로 충분히 길어야 하고, 다른 부재와도 견고하게 설치되어 있어야 한다.

선급규정에서는 배의 중앙부 L/2 이상에 걸쳐 종통하는 부재 또는 이와 동등한 기여를 할 수 있는 종통부재를 종강도부재라고 정의하고 있다. 종강도 부재에는 갑판부, 외판부, 2중저 구조, 종격벽, 선측 종통재, 방형 용골 등이 있다.

나) 횡강도

배의 횡단면을 변형시키려는 횡하중에 버티는 힘의 강도를 횡강도라고 한다. 배의 횡강도를 계산할 때 고려해야 하는 횡하중으로는 정수압, 갑판하중, 구조하중, 선창 내 화물압력 등이 있으며, 세부적으로는 횡단면 내에 작용하는 각종 국부하중을 중첩하여 계산할 수 있으나, 일반적으로 가장 큰 횡하중이 발생한다고 예상되는 하중조건을 대상으로 계산하고 있다.

배는 입체구조물로서 배의 강도는 엄밀하게는 종강도와 횡강도를 동시에 고려하여 3차원 해석을 수행하여야 하지만, 선체와 같은 복잡한 대형 구조물의 입체구조해석은 매우 어렵기 때문에 배의 횡단면에서 늑골간의 횡부재만으로 구성된 평면골조구조를 대상으로 배의 횡강도를 평가하는 것이 보통이다.

일반상선의 경우 법규나 선급규정에 따라 부재치수를 결정하면 일반적으로 충분한 횡강도가 확보된다는 것이 확인되어 있으므로 별도의 횡강도 계산을 수행할 필요는 없으나, 갑판개구가 큰 배에서와 같이 횡강도에 문제가 있는 경우에는 가장 큰 횡하중 발생이 예상되는 하중조건하에서 횡단면 내의 응력을 계산하고, 이것이 허용응력값보다 작게 되도록 부재치수를 결정하면 된다.

횡단면을 변형시키려고 하는 힘에 대항하는 부재를 횡강도부재라 하고, 가로방향으로 배치되는 보, 늑판, 횡격벽 등이 이에 속한다.

다) 비틀림강도

배를 비틀려고 하는 힘에 버티는 힘의 강도를 비틀림강도라고 한다. 일반적으로 실제 선체에 작용하는 비틀림 모멘트에 의한 선체 횡단면 내의 부재에 생기는 응력의 크기는 매우 작기 때문에 비틀림강도의 계산은 별도로 수행하지 않는다.

하지만 갑판개구가 큰 배에서는 큰 비틀림변형이 생기기 쉽기 때문에 비틀림강도의 검토를 행할 필요가 있다. 배를 비틀려고 하는 힘에 대항하는 부재를 비틀림강도부재라고도 하는데, 이들의 예로는 갑판, 외판, 늑판, 내저판, 늑골, 보, 횡격벽 등이 있다.

라) 국부강도

종강도 및 횡강도와 비틀림강도는 전체적인 선체에 작용하는데 반해서 배의 부분구조 또는 구조부재에 국부적으로 작용하는 힘에 버티는 힘의 강도를 국부강도라고 한다. 배의 강도를 달리 하는 국부변형은 선체의 무거운 중량, 국부진동 또는 선체진동, 선각 거어더의 처짐, 입거작업, 피로응력, 슬래밍(slamming)이나 해상에서의 다른 운동 등으로 인하여 발생할 수 있다. 이러한 문제들의 영향을 견딜 수 있도록 어느 정도의 국부보강이 필요하며, 적절한 강도를 갖기 위해 어느 정도의 치수를 가져야 하는지를 계산하고 결정하여야 한다.

1.3 선체의 구조와 도면

1) 선체의 구조와 명칭

가) 용골

선체의 최하부의 중심선에 있는 종강력재로서 선체의 중심선을 따라 선수재에서 선미재까지의 선체의 종조직을 구성하는 기초가 되는 부분이다.

(1) 방형 용골(Bar Keel)

방형 용골의 단면은 장방형이며, 재료는 단강재 또는 압연 강재이다. 선저 중앙부가 돌출되어 있으므로 흘수를 증가시키며 입거할 때 손상을 받기 쉽다. 또한 선저 내부 구조와의 연결이 불완전하여 종강력이 약하다는 단점이 있다. 그리고 구조가 간단하고 횡동요(Rolling)를 감쇠시키는 역할을 하고 풍압에 의한 선체의 압류를 막는다. 또한 선박 좌초 시 선저 외판을 보호하는 장점이 있어 주로 소형선, 범선 및 어선 등에 활용되고 있다.

(2) 평판 용골(Flat Keel)

평판 용골은 밑바닥이 편평하기 때문에 선저 외판의 일부분으로 볼 수 있고, 선저에 있어서 종강력을 분담하는 중요한 재료이다. 평판 용골은 방형 용골처럼 선저에 돌출되어 있지 않으므로 횡동요의 방지 효과가 없고, 선저의 보호 목적으로는 부적합하다. 그리고 평판 용골은 흘수를 증가시키지 않고, 선저 내부 구조와의 연결 또한 완전하므로 선저에 필요한 강도를 부여한다. 선박건조 시 결합이 쉽고 수밀이 용이한 점 등의 장점이 있으므로 소형선 이외의 대부분 선박에 활용되고 있다.

나) 선저부 구조

선저 구조에는 단저 구조와 이중저 구조가 있다. 소형선은 대부분 단저 구조로 되어 있으나, 대형선은 선저의 안쪽에 내저를 설치하여 선저를 이중으로 하고 있다.

(1) 단저(Single Bottom) 구조

단저 구조는 일반적으로 횡방향의 늑판(Floor)과 종방향의 중심선 킬슨(Keelson) 및 사이드 킬슨(Side Keelson)으로 제작 및 조립되어 있다.

늑판은 선저 외판의 상부에 횡방향으로 늑골의 위치마다 배치되어 있는 강판으로서, 늑골과 결합되어 선체의 횡강력을 분담하는 부재이며, 킬슨은 선저 내부를 종통하여 용골과 함께 종강력의 중요한 부재를 이루고 있다.

〈그림 2-II-104〉 선저부 구조

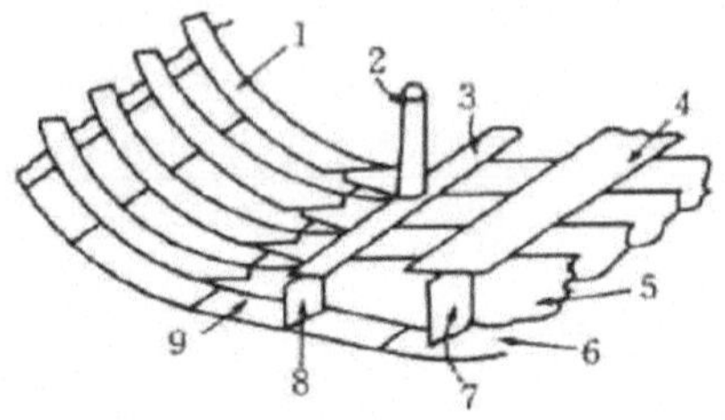

1. 프레임	2. 기둥	3. 라이더
4. 라이더 플레이트	5. 늑판	6. 용골
7. 중심선 킬슨	8. 사이드 킬슨	9. 선저 외판

(1) 단저 구조

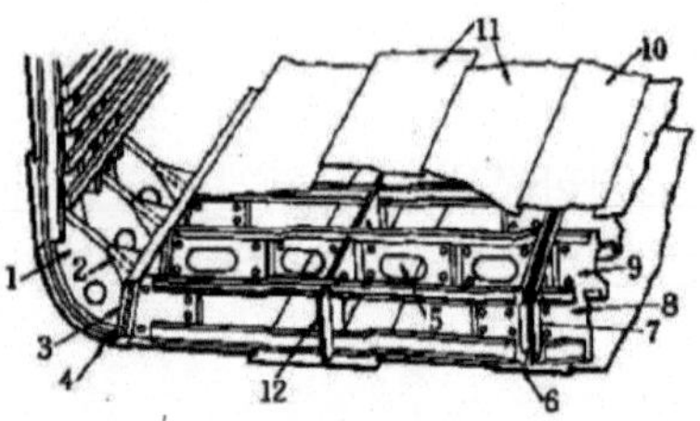

1. 이중저 외측 브래킷	2. 가셀	3. 마진 플레이트
4. 마진	5. 라이트닝 홀	6. 용골
7. 중심선 거더	8. 조립늑판	9. 실체 늑판
10. 중심선 내저판	11. 내저판	12. 사이드 거더

(2) 이중저 구조

(2) 이중저(Double Bottom) 구조

종방향으로 중심선 거더가 용골상을 종통하며, 횡방향으로 늑골의 위치에 늑판을 배치한다. 그리고 외판에는 선저 외판을 덮고 내저에는 내저판을 덮는다. 이후 다시 내저의 빌지 부근에는 마진 플레이트(Margin plate)를 덮어 탱크를 수밀 또는 유밀 구조로 한다. 마진 플레이트는 탱크 사이드 브래킷(Side Bracket)에 의해 늑골에 결합된다. 이처럼 이중저는 상하, 좌우, 전후를 구획으로 하여 다수의 상자형으로 형성되어 있다.

우리나라 선급 및 강선 규칙은 길이 100 m 이상인 선박은 선수격벽에서 선미격벽까지 전통 이중저를 설치하도록 하고 있다. 대형선박에 사용되는 이중저의 장점은 다음과 같다.

① 좌초 등으로 선저부의 손상이 발생하여도 내저판으로 선내의 침수를 방지하여 화물과 선박의 안전을 유지할 수 있다.
② 선저부의 구조가 견고하므로 호깅(Hogging) 및 새깅(Sagging)의 상태에도 잘 견딘다.
③ 이중저의 내부를 구역 분리하여 밸러스트, 연료 및 청수 탱크로 사용할 수 있다.
④ 밸러스트 탱크의 주·배수로 다음과 같은 효과가 있다.
㉠ 공선항해 때 흘수를 깊게 하면 추진효율을 향상시킬 수 있다.
㉡ 선박의 중심이 하방으로 작용하여 복원성을 증가시킬 수 있다.
㉢ 트림 및 횡경사 등을 조절할 수 있다.

다) 늑골, 보 및 기둥

(1) 늑골(Frame)

선체의 좌우 선측을 구성하는 뼈대로서 용골에 직각으로 배치되고 갑판보와 늑판에 양 끝이 연결되어 선체의 횡강도의 주체가 된다. 즉, 갑판보의 양 끝을 지지하여 갑판 위의 무게를 지지함과 동시에 수압 등의 외력에 의하여 선측 외판이 변형되지 않도록 지지한다.

① 늑골 간격(Frame Space) : 일반적으로 늑골 간격은 선박의 길이에 따라 정해져 있으나 재료와 구조에 따라 증감시킬 수 있다. 선체에서 늑골 간격은 부분적으로 다르게 나타나는데, 선체 중앙부보다 선수미부에서 간격을 좁게 한다. 일반배치도 등의 도면에서 'F.S 760'으로 표기되어 있는 의미는 늑골의 간격이 760 mm라는 뜻이다.
② 늑골 번호(Frame Number) : 늑골의 위치에 따라서 개별적인 번호가 부여된다. 이 번호는 선체 전후의 위치를 나타내는 것으로서, 보통 선미 수선을 0번으로 기준하여 선수를 향해서 붙여간다. 따라서 선체의 손상부위 또는 선체의 어느 부위에 대한 늑골의 번호만 확인하면 그 위치를 쉽게 파악할 수 있다.
③ 특설 늑골(Web Frame) : 기관실 및 중량물을 적재하는 선창, 큰 해치를 가진 선창에 늑골만으로 횡강력이 충분하지 못한 장소에 강력한 조립 늑골을 배치하는 것을 특설 늑골이라 한다.

(2) 보(Beam)

보는 양 현의 늑골과 빔 브래킷으로 결합되어 선체의 횡강력을 형성하는 부재로서, 횡방향의 수압과 갑판 위의 무게를 지탱한다. 보에는 갑판 아래에 배치되는 갑판보, 선창 내에 보강을 목적으로 배치하는 선창보, 국부적으로 보강을 위해 배치되는 특설보가 있다.

(3) 기둥(Pillar)

기둥은 보와 갑판 또는 내저판 사이에 견고하게 고착되어 보를 지지함으로써 갑판 위의 하중을 분담하는 부재로, 보의 보강, 선체의 횡강재 또는 진동을 억제하는 역할을 한다.

라) 외판 구조

외판은 선체의 외곽을 이루어 수밀 유지 및 부력 형성을 위한 것으로 종강력을 구성하는 주요 부재이다. 외판은 그 위치에 따라 다음과 같이 나눌 수 있다.

(1) 현측 후판(Sheer Strake)

강력 갑판인 상갑판의 현측 최상부의 외판으로서 가장 두꺼운 외판이다.

(2) 현측 외판(Topside Strake)

현측 후판 바로 아래의 외판으로서 현측 후판과 다른 외판과의 강도의 급변을 피하기 위한 것이다.

(3) 선측 외판(Side Plating)

현측 외판에서 선저 만곡부까지의 외판이다.

(4) 선저 외판(Bottom Plating)

만곡부 상부에서 평판 용골까지의 외판으로, 선저 외판 중에서 만곡부 부분의 외판을 만곡부 외판 또는 빌지 외판(bilge strake)이라 한다.

(5) 용골 익판(Garboard Strake)

방형 용골을 채용하는 경우에 용골과 인접한 외판이다. 강선구조 규정에서는 외판을 현측 후판, 용골익판, 선저 외판 및 선측 외판으로 구분한다.

마) 갑판 구조

갑판은 선체의 종강도를 담당하며, 비바람, 파도, 햇빛 등을 견딜 수 있는 강도와 수밀성이 요구된다. 수밀성만을 고려하면 강갑판으로 할 필요는 없고, 목갑판으로도 지장이 없으나,

강도를 고려하면 상갑판을 강갑판으로 하는 것이 유리하다. 구조상으로 갑판을 분류하면, 일반선박에서 최상층의 전통갑판을 상갑판(Upper Deck) 또는 건현 갑판(Freeboard Deck)이라 한다. 그 아래에 있는 것을 차례로 제2갑판, 제3갑판이라 한다.

상갑판보다 위에 있는 선루 갑판(Superstructure Deck)은 선수루 갑판(Forecastle Deck), 선교루 갑판(Bridge Deck), 선미루 갑판(Poop Deck)이 있다. 그 위에는 유보갑판(Promenade Deck), 보트갑판(Boat Deck), 항해갑판(Navigation Deck), 컴퍼스 갑판(Compass Deck) 등을 설치하는 것이 일반적이며, 상갑판 위를 기준으로 하여 A갑판, B갑판, C갑판, D갑판 등으로 말하기도 한다.

바) 선수재 및 선미골재

(1) 선수재(Stem)

선수재는 선미재와 함께 선체의 양단에 위치하여 선수 구성재가 되는 중요한 골재이다. 선체의 형상은 선수로 감에 따라 점차로 뾰족해지므로 선체가 그 형상을 유지하기 위해서는 선체를 특이한 형상으로 하지 않으면 안된다. 그러므로 선수부는 선수재를 두고 여기에 양 현의 외판을 결합하여 선체 전단부의 구조를 이루고 있으며, 충돌, 좌초 등의 해양사고시에 선체를 보호하는 역할을 한다.

(2) 선미골재(Stern Frame)

선미골재는 용골의 후부에 연결되고, 양 현의 외판이 접합하여 선미의 형상을 이루는 골재이다. 이것은 키와 Propeller를 지지하는 역할을 하는 것으로, 1~2개의 주강이나 강판이 조립되어 있다.

사) 선수미 구조

(1) 선수부 구조

선박의 선수부는 파랑의 충격이나 충돌사고 발생 시 충격에 잘 견디고 선체를 보호할 수 있는 강한 구조로 되어 있는데, 이를 팬팅(panting) 구조라 한다. 상갑판에서 아래로, 충돌 격벽으로부터 전방은 선수탱크(Fore Peak Tank)가 있고, 그 위쪽은 갑판 창고로 사용되고 있다.

〈그림 2-Ⅱ-105〉 선체의 선수부의 주요 명칭

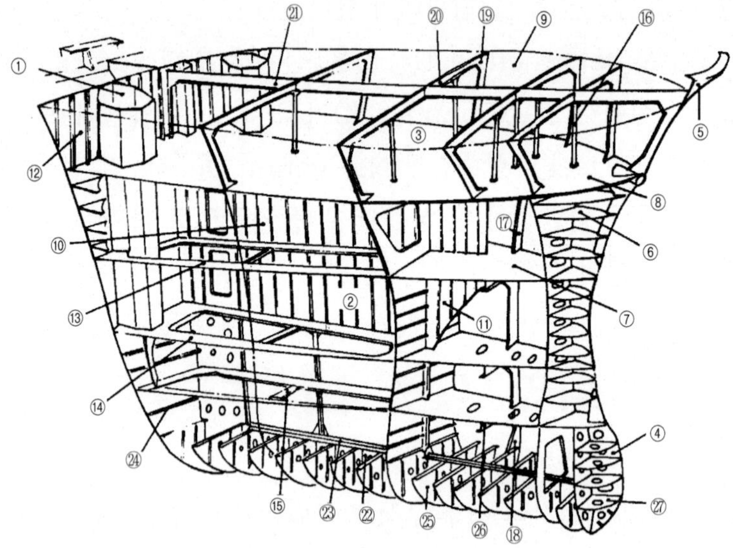

① 체인 로커 Chain locker
② 선수창(船首倉) Forepeak tank
③ 갑판장 창고(甲板長倉庫) Boatswain's store
④ 구형 선수재(球形船首材)Bulbous bow
⑤ 패션 플레이트 Fashion plate
⑥ 브레스트 훅 Breast hook
⑦ 제2갑판(第2甲板) Second deck
⑧ 상갑판(上甲板) Upper deck
⑨ 선수루 갑판(船首樓甲板) Forecastle deck
⑩ 중심선 구획판(中心線區劃板) Center division
⑪ 제수판(制水板) Wash plate
⑫ 선수 격벽(船首隔壁) Collision bulkhead
⑬ 선측 종재(船側縱材) side stringer
⑭ 방요 종재(防撓縱材) Panting stringer
⑮ 방요(防撓) 빔 Panting beam
⑯ 양주(梁柱) Pillar
⑰ 늑골(肋骨) · 프레임 Frame
⑱ 탱크 사이드 브래키트 Tank side bracket
⑲ 빔 브래키트 Beam bracket
⑳ 빔 · 양(梁) Beam
㉑ 갑판하(甲板下) 거더 Deck girder
㉒ 중심선(中心線) 거더 Center girder
㉓ 관판(冠板) Rieder plate

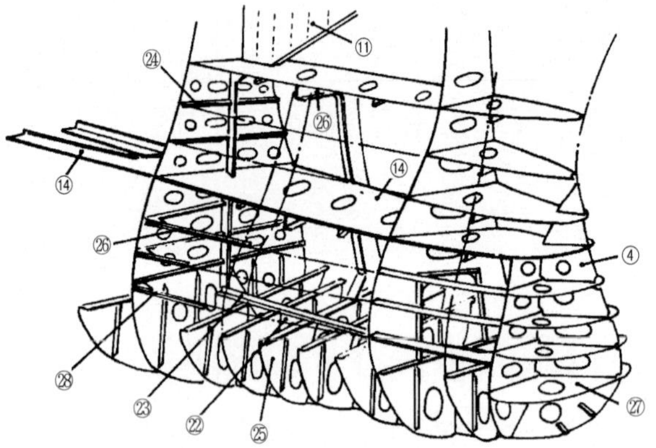

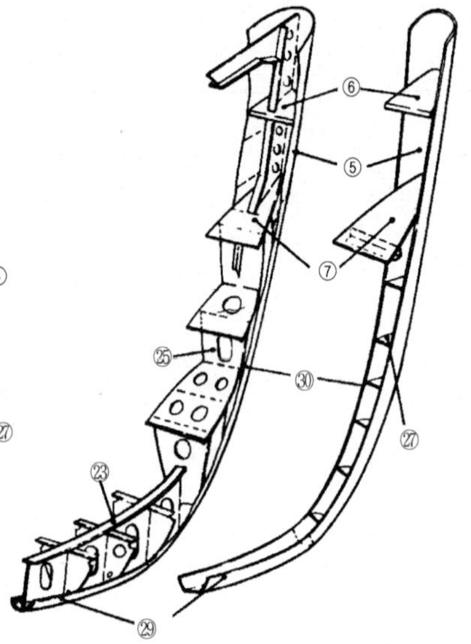

㉔ 수평(水平) 스티프너 Horizontal stiffener
㉕ 심늑판(深肋板) Deep floor
㉖ 방요 종재하(防撓縱材下) 빔 Panting stringer under beam
㉗ 리브 Rib
㉘ 외판(外板) 종통재(縱通材) Shell longitudinal
㉙ 킬 Keel
㉚ 선수재(船首材) Plate stem

〈그림 2-Ⅱ-106〉 선미부의 주요 명칭

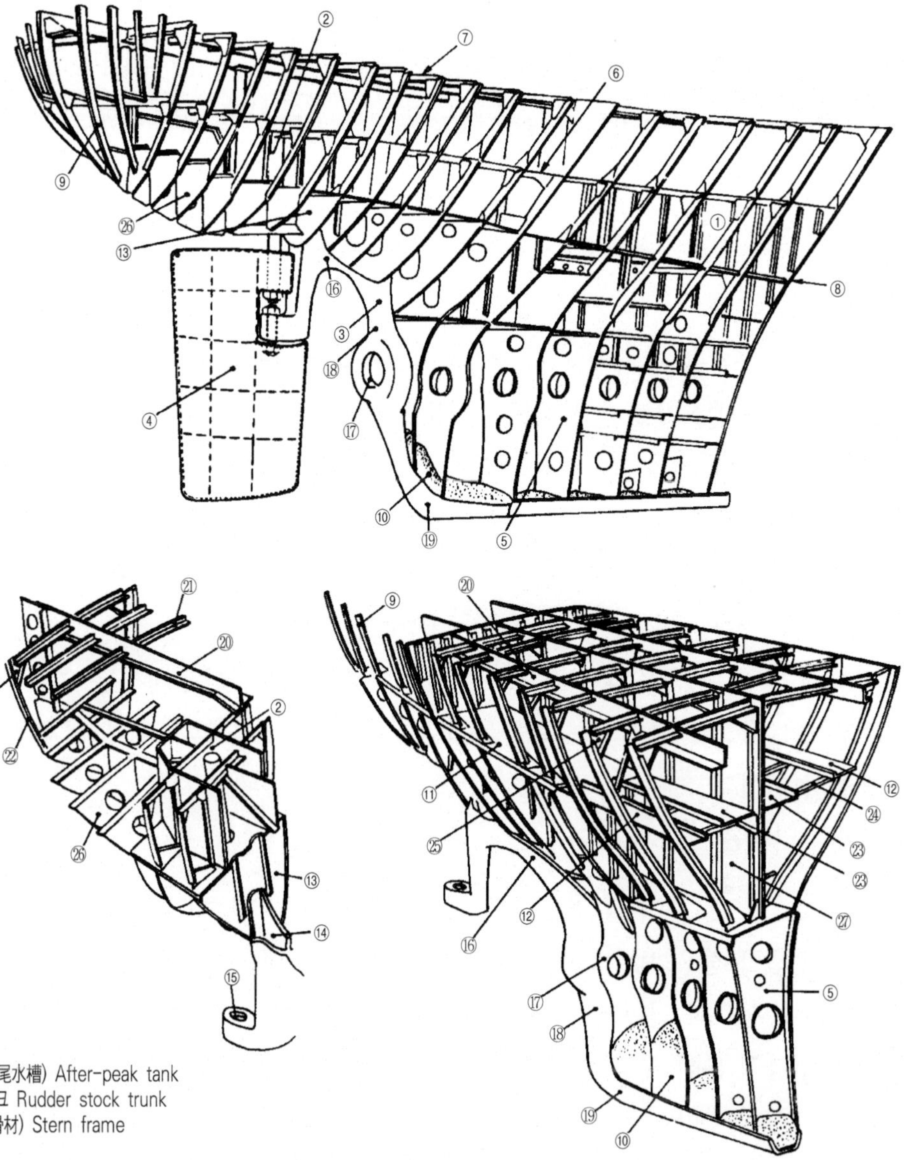

① 선미 물 탱크(船尾水槽) After-peak tank
② 타축(舵軸) 트렁크 Rudder stock trunk
③ 선미 골재(船尾骨材) Stern frame
④ 키(舵) Rudder
⑤ 디프 플로어(深肋板) Deep floor
⑥ 탱크 정판(頂板) Tank top plate
⑦ 상갑판(上甲板) Upper deck
⑧ 선미 격벽(船尾隔壁) After-peak bulkhead, or Stuffing bos bulkhead
⑨ 캔트 프레임(斜肋骨) Cant frame
⑩ 시멘트 Cement
⑪ 내저판(內底板) Inner bottom plate
⑫ 양상측판(梁上側板) Deck stringer
⑬ 트랜섬(船尾肋板) Transom floor
⑭ 접착용 역재(接搾用 力材) Rib
⑮ 거전 Gudgeon
⑯ 정재(頂材)・관재(官材) Crown
⑰ 보스 Boss
⑱ Propeller 포스트(推進器板) Propeller cost
⑲ 힐 피스(蹤部材) Heel piece
⑳ 갑판하(甲板下) 거더 Deck girder
㉑ 갑판 빔(甲板梁) Deck beam
㉒ 프레임(肋骨) Frame
㉓ 팬팅 스트링거(防撓従通材) Panting stringer
㉔ 팬팅 빔(防撓梁) Panting beam
㉕ 빔 브래키트 Beam bracket
㉖ 플로어(肋板) Floor
㉗ 제수판(制水板) Wash plate

(2) 선미부 구조

선미부는 파랑에 의한 충격이 선수부만큼 강하지 않지만 선미측으로 부터의 추파에 의한 팬팅에 대하여 보강이 필요하다. 그리고 선미 늑골, 키, Propeller 및 Propeller 축을 지지해야 하고, 또한 키와 Propeller의 진동을 받으므로 매우 강한 팬팅 구조로 되어 있다.

아) 기타 구조

(1) 격벽(Bulkhead)

상갑판 아래의 공간을 선저에서 상갑판까지 종방향 또는 횡방향으로 나누는 벽을 격벽이라 한다. 격벽은 선체를 강화하기 위하여, 물, 기름 등의 탱크로 쓰기 위하여, 단순히 구획을 나누기 위하여 설치한다. 격벽이 종방향으로 놓인 것을 종격벽(Longitudinal Bulkhead), 횡방향으로 놓인 것을 횡격벽(Transverse Bulkhead)이라 하며, 또 격벽이 수밀인 경우를 수밀격벽, 수밀(Watertight Bulkhead)이 아닌 경우를 비수밀격벽(Non Watertight Bulkhead)이라 한다.

선내의 화재 및 침수 등을 국부적으로 제한하기 위해 일반 상선에서는 수밀격벽이 설치된다. 벌크 캐리어, 유조선 등에서는 화물을 구분하고, 안정성을 갖기 위해 선체의 전후 방향으로 종격벽을 설치한다.

수밀격벽의 역할은 다음과 같다.

① 충돌, 좌초 등으로 침수될 경우, 구역을 한정시켜 선박의 침몰을 막을 수 있다.
② 화재가 발생할 경우, 방화벽의 역할을 하여 화재확산을 막을 수 있다.
③ 갑판, 선저, 선측과 결합되어 선체의 중요한 횡강력 또는 종강력를 형성한다.
④ 화물을 적당히 분산 및 적재하여 트림을 조정할 수 있다.
⑤ 화물의 특성에 따라 구분하여 적재할 수 있다.

(2) 코퍼댐(Cofferdam)

기름 탱크 양단의 연료유 탱크 및 다른 종류의 기름을 적재하는 기름 탱크, 또는 기관실과 일반 선창이 접하는 장소 사이에 설치하는 이중 수밀격벽으로, 다른 구역으로부터의 기름 등의 유입을 방지하기 위하여 인접 구획 사이에 2개의 격벽 또는 늑판을 설치하여 좁은 공간을 확보해 두는 것을 말한다.

(3) 디프 탱크(Deep Tank)

물 또는 기름 등의 액체 화물을 적재하기 위하여 선창 내 또는 선수미 부근에 설치한 깊이가 깊은 탱크이다. 일반적으로 상선에 설치되어 있는 디프 탱크는 피크 탱크(Peak Tank)이며, 이들은 트림을 조절하기 위하여 선수미 부근에 설치한다. 선수에 있는 구획을 선수탱크(Fore Peak Tank), 선미에 있는 구획을 선미탱크(After Peak Tank)라 한다.

(4) 빌지 웰(Bilge Well)

선창 내에서 발생한 습기나 각종 오수들이 흘러 들어가는 곳으로, 이러한 오수들이 빌지 웰에 모이면 기관실 내의 빌지 펌프를 통해서 배출한다. 선창 내에 있는 물을 배출시키기 위한 통로를 빌지 웨이(bilge way)라 한다.

(5) 불워크(Bulwark)

상갑판 위의 양끝에서 상부에 고정시킨 강판으로 현측 후판 상부에 연결된다. 갑판상에 올라오는 파랑의 침입을 막고, 갑판 위의 물체가 추락하는 것을 방지한다. 불워크판에는 계선줄을 내기 위한 계선공(Mooring Pipe)과 갑판 위의 물을 배수시키는 배수구(Wash Port)가 뚫려 있다.

(6) 빌지 용골(Bilge Keel)

평판 용골인 선박에서 선체의 횡동요를 감소시킬 목적으로 빌지 외판의 바깥쪽에 종방향으로 붙이는 판이다.

자) 구조 양식

(1) 횡늑골식 구조(Transverse Framing System)

오래 전부터 이용되어온 양식으로 횡강도의 구성재를 주프레임으로 하여 선박의 횡단면을 따라 늑골, 늑판(Floor), 보를 브래킷(Bracket)으로 결합하여 틀을 조립하고, 이것을 1m 내외의 간격으로 배치하여 횡격벽과 함께 횡강도를 유지시킨다. 그리고 여기에 용골, 중심선 거더, 갑판하 거더, 사이드 거더, 선측 종통재 등의 종통재로 완전히 선체 골격을 형성시키고 그 주위에 갑판, 외판, 내저판 등을 결합하여 충분한 종강도를 가지도록 구성되어 있다.

이 양식은 구조가 간단하므로 건조하기가 쉽고 강도에 신뢰성이 있으며, 화물창 내에 돌출물이 없으므로 넓게 사용할 수 있는 장점이 있다. 그러나 강도를 유지하기 위하여 늑골의 간격을 좁히거나 강재를 두껍게 해야 하므로 선체 중량을 증가시킨다는 단점이 있다. 일반 화물선이나 냉동선에 적합한 구조이다.

(2) 종늑골식 구조(Longitudinal Framing System)

주로 종강력재의 배치에 중점을 둔 구조로서 선저, 선측 갑판하에는 늑판, 늑골, 보 대신 강력한 종강력재를 1~3 m 간격으로 배치하고, 횡강력재는 종강력재의 위치를 확보할 수 있도록 3~5 m 간격으로 특설 늑골과 특설 보를 배치한다.

종늑골실 구조에서 종방향의 굽힘응력에는 외판, 갑판, 거더, 종늑골과 종보가 지지하고, 횡강도는 특설 늑골과 특설보가 지지한다. 종늑골식 구조는 대부분의 부재를 종방향으로 배치하였으므로 종강도가 크고 강재를 다소 절약할 수 있어 선체 중량을 경감할 수 있는 장점이 있으나, 구조가 복잡하고, 화물창 내에 돌출물이 많아 유조선과 같이 액체 화물을 적재하는 탱커선박, 광석 전용선에서 적합한 구조이다.

(3) 혼합식 구조(Combined System)

횡늑골식과 종늑골식 구조의 장점을 취한 구조로서 종강력이 필요한 선저와 갑판은 종늑골식 구조로 하고, 횡강도를 필요로 하는 선측과 선수미부는 횡늑골식 구조로 하는 합리적인 구조 양식이다. 이 구조는 산적화물이나 포장물의 적재가 편리하고, 종강도는 횡늑골식 구조보다 좋으며 횡강도는 종늑골식 구조보다 우수하다. 또한 공작도 비교적 간단하므로 대형 화물선이나 산적 화물선에 적합한 구조이다.

〈그림 2-Ⅱ-107〉 선체의 구조 양식

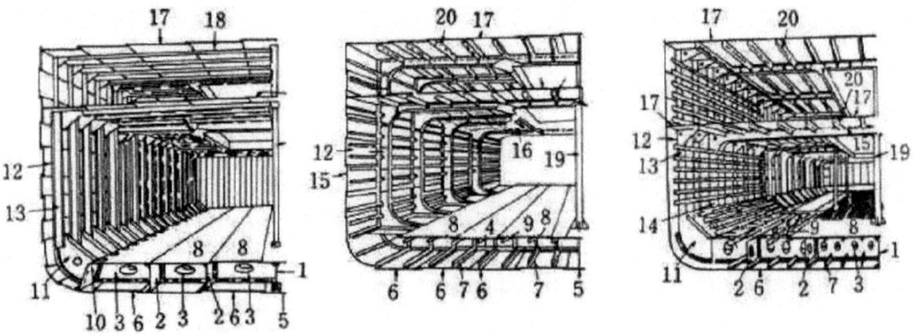

(a) 횡늑골식 구조 (b) 종늑골식 구조 (c) 혼합식 구조

1. 중심선 거더 2. 사이드 거더 3. 늑판 4. 선저 횡재 5. 평판 용골
6. 선저 외판 7. 선저 종통재 8. 내저판 9. 이중저 상단 종통재 10. 마진 플레이트
11. 이중저 외측 브래킷 12. 외판 13. 늑골 14. 특설 늑골 15. 선측 종통재
16. 트랜스버스 빔 17. 갑판 18. 갑판보 19. 기둥 20. 갑판하 종통재

2) 선체 도면

선체 구조를 이해하기 위해서 선체의 도면이 필요하다. 선체 도면은 상당히 복잡하고 다양한 종류가 있으나 일반적으로 필요한 것은 다음과 같다.

가) 일반배치도(General Arrangement Plan, GA)

일반배치도는 의장도 라고도 하며 의장, 마스트(Mast), 연돌(Funnel), 선실(Accommodation), 선창, 기관실, 기름 탱크, 물 탱크, 해치웨이(Hatchway), 데릭(Derrick), 윈치, 양묘기 및 계선 장치 등의 시설과 배치 등을 한눈에 보고 대략적으로 파악하는 데 필요한 도면이다. 이것은 선박의 가장 기본적인 선체 도면으로서 선내에서 가장 잘 보이는 곳에 게시되어 있다.

〈그림 2-Ⅱ-108〉 일반배치도

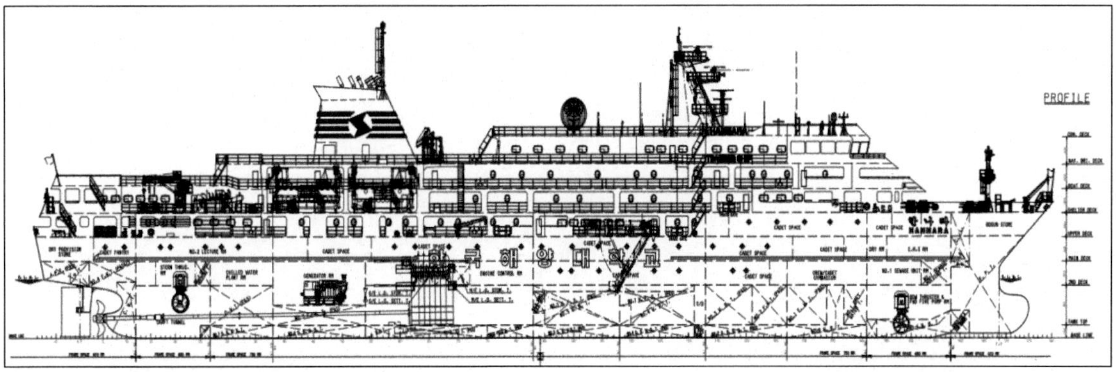

*출처: 한국해양대학교 실습선 한나라호 도면

나) 중앙 횡단면도(Midship Section Plan)

중앙 횡단면도는 선체의 중앙부를 횡단하여 각부의 구조와 치수를 나타내는 도면이다. 선체의 중앙부라도 선창부와 기관부에서는 구조가 다르므로, 한 쪽에는 화물창부분, 다른 쪽에는 기관부의 횡단면을 도해하는 것이 보통이다. 이 도면에는 배의 주요 치수, 즉 길이, 폭 및 깊이 외에 만재흘수, 갑판 사이의 높이 및 각종 의장품(앵커, 체인, 로프) 등을 기입한다.

〈그림 2-Ⅱ-109〉 중앙 횡단면도

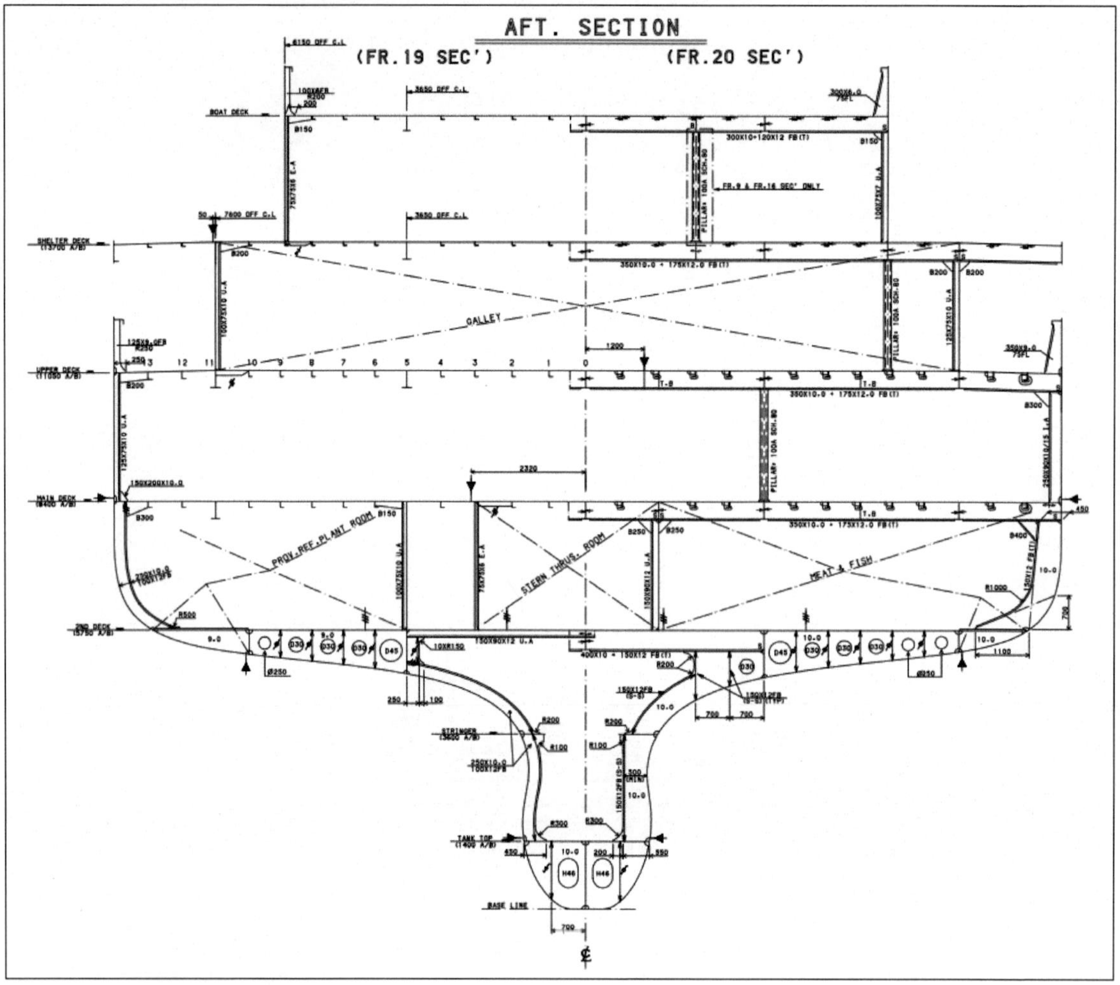

*출처: 한국해양대학교 실습선 한나라호 도면

다) 강재배치도(Construction Profile Or Deck Plan)

일반배치도와 비슷한 모양의 도면이지만 사용된 강재에 대한 것을 표기한 도면으로써, 중심선으로 절단한 종방향의 단면도와 각 갑판으로 표시된 평면도가 있다.

종단면도에는 늑골의 강판 두께 등의 치수가 표기되어 있으며 그 밖에 강재로 형성된 격벽, 각 갑판, 탱크 등의 구획이 표시되어 있다. 갑판 평면도(Deck Plan)에는 각 갑판의 두께, 개구부, 각 구획 및 늑골 간격 등이 표시되어 있다.

〈그림 2-Ⅱ-110〉 강재배치도

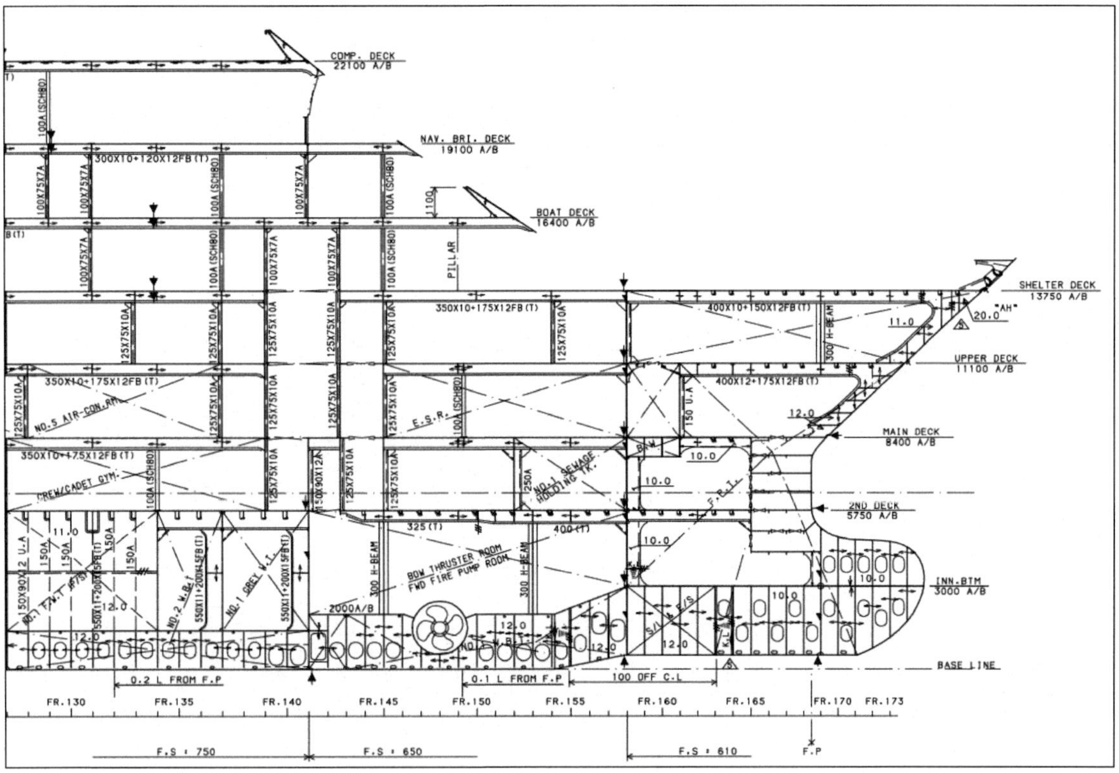

*출처: 한국해양대학교 실습선 한나라호 도면

라) 선도(Lines Plan)

선체를 종과 횡 또는 수평으로 등분한 절단선으로 구성되는 평면도(Body Plan), 측면도(Sheer Plan) 및 반폭도(Half Breadth Plan)의 세 개의 도면으로 선체의 형상을 정확히 나타내는 도면이다. 평면도는 연직 횡단면들의 모양을 나타내고, 측면도는 배의 연직 종단면들의 모양을 나타내고, 반폭도는 배의 수평 단면들의 모양을 나타낸다. 모든 배의 모양은 세로 중심면(Longitudinal Center Plane)에 대하여 대칭이므로 보통 배의 한 쪽 모양만 그린다.

일반적으로 선수를 오른쪽으로 향하게 하고, 배가 정상 만재상태 또는 계획 만재상태에서 정수(still water) 위에 부유한 상태로 정지했을 때의 수선(waterline)은 수평으로 그리며, 이 수선을 D.W.L(Designed Load Waterline)이라 부른다. 톤수 및 각종 계산은 모두 이 선도에서 산출되며, 또 이 선도에 의하여 모형을 만들고, 수조 시험에 의하여 소요 마력이나 속력 등이 산정된다.

마) 외판전개도(Shell Expansion Plan)

외판과 늑골과의 관계 위치, 선외 개구부의 위치 및 치수, 외판의 두께와 접합방식, 격벽이나 각종 종통재의 외판 접합 등을 평면으로 전개하여 나타낸 도면이다.

〈그림 2-Ⅱ-111〉 외판전개도

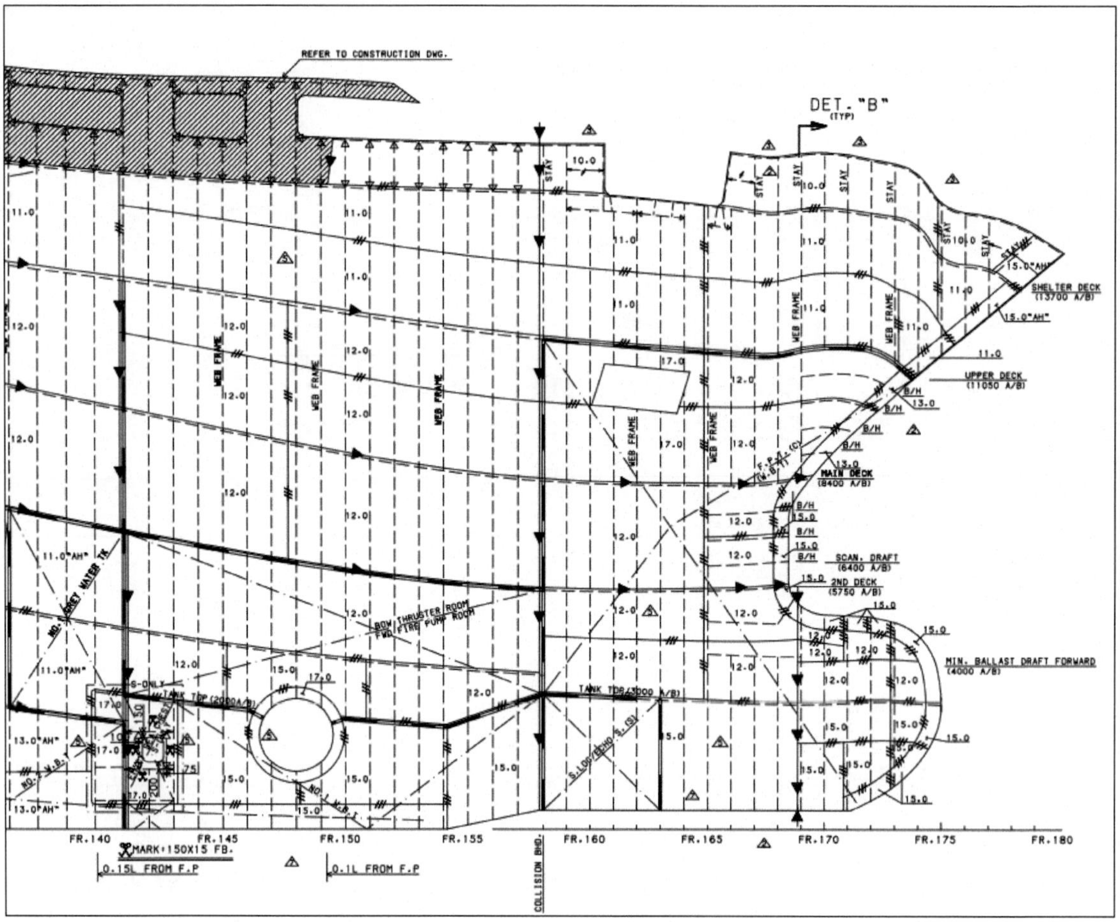

*출처: 한국해양대학교 실습선 한나라호 도면

바) Pipe 배치도(Piping Arrangement)

이것은 Pump용 파이프의 배관은 물론 공기관, 측심관, 기타 모든 파이프의 배치를 나타내는 도면이다.

사) 용량도(Capacity Plan)

Hold, Water Tank, Oil Tank 등의 배치와 용량을 나타낸다.

아) Paint Demarcation Line For Hull Out Side

선체 외판 도장의 경계선을 나타낸다.

자) Arrangement of Nav. & Signal Light

항해등, Steering Light, Morse Signal Light, Anchor Light 등 항해 혹은 신호에 사용되는 Light들의 배치를 나타낸다.

차) Tank Arrangement

각종 Tank들의 배치를 나타낸다.

카) Life Saving and Fire control Plan

선박에 설치된 구명설비와 소화설비들의 위치를 나타낸다.

타) 기타 도면

이외에 격벽도(Bulkhead Plan), 기관실 이중저도(Double Bottom In Engine), 이중저도(Double Bottom In Hold), 선수구조도(Bow Construction), 선수재(Stem Plan), 선미구조도(Stern Construction), 선미재도(Stern Frame), 키도(Rudder Plan) 등의 도면들이 있다.

1.4 선박의 정비

1) 선박의 부식과 오손

선체는 항상 해수와 접촉하고 습기가 많은 공기 중에 노출되어 있기 때문에 각종 물리적인 원인과 화학적인 원인에 의하여 손상을 입으며, 특히 전기·화학적인 원인에 의하여 녹이 슬거나 썩게 된다. 특히 녹이 발생하거나 썩는 작용을 부식이라고 한다. 따라서 선박에서는 항상 부식 방지에 노력하여야 한다.

가) 부식의 원인

(1) 물리적인 손상

① 충돌(Collision), 접촉(Touching), 좌초(Aground) 등에 의한 충격
② 악천후(Bad weather)에 관련된 풍랑의 충격과 선체의 동요에 의한 종압력, 횡압력과 굽힘(Bending), 비틀림(Twisting) 등
③ 안벽, Barge, Anchor chain, Mooring rope, 적재된 화물 등에 의한 마찰
④ 기관, 조타기, Windlass 및 Winch 등에 의한 진동
⑤ 폭발(Explosion) 및 화재(Fire)에 의한 것 등

(2) 전기 · 화학적인 원인

화학적인 원인에 의한 손상, 즉 부식은 해수나 오수 또는 습윤한 공기에 접한 장소, 통풍이 불량한 장소, 열작용을 받는 장소, 악질 가스가 축적된 장소 등에서 심하다. 또한 철강재는 전식작용(Galvanic action)에 의하여 부식이 진행된다.

금속의 부식은 그 대부분이 해수 등의 전해질 중에 금속이 양이온으로 되어 녹아 들어가 액체 중의 산소 등의 이온과 결합하여 산화물을 형성하기 때문에 발생하는 것으로 알려져 있다. 이 경우에 미약하지만 금속표면에서 액체로 전류가 흐른다. 이 전류를 부식전류라고 한다. 이러한 부식전류를 없애려면 부식전류와 반대방향으로부터 부식 전류보다 더 강한 전류를 인위적으로 흘려주면 된다.

나) 선체 부식의 방지법

(1) 보호 아연판 사용

철보다 저전위인 아연을 도선으로 연결하면 두 금속 사이의 전지작용으로 발생하는 전류를 방식전류로 이용할 수 있다. 이 경우 저전위인 아연으로부터 전류와 함께 금속 이온이 용출되기 때문에 시간이 흐름에 따라 아연판이 소모되게 된다.

보호 아연판의 적용 대상으로는 외판, 추진기, 핀 스태빌라이저 (Fin Stabilizer), 빌지 킬(Bilge Keel), 밸러스트 탱크 등이 있으며, 일반적으로 선체 등에 붙이는 방법으로는 철판에 12mm 또는 16mm의 볼트를 용접한 후 아연판을 붙이고 너트로 조이고, 나서 남는 여백에는 비닐 퍼티를 채워 해수가 침입하지 않게 한다. 아연판이 마모되어 바꿀 때에는 이전에 사용하였던 볼트와 너트를 그대로 사용할 수 있기 때문에 비교적 간단히 교환이 가능하다.

그러나 볼트와 너트가 녹이 슬었거나, 아연판을 부착할 철판면에 이물질이 있는 경우에는

방식효과가 없어지므로 주의하여야 한다. 즉, 아연판과 부착면과의 전기적 접촉을 확실하게 하는 것이 가장 중요하며, 특히 아연판의 표면은 항상 금속면이 노출된 상태로 부착하여야 하며, 페인트, 기름 등에 의하여 오염되지 않도록 주의하여야 한다.

(2) ICCP(Impressed Current Cathodic Protection) System

부식방지를 위해서는 일반적으로 Painting을 제거하여야 하고, 더불어 보호 아연판(Cathodic Protection)을 설치하여야 한다. Painting이란 가장 일반적인 부식방지 방법으로 채택되고 있으며, 해수와 쉽게 접하고 있는 선체 외판에는 우수한 품질의 Tar Epoxy와 Anti-corrosion Paint를 수차례 도포하고 있다.

그러나 아무리 우수한 도료라 할지라도 기간경과에 따른 국부손상은 불가피하다. 또한 선미에 설치되는 Rudder 및 Propeller 등의 장비에 사용되는 금속재질이 선체 외판과는 서로 상이하여 해수에 노출되는 선체 외판의 부식속도는 가속된다.

그리하여 이와 같은 Coating에 의한 부식방지방법의 한계점을 보완하기 위한 장치로 희생양극에(Sacrificial Anode) 의한 Cathodic Protection을 고안하게 되었으며, 선체 외판 주요 부위에 이런 희생양극을 부착하게 되었다. 그러나 일정 기간 내에 소모된 희생양극(Zinc, Aluminium, Magnesium Anode)을 선박입거 때마다 교체해 주어야 한다는 불편함과 추가적인 비용 발생의 문제가 점차 증가하게 되었으며, 그에 따라 희생양극방식을 대체하기 위한 장치의 필요성이 대두되게 되었다.

이같이 지속적 사용 가능한 Cathodic Protection Equipment가 절실히 요구받게 된 결과 ICCP가 개발되었다. 이를 그림으로 도해하면 다음과 같다.

〈그림 2-II-112〉 ICCP 시스템

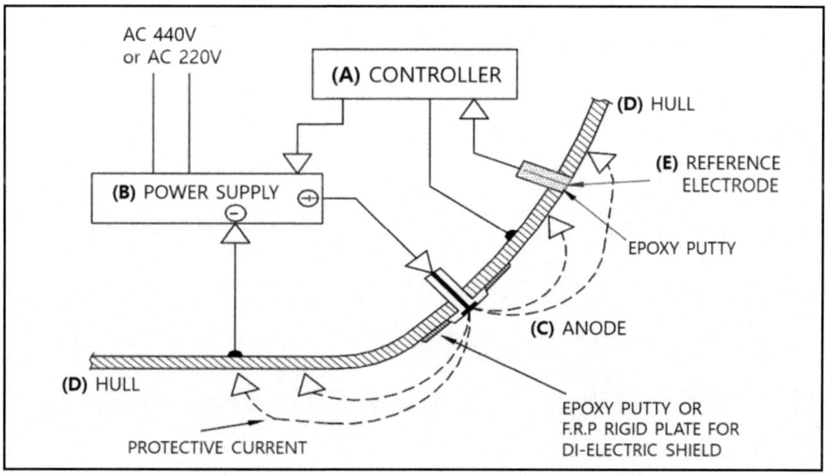

① Controller(A)는 기준전극(Reference Electrode Cell) 각각의 직류전압 신호치를 감지하여 Power Supply(B)로 보내준다. Power Supply는 수신된 신호치를 기준으로 하여 최적의 (+)직류전류를 Anode(C)와 전해액 역할을 하는 해수를 통해 선체로 흘려주어 선체를 보호하게 한다.

② Anode(C)는 Water Line 아래 부위의 Hull(D)을 뚫어 설치하고 선체와 전기적 절연이 돼야 한다. 이곳에서 실제 방식전류(Protective Current)가 방출된다.

③ Reference Electrode(E) 또한 Water Line 아래 부위의 Hull(D)을 뚫어 설치하며 선체와 전기적 절연이 되어야 한다. 이 장치는 선체가 보호되고 있는지를 감지하는 기준전극으로 감지된 전위는 끊임없이 Controller(A)로 이송되어 적정 방식전류를 방출하게 도와준다.

④ Anode(C)와 Reference Electrode(E)가 선체와 절연상태가 되기 위해 FRP Rigid Plate 또는 Epoxy Putty 작업이 이행되어야 한다.

다) 선체의 오손

선체 중 해수 속에 잠겨 있는 부분은 시간이 지나면서 각종 조개류, 해조류 등이 부착하여 서식하게 되는데, 이들 생물이 선저에 부착하는 현상을 오손(Fouling)이라 한다. 해중 생물이 부착하면 마찰 저항이 증가하므로 동일 선박의 속력을 유지하기 위해서는 연료의 소비량이 증가된다. 또 기관의 냉각수 배관, 소화계통의 배관 내부 혹은 선저의 해수 밸브 속에 부착하여 펌프의 효율을 떨어뜨리거나 경우에 따라서는 심각한 해양사고의 원인이 되기도 한다.

라) 선저도료

(1) 1호 선저도료(Anticorrosive Paint, A/C)

선저의 강판은 해수와 접촉하므로 잘 부식된다. A/C 페인트는 방청용(防御用) 선저도료로서 외판에 직접 또는 광명단 및 워시프라이머(Wash Primer) 위에 도포한다. 또한 그 위에 바르는 2호 선저도료는 다량의 독물을 함유하고 있으므로, 독물에 의한 강판의 부식을 방지하기 위한 중간 도료로서의 역할을 한다. 따라서 선저도료는 건조가 빠르고, 방청력이 우수하여야 한다. 또한, 강판과 밀착이 잘되고, 선체진동에 의한 떨어짐이 없어야 하며, 2호 선저도료와도 오손이 발생하지 않아야 한다.

(2) 2호 선저도료(Antifouling Paint, A/F)

경하흘수선(輕荷吃水線) 아래쪽 선저부에 발라 해중생물(패류 및 해조류)의 부착을 방지하는 선저방오용 도료이다. 이 도료의 성분 중에는 유독한 수은과 구리의 화합물인 산화수은 · 이산화구리를 함유하고 있으므로 직접 강판에 바르면 강판을 부식시킨다. 따라서 A/C 도장 후 약 2시간 경과한 다음 발라야 한다. A/F와 A/C는 잘 밀착되고, 해수에 강하며, 건조가 빠르고 도막에 균열이 생기지 않아야 한다.

건조도막은 해수 중에서 표면으로부터 독물이 조금씩 녹아서 발생한 독물화합물 · 독물이온에 의하여 생물의 부착을 방지하고, 부착된 것은 탈락시킬 수 있어야 한다. 기존의 TBT(tributyltin)도료는 선박 뿐 아니라 해양구조물이나 어구, 어망 등에 부착생물이 달라붙지 못하도록 사용되어 왔으나, 독극 성분 때문에 많은 국가들은 현재 사용을 금지하고 있다. 신박표면에 해양생물이 부착되지 않도록 하기 위해서 칠하는 방오도료는 두 가지 작용을 한다.

첫째는 선박이 운항할 때 화학반응을 일으키면서 아주 미세한 양이 균등하게 깎여 나감으로써 해양생물 부착을 방해한다.

둘째는 도료성분에 함유된 방오기능(주석 성분의 독성)을 이용하여 선체에 해양생물이 부착되는 것을 막는다.

보통 TBT 방오도료는 평균수명이 5년이며 이에 비해 산화제1구리(아산화동)는 3년(실제로는 1.5~2년) 정도로 이 기간이 지나면 재도장작업을 해야 한다. 이에 따라 선박의 유지보수비(도장비)가 두 배로 소비되기 때문에 선주들은 TBT 방오도료 도장을 선호한다. 그러나 대부분의 선진국들은 1982년 이후 선박의 방오페인트에 TBT 사용을 적극적으로 억제하고 있는 추세이다. 예를 들어, 프랑스의 아카숑만에서는 소형선박에 대한 TBT 사용을 규제한 이후 굴생산량이 증가하였고, 이는 연안의 TBT 오염이 굴양식과 결코 무관하지 않다는 것을 말해준다. 게다가 일본 등 일부 국가에서는 소형 선박에 대한 TBT 사용을 규제함에도 불구하고 연안의 TBT 농도가 감소하지 않고 있으며 복족류의 임포섹스현상이 계속 나타나는 것은 아직까지 대형 선박에 대한 규제를 하고 있지 않기 때문이라 밝히며 국제해사기구에서 TBT의 전면사용금지를 강력하게 주장하고 있다.

(3) 수선도료(Boot Topping Paint, B/T)

수선부인 만재흘수선과 경하흘수선 사이에 A/C 위에 바르는 도료이다. 수선 부근은 해수에 의해 표면이 젖었다 말랐다 하며 파도의 충격을 많이 받고 통선이나 부선 등이 마찰에 의해 쉽게 마모되므로 선체 중 가장 부식마모가 심한 부분이다. 또한, 해양생물이 부착되므로 여기에 사용되는 도료는 내구성과 함께 방오성·방수성이 있어야 한다. 따라서 A/C, A/F와 함께 에나멜 페인트이지만, 수선도료는 특히 방청과 내마모성에 중점을 두고 개발되었다.

2) 선체의 도장

가) 도장의 목적

선박을 보호하기 위한 가장 효과적이고 경제적인 수단은 다양한 특성을 가진 도료들을 그 특성에 따라 각 부위별로 도장하여 부식으로부터 선체를 보호하는 것이다. 도장은 도료의 여러 특성에 따라 내수성, 내방식성, 내후성, 내약품성, 방오성, 내열성 등의 적절한 도장사양에 의해 정확히 도장함으로써 방수(防水), 방오(防汚) 및 방식(防蝕) 등의 효과를 얻게 된다. 이는 선박의 성능과 수명을 보호하고 연장해 주며, 연료 및 시간 절감과 함께 아름다운 미관을 유지시킬 수 있다. 따라서 선박도장의 목적은 이러한 일련의 효과를 얻기 위함이다.

(1) 장식

선체에 도장하는 각종 페인트는 안료에 의하여 여러 가지 색깔을 나타낼 수 있다. 그러므로 선박의 종류에 따라서 선체의 각 부분을 적당한 색깔로 도장하여, 외관상 보기에 아름다움을 느끼게 한다. 그리고 그 선박에 승무하고 있는 선원들에게도 작업능률을 높이고, 선상생활의 즐거움과 안락함을 느끼게 한다. 특히 연돌이나 선측 외판에는 해당 해운기업의 로고를 표시하여 회사의 이미지 향상에 기여하기도 한다.

(2) 방식

강판이나 목판에 도장을 하게 되면 도막을 형성하여 물이나 공기와의 직접 접촉을 막아서 부식을 방지하는 역할을 한다.

(3) 방오

선체 중의 수면하에 잠기는 부분에는 수은과 같이 독성이 강한 화학물질을 도료와 혼합하여 도장함으로써 수중의 생물들이 부착하여 기생하지 못하도록 한다. 한편으로 도장에 의하여 강판이나 목판의 표면을 매끄럽고, 상대적으로 오손되지 않도록 하여 선박의 속력 증가의 요소로써 작용하고, 선체의 청결유지에 도움이 된다.

나) 도장작업 절차

(1) Job Planning

① 도장할 주요 구역을 결정한다.
② 보수 도장안내서를 참고하여 제품 선정한다.
③ 사용할 Paint를 부위별로 구분한다.
④ 동력공구 및 수공구를 준비한다.

(2) Scraping & Chipping

느슨한 녹이나 구(舊)도막을 제거한다.

(3) 용세세정(Degreasing)

Oil, Grease 등을 적절한 용제로 깨끗이 제거한다.

(4) 청수세척(Washing)

Salt, 먼지, 기타 오염물 등을 청수로 깨끗이 세척한다.

(5) 표면처리

모든 이물질을 제거하여 도료가 양호하게 부착될 수 있도록 깨끗하게 처리한다.

(6) 먼지와 이물질 제거(Removal of Dust and Debris)

표면처리 후 구(舊)도막 및 기타 이물질을 제거한다.

(7) 도장 조건확인(Checking Weather Condition)

도장 전 표면의 수분 확인 및 이슬점 온도를 Check한다.

(8) 도장(Applying the Paint)

① Paint 및 도장장비를 준비한다.
② Paint Mixing을 잘 한다(특히, 이액형 페인트일 경우 주제와 경화제를 잘 혼합한다).
③ 규정된 도료에 맞는 희석제를 사용한다.
④ 제품의 Data Sheet를 참조한다.

(9) Paint Application

붓, 롤러, 스프레이를 이용하여 적정 도막으로 시공한다.

(10) 도막측정(Checking Film Thickness)

① 페인트 시공시 적정 도막을 준수해야 하므로 습도막(WFT)를 측정한다.
② 건도막(DFT)을 측정한다.
③ Data Sheet를 참고로 건조시간 및 재도장 간격을 준수하여야 한다.
④ 장비사용 후 규정된 도료에 맞는 희석제로 깨끗이 세척한다.

다) 표면처리

(1) 표면처리의 개요

선박에서 부식과 오손을 방지하기 위해 가장 많이 실시하고 있는 선박의 정비방법으로는 선박의 강재 표면을 먼저 여러 가지 공구를 이용해 Chipping이나 Grinding으로 표면처리를 한 후 일정한 기간에 따라 정해진 도료를 사용해 여러 번 도장을 하는 것이다.

도장의 내구기간은 적용한 도장 사양에 못지않게 표면 처리된 정도에 따라 크게 좌우되므로 표면처리는 신중한 검토가 요구되는 사항이다.

표면처리의 가장 중요한 역할은 모든 이물질을 제거하여 도장되는 도료가 양호하게 부착이 될 수 있도록 표면을 깨끗하게 처리하는 것이다. 〈표 2-Ⅱ-1〉은 도장 시 도막수명에 미치는 영향을 보여주고 있는데 표면처리가 절반을 차지하고 있을 정도로 매우 중요한 역할을 하고 있음을 알 수 있다.

〈표 2-Ⅱ-56〉 도장 시 각 요인이 도막 수명에 미치는 영향

요 인	기여율 (%)	요 인	기여율 (%)
표면처	50%	도막의 종류	5%
도막두께	20%	기 타	25%

(2) 표면처리의 목적

① 소지면을 불활성화(안정화)하여 내식성을 향상시킨다.
② 소지면에 부착 및 생성된 이물질을 완전히 제거하고 표면의 조도를 형성시키므로 도료의 밀착성을 높인다.

③ 소지면과 도료의 친화력(Affinity)과 습윤성(Wetting)을 준다.

④ 소지면의 돌출부를 제거하여 소지면을 평탄하게 한다.

(3) 표면처리의 종류

① 블라스트법 : 원심력, 압축공기(고압력) 등으로 임의의 입자를 소재표면에 뿜어 표면의 불순물, 산화층 등을 제거하는 방법이다.

〈그림 2-Ⅱ-113〉 샌드블라스트

*출처: 한국해양대학교 실습선 한바다호

㉠ 입자에 의한 분류

ⓐ 샌드블라스트 : 돌가루, 모래

ⓑ 쇼트블라스트, 그릿블라스트 : 금속

㉡ 분사방식에 의한 블라스트법

ⓐ 파워블라스트 : 건식 고압법

ⓑ 하이드로블라스트 : 액압식

ⓒ 베이큠블라스트 : 액체호닝

② Power Tool 사용 : NG Machine, Aling Hammer(Electric / Pneumatic), Disc Grinder, Disc Sand Paper, Wire Brush가 있다.

③ 손작업 : Hammer, Scraper, Wire Brush, Sand Paper가 있다.

④ 화학적 표면처리 : 용제로서 금속 또는 비금속표면의 수지 또는 오염을 제거한다.

⑤ 화성 피막처리 : 금속표면의 방식을 향상시킬 목적으로 그 바탕에 화학적인 피막을 조성한다.

라) 도장방법

(1) 붓도장(Brush Painting)

붓도장은 도장속도가 느리기 때문에 Marking을 한다든가 또는 적은 면적을 도장할 때 사용되며, 사용하려는 붓의 모(毛) 접착용 본드가 용제나 규정된 도료에 맞는 희석제(Thinner)의 영향을 받는가를 확인해야 한다. 심하게 패인 표면과 나사 또는 리벳 부위에 대해서는 둥근 붓이 가장 적합하며 편평한 면에 대해서는 5인치 이하의 평 붓의 사용이 적합하다. 특히 거친 표면과 용접 부분, 모서리 부분은 주의가 필요하며 도료가 흐르거나 뭉친 부분은 붓으로 제거하여야 한다.

(2) 롤러 도장(Roller Painting)

롤러 도장은 붓도장보다 속도는 빠르지만, 일정한 도막 두께를 유지하기 어렵다. 따라서 한 번에 너무 넓게 도포하지 않아야 하고, 특히 용접 부분에는 거친 재질을 사용해야 하며, 기타의 표면에는 섬유가 긴 것을 사용해야 한다.

(3) 에어스프레이 도장(Air Spray Painting)

넓은 면적을 도장할 수 있는 일반적인 방법으로 에어스프레이 기계는 조작이 간단하지만 양호한 도막을 얻기 위해서는 공기의 양과 압력 그리고 유속이 삼위일체가 되어야 한다. 만약 에어스프레이 도장을 잘못하면 도료의 손실이 클 뿐만 아니라 도료가 물체 표면으로부터 튀어 올라 외관이 좋지 않게 된다. 또한 스프레이 조작을 잘못하면 도장면이 매끄럽지 않고, 도료가 흐르거나 도막에 구멍(Pin Holc)이 발생할 수가 있다.

에어스프레이 도장의 단점은 도료의 점도를 맞추기 위하여 용제로 희석을 해야 하므로 한 번에 두껍게 도장할 수 없다는 점이다(〈그림 2-Ⅱ-114〉).

〈그림 2-Ⅱ-114〉 에어스프레이 도장

*출처: 한국해양대학교 실습선 한바다호

(4) 에어리스 스프레이(Airless Spray) 도장

이 방법은 도료에 직접 공기를 혼합하지 않고 압력을 이용하여 도료를 특수한 관이나 팁(tip)을 통해 분사 및 분출하는 것이다. 사용되는 압력의 크기는 내부공기압력에 대한 펌프의 공기압력비로 계산된다. 펌프의 압력 비율은 여러 가지가 있지만 보통 80대 1비율의 것을 사용하며 아연말도료 특히 무기질 아연말도료는 45대 1비율의 것을 사용하여야 한다.

에어스프레이 도장과 비교하여 가장 큰 장점은 도료의 손실이 적고 독성을 감소시킬 수 있으며 폭발 위험이 낮다는 것이다. 또한 도료의 분출 시 용제를 적게 사용할 수 있으므로 두꺼운 습도막 두께로 도장할 수 있으며, 도료의 분사 방식은 특별히 설계된 Tip의 종류에 따라 좌우된다. Tip이나 노즐(nozzle)은 텅스텐 카바이드(Tungsten Carbide)로 만들어지며 분사량은 관의 직경에 따라 달라진다. 그러므로 여러 가지 각도를 가지고 직경의 크기가 서로 다른 다양한 종류의 Tip들이 사용된다.

마) 도료의 종류 및 특성

(1) 도료의 정의

우리가 흔히 말하는 도료란 고체 물질의 표면에 칠하여 고체막을 만들어 물체의 표면을 보호하고 아름답게 하는 유동성 물질을 총칭하는 단어이다.

(2) 도료의 구성

① 수지(Binder) : 도료의 성격을 규정하여 주는 성분으로 건조 및 경화반응을 한다.
② 안료(Pigment) : 색상 및 물리적인 특성을 증가시킨다.
③ 용제(Solvent) : 도장작업성을 용이하게 하여 주고 VOC 방출규제로 사용량이 감소된다.
④ 첨가제(Additive) : 흐름방지제, 건조촉진제 등이다.

(3) 도료의 종류

① 페놀수지도료 : 이 도료는 내수성이 좋은 페놀수지 바니시를 전색제로 한 도료이므로 주로 내약품성, 내수성이 요구되는 도장에 적합하며 알키드수지와 병용해서 도료의 내수성, 내약품성을 보완하는 데 이용된다. 하지만 내폭로성(내후성)이 알키드수지에 비해 불량하며 백색도료는 황변 현상이 있어서 제한적으로 사용된다.

② 알키드수지 도료(Alkyd Resin Paints) : 산소와 결합하여 건조되는 산화중합 건조형 도료로서 일반적인 환경조건에서 철 구조물용 중도 및 상도로 주로 사용되고 있다. 전

색제 중의 주요소인 알키드수지가 기름과 무수 프탈산을 주성분으로 합성되므로 프탈산 수지계 도료라고도 한다. 도막 특성은 알키드수지에 사용되는 오일의 종류와 비율에 따라 달라지며 기름의 양에 따라 장유성, 중유성, 단유성으로 구분된다. 하지만 최근 공업화에 따른 대기의 산성화에 따라 내산성이 약한 알키드계는 상도로서 가치가 점점 감소하고 있다. 장유성 알키드수지는 유성도료보다 건조성, 내후성, 내수성 등이 좋고 작업성은 유성도료보다 다소 떨어지지만, 붓 도장 등에 크게 지장이 없으므로 철강구조물의 상도로 널리 쓰이고 있다. 하지만 내약품성 특히 내알칼리성은 매우 약하므로 알칼리성 재질 및 환경에는 부적합하고 내식성 또한 우수한 편이 아니므로 항상 물에 잠겨 있는 침수부에는 부적합하다. 중유성 알키드수지 도료는 장유성 알키드수지 도료보다 광택, 내후성, 건조성, 내폭로성 등은 좋으나 붓 작업성, 도막 두께, 밀착성이 좋지 않으므로 대형 구조물의 도장에는 잘 사용하지 않고 기구, 기계 등의 도장에 주로 사용된다.

③ 실리콘 알키드수지 도료 : 실리콘으로 변성시킨 알키드수지를 전색제로 한 사용한 도료이다. 알키드수지 도료의 광택 보지력 및 내후성을 개량한 도료로서 특히 내후성이 우수하다는 장점이 있으며 앞으로 장기방식 도료의 상도용으로 기대된다.

④ 실리콘수지 도료 : 실리콘수지 도료는 내열성, 내후성 및 내한성이 우수한 특성이 있어서 내열성이 우수한 알루미늄을 혼합하여 내열도료로 주로 사용된다.

⑤ 에폭시 에스텔 수지 도료 : 에폭시수지를 건성유로 에스텔화하여 만든 수지를 전색제로 한 도료로서 내약품성, 내수성 등은 페놀수지 도료보다 양호하나, 내후성에서 쵸킹(Chalking) 현상이 있어 유색상도로서는 부적합하다.

⑥ 염화고무수지 도료(Chlorinated Rubber Paint) : 천연고무를 염소함유량 60~70%로 염소화하여 얻은 수지를 주된 수지로 한 도료로서 속건성, 난연성이며 내약품성 특히 내산성과 내후성이 우수하여 오염환경이나 해안환경에서의 상도용으로 적합하다. 용제증발형 건조 도료로서 장기 재도장 시에도 층간 밀착성에 문제가 없어 재도장성이 우수하지만 내용제성은 약하다. 징크리치 페인트와 조합하여 장기방식이 가능하며 내약품성, 내수성이 우수하므로 해상구조물이나 공업지역에 적합하다.

⑦ 염화비닐수지 도료 : 선박에 사용되는 비닐수지 도료는 염화비닐과 초산비닐의 공중합체가 많으며, 염화비닐은 다른 비닐수지와 비교해서 내수성, 내후성, 내유성, 내약품성

이 우수하므로 많이 활용된다. 비닐수지 도료는 비닐수지를 녹이기 위해 많은 용제가 필요하므로 도료의 건조도막이 얇아져 도장 회수를 많이 할 필요가 있다. 이 도료는 내약품성, 내수성이 우수하므로 철강구조물, 선박 등의 내약품성, 내수성이 요구되는 곳에 주로 사용된다.

또한 이 도료는 매우 강한 용제를 함유하고 있으므로 유성, 알키드수지 도료 등의 구도막 위에는 도장이 불가능하다. 종전의 도료는 살오름성이 좋지 않았으나, 최근 후도막형 도료가 개발되어 중방식용으로 널리 사용되고 있다. 이것은 염화고무계 도료와 같이 속건성이고 층간 접착력이 좋으며 보수도장성 또한 우수하다.

⑧ 역청질계 도료(Tar-Epoxy, Tar-Urethane, Vinyl Tar계 도료) : 도장의 목적이 표면보호와 미관임에도 불구하고 미관보다는 보호에 중점을 둔 도료로서 도막은 견고하고 두껍게 도장이 가능하며 소지에 대한 접착력, 경도, 건조성, 작업성, 살오름 등이 양호하다. 하지만 색상이 제한적이라는 단점이 있다. 이들 도료는 내수성, 내약품성 등이 우수하나 폭로시에는 내후성이 매우 약해지므로 주로 지중매설관 등의 도장에 널리 사용된다.

⑨ 에폭시수지 도료(Epoxy Resin Paint) : 에폭시수지와 아민어덕트, 포리아마이드수지 등의 경화제를 주성분으로 하는 2액형 반응경화형 도료이다. 경화도막은 접착성, 내충격성, 방식성, 내마모성, 밀착성, 내약품성 등의 우수한 성능을 갖고 있어 바닥재, 특히 가혹한 환경에 처해있는 선박용 도료로 적당하다. 또한 장기적 경제성, 가혹한 환경하에서 방식성, 도료자체의 품질개량이 우수하고 물, 약품, 오염가스 등에 대한 내성이 현 도료 중에서 가장 우수하다고 볼 수 있다. 그러나 온도변화에 따른 건조성이 민감하여 동절기에는 건조가 쉽지 않으며, 자외선(햇빛)에 노출시 도막이 열화되어 광택을 잃고, 표면에 가루가 생기는 쵸킹 현상이 발생하므로 이것이 문제가 될 경우에는 무황변성 우레탄 도료를 상도로서 사용하는 것이 효과적이다.

⑩ 폴리우레탄수지 도료(Poly Urethane Resin Paint) : 에폭시수지 도료와 같은 중방식용 도료로서 급속히 시장화하기 시작한 도료이다. 특히 상도 마무리용으로 우수하며, 아크릴, 알키드 폴리올, 폴리에스테르 등을 주제로 이소시아네이트 폴리머를 경화제로 한 2액형 반응도료이다. 폴리우레탄 수지계 도료의 가장 큰 특징은 무황변성인 경우 내후성이 특히 우수하다는 점이며, 내수성, 내약품성 및 접착성 등도 우수하여 에폭시계 프라이머의 상도용으로 사용된다. 도장 후 광택 및 색상을 장기간 유지하며 해안환

정이나 오염 환경에도 우수하다. 건조시간은 저온시에도 에폭시 도료보다 빠르다는 장점이 있다. 폴리에테르와 우레탄 특성을 이용한 바닥재는 사무실, 전산실, 실내외 체육관, 옥상방수 등에 폭넓게 활용되고 있다.

⑪ 아연말 도료(Zinc Rich Paint) : 일반적으로 아연금속은 철보다 이온화 경향이 높기 때문에 두 금속이 전해질 속에 공존할 경우 국부전지가 형성되어 전자가 아연(양극)에서 철(음극)로 흐르게 된다. 이로 인해 아연(zinc)이 부식됨과 동시에 철(음극)은 보호받게 된다. 아연말 도료는 이러한 원리를 이용한 도료로서 주로 방청 프라이머로 사용되고 방청 프라이머 중 가장 우수한 도료로 활용되고 있다.

㉠ 무기질 아연말 도료(Inorganic Zinc Coating)와 유기질 아연말 도료(Organic Zinc Coating) 두 종류가 있으며 무기질 아연말 도료를 사용할 경우 중요한 점은 표면처리이다. 표면처리가 불량할 경우 접착력이 떨어지며 단 간에 발청이 일어날 가능성이 높다.

㉡ 아연말 도료에 함유된 아연말이 공기 중의 수분과 반응하면 수산화아연으로 되며 강한 알칼리성을 띠게 된다. 따라서 상도도료로서는 내알칼리성이 강한 염화비닐계, 염화고무계, 우레탄계, 에폭시계 등을 사용해야 한다.

⑫ 실리콘 아크릴 도료 : 실리콘 아크릴을 주성분으로 한 초내후성 도료로서 실리콘 성분이 반응하여 화학적으로 매우 안정된 실록산 결합을 이루는 특수도료이다. 특히 타일, 유리 등과 같은 세라믹계 재질과는 매우 우수한 접착력을 가지는 것이 특징이며 불소수지도료와 동등한 초내후성을 나타낸다.

⑬ 불소수지 도료 : 불소수지의 분자결합(C-F)이 화학적으로 극히 안정되어 있고 초내후성, 초내구성, 내오염성이 기존 도료보다 탁월하여 장기 내구력을 요하는 부위에 사용되는 특수 도료이며, 가열 건조형과 상온 건조형 2종류가 있다.

⑭ 알루미늄 페인트 : 페놀수지 바니시 또는 알키드수지 바니시 등을 주 전색제로 하고 알루미늄 분말을 안료로 혼합한 도료이다. 알루미늄 분말의 리핑(Leafing)현상으로 도장을 할 경우 알루미늄분이 도막위에 떠서 은색의 독특한 외관을 나타낸다. 알루미늄 안료의 효과로 내후성, 내수성 등이 양호하므로 옥내외의 철강구조물 상도로 널리 사용된다.

3) 도막의 결함과 대책

가) 백아화(Chalking)

(1) 현상

도막의 표면이 가루화 되어 광택을 잃고 손으로 문지르면 가루가 묻어나는 현상이다.

(2) 원인

① 자외선의 영향(동절기 보다 하절기에 많이 발생)이다.
② 자외선 흡수성이 큰 안료를 사용한다.
③ 매끈하지 않는 도면은 수분이나 먼지를 흡수해서 도막의 붕괴를 촉진한다.
④ 수지자체의 결함구조로 인하여 발생한다.

(3) 대책

① 도료의 선정에 유의하고 수세, 연마를 실시할 것
② 안료를 선별하여 사용할 것
③ 도면을 균일하게 도장할 것

나) 부풀음(Blistering)

(1) 현상

도막의 일부가 하도나 철판으로부터 부풀거나 좁쌀알 크기 또는 분산 불량과 같이 미세한 수포가 발생하는 것이다.

(2) 원인

① 고온 다습한 상태에서 장기간 방치 시
② 도막아래의 부식에 의해 부풀음 발생 시
③ 피도면 표면이 땀, 지문 등의 염기에 의해 오염된 경우
④ 경화 부족으로 도막이 미건조된 상태에서 침수되었을 때

(3) 대책

① 도장물의 보관상태에 유의할 것

② 규정도료를 사용할 것
③ 맨손이나 오염된 장갑 등의 접촉을 피할 것
④ 완전 경화할 것
⑤ 화성액 성분이 표면에 남지 않게 할 것
⑥ 표면을 깨끗이 수세할 것

다) 균열(Cracking)

(1) 현상

도막에 금이 가는 현상이다.

(2) 원인

① 하도 건조가 충분하지 않은 상태에서 상도 도장했을 때
② 용해력이 강한 산도를 약한 하도에 도장했을 때
③ 온도가 급격히 저하되었을 때
④ 강한 직사광선하에서 빠르게 건조될 때(표면건조)
⑤ 기온차가 심할 때

(3) 대책

① 규정도막으로 도장하고 건조 후에 상도 도장할 것
② 강 용제 도료를 상도 도료로 사용하지 말 것
③ 도장을 피할 것

라) 핀홀(Pinhole)

(1) 현상

도료를 도장하여 건조 후에 도막에 바늘로 찌른 듯한 조그만 구멍이 생기는 현상이다.

(2) 원인

① 하도 도막이 이미 핀홀이 있고 그 위에 도장 시
② 급격한 온도상승 시

③ 용제의 증발이 너무 빠를 때
④ 두꺼운 도막의 급격한 온도상승 시
⑤ 피도물 자체 온도가 높을 때
⑥ 점도가 너무 높은 도료를 도포했을 때

(3) 대책

① 하도를 검토하여 하도의 핀홀을 제거한 후 도장할 것
② 규정 신나를 사용할 것
③ 규정 도막 두께로 도장할 것
④ 피도물의 온도를 40℃ 이하로 유지할 것

마) 주름(Wrinkling)

(1) 현상

단독 도막 중복도장 시 건조과정에서 도막에 주름이 생기는 것이다.

(2) 원인

① 도막이 두꺼워서 도막의 윗부분만 건조될 때
(후 도막에서 표면건조 후 하부가 유동성일 때)
② 하도의 건조가 불충분할 때
③ 직사광선이나 급격한 과열을 받았을 때
④ 속건성 용제를 사용한 경우
⑤ 상도 도료의 신나 용해성이 하도 도료에 비해 지나치게 강할 때

(3) 대책

① 적당한 도막 두께로 도장할 것
② 충분히 건조시킨 후 도장할 것
③ 적합한 도료를 적용할 것

이 이외에도 스프레이 도장 후 도료의 유전성 부족으로 인해 평활한 도막으로 되지 않고 표면이 귤껍질과 같은 모양으로 도막이 형성되는 오렌지 필(Orange Peel), 표면과 도막 사

이 또는 중복도장 시, 도막과 도막 사이에서 생기는 박리([Flaking, Peeling, Detachment, Delamination), 도막에 분화구 모양의 패임(구멍)이 생기는 크레터링(Cratering)과 같은 현상들이 있다.

4) 선체도장 시 유의사항

가) 안전수칙

작업장에서 작업의 효율을 최대한으로 높이기 위해서는 각각의 종업원 작업장의 일에 익숙하고, 아래에서 설명되는 작업장에서의 특별한 수칙을 준수해야만 한다. 기초적인 안전수칙은 다음과 같다.

① 작업의 마감재는 화기로부터 보호받을 수 있는 공간에 보관한다.
② 작업은 항상 안전하게 실시한다.
③ 사고가 발생하면 응급처치를 하고 즉시 보고한다.
④ 안전하지 못하다고 생각되는 것은 안전하게 수정 및 보고한다.
⑤ 무릎을 들어 올리거나, 구부릴 때 가해지는 무거운 하중에 신경을 써야 한다.
⑥ 보관창고에서는 방폭전등 및 밀폐 스위치를 사용해야 한다.
⑦ 상품표시는 적절하게 정확히 붙어 있어야 한다.
⑧ 보관창고에 마감재료를 저장할 때는 적절한 덮개로 막아야 한다.
⑨ 도장실의 바닥과 벽, 천장은 정기적으로 청소되어야 한다.
⑩ 보호장비를 준비하고 양호한 상태로 유지해야 한다.

(1) 신체위험

신체적인 위해의 가장 핵심적인 점은 도료가 유기용제를 함유한다는 것이다. 또한 방오도료의 유해 첨가물질도 신체적인 위해요소로 작용한다. 도료를 취급할 때나 도장 중에 높은 밀도의 유기용제 증기를 흡입하게 되면, 자극과 마취 효과로 인해 사람을 무의식 상태로 만들 수도 있다.

특정 도료의 성분의 경우 장기간 피부가 노출될 경우 중독 작용을 일으킬 수도 있다. 계속적인 피부접촉은 피부병의 원인이 되며 어떠한 용제는 피부를 통하여 흡수된다. 만약 삼키게 되면 구토와 복통을 유발하게 된다. 아래에 열거된 안전수칙을 준수하면 신체적인 위해를 상당히 감소시킬 수 있다.

① 유독한 증기의 흡입은 호흡기 질환의 원인이 되므로, 증기 흡입 방지에 필요한 마스크나 인공호흡기를 착용한다. 하지만 기계적인 여과식 인공호흡기는 고형의 입자를 막아주지만 금방 막히고 안전하지 못할 수 있다. 예컨대, 벤젠 등의 휘발성 용제 증기는 기계적 인공호흡기에 여과되지 않는다.

② 적절한 환기 및 조명, 송풍설비가 준비되어야 한다. 적절한 환기는 화재, 폭발 및 신체적 위해를 방지할 수 있다.

③ 외부로부터 손과 몸을 차단하여 보호해야 한다. 휘발성 용제가 접촉되었을 때는 중성의 세제로 씻어준다. 외부로부터 적절히 피부를 차단하지 못했을 때는 피부가 건조하게 되어 갈라지게 된다. 유독한 화학물질이나 산을 취급할 때 안면과 눈을 보호안경으로 보호하고 고무장갑과 앞치마를 착용하고, 손과 팔, 얼굴에 자주 보호크림과 로션을 사용해야 한다.

(2) 화재위험

대부분의 도료는 인화성 용액을 함유하고 있으므로 화재의 위험이 있다. 따라서 인화성 도료는 제품 라벨에 표시해야 한다. 인화성 물질의 점화는 담배나 과도한 엔진의 연소, 방전, 불꽃, 예열기구, 보호되지 않은 전기적 기구와의 접촉으로 발생한다. 아래에 열거된 안전수칙을 준수하면 화재위험을 상당히 감소시킬 수 있다.

① 기름걸레는 밀폐된 철재용기에 보관된다. 마감공정에서의 대부분의 화재는 자연 발생적인 발화에 기인하기 때문에 이러한 걸레는 큰 철재상자에 보관하든지 화재위험이 없는 곳에서 소각하여야 한다.

② 도장실과 집진실은 깨끗이 청소되어야 한다. 도장실에서의 빈번한 화재원인은 도료증기와 과도장이다. 또한 도장실 청소시에는 고휘발용제를 사용해서는 안된다.

③ 노출된 불꽃이나 전기 스파크(spark)를 피해야 한다. 모든 모터와 전기기구는 항상 최상의 상태로 유지하고 스파크가 없는 기구를 사용해야 한다. 금연하여야 하며 필요하다면 흡연 장소를 지정하는 것이 바람직하다.

④ 모든 마감재료는 용제와 함께 밀봉되어야 한다. 열린 통에서 도료의 도막이 형성되지 않아야 하고, 화재의 위험뿐만 아니라 신체적 위해가 있는 유독한 증기의 공기오염도 방지되어야 한다. 고휘발성 용액을 보관할 때는 승인된 용기를 사용하고, 용제의 증발을 방지할 수 있도록 기계적으로 밀봉되어야 한다.

나) 도장에 영향을 주는 요소

(1) 온도

모든 도료의 도장 온도범위는 4℃~49℃사이이며, 상대습도의 영향을 고려하여야 한다. 표면의 습기 및 서리가 있는 경우 저온 상태에서는 나쁜 영향을 초래한다. 고온에서 도장하여 도막이 매우 빨리 건조되는 것은 핀홀(Pin Hole)이나 도막의 누락부분이 발생 원인이 되므로 유의해야 한다.

(2) 습도

모든 도료는 소지의 온도가 이슬점(Dew Point)보다 적어도 3℃ 이상이어야만 도장이 가능하며 통상적으로 무기질 아연말 도료를 제외하고는 상대습도가 10~80%가 적당하다. 건조가 느린 도료는 스프레이 도장 시 피도체물의 온도에 영향을 받지 않으나, 휘발성이 높은 용제가 포함된 속건성도료는 금속의 표면온도를 상당히 떨어뜨리며, 특히 폴리우레탄 도료는 습기에 민감하기 때문에 도장 시 유의해야 한다.

만약 금속표면의 온도와 이슬점 온도 사이가 3℃ 이상의 차이를 보이지 않는다면 소지표면에 수분응축이 생겨 부착력이 감소될 수 있으므로 주의해야 한다. 습도의 영향을 살펴보면 습도가 높을 경우 일반적으로 용제 증발에 의해 건조되는 도료의 건조시간을 상당히 지연시키는 반면 경화용 도료와 반응한 도료에 대해서는 습도의 영향을 거의 받지 않는다.

(3) 바람

옥외에서 도장하는 경우 바람이 시속 40km 이상으로 심하게 불면 도장을 하지 않아야 하며, 바람이 심하면 도막의 조기 과건조와 주위의 환경에 의한 심한 오염현상이 발생하기 때문에 주의해야 하며 도료의 손실률도 그 만큼 높아지게 된다.

(4) 환기 조건

깨끗한 공기의 지속적인 공급은 도료를 도장하는 동안과 도장 후 경화과정 및 건조기간 동안에 걸쳐서 절대적으로 필요한 요소이다. 또한 깨끗한 공기의 공급은 도장 시공 중 주위 대기조건의 보완을 위해서도 필요하다.

(5) 비, 눈, 진눈개비

옥외에서 도장할 경우 비, 눈, 진눈개비 등의 현상이 심하면 부착력의 감소, 외관불량, 도막의 박리, 도막성능의 저하 등의 도장결함이 일어날 가능성이 크므로 주의하여야 한다.

(6) 인화조건

휘발성 용제로서 인화물질은 도료 조성물 가운데 화기 및 스파크 조건에서 화재폭발의 위험이 있다. 용접 또는 불꽃 작업 중인 장소로부터 50m 이내에서는 도장을 피하여야 한다. 사방이 막힌 공간에서 도장이 필요한 경우에는 모든 발화원인 요소를 제거하여야 하며, 만약 용제의 증기가 위해 수준까지 올라갔을 경우 도장을 즉시 중단하여야 한다.

(7) 화학물질의 오염조건

화학물질 등에 의한 오염지역에서 도장할 경우 도장간격을 최대한 줄여 도막의 오염을 방지해야 한다. 만약 도막이 오염되었을 때는 물이나 용제로 깨끗이 제거 후 완전히 건조시켜야 한다.

다) 도장 시 일반적인 주의사항

① 복장 : 옷에 페인트가 묻어도 괜찮은 옷차림을 준비한다.
페인트가 생각하지 않은 곳에 튀거나 옷에 묻는 경우가 있다. 이러한 것을 하나하나 신경을 쓰게 되면 제대로 페인트칠을 할 수 없다. 따라서 부담없는 복장으로 준비하여야 한다.

② 기후 : 페인트칠은 맑고 습기가 없는 날을 선택한다.
흐린 날 특히 추운 날은 건조가 늦고 광택이 나지 않는다.

③ 통풍 : 통풍이 잘 되도록 한다.
사방이 둘러싸인 곳에서 페인트칠을 하게 되면 건조도 늦고, 페인트 냄새도 나게 되며, 질식의 위험이 있으므로 통풍이 잘 되도록 조치를 한 다음 페인트칠에 임하도록 한다.

④ 표면처리 : 페인트칠하기 전에 소지(표면)처리를 잘 해야 한다.
도장 전문가도 소지처리를 하는데 하루 정도를 소비한다. 그러므로 소지처리를 할 때는 충분한 시간을 갖고 해야 한다. 때 · 먼지 · 녹 등을 잘 닦아내고, 갈라진 곳이나 구멍 등에도 충진제(Putty 등)로 잘 보수하여야 한다. 소지처리를 얼마나 잘 하느냐에 따라 도막의 수명이 좌우된다.

⑤ 페인트의 선택 : 소재에 따라 사용되는 페인트가 다르며, 재질, 용도에 맞는 페인트를 선택하여야 한다.

⑥ 희석제 : 희석액도 페인트 종류에 따라 다르므로 페인트에 맞는 희석제를 선택하여야 한다.

⑦ 붓의 선택 : 서투른 사람일수록 좋은 붓을 선택한다. 좋은 붓일수록 여러 가지 장점을 지니고 있으므로 오히려 경제적이다.

⑧ 페인트가 묻어서는 안 되는 곳은 가려야 한다. 페인트가 묻으면 안 되는 곳은 낡은 신문지 등으로 가리고 경계 부분에는 마스킹 테이프를 붙인 후 칠하는 것이 요령이다.

⑨ 페인트는 잘 저은 후 사용 : 페인트는 성질상 기름성분이 위에 뜨기 쉬우므로 잘 저은 후 사용한다.

⑩ 겹도장(2회 이상 칠하는 것) : 엷게 2~3회 겹도장하는 것이 좋은 도막을 얻을 수 있는 요령이다. 그러나 하도가 충분히 건조되기 전에 상도 도장을 하면 오히려 실패하게 된다.

⑪ 얼룩이나 붓자국 등이 염려되어 같은 곳을 반복해서 칠하게 되면 오히려 얼룩이 더해진다.

⑫ 뒤처리 : 길들여진 붓이 칠하기가 쉽다. 전문가의 능숙도는 붓의 뒷처리로 분간할 수 있다고까지 한다. 뒷처리는 도막의 수명은 물론 용구 등의 수명까지 좌우한다.

5) 도장 용어

- 겔화(Gel, Gelation, Gelling) : 액상인 도료가 불용성의 젤리로 되는 것. 도료에서는 용기 속에서 굳어져서 희석제를 가하여 휘저어도 전색제가 고르게 녹지 않는 상태
- 경화(Curing) : 도료를 화학적인 수단 또는 열로 축합 및 중합시키는 공정으로서 이것을 통해 요구하는 성능의 도막이 얻을 수 있음
- 가사 시간(Pot Life, Pot Stability) : 필요에 따라 2액형 이상의 도료를 혼합했을 때 겔화, 경화 등이 일어나지 않고 사용하기에 적합한 유동성을 유지하고 있는 시간
- 경화제(Hardner, Curing Agent) : 도막을 경화시키는 물질
- 내후성(Weather Resistance, Weathering, Weatherproof) : 옥외에서 일광, 이슬, 서리, 풍우, 한난, 건습 등 자연의 작용에 저항해서 잘 변화하지 않는 도료의 성질
- 녹(Rust) : 철 또는 강의 표면에 생기는 수산화물 또는 산화물을 주체로 하는 화합물을

녹이라 하며, 넓은 의미로는 금속이 화학적 또는 전기 화학적으로 변화해서 표면에 생기는 산화 화합물

- 도포량(Quantity For Application) : 일정한 면적에 도포되는 도료의 양(kg/m², ℓ/m²)
- 도포면적(Spreading Rate, Coverage) : 도료의 일정한 분량으로 도포할 수 있는 면적(kg/m², ℓ/m²)
- 평활성(Levelling) : 도료를 도포한 후, 도료가 유동해서 평탄하고 매끄러운 도막이 생기는 성질을 평활성이라 하며, 도막의 표면에 붓 자국, 오렌지 필, 파도와 같은 미시적인 고저가 많지 않은 것을 보고 평활성이 우수하다고 판단한다.
- 건조(Drying) : 도포된 도료의 얇은 층이 액체에서 고체로 변화되는 현상으로 도료 건조의 방법에는 용매의 휘발 및 증발, 도막 형성요소의 산화, 중합, 축합 등이 있고, 건조의 조건에는 자연건조, 강제건조, 가열건조 등이 있다. 또, 건조상태에 따라 아래의 용어로 구분한다.

  ① 지촉건조(Set To Touch) : 건조 중인 도막을 손가락으로 가볍게 대었을 때 접착성은 있으나 도료가 손가락에 묻지 않는 상태

  ② 점착건조(Dust Free)

    ⓐ 손가락에 의한 방법 : 손가락 끝에 힘을 주지 않고 도막면을 가볍게 좌우로 스칠 때, 손톱자국이 과하게 나타나지 않는 상태

    ⓑ 솜에 의한 방법 : 탈지면을 약 3cm 높이에서 도막면에 떨어뜨린 다음 입으로 불 때 탈지면이 쉽게 떨어져 완전히 제거되는 상태

  ③ 고착건조(Tack Free) : 도막면에 손끝이 닿는 부분이 약 1.5cm가 되도록 가볍게 눌렀을 때 지문 자국이 남지 않는 상태

  ④ 고화건조(Dry-hard) : 엄지와 인지 사이에 시험편을 물리되 도막이 엄지 쪽으로 가게 하여 비틀지 않고 힘껏 눌렀다가 떼어내어 부드러운 헝겊으로 가볍게 문질렀을 때 도막에 지운 자국이 없는 상태

  ⑤ 경화건조(Dry-through) : 도막면에 팔이 수직이 되도록 하여 힘껏 엄지손가락으로 누르면서 90°각도로 비틀어 볼 때 도막이 늘어나거나 주름이 생기지 않으며 다른 이상이 없는 상태

  ⑥ 완전건조(Full Hardness) : 도막을 손톱이나 칼끝으로 긁었을 때 홈이 잘 나지 않고 힘이 들어간다고 느끼는 상태

- 건조시간(Drying Time) : 도료가 건조되는데에 따라 필요한 시간, 가열건조에서는 가열장치에 넣어서부터 건조상태로 될 때까지의 시간을 의미
- 리무버(Paint Remover) : 도막을 벗기기 위해 사용하는 도료
- 마스킹(Masking) : 도장해서는 안 될 부분을 접착테이프 같은 것으로 씌우는 것
- 마스틱(Mastic) : 접착성분, 플라스틱 빠데, 접착제 등을 나타내는 말
- 바니시(Varnish) : 용매에 수지 등을 녹여서 만든 도료의 총칭이며 안료는 함유되어 있지 않고 도막은 대개 투명하다.
- 방오성(Anti-fouling Property) : 표면에 유해한 생물 등의 부착을 방지하는 도막의 성질로서 주로 선저 도료의 도막에 생물포자, 균체, 갑각류, 해조류 등이 부착되는 것을 방지하는 성질
- 변색(Discoloration) : 도막의 색의 색상, 명도, 채도 중 하나 이상이 변화하는 것으로 주로 채도가 작아지고 또는 거기에 명도가 커지는 것을 회색이라고 한다.
- 부분도장(Touch Up) : 도막의 홈 부분 등을 부분적으로 칠해서 보수하는 것
- 부착성(Adhesive Property, Adhesion, Adhesive Strength) : 도막이 하지면에 부착되어 쉽게 떨어지지 않는 성질
- 상도도료(Top Coat) : 도료를 여러 번 칠하여 도장 마무리 시에 마감도료로 사용되는 도료
- 상용성(Compatibility, Compatible) : 두 종류 또는 그 이상의 물질이 서로 친화성을 가지고 있어서 혼합했을 때 용액 또는 균질의 혼합물을 형성하는 성질. 도료에 있어서는 두 종류 또는 그 이상의 도료가 침전, 응고, 겔화와 같은 불량한 결과로 나타나지 않는 성질
- 샌드블라스트(Sandblasting, Blast Cleaning) : 건조된 규사 등의 연마제를 고압의 공기와 함께 분사하여 금속제품 표면의 녹을 제거하여 깨끗하게 하는 것
- 아연말(Zinc Dust) : 금속 아연을 주성분으로 한 회색분말이며 방청 안료로서 사용
- 언더 코팅(Under Coating) : 중도용 도료나 상도용 도료를 칠하기 전에 하도용 도료를 칠하는 것
- 에칭 프라이머(Etching Primer, Wash Primer, Pre-treatment Primer) : 금속 도장을 할 때 바탕처리에 사용하는 프라이머 성분의 일부가 바탕의 금속과 반응하여 화학적

생성물을 만들고, 바탕에 대한 도막의 부착성이 증가되도록 한 금속 바탕처리용의 도료. 주로 인산, 크롬산을 함유함

- 에어리스 스프레이도장(Airless Spraying, Airless Spray Application) : 도장 시 에어리스 스프레이건을 사용해서 도료를 도포하는 것
- 연마(Sanding) : 재도장하기 위해 표면을 연마하는 조작
- 용제(Solvent) : 도료에 사용하는 휘발성 액체로, 도료의 유동성을 증가시키기 위해서 사용한다. 협의로는 도막 형성요소의 용매를 말하며 예를 들어 조용제 · 희석제가 있다. 본래는 증발속도에 의해서 구분하지만, 비등점의 고저에 따라서 고비등점 용제 · 중비등점 용제 · 저비등점 용제로 분류되는 경우도 있다.
- 유성도료(Oil Paint) : 도막 형성요소의 주성분이 건성유인 도료의 총칭
- 인화점(Flash Point) : 특정 조건 아래에서 가연성 증기를 유발하는 물질과 공기와의 혼합기체에 불꽃을 접촉시켰을 때 연소가 일어나는 데 필요한 최저 온도
- 자연건조(Air Drying, Cold Curing) : 도료를 상온의 공기 속에서 건조시키는 것
- 저장 안정성(Storage Stability, Self Life, Can Stability) : 저장해도 변질이 잘 안 되는 성질로써 도료를 일정한 조건으로 저장한 후, 도포하는 작업이나 형성된 도막에 지장 유무를 조사해서 판정한다.
- 중도(Intermediate Coat) : 상도와 하도의 중간층으로서 중도용의 도료를 칠하는 것이다. 하도 도막과 상도 도막 사이의 부착성의 향상, 종합 도막층 두께의 증가, 평면 또는 입체성의 개선 등을 위해서 한다. 추가적으로 영어에서는 목적에 따라서 Under coat, Ground coat, Surfacer 등으로 말한다.
- 촉진제(Accelerator) : 화학 반응속도를 촉진시키는 물질로서 도료 공업에 있어서는 수지의 강화 또는 가교화를 촉진시키는 물질을 말한다.
- 프라이머(Primer) : 도장재 중에서 소지에 최초로 사용되는 도료로서, 프라이머는 소지나 도장재의 종류에 따라 다양한 종류가 있다.
- 프라이머 서페이서(Primer Surfacer) : 중도의 성질을 겸한 하도용의 도료와 도막은 연마하기 쉽다.
- 희석제(Thinner) : 도료의 점도를 낮추기 위하여 사용하는 휘발성 액체

2. 선박의 복원성

2.1 배수량, 매cm 배수톤 등

1) 배수량, 중심 및 부심

Archimedes의 원리에 의하면 물 위에 떠 있는 물체는 그 물체가 배제한 물의 무게만큼 부력을 받는다. 즉, 선박이 평형하게 떠 있다는 것은 곧 중력과 부력의 크기가 같고 그 중심이 동일 연직선상에 있다는 것이다. 따라서 물 위에 부상하고 있는 선박은 그것이 배제한 물의 용적(선박의 수면하의 용적, V)과 그 물의 밀도(ρ)[25]를 곱한 것과 같은 무게를 가진다. 그러므로 선박의 무게를 무게라 하지 않고 배수량(排水量, Displacement, Δ)이라 한다.

$$\Delta = V \times \rho$$

〈그림 2-II-115〉 부심

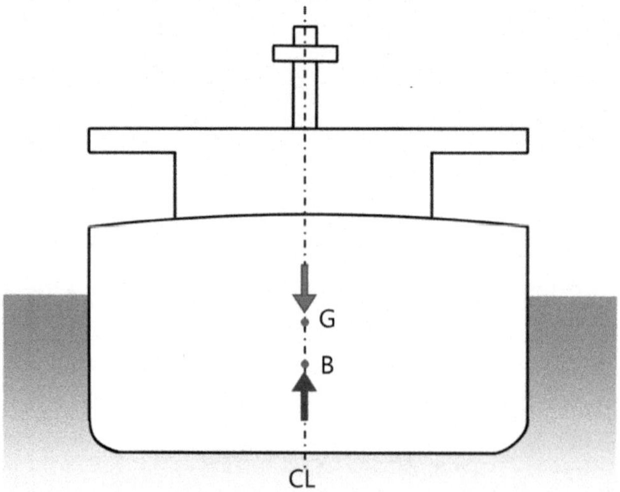

25) 물의 밀도

해수(海水)	1 m³ = 1,025 kg = 1.025 kg · ton 1 ft³ = 64 lbs 35 ft³ = 2,240 lbs = 1 long ton	담수(淡水)	1 m³ = 1,000 kg = 1.000 kg · ton 1 ft³ = 62.5 lbs 35 ft³ ≒2,240 lbs = 1 long ton 35.883 ft³ = 1 long ton

위의 식은 Meter법에서 이용되는 식인데, Foot법에서는 수면하의 체적(ft^3)을 해수일 때는 35, 담수일 때는 36으로 나눈 값이 ton이 된다.

선박의 전중량(全重量)이 한 점에 있다고 생각할 수 있는 점을 중심(重心, Center or gravity, G)이라 하며, 부력이 한 점에서 작용한다고 생각할 수 있는 점을 부심(浮心, Center of buoyancy, B)이라 한다. 부심은 선수하부의 용적의 기하하적 중심(中心)이 된다.

2) 매 cm 배수톤 및 해수밀도와 흘수변화

가) 매 cm 배수톤(Tons per centi-meter Immersion : T_{cm})

한 선박이 임의의 수선(水線)에서 횡방향이나 종방향으로 경사짐없이 흘수 1 cm만큼 침하하면서 밀어내는 해수의 중량, 즉 선박에 경사가 생기지 않을 적당한 위치에 화물 w톤을 적재하여 흘수가 1 cm 증가할 때, 그 화물의 무게를 매cm 배수톤(T_{cm})[26]이라 한다. 흘수가 1 cm 침하하여도 수선면적(Water plane area, A_w)이 일정하다고 가정하면 T_{cm}는 면적 A_w에 비례하게 된다. 따라서 표준해수(1.025)에 떠 있는 선박에 대하여 다음 관계가 성립한다. 흘수의 변화량을 Δd(m) 또는 δ(cm)라 하면

$$w = A_X \times \Delta d \times 1.0253$$

Δd를 $\frac{1}{100}$m(1cm)로 하면 정의에 따라 $w = T_{cm}$가 되어 w는

$$T_{cm} = \frac{A_w}{100} \times 1.025(\text{ton})$$

식 T_{cm}에서 수선면적 A_w(m^2)의 선박에 T_{cm}ton을 양화하여도 흘수의 변화량은 1 cm가 된다. 여기서 단위가 Foot일 경우에는 1inch 흘수변화에 소요되는 하중을 매inch 배수톤(Tons per inch immersion, T_{in})이라 한다. 수선면적을 A_w(ft), 흘수변화를 Δd(ft) 또는 δ(in)라 하면 해수중에 부유하고 있는 선박에 대하여 다음 관계가 성립한다.

26) 선박에서 사용하는 매cm(inch) 배수톤은 해수의 표준밀도에 있어서 T_{cm} 및 T_{in}이다.

$$w = A_w \times \Delta d \times \frac{1}{35}$$

Δd를 $\frac{1}{12}$ ft, 즉 1inch로 하면 $w = T_{\text{in}}$이 된다.

$$T_{\text{in}} = A_w \times \frac{1}{12} \times \frac{1}{35} = \frac{A_w}{420}$$

식 T_{in}은 표준밀도에 있어서 Foot법을 사용하는 선박의 매 inch 배수톤수, 즉 해수에서의 T_{in}이다.

나) 해수밀도와 흘수변화

일정한 배수량의 선박이 해수의 비중이 다른 곳으로 항해하면 흘수에 변화가 생긴다. 즉, 해상에서 하항(河港)으로 들어가게 되면 흘수는 증가하고, 반대로 하항(河港)에서 해상으로 항해하면 흘수는 감소하게 된다. 이 경우에 부심(浮心)이 변하여 Trim의 변화가 일어나는데 그 양이 대단히 미소하기 때문에 실용상 무시해도 별 차이는 없다. 배수량 Δ인 선박이 해수 비중 ρ_1인 곳에서 ρ_2인 곳으로 들어갔을 경우에 일어난 흘수의 변화량을 Δd(m) 또는 δ(cm)라 하고, 그때의 수면하의 용적을 V_1, V_2라 하면 다음과 같이 나타낼 수 있다.

$$V_1 = \frac{\Delta}{\rho_1},\ V_2 = \frac{\Delta}{\rho_2}$$

그리고 V_1, V_2의 관계는 다음과 같이 표시할 수 있다.

$$V_2 = V_1 + A_w \cdot \Delta d$$

$$\therefore \Delta d = \frac{V_2 - V_1}{A_w} = \frac{\Delta}{A_w}\left(\frac{1}{\rho_2} - \frac{1}{\rho_1}\right) \text{(m)}$$

m를 cm로 바꾸면, $100\Delta d = \delta$이므로

$$\delta = \frac{100 \times \Delta}{a_w}\left(\frac{1}{\rho_2} - \frac{1}{\rho_1}\right) \text{(cm)}$$

위의 식은 배수량과 수선면적을 알고 있을 때, 비중이 다른 해역(海域)에서 흘수의 변화량을 구하는 식이다. 그런데 실제로는 T_{cm}와 배수량을 알고 나서 흘수의 변화를 구하는 것이 일반적이다.

$$\delta = \frac{100}{A_w \times 1.025} \times \Delta \times \left(\frac{1.025}{\rho_2} - \frac{1.025}{\rho_1} \right) = \frac{\Delta}{T_{\mathrm{cm}}} \left(\frac{1.025}{\rho_2} - \frac{1.025}{\rho_1} \right)$$ 27)

앞의 식은 선박에서 해수의 밀도 차이에 의한 흘수의 변화를 구하는 데에 많이 사용되는 식으로 중요하다.

3) Trim 변화와 그 조절

선박의 길이방향으로 일정 각도로 기울어진 것을 트림(Trim)이라 한다. Trim은 선수 선미 간의 흘수(Draft) 차이로 표시한다. 선미흘수가 선수흘수보다 클 때를 Trim by the Stern이라 하고, 선미흘수가 선수흘수보다 작을 때를 Trim by the Head라 하며, 선수흘수와 선미흘수가 같을 때를 Even Keel이라고 한다.

선박에 화물을 선적할 때는 Trim을 항해에 알맞도록 조정하여야 한다. 알맞은 Trim은 어떠한 상태라고 한 마디로 말할 수는 없으나, 일반적으로 화물선에 있어서는 선박의 길이의 1/70정도 Trim by the Stern인 상태가 적합하다. Trim은 흘수와 같이 선박의 속력, 타효(舵効) 및 능파성(凌波性)에 영향을 미친다. Trim 조정은 다음과 같은 사항을 고려하여 적화계획을 작성하여야 한다.

① 중간항에서의 적화 및 양화량
② 기항지의 수심

---

27) Foot법을 사용하는 선박은 $\Delta d(\mathrm{ft}) = \frac{V_2 - V_1}{A_w}$ 에서

$$\delta(\mathrm{in}) = \frac{12}{A_w}(V_2 - V_1) = \frac{35 \times 12}{A_w}\left(\frac{V_2 - V_1}{35}\right) = \frac{1}{T_{\mathrm{in}}} \times \frac{V_0}{35}\left(\frac{V_2 - V_1}{V_0}\right) = \frac{\Delta}{T_{\mathrm{in}}}\left(\frac{V_2}{V_0} - \frac{V_1}{V_0}\right)$$

$$\therefore \delta(\mathrm{in}) = \frac{\Delta}{T_{\mathrm{in}}}\left(\frac{\rho_0}{\rho_2} - \frac{\rho_0}{\rho_1}\right) \quad \left[\because \begin{array}{l} V_2 : V_0 = \rho_0 : \rho_2 \\ V_1 : V_0 = \rho_0 : \rho_1 \end{array}\right]$$

여기서, $\rho_0 = 1.025$이므로, $\delta(\mathrm{in}) = \frac{\Delta}{T_{\mathrm{in}}\left(\frac{1.025}{\rho_2} - \frac{1.025}{\rho_1}\right)}$ 이다.

③ 항해 중에 소비하는 연료, 청수 등의 영향

④ Tank의 주배수(注排水) 또는 청수의 이동

가) $\overline{\mathrm{BM_L}}$ 등의 계산

(1) 부면심

선박이 Even Keel 상태로 떠 있다가 외력에 의하여 배수량의 변화없이 약간 Trim을 하게 되면, 경사하기 전의 수선면과 경사한 후의 수선면과의 교선(交線)은 반드시 어떤 한 점을 통과하게 된다. 이 점은 수선면적의 중심으로써 부면심(浮面心, Center of Flotation, F) 혹은 경사중심(Tipping Center)이라고 한다.

부면심은 경사의 중심이기 때문에 적은 양의 중량물을 이 부면심을 통하는 수직선상에 적양화하면 평행침하가 발생하게 되고, 이 점보다 전방 또는 후방에 중량물을 적양화하면 Trim이 발생하게 되는 것이다. 보통 선형에서 부면심은 선체 중앙에서 선박길이의 1/30~1/60정도 전, 후방에 있다.

(2) $\overline{\mathrm{BM_L}}$과 $\overline{\mathrm{GM_L}}$

① $\overline{\mathrm{BM_L}} = \dfrac{I_L}{V}$

I_L : 부면심을 통하는 횡축에 대한 수선면의 관성 모멘트

V : 배수용적 $\overline{AB} = \dfrac{I \times \tan\theta}{V \times \tan\theta} = \dfrac{I}{V}(\mathrm{m})$

위의 식과 같은 원리에서 $\overline{\mathrm{BM_L}}$이 결정된다. 보통 배수량 등곡선도를 이용하여 다음 식으로 구한다.

$$\overline{\mathrm{KM_L}} - \overline{\mathrm{KB}} = \overline{\mathrm{BM_L}}$$

〈그림 2-Ⅱ-116〉 선박의 부면심

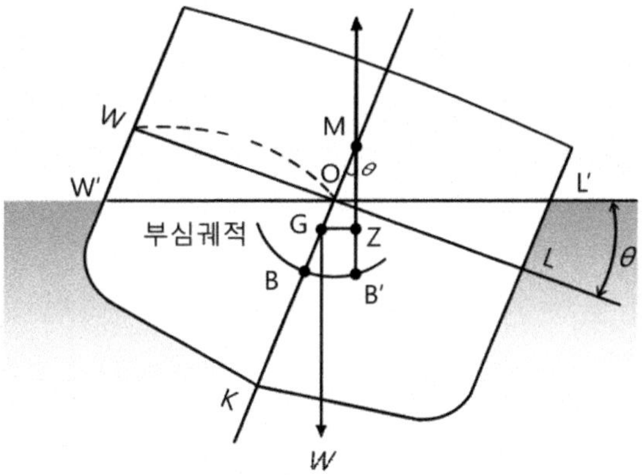

선박이 약간 종경사하였을 때 아래 그림과 같이 B와 B′의 작용선의 교점 M_L을 종 메타센터(Longitudinal Metacenter)라 하고, G와 M_L과의 거리를 종 메타센터 높이(Longitudinal Metacenter Height)라 한다.

〈그림 2-Ⅱ-117〉 종 메타센터 높이(Longitudinal Metacenter Height)

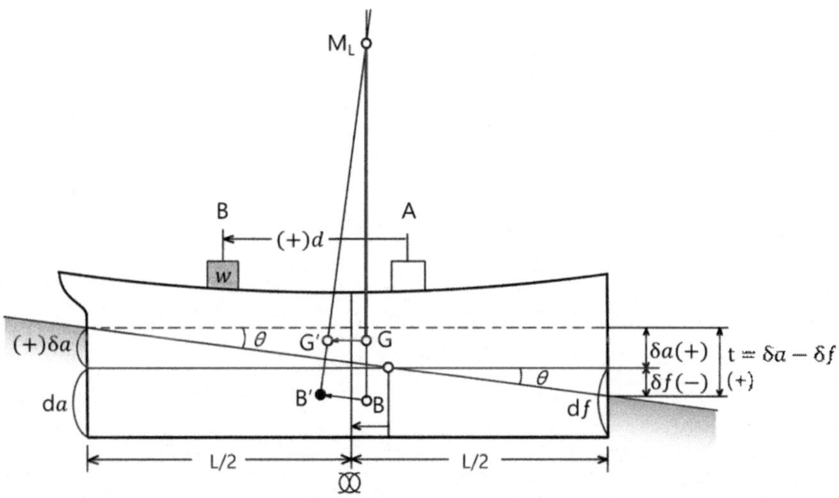

② $\overline{GM_L} = \overline{KB} + \overline{BM_L} - \overline{KG}$

이 $\overline{GM_L}$은 만선(滿船) 시에 선박의 길이와 거의 같으며, 선박안전상의 문제에서는 횡경심의 높이($\overline{GM}$)만큼 중요하지 못하다.

(3) 매 cm Trim Moment(Moment to change trim 1cm : M_{cm})

매 cm Trim Moment란 Trim이 1 cm 생기게 하는데 소요되는 화물의 이동 모멘트이다. 등흘수선 WL로 떠 있는 선박에서 선내의 중량물 w(ton)을 d(m)만큼 이동하면, $w \times d$ (m-tom)의 Trim Moment가 생겨서 흘수수선은 $W'L'$로 변하고 Trim은 $L'L''$만큼 변한다. 경사각을 θ라 하면

$$\tan\theta = \frac{\mathrm{w} \times \mathrm{d}}{\Delta \times \overline{\mathrm{GM}_{\mathrm{L}}}} = \frac{t}{100L}$$

로 표시할 수 있다. 위 두 식에서 다음의 식을 도출하며

$$t = 100L \times \frac{\mathrm{w} \times \mathrm{d}}{\Delta \times \overline{\mathrm{GM}_{\mathrm{L}}}}(\mathrm{cm})$$

이 식은 Trim t가 1 cm일 때의 이동 모멘트, 즉 $w \times d$가 M_{cm}이므로

$$M_{\mathrm{cm}} = \frac{\Delta \times \overline{\mathrm{GM}_{\mathrm{L}}}}{100L}(\mathrm{m\text{-}ton})$$

L : 선박의 길이(m), t : Trim(cm)

위의 식은 Trim을 1 cm 생기게 하는데 요하는 화물의 이동 모넨트이다.

그러나 다음 식은 선박의 수면하의 형상, 즉 흘수에 의하여 기하학적으로 정하여지는 값이 아니다. 이 값을 기하학적으로 표시하기 위하여 근사치를 취하려면 $\overline{\mathrm{GM}_{\mathrm{L}}} \fallingdotseq \overline{\mathrm{BM}_{\mathrm{L}}}$, $\overline{\mathrm{GM}_{\mathrm{L}}} < \overline{\mathrm{BM}_{\mathrm{L}}}$이고, Meter법으로는 $\Delta \fallingdotseq V$, $\Delta \rangle V$이므로 $\Delta \times \overline{\mathrm{GM}_{\mathrm{L}}} \fallingdotseq V \times \overline{\mathrm{BM}_{\mathrm{L}}}$이다.

따라서 다음 식은

$$M_{\mathrm{cm}} = \frac{\Delta \times \overline{\mathrm{GM}_{\mathrm{L}}}}{100L} \fallingdotseq \frac{V \times \overline{\mathrm{BM}_{\mathrm{L}}}}{100L} = \frac{I_L}{100L}(\mathrm{m\text{-}ton})$$

로 표시할 수 있다. 위의 식은 흘수에 의하여 정해지는 값이다. 배수량등곡선도에는 처음 식의 결과 대신에 아래의 식의 값이 사용되고 있다. M_{in}(매 inch Trim Moment)는

$$M_{in} = \frac{\Delta \times \overline{GM_L}}{12L}(\text{ft-ton}) = \frac{I_L}{35 \times 12L} = \frac{I_L}{420L}(\text{ft-ton})$$

나) Trim 및 흘수계산법

선박에 있어서 화물의 적양, Tank 내의 물의 이동 등에 의하여 흘수 및 Trim이 변한다. 이들 흘수 및 Trim 변화에 대한 계산은 다음과 같다.

(1) 선내중량의 이동

① 선내의 화물, 연료, 물 등의 종방향 이동에 의한 흘수변화

지금 선내에 실려 있는 중량물 w를 A에서 B로 d거리만큼 이동했을 때 Trim의 변화량 t는 다음과 같이 표시된다.

$$t = \frac{w \times d}{M_{cm}}(\text{cm})$$

② 그런데 Trim은 Tipping Center(F)를 중심으로 하여 변화가 생기므로 선수 및 선미흘수의 변화는 다음과 같다.

$$da' = da + \frac{L/2 + \overline{\Phi F}}{L} \times \frac{w \times d}{M_{cm}}(\text{cm})$$

$$df' = df - \frac{L/2 - \overline{\Phi F}}{L} \times \frac{w \times d}{M_{cm}}(\text{cm})$$

$\overline{\Phi F} = 0$이라 놓으면,

$$da' = da + \frac{1}{2} \cdot \frac{w \times d}{M_{cm}}(\text{cm})$$

$$df' = df - \frac{1}{2} \cdot \frac{w \times d}{M_{cm}}(\text{cm})$$

단, 각 Symbol의 의미와 그 부호는 다음과 같다.

w : 이동화물량(ton), 적화 시에는 양(+), 양화 시에는 음(-)

d : 화물의 이동거리(m), 단 선미방향으로 이동했을 때 양(+)

t : 선미 Trim 증가 시에는 양(+), 단위는 cm

$\overline{\Phi F}$: 선체중앙과 부면심과의 수평거리(m),
부면심이 선체중앙보다 선수방향일 때 양(+)

df : 선수흘수(cm) df' : 변화 후의 선수흘수(cm)

da : 선미흘수(cm) da' : 변화 후의 선미흘수(cm)

③ Trim을 변경하기 위한 선내 중량의 이동량 및 이동거리 중량의 이동으로 인한 Trim Moment는 다음과 같이 표시되므로,

Trim Moment $= w \times d = M_{cm} \times t$(m-ton)

이동량 및 이동거리는 다음과 같다.

$$w = \frac{M_{cm} \times t}{d}(\text{ton}),\ d = \frac{M_{cm} \times t}{w}(\text{m})$$

(2) 중량물의 적재 또는 양화

화물이나 다른 중량의 적량화에 의한 Trim 및 흘수의 변화는 다음과 같이 계산한다.

① 소량 화물 : 화물을 적화 또는 양화할 때는 부면심(F)의 위치에 적화(또는 양화)하여 소정의 적하 및 양하 위치에 옮긴 것으로 생각하면 다음과 같이 표현할 수 있고, Trim 계산하는데 자주 사용된다.

$$da' = da + \frac{\Sigma \mathrm{w}}{T_{cm}} + \frac{L/2 + \overline{\Phi F}}{L} \times \frac{\Sigma \mathrm{w} \times \mathrm{d}}{M_{cm}}\ (\text{cm})$$

$$df' = df + \frac{\Sigma' \mathrm{w}}{T_{cm}} - \frac{L/2 - \overline{\Phi F}}{L} \times \frac{\Sigma \mathrm{w} \times \mathrm{d}}{M_{cm}}\ (\text{cm})$$

단, w : 적화 혹은 양화한 중량(ton), 적화 시는 양(+), 양화 시는 (-)

d : 부면심과 화물중심과의 종거리(m), 부면심(또는 선체 중앙)보다 선미쪽이면 양(+)

위의 식에서 $\overline{\Phi F}$의 값이 Zero이면 다음과 같이 계산된다.

$$da' = da + \frac{\Sigma w}{T_{cm}} + \frac{1}{2} \times \frac{\Sigma w \times d}{M_{cm}} \ (cm)$$

$$df' = df + \frac{\Sigma' w}{T_{cm}} - \frac{1}{2} \times \frac{\Sigma w \times d}{M_{cm}} \ (cm)$$

선수흘수는 마찬가지로,

$$df' = df + \frac{\Sigma' w}{T_{cm}} - \frac{L/2 - \overline{\Phi F}}{L} \times \frac{\Sigma w \times d}{M_{cm}} (cm)$$

$$= 735 + \frac{-70}{20.7} - \frac{66 + 1.22}{132} \times \frac{5819}{167} = 735 - 3.4 - 17.8 \fallingdotseq 714(cm)$$

② 대량화물 : 대량화물을 적화 또는 양화할 때는 평균흘수의 변화량이 커서 화물 하역 전후의 흘수에 대한 부면심의 위치, T_{cm} 및 M_{cm}은 상당한 양이 변하기 때문에 다음에 설명하는 방법에 의하여 흘수 및 Trim을 구한다.
흘수의 변화에 따라서 부면심 F의 위치가 이동하기 때문에, 이때는 하역전과 하역후의 부면심의 평균위치에 화물을 적하 및 양하한 다음에 소정(所定)의 위치로 옮긴 것으로 생각하는 것이 편리하다.

$$T_{cm} = \frac{T_{cm1} + T_{cm2}}{2}, \ \overline{\Phi F} = \frac{\overline{\Phi F_1} + \overline{\Phi F_2}}{2}$$

M_{cm}는 적량 후의 흘수에 대한 값 M_{cm2}로 되고, d는 부면심의 평균위치에서 소정의 장소까지의 거리가 된다. 즉,

$$da' = da + \frac{\Sigma w}{\frac{T_{cm1} + T_{cm2}}{2}} + \frac{L/2 + 1/2(\overline{\Phi F_1} + \overline{\Phi F_2})}{L} \times \frac{\Sigma w \times d}{M_{cm2}} (cm)$$

$$df' = df + \frac{\Sigma w}{\frac{T_{cm1} + T_{cm2}}{2}} - \frac{L/2 - 1/2(\overline{\Phi F_1} + \overline{\Phi F_2})}{L} \times \frac{\Sigma w \times d}{M_{cm2}} (cm)$$

단, Symbol의 오른쪽 아래에 붙여 쓴 1 또는 2는 처음 흘수 및 적량 후 흘수에 대한 값이라는 뜻이다. 하역량과 Moment를 다음 표와 같이 만들려면,

w	$\overline{d\Phi}$	$\overline{\Phi F}$	d	$w \cdot d$
200 180 210 240	-31 -5 17 22	0.19 0.19 0.19 0.19	-30.81 -4.81 17.19 22.19	-6,162 -865.8 3,609.9 5,325.6
Σw=880				$\Sigma w \cdot d$=1,907.7

$$da' = da + \frac{\Sigma w}{\frac{T_{cm1}+T_{cm2}}{2}} + \frac{L/2+1/2(\overline{\Phi F_1}+\overline{\Phi F_2})}{L} \times \frac{\Sigma w \times d}{M_{cm2}}(cm)$$

$$= 340 + \frac{880}{\frac{8.8+9.65}{2}} + \frac{45+0.19}{90} \times \frac{1,907.7}{44}$$

$$\fallingdotseq 340+95.39+0.50\times 43.37 \fallingdotseq 340+95.39+21.7 \fallingdotseq 457.1(cm)$$

$$df' = df + \frac{\Sigma w}{\frac{T_{cm1}+T_{cm2}}{2}} - \frac{L/2-1/2(\overline{\Phi F_1}+\overline{\Phi F_2})}{L} \times \frac{\Sigma w \times d}{M_{cm2}}(cm)$$

$$\fallingdotseq 315+95.39-\frac{45-0.19}{90}\times 43.37 \fallingdotseq 340+95.39-21.6 \fallingdotseq 388.8(cm)$$

4) 복원력 계산

선박의 정상적인 위치로부터 경사를 한다고 가정하면, 정상적인 위치에서의 선체중심선과 경사때의 부력의 작용선과의 교점 M(Metacenter)을 기점으로써 일종의 진자운동을 하는 것으로 생각할 수 있다. 선박의 정상적인 위치에서의 정횡 선체부력의 중심 B(부심)는 선박이 경사할 경우 수선하 선체체적의 비율이 변해서 경사방향으로의 B′로 이동한다. 선박의 정상적인 위치에서의 정횡 선체 중심을 G라고 하면 경사 상태에서 중력은 연직 하방으로 움직이고, B'에서의 부력은 연직 상방으로 움직여서 선박을 원래의 위치로 돌아오게 하는 복원이 작용한다. 이 복원을 복원력(Stability)이라 한다.

선박에서 복원력이 있기 위해서는 교점 M이 선체중심 G보다 상방으로 있지 않으면 안된다. 즉, KM>KG가 되어야 한다.

이 KM과 KG와의 차 GM을 교점 높이(Metacentric Height)라 하고 복원력은 다음과 같이 정의된다.

$$초기\ 복원력 = W \times GM \sin\theta = W \times GZ$$

〈그림 2-Ⅱ-118〉 복원력 계산도

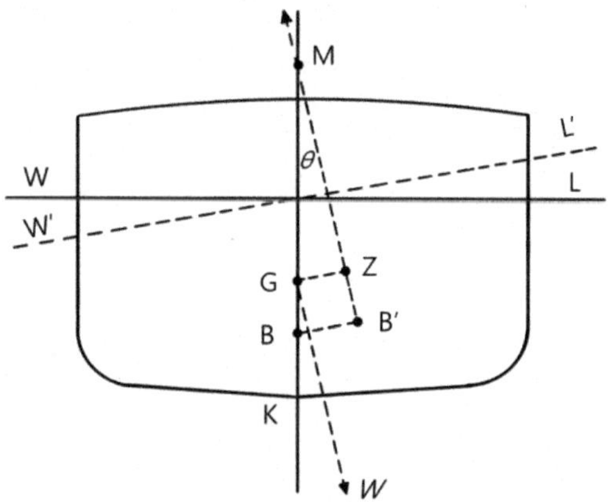

〈그림 2-Ⅱ-119〉 중력과 부력의 작용과 안정성

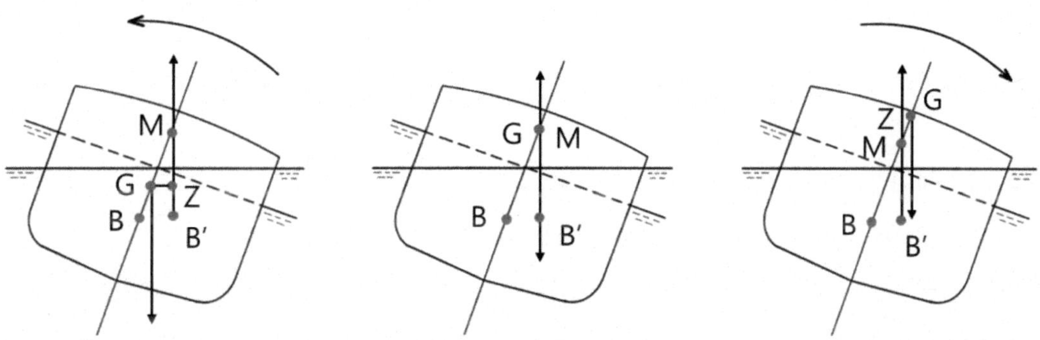

(a) 안정평형 (b) 중립평형 (c) 불안정평형

① 만약, KM < KG로 되어 있다면 선박이 경사했을 경우 부력과 중심의 관계는 더욱더 경사시키도록 작용을 한다. 이러한 상태를 복원력이 없다고 한다.

② 또 KM = KG로 되어 있다면 선체가 경사할 경우 부력과 중력이 균형을 이루어 외력이

더 이상 작용하지 않는다면 경사한 그대로의 상태를 유지한다.

③ KM > KG일 경우 GM이 작으므로, 선박이 높은 파도, 강풍을 조우할 경우 선박을 경사시키도록 하는 압력에 대해서 복원력이 없어 선박은 전복하게 된다.

④ GM이 과대할 경우 선체동요 주기가 짧아 선체, 속구, 화물 등을 손상시키는 결과를 가져올 수 있으므로 GM의 크기는 적정해야 한다.

또 선박의 각 상태에서 GM의 조정, 즉 복원력의 조정이 필요하게 된다.

GM의 적정한 크기는 선박의 종류, 크기, 흘수의 정도에 따라서 다르지만, 경험상 일반적인 평온한 해상상태에서는 60~80 cm, 대양에서는 90~100 cm 정도 되지만, 황천의 경우에는 이 이상의 GM이 필요하게 된다.

선박이 항해 중에 연료, 청수, 부식 등을 소비하므로 보통 항해상태에서 GM 값은 변한다. 항해 중에 필요하다면 Ballast Tank의 주배수 등을 통해서 적절한 GM 값을 보유하기 위해 복원력의 조정을 하지 않으면 안된다.

가) GM의 계산

GM은 선박의 상태에 따라 KM 및 KG를 계산하여 그 차이를 구하면 된다.

(1) KM의 계산

KM은 선박에 비치되어 있는 도면 중 배수량등곡선도(Hydrostatic Curve)의 Transverse Metacenter Above Base Line에 의해 각 평균 흘수 또는 배수량에 대해 구해질 수 있다.

(2) KG의 계산

① KG(m) = Total Weight Moment(m-t) / Total Weight(T)

② Total Weight Moment = Weight Moment of Light Condition + Adding Weight Moment

③ Total Weight = Weight of Light Condition + Adding Weight

④ Light Condition(경하 흘수)에서의 Weight 및 Weight Moment는 경사시험성적표(Result of Inclining Experiment)로부터 구하며, Adding Weight 및 Adding Weight Moment는 Light Condition으로부터 선박에 적재하는 화물의 양에 따라 계산한다.

(3) GM 계산의 예

① 각 Compartment의 Weight에 Longitudinal Center of Gravity를 곱하고 LCG - MNT를 구하여 선수부쪽을 (+), 선미부를 (-)로 한다.

② Aft쪽 Moment의 합계를 ㉠, FWD쪽 합계를 ㉡이라 하고 각 Compartment Weight를 합하면 Displacement = 33509.9 M/T이다.

③ TTL LCG = LCG MNT / DISP = 58552 T-M / 33509.9 MT = 1.742 m

④ Hydrostatic Table에서 Displacement에 의한 LCB와 LCF, MTC를 찾아 계산에 대입한다.

LCB = 3.297 m, LCF = - 2.686 m, MTC = 398.0 TON.M/CM

⑤ LCG와 LCB 간의 거리 GB를 구한다.

GB = LCG - LCB = 1.747 - 3.297 = - 1.55 m

GB는 부심의 위치와 선체중심의 위치와의 선수미 방향의 수평거리이다.

⑥ Total Trimming Moment = Displacement × GB

= 33509.9 × (-)1.55 = (-)51940 M - T

⑦ Trim = Total Trimming Moment / MTC

= (-) 51940 Ton.M / 398 Ton.M / 100 = (-)1.305 m

⑧ df = Draft Corresponding + Trim × (LBP/2 - LCF) / LBP

= 9.913 m + (-)1.305 × (158 / 2 - (-)2.686) / 158 = 9.24 m

da = 9.913 m - (-)1.305 × (158 / 2 + (-)2.686) / 158 = 10.54 m

dm = 9.89 m

여기에서 계산에 사용되는 부호는 선수방향일 경우에는 (+), 선미방향일 때에는 (-)이므로 Draft 계산공식의 부호가 반대로 적용된다.

(4) GoM의 계산

① 기본공식 GM = KM - KG에서 유동수의 영향으로 인한 G점의 상승분을 감하여 주면 GoM이 산출된다.

② KG = Total V - MNT / Displacement

= 262427 TON - M / 33509.9 MT = 7.83 m

CGo = Total F.S MNT / Displacement

= 14517 TON - M / 33509.9 MT = 0.433 m

③ GoM = KM - (KG - GGo) = 10.843 - (7.83 - 0.43) = 2.58 m

나) 복원성과 화물배치

(1) 화물배치와 복원성의 관계

화물을 선적할 때 선박의 안전을 확보하기 위하여 당연히 충분한 복원력을 가질 수 있도록 관리하여야 한다. 복원력을 평가하는 기준이 되는 GM은 선박의 교점(M), 무게중심(G), 부심(B)의 위치에 따라 결정되기 때문에 화물배치와 GM과의 영향을 검토해 보는 것이 중요하다. 화물을 적재하지 않은 경하 흘수상태에서는 배수량(Δ)이 작기 때문에, GM을 크게 하지 않으면 충분한 복원력을 확보하지 못한다. 이와는 반대로, 화물을 만재하여 흘수가 깊어지면 배수량이 커지므로 GM이 비교적 작은 값이라도 복원력이 부족하지 않게 된다.

결국, 화물의 적재에 의하여 복원성이 결정되는 것은 어디에 무게중심(G)의 위치를 정하느냐 하는 것이므로, 그 때의 배수량과의 관계를 고려하여 적정한 선박 무게중심(G)의 위치가 확보될 수 있도록 화물의 중량을 배치하여야 한다.

일반적으로 선창 내에 화물을 적재하는 경우는 물론이고, 특히 갑판위에 화물을 싣는 경우나 무거운 화물 등을 싣는 경우에는 복원성에 관한 계산을 명확히 하여야 한다.

선박의 안정성을 확보하기 위해서는 선박을 직립상태로 떠 있게 하는 것이 가장 중요하다. 그러므로 먼저 화물이나 그 밖의 중량물을 좌우평형이 되도록 균등하게 배치해야 한다. 복원성 확보를 위해서는 선창과 갑판 구획에 화물을 어떻게 배치하면 적당한 GM을 얻을 수 있는지를 검토해야 한다. 이 때 물론 화물 이외에 연료유, 청수, 밸러스트(Ballast) 등에 대해서도 고려하여야 한다.

화물의 상하 배치에 의한 선박의 무게중심(G)의 설정은 항해 중에 발생하는 연료유, 청수 등의 소비, 유동수의 발생 또는 화물의 건조나 갑판상에 적재한 화물의 해수 흡수 등에 따른 중량의 증가와 감소가 무게중심 위치에 미치는 영향을 예상하여, 항해의 전체 과정을 통해 안정된 복원성을 유지할 수 있는 GM을 확보할 수 있도록 계획하여야 한다.

화물을 만재한 경우 동일한 화물이 아닌 적화계수가 다른 여러 종류의 잡다한 화물을 적재할 때에는 각 구획에 균등한 배치를 할 수 없으므로, 전체 선창을 종합하여 상하 배치 비율을 계획하여야 한다.

화물을 만재하지 않을 경우에는 선체 강도를 고려하여 적재할 화물의 전체 중량에 대한 선창과 각 구획의 배분량을 정하여 적재하도록 계획하여야 한다.

복원성을 계산, 확인하는 일반적인 방법은 적재계획 단계에서 정밀하게 GM을 계산하여 미리 적합 여부를 평가하고, 적재완료 후에 보다 정확하게 GM을 계산하여 확인하는 것이다.

선창 또는 적재구획이 수직상으로 여러 개의 갑판으로 분리되어 있지 않고 하나의 선창 또는 구획으로 되어 있는 선박은 선창의 용적과 갑판 하중을 고려하여 곡물 또는 광석 등은 산적화고, 철재나 강재 등은 그 중량을 분산하여 화물손상을 방지하기 위해 어느 정도의 가능한 높이만큼 차곡차곡 선적한다.

이때, 필요하면 선창바닥 및 화물 사이에 Dunnage를 설치한다. 다만, 컨테이너선이나 원목 수송선과 같이 갑판 위에 화물을 싣는 경우나 광석, 철재 등을 적재할 경우에는 반드시 GM을 계산하여 확인하는 것이 중요하다.

(2) 복원성의 조정

① 선박의 무게중심(G)을 조정하는 방법 : 선박의 무게중심(G)을 상하로 이동시켜서 GM을 변화시키면 복원성을 조정할 수 있다. 선박의 무게중심의 위치는 화물을 상하로 이동시키거나 화물을 싣고 내림에 따라 이동하게 된다.

이때, 선박의 무게중심의 이동량은 상하로 이동되는 화물의 중량과 이동거리, 싣고 내리는 화물의 중량과 그 화물의 무게중심의 수직 높이에 따라 달라진다.

일반적으로, 선박에서 밸러스트를 탱크에 넣거나 빼는 작업은 선박의 무게 중심(G)의 위치를 조정하기 위한 목적으로 수행되고 있다. 선내에 적재되어 있는 중량을 이동하거나, 화물을 적화 또는 양화할 경우의 선박의 무게중심의 수직 이동거리(GG')는 각각 다음 식으로 구한다.

㉠ 어떤 중량 w(t)를 거리 d(m)만큼 상하로 이동할 경우

$$GG' = \frac{w \times d}{\Delta}(m)$$

㉡ 선박의 무게중심(G)의 위 또는 아래에 수직거리 d(m)에 중량 w(t)를 실을 경우

$$GG = \frac{w \times d}{\Delta + w}(m)$$

㉢ 선박중심(G)의 위 또는 아래에 수직거리 d(m)에 있는 중량 w(t)를 내릴 경우

$$GG = \frac{(-w) \times d}{\Delta + (-w)}(m)$$

위의 계산식에서 d(m)의 부호는 선박중심의 위 방향이면 양(+), 아래 방향이면 음(-)이다.

② 횡요(Rolling)주기(T)를 조정하는 방법 : 항해 중에 화물의 이동을 방지하거나 승무원의 안락한 작업환경과 승선환경을 유지하기 위하여, 복원력이 부족하지 않은 범위 내에서 횡요주기가 길어지도록 복원성을 조정할 필요성이 있을 때가 있다.

빠른 횡요 가속도를 줄이기 위한 방법으로는 화물을 선박중심에서 가능한 한 먼 양 현측에 적재하여 횡요운동의 관성 모멘트를 증가시키거나 GM을 줄여 횡요주기를 길게 하는 방법이 있다.

화물을 선체 양 현측 끝단에 적재한다는 것은 특별한 경우를 제외하고는 실질적으로 실행하기 곤란하므로 그 효과는 기대할 수 없다. GM을 줄이는 방법은 선박 중심을 높이면 되지만, 그것은 복원성을 감쇠시키는 결과가 되기 때문에 횡요가속도를 줄여 선박을 쾌적한 상태로 한다는 것은 한계가 있다.

따라서, 횡요주기를 줄이는 방법은 어느 정도 복원력을 감소시킬 수 있음에 유의해야 한다.

(3) 복원성에 영향을 미치는 요소

① 선폭의 영향 : 선박의 길이, 깊이, 흘수와 무게중심의 높이(KG) 등은 변화시키지 않고 선박의 폭(Breath)만을 증가시키면, 배수톤수가 증가하고 GM이 커지게 된다.

따라서, 정적 복원력 곡선은 원점에서의 경사가 급해지고, 경사에 의한 저항이 증가하여 복원력의 최대값도 커진다. 그러나 복원력이 최대가 되는 경사각과 복원성 범위는 작아진다. 그러므로, 페리(Ferry)와 같이 흘수가 얕고 선박중심이 높은 선박의 선폭을 넓혀서 복원성을 확보하고자 할 때에는 복원성에 관한 세밀한 계산이 필요하다.

② 건현의 영향 : 적당한 선폭과 GM을 가지고 있음에도 불구하고 충분한 건현(Freeboard)을 가지고 있지 않으면, 선체가 경사하여 갑판의 끝이 물속에 잠기게 되는 각이 작아져서 복원성 범위가 보장되지 못한다. 이와는 반대로, 건현을 높이면 갑판 끝이 물속에 잠기는 각도가 커지게 되고, 선체 경사에 따라 선폭을 크게 하는 효과가 있기 때문에 복원성 범위가 현저히 증대된다. 또, 복원력의 최대값이 증가하고 복원력이 최대가 되는 경사각도 증가하게 된다.

③ 현호의 영향 : 선박이 항해 중에 있을 때 현호(Sheer)는 갑판으로 들어오는 해수의 유입을 막아 주는 역할을 하는데, 이는 현호가 같은 높이의 건현을 가지는 것과 똑같은 효과를 내기 때문이다.

④ 배수량의 영향 : 복원력은 배수량과 복원의 팔(GZ)의 곱으로 표현되므로, 복원의 팔이 같은 값이라 하더라고 그 때의 배수량의 크기에 따라 복원력은 변한다. 서로 다른 선박의 복

원성을 비교하거나 동일한 복원의 팔 및 GM을 함께 생각해야 한다. 밸러스트 상태나 적화량이 적어서 배수량도 적을 때에는 같은 복원력을 가지기 위해서 만재상태로 항해할 때보다 큰 GM을 필요로 하게 된다.

⑤ 유동수의 영향 : 선내의 탱크에 청수, 밸러스트, 기름 등의 액체가 가득 차 있지 않아 출렁일 수 있는 자유표면(Free Surface)을 가질 경우, 선박이 동요하게 되면 탱크 안의 액체도 유동하게 된다. 선박이 항해 중에 운동하게 되면 액체의 표면도 움직이게 되므로, 유동수의 가상 중심(Virtual Center of Gravity)에 의해 선박의 무게 중심(G)이 상승한 것과 똑같은 결과를 가져와 복원력을 감소시키는 효과를 일으킨다. 이 현상을 유동수의 자유표면효과라 한다. 항해 중에 여러 탱크에 유동수가 많이 발생하게 되면, 선박의 안전에 큰 영향을 미치게 된다.

그러므로, 유조선과 같은 선박에서는 유동수의 영향을 줄이기 위하여 구조적으로 여러 개의 길이 방향의 격벽을 설치하여 자유표면의 폭을 나누어 작아지게 설계한다. 자유표면을 없애기 위해서는 탱크를 가득 채우거나 완전히 비우면 된다. 실제로, 선박에서는 물 탱크와 기름 탱크를 측정하여 자유표면이 최소가 되도록 물과 기름을 옮기는 작업을 항해 중에도 매일 수행한다. 또, 황천 시 갑판 위에 파도가 쳐 올라와 머무르게 되면 자유표면이 생기게 되고, 상부에 중량물을 싣는 것과 같아져서 복원성을 더욱 나쁘게 하므로 주의가 필요하다.

⑥ 바람의 영향 : 선박이 가로방향으로부터 속도가 일정한 바람을 받을 때 수면 위의 선체 부분은 풍압이 작용하고 수면 아래의 선체 부분은 물의 반력이 작용하므로, 선박은 일정한 각도로 기울어지게 된다. 그러나 황천 시에는 강풍, 돌풍, 높은 파도의 영향이 서로 합쳐져서 큰 경사 모멘트를 받게 되고, 갑판 위에 쳐 오르는 파랑 때문에 복원력이 크게 감소하게 되어 선박이 전복될 위험이 높아진다. 그러므로 여유 있는 복원력의 확보와 위험을 피할 수 있는 선박운용이 필요하다.

(4) 유동수에 의한 선박의 무게중심의 상승량을 구하는 계산식

선체의 배수용적을 V, 유동수의 경사축에 대한 자유표면의 관성 모멘트를 i, 유동수의 비중을 ρ', 선박이 떠 있는 해수의 비중을 ρ라 하면, 유동수에 의한 선박의 무게중심의 상승량(GG')은 다음의 계산식으로 구한다.

$$\mathrm{GG}' = \frac{i}{V} \times \frac{\rho'}{\rho}(\mathrm{m})$$

유동수와 해수밀도가 같으면,

$$GG' = \frac{i}{V}(m)$$

이 경우에는 유동수에 의한 중심의 상승량(GG′)은 유동수의 양에는 관계가 없고, 자유표면의 관성 모멘트 i에만 영향을 받는다는 것을 알 수 있다.

(5) 횡요주기에 의한 GM의 근사 추정방법

직립상태의 선박이 어떤 원인에 의하여 가로 방향으로 경사하게 되면, GM이 양(+)의 값일 경우에는 복원력이 작용하여 선체는 원래의 위치로 되돌아오려는 회전운동을 시작한다. 만일, 회전운동 에너지가 외부의 저항이 없어 소모되지 않는다면 복원 모멘트에 의하여 좌우의 현으로 횡요운동을 계속하게 된다. 이와 같이 저항이 없는 선체운동을 무저항 횡요운동이라 한다.

선박이 횡요운동을 할 때에 저항이 작용하지 않는다고 가정한 무저항 횡요운동을 해석하여 보면, 그 때의 횡요운동주기(T)는 선폭(B)과 GM으로써 그 관계를 다음과 같이 근사식으로 구할 수 있고, 그 식으로부터 계산하여 GM을 추정할 수 있다.

$$T = \frac{0.802B}{\sqrt{GM}}(s) \Rightarrow GM = \left(\frac{0.802B}{T}\right)^2(m)$$

이 계산식은 정수 중에서의 무저항 횡요운동을 가정한 것이지만, 실제의 선박에서는 선체외판 등이 해수와의 마찰에 의하여 저항을 받게 된다. 따라서, 이 식에서 구한 GM은 실제의 GM보다 약간 크므로, 그 점을 항해 안전을 평가하는 데에 참고해야 한다.

(6) 이상적인 GM

선박에서 적절한 복원성을 유지하기 위해서는 적당한 크기의 복원력, 즉 적당한 GM을 가져야 한다. GM이 너무 커지면 복원력이 과대해져서 횡요주기가 짧아지고, 선체의 운동이 빠르게 된다. 따라서, 횡요각도가 커지게 되면 승무원이나 승객에게 멀미를 일으켜서 불쾌감을 주고, 화물 또는 선내 중량물의 이동으로 인해 선체나 화물 등에 손상을 일으킬 수도 있다.

GM이 너무 작으면 복원력이 작아져서 횡요주기가 길어지고, 경사했을 때 직립 상태로 되돌아가는 가속도가 작아진다. 따라서 이 상태에서 높은 파도나 강한 바람을 만나면, 복원력의 부족으로 인하여 선체가 전복될 수 있는 위험이 있다.

그러므로 선박은 적당한 크기의 이상적인 GM을 가져야 하는데 그 값은 배의 종류, 크기, 형상, 흘수상태에 따라 다르다. "이상적인 GM은 얼마이다."라고 표현하기는 어려우나, 해상에서의 오랜 경험과 항해실적을 통해 통계적으로 얻은 값을 살펴보면 여객선은 선폭의 약 2%, 일반 화물선은 선폭의 약 5%, 유조선에서는 선폭의 약 8% 정도가 적당한 GM이라고 인식되고 있다.

황천 시에는 더 큰 GM이 요구되며, 항해사는 황천에 대비하여 본선의 적화상태에 따라 알맞은 GM이 얼마인지를 파악해 두어야 할 것이다.

대양항해 선박은 최소 30CM 이상의 GM 확보가 기본이며, 통계적으로는 선폭의 4%~7% 정도가 적당하다. 그리고 일반상선의 선종별 Normal Condition GM은 다음 표의 범위가 일반적이다.

〈표 2-Ⅱ-57〉 선종별 평균 GM

선 종	일반상선	컨테이너선	카캐리어	LNG선	초대형 탱커
평균 GM	0.5~1 m	1.5~2 m	1~1.5 m	4~5 m	5~10 m

한편, 어선의 경우에는 어로 작업 또는 갑판상에서의 어획물 이동에 따르는 복원력 상실로 인하여 전복사고가 가끔 발생하고 있다. 그리고 목재운반선의 경우에도 상갑판상에 상당량의 원목을 적재하게 되면 항해 중에 파도가 쳐서 갑판에 적재한 원목이 수분을 흡수하게 된다.

따라서, 이로 인한 선박의 무게 중심 상승과 화물의 이동에 기인한 복원력 상실로 선체 전복에 의한 침몰사고가 발생할 가능성이 높은 점에 특히 주의해야 한다.

5) 적하지침기기(Loading computer)

선박은 하역작업 또는 항해 중에 화물 및 밸러스트의 부적절한 선적으로 인한 선체에 작용하는 과도한 응력을 피해야 한다. 따라서 선급에서는 선장에게 본선의 성능 및 상태를 이해하고 적하에 따른 선체강도와의 관계를 종합적으로 파악할 수 있도록 적하지침서를 비치하도록 규정하고 있다. 또한, 화물 및 밸러스트의 적하상태에 대하여 해당 선박에 발생하는 정수 중 종굽힘 모멘트, 전단력과 비틀림 모멘트 등을 신속하고 쉽게 계산할 수 있는 적하지침기기(종강도 적하지침기기)를 비치하도록 규정하고 있다.

가) 관련 규정

적하지침서 및 적하지침기기에 관한 사항은 선급 및 강선규칙에서 규정하고 있으며 주요 내용은 다음과 같다.

(1) 적하지침서(선급 및 강선 규칙 - 제3편 3장)

① Lf가 65 m 이상인 선박은 선박구조에 적합하지 않은 응력의 발생을 피하기 위하여 선장이 화물 및 평형수를 조정할 수 있도록 우리 선급이 승인한 적하지침서를 선박에 비치하여야 한다. 다만, 선급이 필요성이 없다고 인정하는 선박에 대하여는 예외로 한다.

② ①항에 규정하는 적하지침서에는 적어도 다음 사항이 기재되어야 한다.

㉠ 선박설계 시 고려한 적하조건과 정수 중 종굽힘 모멘트 및 정수 중 전단력의 허용값

㉡ 표준적하상태에 대한 정수 중 종굽힘 모멘트 및 정수 중 전단력의 계산서

㉢ 표준적하상태 이외의 적하상태에 대한 정수 중 전단력 및 종굽힘 모멘트의 계산을 위한 자료 및 계산. 다만, 2)의 적하지침기기를 비치한 선박은 생략할 수 있다.

㉣ 우리 선급이 필요하다고 인정하는 경우 창구덮개, 갑판 및 이중저구조 등에 대한 허용 국부하중

(2) 종강도 적하지침기기(선급 및 강선 규칙 - 제3편 3장)

① (1)에 규정하는 적하지침서에 추가하여 Lf가 100 m 이상인 다음의 선박에는 모든 화물 및 평형수 적하상태에 대하여 해당 선박에 발생하는 정수 중 종굽힘 모멘트, 정수 중 전단력과 필요한 경우에는 비틀림 모멘트 등을 신속하고 쉽게 계산할 수 있는 적하지침기기(종강도 적하지침기기) 및 그 사용설명서를 선내에 비치하여야 한다. 다만, 우리 선급이 필요성이 없다고 인정하는 선박은 예외로 한다.

㉠ 큰 개구가 있고 수직 및 수평방향의 선체 종굽힘 모멘트와 비틀림 모멘트에 의한 조합응력을 고려할 필요가 있는 선박이다.

㉡ 화물 및 평형수의 적재분포가 불균일한 선박, 다만 Lf가 120 m 미만인 선박으로서 화물 및 평형수의 불균일한 적재분포가 설계에 반영된 선박은 예외로 한다.

㉢ 케미컬 탱커 및 액화가스 산적운반선이다.

② ①항의 적하지침기기는 우리 선급의 승인을 받은 것이어야 하며, 본선 설치 후 승인된 시험성적서에 따라 우리 선급의 검사원 입회하에 시험을 받아야 한다.

나) 적하지침기기 소개

적하지침기기(Loading Computer)는 외국의 일부 해운국뿐만 아니라 우리나라에서도 일부 업체에서 개발하여 선박에 보급 사용되고 있다.

적하지침기는 실시간으로 빠른 계산이 가능하며 Stowage Plan 작성 시 여러 상황의 시뮬레이션이 가능하고 실시간으로 적화상태와 선체 스트레스의 정도를 알 수 있어 매우 유용하다.

(1) 적하지침기의 주요 기능은 다음과 같다.

① Automatic calculation.

② Displacement & Deadweight Calculation.

③ Trim & Drafts (fore, mean, aft) calculation.

④ Draft (fore, aft and mean), correction due to difference of sea water density

⑤ Heeling angle calculation.

⑥ Trim and heeling adjustment by using two pairs of fwd, and aft. Tanks.

⑦ Shear force and bending moment at the prescribed frame points with visual

⑧ Maximum values of bending moment and shear force with their actual position and the ratio of actual shear force/bending moment(allowable shear force/ bending moment on each bulkhead at sea/port and their graph).

⑨ Displacement and Deadweight calculation based on actual Drafts Physically measured on draft marks.

⑩ Static stability (KMT, KG, GGo, GoM) Calculation.

⑪ Intact stability calculation including GoM according to IMO A749(18)3.1 CRITERIA.

⑫ Free surface moment(Maximum / Actual).

⑬ Weather Criteria according to IMO A749(18)3.2 CRITERIA.

〈그림 2-Ⅱ-120〉 적하지침기의 기능(Shipmanager-88)

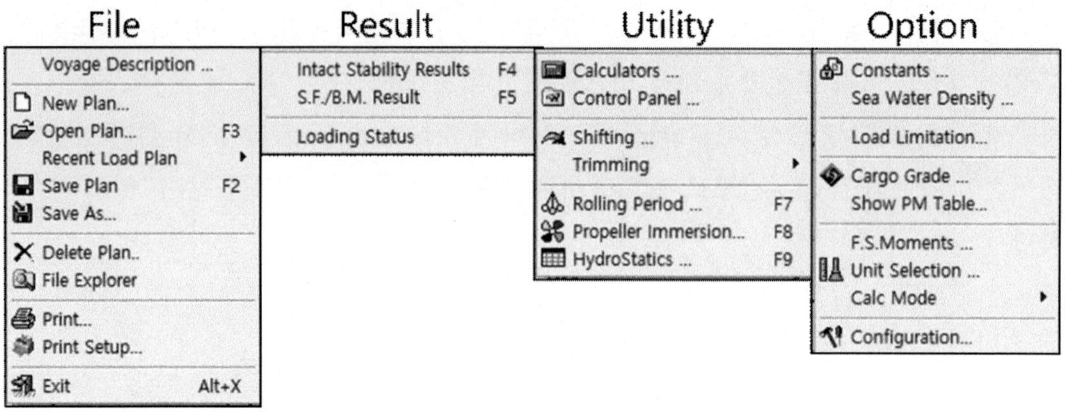

(2) 이런 적하지침기는 선박의 기본 데이터를 사용하여 컴퓨터가 계산하며, 사용되는 선박 data는 다음과 같다.

① Stability table(KN data)

② Down flooding angle

③ Tank capacity table & Volume table

④ Hydrostatic table

⑤ Bonjean data

⑥ Lightship weight distribution data

⑦ Deadwegiht constant information

⑧ Frame number and position

⑨ Maximum allowable shear force & bending moment

⑩ Data for the calculation of propeller immersion ratio

⑪ Draft mark information

(3) 기본계산 개념(Basic calculation concept)은 다음과 같다.

① Trim / Draft / Weight calculation flow

㉠ DWT = Cargo + WBT + FOT + DOT + LOT + ETC.T + Constant weight

㉡ Disp = ΣWeight + LWT

Wight = Cargo + WBT + FOT + DOT + LOT + ETC.T + Constant weight

㉢ $GoM = KMt - (KG + GGo)$

KMt ; extract from hydrostatic table

$KG = \Sigma(Weight \times VCG) / Disp$

$GGo = \Sigma I\ Moment / Disp$

㉣ Deq, LCF : extract from hydrostatic table.

② Intact stability calculation flow

㉠ Input Weight of each Compartment(Wi) and DWT constant weight(Wconst)

Displacement is summation of Wi +LWT+ Wconst

㉡ Basic Calculation

LCG(LCGi), KG(KGi), TCG(TCGi), Free Surface Moment(Fi)of each compartment from volume table

KMT : extract from Hydrostatic data

㉢ Total KG Moment(MKG)

$MKG = \Sigma(KGi \times Wi) + (KGLWT \times LWT) + (KGconst \times Wconst)$

㉣ KG of the Ship(KG)

$KG = MKG / Disp$

㉤ Total Free Surface Moment(FSM)

$FSM = \Sigma Fi$

㉥ GM Calculation

$GM = KMT - KG$

KMT : extract from Hydrostatic data

㉦ GGo Calculation

$GGo = FSM / Disp$

㉧ GoM Calculation

$GoM = GM - GGo$

㉨ Flood Angle(θf)Calculation

θf : extract from down flooding angle data

㉩ KN Value at 0.1°, 5°, 10°, 20°, 30°, 40°, 50°, 60°

(KN0.1, KN5, KN10, KN20, KN30, KN40, KN50, KN60) is calculated from disp(or draft) and KN Table at each Angle

㉠ Calculation GoZ at Each Angle

ⓐ $GoZ0.1 = KN0.1 - \{(KG + GGo) \times \sin 0.1°\} - |TCG| \times \cos 0.1$

ⓑ $GoZ5 = KN5 - \{(KG + GGo) \times \sin 5°\} - |TCG| \times \cos 5°$

ⓒ $GoZ10 = KN10 - \{(KG + GGo) \times \sin 10°\} - |TCG| \times \cos 10°$

ⓓ $GoZ20 = KN20 - \{(KG + GGo) \times \sin 20°\} - |TCG| \times \cos 20°$

ⓔ $GoZ30 = KN30 - \{(KG + GGo) \times \sin 30°\} - |TCG| \times \cos 30°$

ⓕ $GoZ40 = KN40 - \{(KG + GGo) \times \sin 40°\} - |TCG| \times \cos 40°$

ⓖ $GoZ50 = KN50 - \{(KG + GGo) \times \sin 50°\} - |TCG| \times \cos 50°$

ⓗ $GoZ60 = KN60 - \{(KG + GGo) \times \sin 60°\} - |TCG| \times \cos 60°$

㉢ Calculation Heeling Angle

Angle of which is 0 point of GoZ.

3. 비상조치 및 손상제어

선박에 의한 다양한 해양사고 중 충돌이 전체건수에 가장 많은 부분을 차지한다. 충돌 사고는 선박 자체만의 충돌손상 사고뿐만 아니라 충돌 시 충격에 의한 화재 / 폭발, 파공에 의한 침수, 유류에 의한 해양오염사고 등의 복합적인 결과가 동반되는 경우가 많다.

선박의 충돌사고는 여러 형태가 있을 수 있는데 대표적인 충돌사고는 다음과 같다(충돌이 아닌 다른 이유로 선박에 침수가 발생할 수 있는 경우 포함).

① 선박간 충돌, 선박과 부두시설과의 접촉
② 항해 중 선저바닥 해저 지물과 접촉
③ 입 · 출항 중 수역시설(방파제, 부표 등)과의 접촉
④ 해상구조물과의 접촉, 강풍, 파도 등의 강한 충격
⑤ 화물을 포함한 중량물 적, 양하 시 화물낙하로 인한 선체 충격
⑥ 육상장비 및 시설과의 접촉

3.1 충돌 시 비상조치

선박충돌이 발생한 경우는 즉시 다음과 같은 선박조종과 더불어 여러 조치를 신속하게 취해야 한다.

① 충돌회피 동작실패 시에는 가능한 선박의 속력을 줄인다.
② 감속을 위해 후진기관을 사용하였더라도 충돌이 이루어진 후에는 즉시 기관을 정지하여 혹시 있을 파공에 의한 침수를 막아야 한다.
③ 충돌 즉시 자선과 상대선의 선수방위, 선위를 확인하여 차후 원인규명에 사용한다.
④ 파공에 의한 침수 시 구역제한을 위해 수밀문을 작동시킨다.
⑤ 침몰의 위험이 없다면 선명, 선적항, 출발항 및 도착항에 관련한 정보를 상호 교환해야 한다.
⑥ 침몰의 위험이 있다면 인명을 우선적으로 대피시키고 가능하다면 천수 수역에 좌주시킨다.

3.2 파공에 의한 침수 소요시간 및 침수량 계산

선박충돌로 인한 파공이 발생하여 침수가 발생할 경우 침수 소요시간 및 침수량의 계산은 상당히 중요한 의미를 가지고 있다. 우선 침수 소요시간의 파악은 침수에 대응할 수 있는 시간 여력을 파악하는데 중요하며, 침수량은 본선에 설비되어 있는 밸러스트 펌프를 포함한 모든 사용가능한 배수펌프를 사용했을 경우 배수를 할 수 있는지 여부를 판단하는데 중요하기 때문이다.

아울러 선박에서는 침수가 발생했을 경우에 대비하여 필요시 수밀문을 작동시켜 다른 구획으로의 침수를 막거나 방수자재를 이용한 파공부의 수리를 시행하게 된다. 파공부 수리를 수행할 때에 필요에 따라 선박의 트림이나 리스트를 적절하게 활용하기도 한다.

1) 침수 소요시간 계산

충돌에 의한 파공 혹은 해저지형물에 의한 접촉에 따른 선저손상에 의해 해수의 유입이 발생한다. 이에 침수 소요시간을 파악하여 자선에서 조치할 시간을 파악하는 것은 중요한 일 중에 하나이며 다음과 같이 근사식으로 구할 수 있다.

$$t = \frac{v' + 2ah}{CA\sqrt{2gh}}$$

t : 침수소요시간(sec) v' : 파공부이하 구획용적(m^3)
a : 침수구획의 수선면적(m^2) h : 파공부로부터 수면까지의 높이(m)
C : 유량계수(약 0.6~0.98) A : 파공면적(m^2)
g : 중력가속도(9.8m/sec)

2) 침수량 계산

침수량은 앞서 언급한 바와 같이 본선에 설치되어 있는 배수설비를 통하여 침수되고 있는 해수의 배출가능 여부를 판단하는데 중요한 요소이다. 이러한 침수량은 다음과 같은 근사식으로 구할 수 있다.

$$Q = CA\sqrt{2gh}\,\rho \cdot t$$

C : 유량계수(약 0.6~0.98) A : 파공면적(m^2)

g : 중력가속도(9.8 m/sec) h : 파공부로부터 수면까지의 높이(m)

ρ : 해수비중 t : 해수유입시간(sec)

3.3 침수 시 조치법

선박에는 침수가 발생할 경우, 즉 해수의 유입에 다른 배출설비 및 손상부를 수리할 수 있는 여러 자재를 비치하고 있다. 이러한 설비 및 자재는 철저한 관리와 더불어 주기적인 검사가 필요하다. 아울러, 침수발생 시에 적절한 대응을 하기 위해서는 관련 설비 및 자재의 사용법에 대한 교육과 더불어 주기적인 비상대응 훈련을 시행하여야 한다. 우선 선박에 설비되어 있는 배수설비로 다음과 같은 펌프 및 기타 설비들이 이용될 수 있다.

① General service pump
② Ballast pump
③ Fire pump
④ Emergency fire pump
⑤ Bilge pump
⑥ Portable pump
⑦ Bilge eductor
⑧ Ballast eductor

배수설비 이외에 선체 손상부를 임시 수리하기 위해 일반적으로 선박에 비치하고 있는 방수자재는 〈표 2-Ⅱ-3〉과 같다.

〈표 2-Ⅱ-58〉 방수자재 목록

품 명	규 격	보유수량	비 고
1. Portable Fan	Explosion Proof Motor Driven, Axial Flow Type	1Set	Ventilation Tube
	Typeeepf-400 0.75 kW×3420 rpm max. 75m^3 / min max. 68 mmAq 220 V		(Folding Type) 포함
2. Vent. Fan	Portable Air Driven Type (자바라 203 mm DIA×10 m 포함)	1Set	밀폐구역 환풍용
3. Rubber Sheet	915 mm×2 m×5T	1Sht	고무시트
	920 mm×2 m×10T	1Sht	고무시트
4. Steel Pipe Piece	216 mm DIA×200 mmL	2PC	흑관
	318 mm DIA×200 mmL	2PC	흑관
5. Cement	Port Land Cement 40 kg / Bag(Quick Dry Liquid 3통 포함)	4.5Bag	시멘트
6. Net Sling	P.P Rope 2500 mm×2500 mm, 200 mm / MESH	1Set	넷슬링
7. Sand	20 kg / Bag	7Bag	모래
8. Wire Rope	16 mm DIA×200 mL	1Coil	Ropestore에 보관
9. P'P Rope	20 mm DIA×200 mL	1Coil	Ropestore에 보관
10. Wilden Pump	Pneumatic Diaphragm, 20 ton /hr(흡입, 배출용 PVC Water Hose 포함)	1Set	윌던펌프
11. Wood Wedge	50 mm DIA×200 mm DIA×300 mmL	10PC	원추형
12. Steel Plate	920 mm×1843 mm×10T	2Sht	철판
13. Steel Angle	65 mmW×65 mmD×8T×2200 mmL	4PC	강철앵글
14. Plywood	910 mm×1822 mm×9T	1Sht	합판
	1220 mm×2440 mm×5T	1Sht	합판
15. Wood Timber	100 mm×100 mm×1910 mm	4PC	각목
	200 mm×200 mm×1910 mm	2PC	각목
16. Wooden Stage	300 mmW×40T×4000 mmL	2PC	

선박에 비치되어 있는 이러한 방수자재와 관련하여 주요한 방수자재의 사용법에 관해 살펴보면 다음과 같다.

1) 시멘트 박스에 의한 방수법

프레임에 목판과 지주를 대고 그 속에 모래와 시멘트를 섞어서 그 내부에 넣어 방수하는 방법을 말한다. 시멘트는 일반 시멘트가 아니라 수분과 만나면 바로 고착이 되는 특수 시멘트를 사용하여야 한다. 이러한 방수법은 완전방수가 될 뿐만 아니라 오히려 원래의 철판보다 더 큰 강도를 갖게 된다. 다만, 시멘트 박스를 너무 크게 하면 추후 제거하는데 문제가 될 수 있으니 적정한 크기를 유지할 필요가 있다.

일반적으로 선박에서 발생할 수 있는 침수에 대비한 동 방수법을 적용시킬 경우에 대비하여 일정량의 각재 및 판자, 특수 시멘트 및 모래를 항상 보관 창고에 준비하여 두어야 한다.

2) 용접에 의한 방수법

파공이 원형에 가깝고 그 손상규모가 작은 경우에 효과적으로 사용할 수 있는 방수법으로 다음 그림과 같이 Wooden wedge를 사용하여 단단히 박고 파이프를 끊어 안에서 접시모양으로 만들어 가장자리를 용접한다.

3) 방수판을 이용한 방수법

Wedge을 사용하기 힘든 형태의 선체 손상이 발생한 경우에 있어 그 규모 또한 그리 크지 않을 시에 사용하는 방수법으로 다음 그림과 같이 방수판을 붙이고 그 내부를 시멘트로 채워운다. 다만, 동 방수법은 손상부 내외에 방수판을 붙여야 하기 때문에 방수판을 붙일 수 있는 상황에서만 적용이 가능하다. 일례로, 파공부를 선박의 트림 및 리스트를 조정하여 수면상으로 유지할 수 있을 경우에 시행이 가능하다.

4) 방수 매트를 이용한 방수법

다음 그림과 같이 방수 매트를 선체 외판의 파공부에 붙이는데 사용되는 방법으로, 선체를 한바퀴 돌리는 줄에는 Weight를 달아서 선수부나 선미부에서 내려서 돌리면 된다. 하지만, 이러한 방법은 실질적으로 수압 때문에 취부하기란 매우 힘든 일이며, 매트를 사용하기 때문에 완전방수란 거의 불가능한 것임을 알 수 있다. 그러므로 이러한 매트를 붙이는 것은 완전한 방수를 위함이 아니라 침수량을 줄임으로써, 펌프로서 유입하는 물을 배수하여 현상유지를 하자는 데 목적이 있다.

방수설비 및 자재를 이용한 방수법에 관해 앞서 설명하였으나, 이는 단순히 선체 손상에 따른 현장에서 수행해야 할 부분으로 실제로 선박충돌이 발생할 경우에는 조치해야 할 사항이 상당히 많다. 다음 표는 선박충돌 시에 취해야 할 조치사항과 더불어 절차를 포함하고 있다.

〈표 2-Ⅱ-59〉 충돌 시 비상대응 Checklist

대응순서	대응방법	확인
1	비상경보(필요시 인명구조 부서배치 발령 및 구조실시)	
2	필요시 감속 또는 기관정지	
3	수동조타	
4	선장에게 보고 및 선내 비상벨 작동	
5	수밀문 폐쇄	
6	오염사고발생 여부 확인 후 필요시 기름유출사고 부서배치	
7	VHF CH.16 청취	
8	갑판상 조명	
9	기관실 통보(선체 응력 및 복원력 고려하여 Tank의 기름이송조치)	
10	주변 선박에 주의 환기	
11	인접 육상 당국에 통보 및 학교에 보고	
12	조종 부자유 등화 / 형상물 게시	
13	필요시 화재 / 폭발 부서배치 발령	
14	필요시 구명정 부서배치	
15	인원 및 부상자 파악	
16	자선 위치 통신사에게 전달, 필요시 조난신호 발신	
17	전 탱크 빌지 및 기관실 사운딩(sounding)	
18	선체, 기관, 속구 및 화물손상 정도파악	
19	전 Pipe Line 파공 여부 확인	
20	상대선이 구조를 필요로 하는지 여부 확인(인명 손상, 감항성 여부 등)	
21	상대선의 선명, 선장이름, 선주주소, 항로, 총톤수, 화물 등의 확인	
22	침몰방지 위해 최대한 주의 노력	
23	선체 내부 혹은 외부로의 기름유출 여부 확인	
24	Telegraph Logger 및 Course Recorder에 사고지점 표시	
25	충돌시간 및 충돌시의 선위 확인	
26	충돌 전까지 취한 선교 및 기관실의 조치사항 기록	
27	충돌시 침로 및 속력 확인	
28	충돌각도 확인	
29	음향신호를 사용한 시간 및 청취한 시간기록	

제 3 장

선박관리시스템

1. 선박정비계획제도
2. 정비자원에 대한 지원관리
3. 선박정비 현황 모니터링
4. 원격선박정비

제3장 선박관리시스템

1. 선박정비계획제도

1.1 정비의 주체의 구분

1) 육상

가) 정비감독

해운기업의 선박정비감독은 해당 선박의 정비 및 보수에 대한 육상 책임자로서 정비 및 보수에 대한 제반 업무를 담당한다. 그리고 선박정비감독은 선박정비와 관련하여 선박에서 수립된 정비계획을 검토하여 필요시 보완하고, 해당선박의 수리, 자재, 검사, 기술 지원 요청을 접수하여 대응조치하고 그 시행결과를 확인 및 검증한다. 특히 선박정비감독은 담당선박의 선체, 기기의 현황과 운전 상태를 파악하고 정비 및 보수 진행 상태를 감독하며, 선박 자산관리에 따른 제반 업무를 수행함과 동시에 각종 청구서(예 : 자재, 선용품, 연료유, 윤활유 등)에 대한 보급계획 및 재고를 확인하는 역할을 수행한다.

나) 운항감독

해운기업의 선박운항감독은 해당 선박 및 선단의 항차계획에 의거, 선박 투입예정인 신규항로, 항만 및 화물에 대한 정보(예 : Port Information, Cargo Circular etc)를 분석하여 선박, 화물에 대한 안전 및 환경을 보호하고, 선박운항의 효율성을 담보하는 역할을 수행한다. 대표적으로 선박운항감독은 선박 특수/중대업무 이행 및 부적합 시정조치를 확인하고, 운항정보의 수집 및 안전성 등 검토하여 추가적인 사고 예방 및 대책(예 : 선박운항, 인명, 선체, 환경오염, 화물사고, 화재. 폭발, 보안 등)을 수립한다.

2) 해상

가) 선장

선장은 선박의 정비관리 업무에 대한 총괄책임자로서 선체, 기기의 정비 및 보수 계획 및 집행에 대한 현황과 운전상태를 파악하여 분기별로 선박정비사항을 기록하여 해운기업의 육상 담당자에게 통보하는 역할을 수행한다. 선장은 〈표 2-Ⅲ-1〉과 같이 육상 정비/운항감독과 협의하여 자체정비로 분류된 항목은 운항 여건을 고려하여 적절히 인력과 시간을 관리하는 역할을 수행한다. 예컨대, 특수 · 중대업무/해양오염방지/인명안전에 관련된 항목에 대해서는 반드시 선박전산시스템상에 관련 사항을 기록하고 관리하여야 한다.

나) 기관장

기관장은 선박의 정비관리책임자로서 선박정비업무 수행시 선장과 협의하여 육해상 인력동원, 제3자 서비스기사의 수배, 선박의 운항상태 등과 같은 제반 여건들을 확보함으로써 효율적인 업무 집행이 될 수 있도록 관리할 책임이 있다. 특히 기관장은 선박정비이력, 자재재고기록유지를 통하여 종합적인 선박정비에 대한 관리책임을 갖고, 선체, 기관 및 기타 기기의 결함유무 및 상태를 관리할 필요가 있다. 대표적으로 기관장은 선박예방정비 계획, 주/월/분기 단위 정비계획, 항차 단위(또는 적정기간) 정비계획을 수립하여야 한다. 그리고 기관장은 선박의 정비 업무를 총괄관리하며, 선박운항관리절차서를 확인하여 개별 정비항목별 책임사관을 지정하여 정비업무를 이행 또는 이행여부를 확인함을 통하여 정비현황과 결과를 관리하여야 한다. 특히 선박운항 조건과 환경에 따라 차이가 존재할 수 있으나, 선박예방정비상의 기간도과(overdue)현황을 주기적으로 감독하여야 한다. 더불어 기관장은 자체정비가 불가능한 육상의 수리 지원이 필요한 경우 수리신청서를 제출하고, 진행 현황 및 수리 결과를 확인한다.

기관장은 선박정비에 필요한 수리신청서 작성시, 현안 문제점 및 본선 점검 사항과 관련하여 점검 결과에 따른 요청사항, 기기 및 장비의 종류 및 제조사 등 기타 상세 정보, 신조 혹은 입거 수리 후 식별된 결함 사항(default)에 대해 결함보고서를 공무담당부서에 제출하여야 한다. 특히 기관장은 이러한 전체 프로세스의 현황 및 조치 결과 등을 지속적으로 확인하고 관리하여야 한다.

다) 시스템 및 담당 책임사관

책임사관은 주간/항차 단위 정비계획과 정비책임자인 기관장의 지시에 따라 해당항목의 정비를 실시하고 결과를 기관장에게 보고하며, 담당설비가 정상 상태를 유지할 수 있도록 관리하고 정비이력 및 자재재고이력을 기록한다. 그리고 책임사관은 담당기기의 점검을 주기적으로 실시하고 문제점을 기관장에게 보고하고, 자재 보유 현황을 최신화하여야 한다. 특히 책임사관은 이러한 시스템을 주기적으로 관리하여야 하며, 실제와 다를 경우 기관장에게 보고 후 육상 정비조직을 상대로 관련 정보를 공유하여 문제를 해결하여야 한다.

라) 주요 정비/점검 기록부

책임사관은 아래의 표와 같은 선박 주요 정비/점검 기록부에 기초하여 담당기기 및 시스템을 점검, 기록, 관리하여야 한다.

〈표 2-Ⅲ-60〉 선박 주요 정비/점검 기록부 예시

NO	TITLE	INTERVAL	DUTY	REMARKS
1	HULL INSPECTION REPORT	3 MONTHS	C/O	- REPORT에 첨부
2	M/E MAINTENANCE REPORT			
	M/E INDICATOR RECORD	1,000HOURS	1/E	- FUEL 교체시 포함
	HEAT BLANCE DIAGRAM	VOY.	1/E	- LNGC ONLY
	CRANK DEFLECT. REPORT	6 MONTHS & BRG REPAIR시	1/E	- 입거전.후 계측 포함
	BRG INSPECTION REPORT	정비시	1/E	
	CYL. OPERATION REPORT	정비시	1/E	
	M/E R/H RECORD	MONTHLY	1/E	- LNGC 제외
3	G/E MAINTENANCE REPORT			
	D/G CONDITION REPORT	1,000 HOURS	2/E	
	CRANK DEFLECTION REPORT	6 MONTHS or	2/E	
	CYL. OPERATION REPORT	OVHL시	2/E	
	D/G CON-ROD & BEARING MAINTENANCE RECORD	OVHL시	2/E	
	G/E R/H RECORD	MONTHLY	2/E	
4	BOILER & ECONOMIZER			
	BOILER WATER TEST 기록 (M/E F.W TEST포함)	DAILY 또는 1회/3일	2, 3/E	- LNGC: 2/E
	ECONOMIZER 운전상태점검	DAILY	3/E	
5	DECK MACHINERY			
	MOORING WINCH & WINDLASS	3 MONTHS	C/O	- 자체점검기록
	CARGO CRANE CHECK LIST	3 MONTHS	C/O	
	RAMP CHECK LIST	3 MONTHS	C/O	- 자체점검기록 (RO-RO선 ONLY)
	CARGO PUMP & IGS (TANKER)	VOY.	C/O	- 자체점검기록
	HATCH COVER	VOY.	C/O	- 자체점검기록
6	ELECTRIC PART 점검 기록			• 담당사관 협조

NO	TITLE	INTERVAL	DUTY	REMARKS
	MOTOR & PANEL 점검 기록 SPM 기록	3 MONTHS 6 MONTHS	3/E (E/E)	
7	SAFETY & EMC'Y EQUIPMENT MAINTENANCE & INSPECTION LOG OF LSA/FFA	WEEKLY	C/O	- 자체점검 기록
8	해양오염방지설비 MAINTENANCE RECORD	6 MONTHS	2/E	- 자체점검 기록
9	SAFETY DEVICE, ALARM & MONITORING			- 점검항목 및 제출
10	REQUEST OF LUB. OIL ANALYSIS - M/E, G/E, S/TUBE - S/G, BOW THRUSTER, WINDLASS, M/WINCH, H/COVER, RO-RO EQUIP, CRANE ETC	4 MONTHS 12 MONTHS	-	
11	SECONDHAND SHIP INSPECTION CHECKLIST	중고선 인수시 (장기계류선 등)	-	- 자체점검 기록
12	WIRE & TAIL ROPE LOG	-	-	- LNGC & TANKER
13	MOORING & WIRE ROPE LOG	-	-	- LNGC & TANKER 제외한 전 선박
14	ROB OF LUB. OIL & CHEMICL	MONTHLY	3/E	- 자체점검 기록 - L.O ROB만 송부
15	AMP OPERATION CHECK LIST	AMP 사용시	1/E	- 자체점검 기록
16	SHIP'S BATTERY MAINTENANCE RECORD	3 개월 & BATTERY 교환시	3/E	- 자체점검 기록 - 주)5 참조
17	NAV. & COMM. EQUIPMENT MONTHLY STATEMENT	MONTHLY	2/O	- 항해/통신기기 작동상태 월간보고서 - LNGC & TANKER & BULK & MPV
	NAVIGATION EQUIPMENT INSPECTION CHECKLIST & RECORD	DAILY	2/O	- 항해기기 점검용
18	LIFTING EQUIPMENT INSPECTION AND MAINTENANCE	6 MONTHS	C/E	- 자체점검 기록

1.2 정비대상

1) 대상의 구분

가) 자체 정비 항목

선장은 정비책임자인 기관장과 협의하여 선장의 책임하에 선원에 의하여 시행되는 정비사항을 중심으로 분류하여야 한다. 특히 선장은 선박예방정비 계획에 의거하여 주기적 점검 및 각종 내외부 심사 및 검사에 선원들이 효과적으로 대응하도록 운항 중 확인된 결함사항을 관리하고, 반영하여 자체정비를 수행하여야 한다.

나) 지원 정비 항목

선장은 정비책임자인 기관장과 협의하여 자체 정비항목에서 제외되는 항목에 대하여 육상정비조직의 지원이 필요한 사항을 식별하여 관리한다. 또한 선장은 자체정비로 분류된 항목 중에서도 선박 운항 조건 및 환경 등의 사유로 불가피한 경우에는 별도의 추가 요청을 지원할 수 있다.

다) 핵심 정비 관리 항목

선박안전운항과 관련된 핵심 정비 항목은 선박의 기기 중 그 기능의 상실 시 중대한 사고발생의 위험이 발생할 수 있는 기기를 의미함에 따라 선장과 기관장은 인명의 손상(상해, 사망) 또는 해양오염, 재산상의 손실을 방지하기 위하여 예방적으로 핵심항목을 선정하고, 중요 기부속의 최소 보유 수량을 해운기업의 육상정비감독과 협의하여 관리하여야 한다. 이러한 핵심 정비관리 항목은 선종별로 차이가 있겠지만 기본적으로 예상치 못한 기기와 장비의 기능 상실에 따른 인명의 손상, 해양오염, 재산상의 손실이 발생하지 않도록 아래의 〈표 2-Ⅲ-2〉와 같이 핵심 정비 항목을 식별하고, 이를 기반하여 위험성을 평가하는 것이 매우 중요하다.

〈표 2-Ⅲ-61〉 핵심정비 관리항목 예시

No.	핵심 정비 관리 항목	담당자	비고
1	MAIN ENGINE/TURBINE	1/E	해운기업 소유 전체 운항 선박
2	STEERING GEAR	1/E	
3	EM'CY GENERATOR	2/E	
4	EM'CY FIRE PUMP	1/E	
5	EM'CY AIR COMPRESSOR	1/E	
6	FIRE DETECTION SYSTEM	3/O	
7	FIXED GAS DETECTION SYSTEM	C/O	
8	OILY BILGE WATER SEPARATOR	2/E	
9	OIL DISCHARGING MONITORING EQUIPMENT	C/O	TANKER
10	MAIN BOILER	1/E	LNGC
11	INERT GAS SYSTEM (IGS)	1/E	LNGC&TANKER

2) 정비 업무 절차

가) 개요

해운기업들은 최근 ESG(Environmental, social and corporate governance) 기반의 선박안전운항관리를 강화하기 위하여 단순한 원가 절감의 노력 뿐만 아니라 선박 정비업무의 절차를 최적화하여 운영 관리의 많은 영역에서 개선과 향상이 이루어 지고 있다. 특히 친환경, 안전사고 ZERO화에 대한 요구가 증가함에 따라 선박기기에 대한 안전관리를 통한 수익성 향상과 제고에 대한 중요성이 널리 인식되고 있으며 국내외 많은 해운기업들은 관련된 장비의 자동화, 통합화 등에 대한 기술력 확보와 시스템 개발에 집중하고 있다. 특히, 선박예방정비계획에 기반한 선박용 통합관리시스템은 실시간 유지·보수·관리를 통해 보다 체계적이고, 안정적인 선박운항을 육상과 해상분야에 동시에 지원하고 있다. 또한 이 시스템은 기존의 선박정비 시스템을 원격화, 자동화하고 있으며, 이를 통하여 원가 절감 및 운항경쟁력의 상승을 견인하고 있다. 이러한 측면에서 선박에서 수행한 각종 자체정비 및 항차/입거/사고수리 등을 포함한 정비업무와 관련된 업무를 예시적으로 요약하면 아래의 그림과 같다.

정비 계획, 집행의 보고 및 검증 FLOW

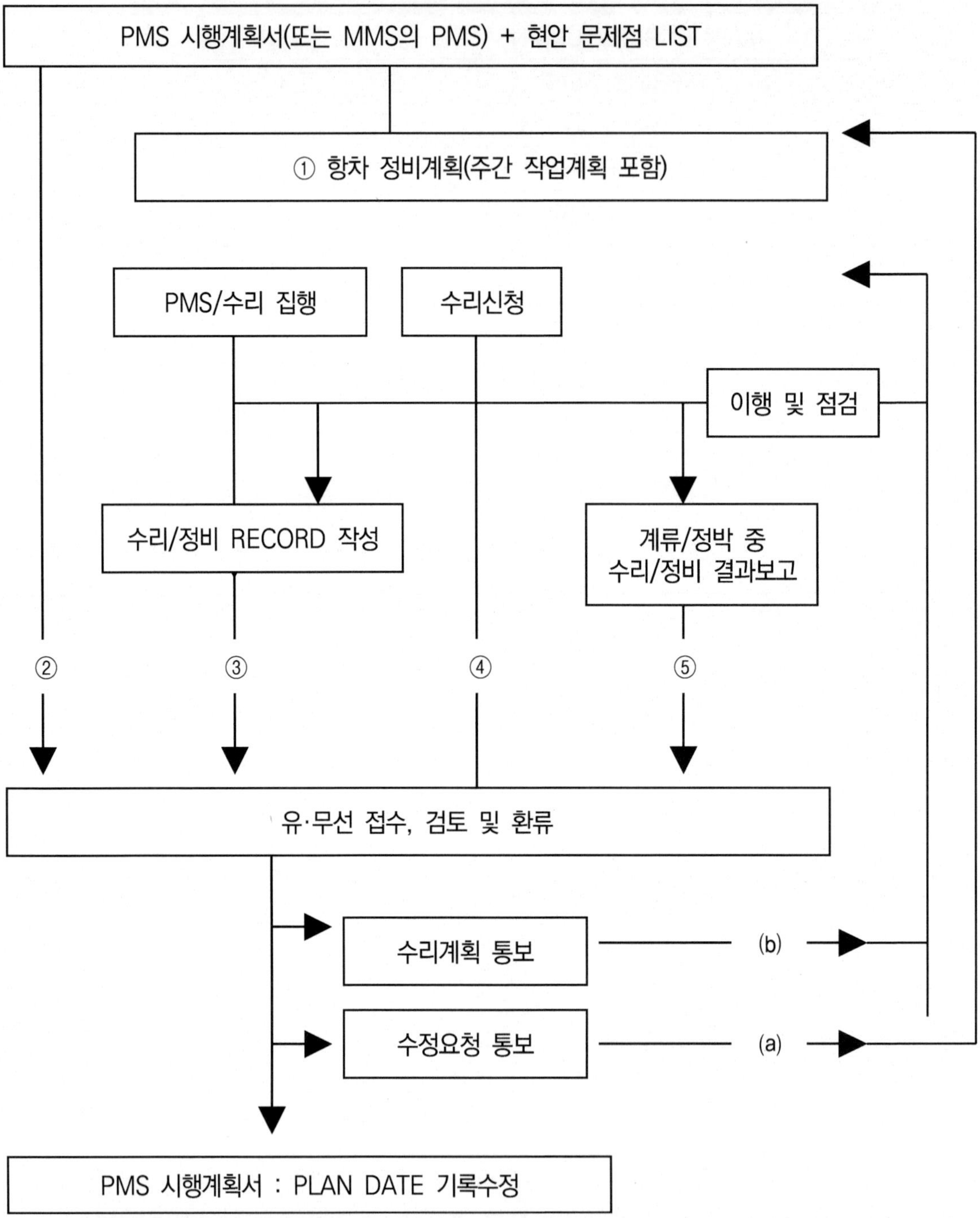

※ "수리"는 항차, 입거, 손상수리를 포함

1.3 정비계획

1) 선박정비계획의 수립과 적용

가) 예방정비

전술한 바와 같이 선박예방정비는 선박의 안전운항과 환경보호의 효과적인 달성과 선체와 설비의 사고를 방지하기 위하여 주기적으로 시행하는 점검과 정비를 의미한다. 통상적으로 선박에서는 선체 및 주요기기에 대한 국내외 법규와 협약 및 선박이 입급된 선급의 강선규칙, 제조사의 기술지침 등을 반영한 선박예방정비계획에 기반하여 정비작업을 수행한다. 선박의 예방정비계획 대상으로 분류된 항목은 3개월 이내 주기의 운항 중 수시점검 항목을 구분하여 시행하고, 운전시간이 적은 기기 및 일반적인 정비사항은 상태기반정비(Condition Based Maintenance)를 통하여 정비를 수행할 수 있다. 또한 물론 선박정비책임자는 선박예방정비계획 항목 중 물리적인 개방점검 없이 육안 점검만으로 이상 발견이 없고, 이전 개방점검 결과 정비주기를 연장 후 정비하여도 문제가 없다고 판단되는 항목에 대해서는 정비를 연기할 수 있다.

나) 예방정비계획의 수립

기관장은 선박별로 사전에 통보된 선박예방정비계획에 의거하여 정비 · 점검의 만기일자(Due Date)를 구체적으로 관리하여야 한다. 다만, 위험작업 및 핵심 정비사항의 경우 육상정비조직과 해당 작업 진행에 대한 사전협의를 통하여 위험요인을 식별하고, 사전 작업 허가 및 작업 후 완료 보고를 통해 예상하지 못한 선박사고를 예방하여야 한다.

2) 기기 중심의 선박정비계획의 대상과 범위

가) 대상과 범위

효과적 선박정비를 위하여 아래의 〈표 2-Ⅲ-3〉과 같이 기기와 장비가 포함된 선체, 의장품, 임대 장비 등을 대상과 범위에 포함해서 선박정비계획을 수립하고 적용하여야 한다.

〈표 2-Ⅲ-62〉 기기 중심의 선박정비계획의 대상의 예시

번호	상세	비고
1	NAVIGATION EQUIPMENT	항해
2	ENGINE MACHINERY	기관
3	DECK MACHINERY	항해
4	CARGO HANDLING MACHINERY/EQUIPMENT	항해/기관
5	HULL STRUCTURE	항해
6	ELECTRONIC EQUIPMENT	항해/기관

나) 핵심장비와 중대기능에 대한 점검이 필요한 대상

아래의 〈표 2-Ⅲ-4〉와 같이 선박정비계획에 포함되는 장비 중 핵심장비와 기능 등이 포함되는 경우 반드시 입·출항준비 또는 사용전에 충분한 시운전 또는 정비를 시행하여 사고를 예방하여야 한다.

〈표 2-Ⅲ-63〉 핵심장비와 중대기능의 대상의 예시

번호	상세
1	MAIN ENGINE/TURBINE의 기동 및 조정
2	STAND-BY STEERING GEAR & GENERATOR ENGINE
3	EMERGENCY GENERATOR
4	STAND-BY PUMP FOR PROPULSION
5	EM'CY FIRE PUMP OPERATION TEST
6	LIFE BOAT LAUNCHING TEST

다) 기록유지 관리가 필요한 대상

아래의 〈표 2-Ⅲ-5〉와 같이 계속적으로 운전되지 않는 핵심정비기기에 대해서는 점검 후, 해당 기록을 갑판 및 기관 로그북(log book)에 기재하여야 한다.

〈표 2-Ⅲ-64〉 기록유지 관리가 필요한 대상의 예시

번호	상세
1	OILY BILGE SEPARATOR 등 E/ROOM MACHINERY
2	PMS INTERVAL 의거, SAFETY DEVICE & ALARM FUNCTION TEST 시행
3	EM'CY GENERATOR, EM'CY FIRE PUMP 등 비상기기
4	WEEKLY TEST 시행
5	INERT GAS SYSTEM 등 CARGO EQUIPMENT & SYSTEM
6	양하지 입항 전, PRE-ARRIVAL TEST 시행

라) 법규, 선급규정 및 회사의 지침이 필요한 대상

선박의 운항 및 입거수리 기간 또는 계선 단계에서 선박의 안전운항을 담보할 수 있도록 각종 국제협약, 국내법, 선급 강선규칙, 해운기업의 각종 절차서 등이 포함된 기준이 모든 기기에 적용되어야 한다.

마) 상태기반정비가 필요한 정비항목의 범위

아래 〈표 2-Ⅲ-6〉과 같이 대상항목 중 상태기반정비를 적용하여도 문제가 없는 기기/항목은 대상항목 선정 후 합의 조정이 가능하다.

〈표 2-Ⅲ-65〉 기록유지 관리가 필요한 대상 예시

번호	상세
1	운항중 수시 점검항목
2	INTERVAL 3개월 이내 점검항목
3	법규, 선급규정에 검사가 명시되지 않은 항목
4	고장이 발생해도 운항지연과 직결되지 않는 기기 및 동일기기 2대 이상인 기기 운전시간이 적은 기기

다만, 상태기반정비가 필요한 정비항목임에도 불구하고 정비 DUE DATE를 도과하지 않도록 관리할 필요가 있으며, 선급사항, 제조사 요청사항 등등의 요청이 있을 경우 반드시 일정관리를 철저히 준수하여 적용한다.

3) 선체 관련 예방정비의 대상과 범위

가) 개요

「선박안전법 제1조」에 따른 선박검사는 선박시설의 결함으로 인한 해양사고를 방지하는 한편 해양사고로 인한 인명 · 선박 · 화물의 안전 확보를 위하여 아래의 〈표 2-Ⅲ-7〉과 같은 각종 검사를 실시하고 선박 주요시설에 대한 기준적합여부를 확인하는데 있다.

〈표 2-Ⅲ-66〉 기기 중심의 선박정비계획의 대상의 예시

구분	내용	시기
건조검사	선박을 건조할 때 이행하는 검사	정기검사
정기검사	최초로 항행에 사용할 때 또는 선박검사증서의 유효기간이 만료될 경우 이행하는 정밀한 검사	매 5년마다
중간검사	정기검사와 정기검사의 중간에 행하는 사이에 이행하는 검사	매 1년 또는 2, 3년마다
임시검사	검사받은 시설에 대하여 개조, 수리 또는 변경하고자 하는 경우 이행하는 검사	개조, 수리 또는 변경시
임시항해검사	선박검사증서를 받기 전에 선박을 임시로 항행에 사용할 경우 이행하는 검사	임시 항해시
국제협약검사	국제항해에 취항하고자 하는 선박에 대하여 국제협약에 따라 이행하는 검사	정기, 중간검사 시기와 동일

나) 주기

선박의 장비 및 시설 또는 부품에 대한 정비등을 수행하기 위하여 필요한 건물, 시설, 장비, 자재, 자료, 인력 등이 집합된 육상 정비조직은 아래의 〈표 2-Ⅲ-8〉과 같이 선박의 종류별 주요 정비점검 사항을 식별하여 관리하는 것이 필요하다.

〈표 2-Ⅲ-67〉 선종별 선박정비 주기

점 검 부 위		점 검 주 기				
		BULKER	CNTR	LNGC	PCTC	TANKER
1. HOLD(TANK) *Moss LNG : Hold Space *Memb LNG : Trunk Space		매항차	매분기	매 2항차(Moss) 매 3개월(Memb)	매항차	매 2.5년
2. DECK PLATE		매항차	매항차	매 1개월	매항차	매항차
3. 선체 외판	수면상부	매항차	매항차	매 1개월	매항차	매항차
	수면하부	매입거시	매입거시	매입거시	매입거시	매입거시
4. TANKS	T.S.W.B.TK	매 6개월	매 2.5년	매 1년	매 2.5년	매 1년
	D.B.W.B.TK	매 6개월	매 2.5년	매 1년	매 2.5년	매 1년
	F.P.T/A.P.TK	매 6개월	매 6개월	매 1년	매 6개월	매 1년
	F.W.TK	매 2.5년	매 2.5년	매 2.5년	매 1년	매 2.5년
	HFO SVC/SETT	매 5년	매 5년	매 5년	매 5년	매 5년
	MDO SVC/SETT	매 2.5년	매 5년	매 5년	매 2.5년	매 5년
	D.B.F.O TK	매 5년	매 5년	매 5년	매 5년	매 5년
	LIGHT OIL TK	-	-	매 5년	-	매 5년
5. DUCT KEEL		매 6개월	-	매 3개월	-	-
6. VOID SPACE/COFFERDAM		매 6개월	매 6개월	매 6개월	매 6개월	매 6개월
7. PIPE LINE	ON DECK PIPE	상시 점검				
	HOLD & TANK INSIDE PIPE	해당 HOLD & TANKS 점검시 점검시행				

다) 점검

선장은 항해 및 갑판 그리고 선체각부 및 각종 탱크(tank) 점검의 전체적인 계획을 수립하고, 1등항해사를 중심으로 선박정비계획을 목록화하여 점검을 수행하며, 5년마다 전체적인 점검이 될 수 있도록 점검시기를 조정할 수 있다. 특히 선체외판은 접안시 부두에서 육안 점검이 가능함에 따라 반드시 수행 후 기록하는 것이 필요하며, 선박평형수 탱크는 매 분기별 1개소 이상 점검을 시행하고, 중복되지 않도록 하여 정해진 기간내에 완료되도록 계획을 수립한다. 물론 각종 보이드 스페이스(void space) 및 기타 공간 그리고 각종 노출/비노출 배관 등에 대한 지속적인 압력 점검을 통한 누설 및 유지보수를 실시하는 것이 필요하다.

라) 기록

1등항해사는 선체점검을 실시하고 그 결과를 개별 기업의 형식과 절차에 따라 지정된 기록표/기록지 등을 활용하여 기록을 유지하는 것이 필요하다. 특히 벌크선박의 경우 선체 구조강도에 점검이 매우 중요함에 따라 선급 검사시 선체점검기록에 대한 검사가 시행되므로 점검계획 및 현황을 별도 파일로 유지하여 선급검사에서 요구하는 선박소유자 검사 기록부로 활용한다. 또한 선급 정기검사시에는 정기검사계획서(planning document)를 작성하여야 하며, 정기검사계획서의 작성은 육상정비감독이 선급검사원과 협의하여 작성하여 이력을 관리하여야 한다. 대표적으로 선박은 다량의 염분을 가진 해풍(warm or wet sea breeze)에 노출된 빈도가 높은 상태에서 항해하기 때문에 대기폭로에 의한 부식이 심하고, 태풍이 발생할 경우, 항해나 야간의 기온저하로 염분을 다량으로 포함한 강전해질(strong electrolyte)이 강판 위에 축적되어 국부적으로 부식되는 경우가 많다. 따라서 선장은 선박정비계획에 따른 선체점검 후 Crack, Pitting, Buckling 및 Corrosion 등 이상 발견될 경우 해당 도면에 표기하여 즉시 육상정비조직에 보고하여야 한다.

2. 정비자원에 대한 지원관리

2.1 지원정비의 구분

1) 항차수리 및 입거수리

가) 항차수리

항차수리란 선박 운항 중 육상지원에 의해 시행되는 수리를 의미하며, 선박운항 및 각종 검사 일정 등을 종합하여 시행되도록 관리하는 것이 일반적이다. 즉, 선박운항 중 자체정비가 불가능한 항목 또는 긴급고장 수리조치가 필요한 항목 등에 대하여 육상정비조직과 협력하여 수리계획을 검토하여 활용할 수 있도록 하여야 한다.

나) 입거수리

선박의 입거수리는 국제해사협약 및 선박안전법과 선급강선규칙(5년의 정기검사기간 이내에 2회의 입거 검사의 시행)에 근거하여 선박의 검사와 전반적인 정비 · 보수를 위해 조선소에 입거(상가)하여 시행하는 수리를 의미한다. 해당 선박에 대한 입거 수리 시기는 법규정에 정해진 입거검사 범위 이내에 시행을 원칙으로 한다.

2) 보상수리 및 사고수리

가) 보상수리

보상수리는 일반적으로 조선소에서 선박을 건조하면서 발생하는 수리 또는 제조사가 장비 또는 기기 그리고 시스템을 납품하면서 발생하는 수리로 구분된다. 통상적으로 신조선박에 대한 조선소(또는 협력업체)측의 하자로 인한 수리 및 제품의 하자는 보증기간과 관련하여 신조선 취항후(또는 작업후) 통상 1년이지만, 별도의 약정기간이 있는 경우는 별도의 계약조건에 연장되어 보증수리를 받을 수 있다. 그러나 선장 및 기관장은 선박소유자 공급품의 고장이나, 선원의 과실, 사고, 운항 중 풍파(風波)상태나 이상한 황천에 의한 위험(unusual stress of weather)에 의한 손상이나 정상적인 마모성, 소모성 자재는 기기 제조사와 별도의 협의가 없는 한 무상 서비스가 처리되지 않으므로 이를 구분하여 관리하여야 한다.

나) 사고수리

사고수리는 선박 운항 중 사고에 의해 시행되는 수리를 의미하며, 필요시 조선소 및 기기 제조사와 협의를 통해서 수리계획을 수립하고, 육상정비조직을 협조하여 문제를 해결하여야 한다.

3) 선박정비 결과에 대한 관리

가) 부적합사항에 대한 식별

선박정비와 관련된 부적합사항은「해사안전법 시행규칙 별표 11」에서 정한 안전관리체제의 내용이 적절하게 수립·시행되고 있지 아니한 사항으로 정의되고, 특히 중부적합 사항(重不適合事項)은 안전관리체제 심사 중 확인된 인명·선박의 안전 또는 해양환경에 중대한 위험을 야기할 수 있는 것으로서 즉각적인 시정조치가 요구되는 사항, 「해사안전법 시행규칙 별표 11」에서 정한 안전관리체제의 요건을 효과적이고 조직적으로 수행하지 못하는 사항을 의미한다. 또한 경부적합사항(輕不適合事項)은 부적합사항 중 가목에서 규정하고 있는 중부적합사항 이외의 부적합사항을 의미한다. 따라서 선장은 이러한 부적합사항이 발생될 경우 수리 (입거, 항차 및 보증수리)중 업무의 종류에 따라 책임사관을 입회시키고 수리절차를 감독하도록 지시하여야 한다. 최근 ESG기반의 해운기업에 대한 다양한 수준의 요구사항을 반영하여 선장은 선박기인 해양환경오염 사고의 위험이 현저한 작업, 화기작업, 해치커버(hatch cover), 화물창(cargo hold), 선체정비 등 선박운항 및 감항성에 영향을 미치는 중대한 수리사항에 대하여 수시로 업무 진행상태 현황을 확인하고, 안전 및 운항에 차질이 발생할 것으로 예상되는 경우 조기에 필요한 조치를 취하여야 한다.

나) 안전관리

선장은 선박의 전체적인 안전을 담보하기 위하여 외부인 승선작업자가 승선하면 외부 작업 책임자에게 수리사항, 수리절차, 수리중 주의사항과 작업안전에 대해 설명하고 안전수칙을 관련 절차에 따라 선원들에게 교육하고 기록한다.

다) 결과 확인

선장은 직접 또는 책임사관으로 하여금 수리결과를 확인하고, 이를 관리한다.

반드시 숙지해야할 해기사의 역할
★ 선장 및 항해사 선장은 선박의 최고 책임자로서 선원법, 상법, 호적법, 선박안전법, 형사소송법, 등의 규정에 따라 선박 및 인명의 안전에 대한 책임과 지휘의 권한을 갖고 있다. 선장은 출항전에 항해 목적지, 기후, 거리 등을 확인하고 태풍 등의 이상기후가 우려되면 해난심판원에 출항을 공증받는다. 항해 시에는 해도, 나침반, 레이더, 선박자동식별장치(AIS)및 기타 항해기기를 사용하여 선박의 속도와 항로를 지시한다. 1등 항해사는 선장을 보좌하며 선내의 규율 확립과 하급 항해사 및 선박부원의 각종 교육훈련과 안전관리, 화물의 적화를 계획 감독한다. 2등 항해사는 선내 항해계기 관리점검 및 해도, 항해관련도서 관리한다. 3등 항해사는 구급 위생 및 의료관리, 선박 소화설비 관리를 한다. 또한 선박의 입항시 1등 항해사와 2등 항해사는 선수(배 앞부분)와 선미(배 뒷부분)에서 각자 선장에게 상황보고와 명령에 따라 임무를 수행하며, 3등 항해사는 선교(선박 조정실)에서 엔진 계기의 수치를 전달하고 선수, 선미, 기관실에 선장의 명령을 전달함과 동시에 각 위치에서 들어온 보고를 선장에게 전달한다. ★ 기관사 기관사는 항해 중에는 주기관(선박을 움직이는 추진 동력장치) 및 보조기계(발전기, 보일러, 각종 펌프, 조수장치, 냉동기 등)를 포함하여 모든 기관장치가 최적의 상태를 유지토록 기관장치를 정비하고 관리하는 일을 하고, 배가 정박 중에는 연료, 비품, 소모품 등을 보충하는 업무를 수행하며, 규모가 큰 수리는 육상의 전문정비업체에게 위탁하기도 한다. 기관장은 기관부의 책임자로서 선장을 보좌하고 기관부를 통제한다. 1등기관사는 기관장을 보좌하고 주 기관과 이에 관련된 기기를 담당하며 기관부의 인사관리 업무를 수행한다. 2등기관사와 3등기관사는 연료유나 윤활유를 관리하고 발전기나 보일러를 포함한 각종 보조 기관을 각각 분담하여 담당한다. 기관사는 교대로 당직업무를 수행하는데 요즘은 선박의 기관장치가 24시간 안전하게 가동되도록 무인화선박(UMA)을 지향하고 있어 당직을 할 경우 기관실에서 근무하지 않아도 된다.
출처 : 한국해기사협회 홈페이지

3. 선박정비 현황 모니터링

3.1 선박정비의 개요

1) 목적

선박정비는 해운기업에서 관리하는 선박의 선체, 항해, 화물, 기관 등의 정비 · 보수와 관련하여 계획을 수립하고, 체계적으로 수행하는데 필요한 지원과 더불어 관련 기기 및 장비 성능의 최적 상태를 확보하기 위함에 목적이 있다.

2) 책임과 역할

선박정비에 있어 이해관계자인 해운기업, 육상정비조직 감독, 선장, 기관장, 책임사관이 있으며, 이들의 책임은 다음과 같다.

해운기업은 선박의 선체, 기기 및 장비의 정비 · 보수 방침에 의거 집행하고 관리에 대한 책임이 있다. 계획에 의한 정비 · 보수 이행 여부를 확인하고 필요 사항은 수정 및 보완한다.

육상정비감독은 선박의 정비 · 보수에 대한 육상 정비책임자로서 정비 · 보수에 대한 제반 업무이행하고 해운기업의 경영자에게 보고한다. 그리고 선박에서 수립된 정비계획을 검토하여 필요시 보완하고, 해당선박의 수리, 자재, 검사, 기술 지원 요청을 접수하여 검토, 조치하고 그 시행결과를 확인 및 검증한다. 더불어 해당선박의 선체, 기기의 현황과 운전 상태를 파악하고 정비 및 보수 진행 상태를 감독하며, 선박 자산관리에 따른 제반 업무를 수행한다.

선박에서 선장은 선박의 정비관리 관련 업무에 대한 총괄책임자로서 선체, 기기의 정비 및 보수 계획 및 집행에 대한 현황과 운전 상태를 파악하여 분기별로 회사에게 통보한다. 그리고 자체정비로 분류된 항목은 운항 여건을 고려하여 적절히 인력과 시간을 배정하여 집행하고, 필요한 경우 중요 미 집행 사항에 대해서는 향후 집행일정을 해운기업에게 통보한다. 특수 · 중대업무/해양오염방지/인명안전에 관련된 항목의 집행은 우선적으로 시행한다. 또한 기관장은 선박의 정비관리책임자(담당 사관)로서 정비업무 집행시 선장과의 협의를 통해 인력동원, 선박의 운항상태등 제반 여건들을 확보함에 기반하여 효율적인 업무 집행이 될 수 있도록 한다.

선박에서 기관장은 정비이력에 대한 기록유지 및 전반적인 관리책임이 있으며, 정기적인 기록서에 선체와 설비의 결함상태와 현재 상태를 중심으로 정리하여 해운기업에게 제출한다. 더불어 기관장은 선박 예방정비 시행계획, 주간 단위 정비계획, 항차 단위(또는 적정기간) 정비계획을 수립하여 선박의 정비 업무를 관리하며, 운항관리절차서를 참조하여 선박 실정에 맞도록 각 정비항목별 책임사관을 지정하여 정비업무를 이행 또는 이행여부를 확인하고 정비현황과 결과를 검증한다.

선박의 책임사관은 주간/항차 단위 정비계획과 기관장의 지시에 따라 해당항목의 정비를 실시하고 결과를 기관장에게 보고하며, 담당기기 및 시스템의 정상 상태를 유지할 수 있도록 관리하고 정비이력 및 자재재고 등에 대한 문서를 관리한다. 그리고 선박의 책임사관은 담당기기 및 시스템의 점검을 주기적으로 실시하고, 문제점을 정비관리책임자인 기관장에게 보고 및 협의하여야 한다.

결국 이러한 절차와 방법 그리고 책임체계를 통하여 해운기업은 선박의 특성과 선령에 따른 선박 예방정비 계획 수립 및 집행으로 선박 정비비용의 적정성 유지, 사고로 인한 운항 손실 예방 등 선박운항이 최선의 상태로 유지하고 있다.

3.2 정비기록부

1) 정의

선박의 감항성을 담보하기 위한 관점에서 구명·소화설비 및 해양오염방지설비 등 선박의 주요설비에 대한 점검주기 및 상세한 점검 방법 등을 기록한 기록을 정비기록부라고 지칭한다. 대표적으로 구명뗏목 정비기록, EPIRB 정비기록, 구명정과 구조정 정비기록, AIS 정비기록, VDR/S-VDR(Voyage Data Recorder / Simplified Voyage Data Recorder) 정비기록, 소화기의 정비기록 등이 정비기록부에 포함된다.

2) 범위

선박의 정비작업은 특정 시설 또는 장비가 설계된 기능을 지속가능하도록 유지하거나 수리하는 행위들의 조합으로 개념활 될 수 있다. 선박에서 사용되는 각종 기기나 관련 장비의 정비는 통상 3가지로 구분할 수 있다. 첫째, 수리 정비(Corrective maintenance) 또는 사후 정비(Reactive maintenance)라고 불리는 방법으로 기기가 먼저 고장 난 후 수리작업을 즉시 수행하는 것을 의미하며, 이것은 장비 또는 기기의 중요도가 낮은 대상에 사용된다. 둘째, 예방정비(Preventive maintenance)는 앞서 설명한 바와 같이 장비 또는 기기의 통계적/설계적 수명에 따라 계획적으로 시행하는 방법으로, 장비 또는 기기의 기대 수명을 확대하고, 선박운항을 저해하는 고장의 위험성을 줄일 수 있다. 선박에서 예방정비는 운전 중인 장비 또는 기기에 대한 부품(오일, 일반 소모품 등)의 교체, 검사, 시험, 확인 등의 작업으로 정해진 시간 간격을 두고 정비하는 것을 말하는데, 보통 장비 담당사관들은 제조사/조선소의 지침과 경험에 따라 정해진 일정을 준수하여 정비하는 것을 의미한다. 결국 예방정비의 수준을 정하기 위해서는 장기간 선박운항 중 디지털 데이터 수집과 분석이 필요하다는 점이다. 셋째, 상태정비(Condition based maintenance)는 담당 사관이 장비 또는 기기의 운전 상태를 관찰/감독하며 정비를 시행하는 것을 의미한다.

3) 정비이력 관리

선박의 예방정비 및 사고/고장 수리에 대한 정비내용의 상세는 기업내부의 절차서에 명기된 별도의 기록부를 통하여 관리된다. 따라서 선장은 정비의 시행결과를 기록부에 기재한 후 특이사항을 유관 육상정비조직에 통보한다. 그리고 이를 기반으로 육상정비조직은 전산시스템에 의거하여 지정된 장비 및 설비 그리고 시스템에 대한 정비이력 및 자재재고 상태를 지속적으로 관리하여야 한다. 특히 선종별 표준화할 수 없는 기기 및 시스템에 대한 점검과 계측 결과기록은 반드시 국제협약, 국내법, 선급강선규칙, 제조사의 기술지침에 기초하도록 관리되어야 한다. 실무적으로 선박 정비기록부는 아래의 〈표 2-Ⅲ-67〉와 같이 갑판/항해/통신기기/기관 및 축계 등 모든 정비사항을 포함하며 필요시 관련 도면, 스케치 등을 첨부하여 관리되고 있으며, 선체 및 배관 등의 정비와 관련된 수리, 개조, 변경 등에 대하여 관련이력이 추적될 수 있도록 디지털화 또는 전산화하여 관리하는 것이 매우 중요하다.

〈표 2-Ⅲ-68〉 장비별 항목 구분 예시

번호	항목 상세
1	NAVIGATION EQUIPMENT
2	ENGINE MACHINERY
3	DECK MACHINERY
4	CARGO HANDLING MACHINERY/EQUIPMENT
5	HULL STRUCTURE
6	ELECTRONIC EQUIPMENT

4. 원격선박정비

4.1 원격선박정비의 개요

1) 원격선박정비의 개념

원격선박 정비시스템은 개별 자동화 시스템의 단편적인 데이터의 수집 및 저장에서 벗어나 선박에서 설치된 다양한 통합자동화시스템 등과 단일 통신망(single network)으로 연결하여 통합적인 정보의 수집활동, 분석활동, 가공활동을 가능하게 하며 육상과 상호 연계하여 원격 감시, 조치, 진단 등의 차세대 부가 서비스를 제공하는 시스템으로 정의할 수 있다. 특히 원격 선박 유지보수 시스템은 해운기업, 조선해양플랜트 기자재 A/S 업체, 통신 기자재 업체, 해사데이터 서비스 업체 등에 선내 다양한 정보 제공할 수 있으며, 육상에서 선박 통합자동화 시스템의 접근을 가능하게 함으로써 직접적으로 선박으로 승선하지 않더라도 선박 통합자동화 시스템에 필요한 사항들을 합리적으로 처리할 수 있는 기반을 제공한다.

2) 해운기업의 원격정비시스템의 필요성

4차 산업혁명으로 인한 기술발전, 우수한 자질을 갖춘 선원 부족, IT 융합을 통한 비용 절감에 대한 관심이 높아지면서 해운산업에서 항해 시스템, 선박자동 추진제어 체계, 기관실 및 화물 감시제어 시스템, 항해정보기록장치, 선박 자동화 등에 대한 요구가 가속화되고 있다. 이러한 선박 자동화 시스템은 항해정보 관리와 선내 각 설비의 조작 및 감시 기능을 통하여 선박내에서 선원의 노동 시간 및 강도의 축소, 운항의 경제성 확보, 선박의 안전성향상 등이 있다. 대표적으로 2005년 12월부터 국제해사기구(International Maritime Organization, IMO)를 중심으로 e-Navigation을 추진하는 과정에서 선박을 보다 경제적이고, 안전하게 운항하기 위해 각 영역의 개별 자동화 수준을 넘어 선박 전체를 통합하고, 이를 해운기업의 운항담당 조직과 연계하기 위한 연구 및 표준화 작업이 활발히 진행되고 있다.

최신 스마트 선박에 탑재된 선박 통합자동화 시스템은 DATA, NETWORK, AI 등과 같은 기술 및 선박 자동화 시스템에 대한 이해가 부족한 선원들에게 추가적인 업무 부담이 발생할 수 있다. 왜냐하면 선원들은 여전히 하드웨어 관점에서 기계 중심의 선박 운항 및 선박 내부의 각종 장비의 문제에 대한 문제해결 능력에 집중화되어 있음에 따라 각종 프로그램 오류, 오작동 등과 관련된 문제를 해결할 능력이 부족하다. 이러한 현실적 한계로 인하여 쉽게 해결이 가능한 문제임에도 불구하고 제조사의 서비스 엔지니어의 방선이 필요한 경우가 확대되고 있고, 심지어는 선박의 운항이 중단되어 용선중단(off hire)이 발생하기도 하고 있다. 결국 문제와 한계를 극복하기 위해서는 육상에서 선박 자동화 시스템에 대한 다양한 방식을 활용한 원격유지보수가 가능하도록 원격 선박정비 체계를 구축할 필요가 있다.

4.2 원격선박정비 시스템의 연계 및 미래선박에 대한 적용

1) 각종 통신 · 연계망

기존의 선박 통합자동화 시스템은 선박 자체의 폐쇄적인 통신망을 중심으로 구성되어 있고, 외부 인터페이스(interface)를 위한 별도의 인터페이스 장치를 제공하고 있다. 따라서 특정 선박의 선교, 화물, 기관 등과 연계된 선박 자동화 시스템에 접근하기 위해서는 반드시 개별 시스템의 인터페이스 장치에 설치된 통신 프로토콜(protocol)에 적합한 어플리케이션 개발이 필요하였다. 최근 스마트선박의 도입이 확대됨에 따라 이러한 문제를 해결하기 위하여 해운기업들은 선박용 통합네트워크 게이트웨이(ISIG : Intra-Ship Integrated Gateway)를 중심으로 선박통합 통신망(Ship Area Network)을 연결하고자 신조단계에서부터 설계에 반영하고 있다. 선박 통합 통신망은 산업용으로 널리 활용되고 있는 이더넷(Ethernet)을 기반으로 하고 있으며, 선박 자동화 시스템과의 표준화된 통신 인터페이스 제공을 위한 ISM(Intra-Ship Messaging) 프로토콜을 사용한다.

원격 선박 정비시스템의 구현은 선박 통합 통신망과 선박-육상 연계망을 기반으로 하며, 선박 자동화 시스템 인터페이스를 위한 IWF(Inter Working Function) 모듈 정의, 유비보수, 상세정비에 대한 기능 수행과 관련된 선박과 육상 간 각 수준별 사용자 인터페이스 체계, 해사데이터의 이동, 설계 등이 포함된다.

2) 미래 선박에 대비한 원격정비의 적용

그동안 선박은 사후 정비(Reactive Maintenance : RM, corrective maintenance : CM)와는 관계없이 설비의 고장이나 생산이 중단되는 사태가 발생하기 전에 대응하는 것을 예방 정비(Preventative Maintenance)를 적용하여 활용하였다. 이러한 예방 정비는 사후 정비와 대비되는 포괄적인 개념으로, 시간기반 예지정비(Time Base Maintenance)를 시작으로 상태기반 정비(Condition Base Maintenance)를 넘어 예지 정비(Predictive Maintenance)로 발전하고 있다. 이러한 기술발전의 연장선상에서 원격선박정비는 선박의 자산 또는 설비에 문제가 생겼을 때 수리하는 사후 정비와 부품의 상태에 관계없이 정해진 주기에 따라 유지보수를 진행하는 예방 정비(Preventive maintenance)를 기반으로 해상에서 항해 중인 선박을 대상으로 위성통신에 기반하여, 선박의 운항 정보 및 선박 장치의 상태정보 등을 실시간으로 파악하여, 문제 발생 시 신속히 대처할 수 있는 개념이다. 원격선박정비는 사후정비, 예방정비와 더불어 고장이 발생하기 전에 미리 신호를 분석해 선제적으로 고장에 대응하는 예지 정비의 개념을 초월한 개념으로서 기존의 SSMA(Ship System Management Architecture)와 SSTM(Ship System Total Monitoring)과 Ship-to-Ship 네트워크를 통한 다수의 선박 관리 및 선내 장치 정보 수집 프로토콜을 통하여 육상의 관리자(운항/정비/통신 감독)에게 제공되는 User Interface를 형태를 취하고 있다.

3) 미래 선박에 대비한 원격정비의 적용의 한계

선박은 다른 운송수단과 달리 선박 건조하는데 소요되는 비용 보다 선박을 운항하는 것이 상대적으로 더 큰 비용이 발생하게 된다. 특히, 얼마나 효율적인 유지보수의 방법과 질을 결정함에 따라 선박의 운항비용의 총액에는 큰 차이가 발생하기 때문에 대형 해운기업들은 최적의 선박 운영 및 효율적 유지보수 기법 적용을 통한 선박의 운항비용을 최소화하고자 노력하고 있다. 예측기반의 원격정비는 선박소유자에게 스마트(smart)하고 빠른 원인분석이 가능하며, 불필요한 다운타임(downtime)을 최소화하여서, 실시간 원격자산인 선박의 기관, 항해, 화물시스템의 상태를 파악할 수 있으므로 매우 유용하다. 일반적으로 해운기업들은 사업 최대의 목표인 영업이익 극대화를 위하여 운영 및 유지보수 비용의 최소화와 효과적인 선박 운항관리를 목적으로 하는 다양한 시스템들을 구축하여 상업화하고 있다. 그러나 국내 중·소형 해운기업의 경우에는 선박운항 중 발생하는 해사데이터를 축적할 수 있는 시스템이 구축되어 있지 않거나, 있음에도 불구하고 이러한 해사데이터를 분산되어 있거나 일관성이 없기 때문에 전체적으로 통합이 어렵다는 한계가 있다. 또한, 국내 중소형 해운기업들은 보수적인 성향의 해사산업의 환경과 조건상 기존의 선박의 설계, 구조변경 및 별도의 장비 설치 또는 각종 해사데이터 개방에 대한 거부감을 갖고 있는 경우가 많고, 비용 또는 인력 등과 같은 현실적인 문제로 인하여 ICT(Information and Communication Technology)기반 서비스 제공 시스템을 도입하는데 한계가 있다.

조선소에서 사용되고 있는 대형 장비들의 경우 장비가 설치된 장소와 장비를 조작하는 운영자가 물리적으로 원격지에 존재하는 경우가 많다. 장비와 운영자 사이의 물리적 거리를 극복하기 위해서는 운영자가 직접 이동하는 것보다 선박현장에서 근무하는 작업자에게 원격으로 지시를 내리는 것이 더 효율적이다. 그러나 대형 장비들의 경우 그 구조가 복잡하므로 음성을 통해 작업자에게 지시를 내리는 방식은 한계가 존재한다.

참고문헌

〈인적자원관리〉

김향수, 김희경 & 박희숙, 요양보호사의 직업의식과 영향. 한국노인학, 31(3), pp. 591-606, 2011

김홍태 외 3명, 해양안전사고 예방시스템 기반 연구, 2015

리버모어, 데이비드, 문화지능 CQ 리더십, 홍종열옮김, 꿈꿀권리, 2017

박오수, 노중균, 경영의사결정의 실천적 합리성, 서울대학교 경영연구소 경영논집, 2001

양원재, 국내 선종별 선박승무원 피로도 분석에 관한 연구. Journal of Korean Navigation and Port Reserch, 38(5), 479-484., 2014

오미영, 커뮤니케이션, 커뮤니케이션북스, 2013

최진철, 선상 문화교섭의 이해: 바다위의 삶, 신아사, 2020

최진철, 해사문화교섭과 승선사관 해사커뮤니케이션 역량 교육 방향 연구, 「해항도시문화교섭학」, 제14호, pp.261~284, 2016

Drucker, P.F, The effective executive, Routledge, 2018

Endsley, Mica R., "Toward a theory of situation awareness in dynamic systems," in Human Factors, 37(1), pp. 32-64, 1995

Fjærli, B. A. B., Øvergård, K. I., & Westerberg, T. V., Maritime Managers of the Future -What do They Think is Good Leadership?. TransNav: International Journal on Marine Navigation and Safety of Sea Transportation, 9(1)., 2015

Grech, Michelle R. · Horberry, Tim · Smith, Andrew, Human Error in Maritime Operations: Analyses of Accident Reports Using the Leximancer Tool, in Proceedings of the Human Factors and Ergonomics Society Annual Meeting 46(19), pp. 1718-1721, 2002

Gulick, L. and Urwick, L., Papers on the Science of Administration. Institute of Public Administration, New York, 1937

Hetherington, C., Flin, R., & Mearns, K., Safety in shipping: The human element. Journal of safety research, 37(4), 401-411., 2006

Hofstede, Geert · Hofstede, Geert Jan · Minkov, Michael, 세계의 문화와 조직: 정신의 소프트웨어, 차재호 · 나은영 옮김, 학지사, 2014

International Maritime Oragnization, Fatigue Guidline, 2015

James D. Mooney & Alan c. Reiley, The principles of organization, Harper & Brothers New York, 1939

Kirillov, A. V., Tanatova, D. K., Vinichenko, M. V., & Makushkin, S. A., Theory and practice of time-management in education. Asian Social Science, 11(19), 193-204., 2015

Pickering, P., How to manage conflict, ESENSI, 2006

Rasmussen, Jens, "Skills, rules, and knowledge; signals, signs, and symbols, and other distinctions in human performance models," in IEEE Transactions on Systems, Man, and Cybernetics, Vol. SMC-13, No. 3, pp. 257-266, May-June 1983

Rieder, Reto · Bepperling, Sonja-Lara, Heinrich Triangle for Ground Operation, in Journal of System Safety, September-October, pp. 23-28, 2011

Ryckman, R. M., Theories of Personality(7th ed). Belmont, CA:Wads worth, 2000

Sarter, Nadine B. · Woods, David D., Automation surprises, in Handbook of Human Factors and Ergonomics, John Wiley and Sons, pp.1926-1943

Weber, M., Bureaucracy. In Social Theory Re-Wired (pp. 287-292). Routledge., 2016

von Thun, Friedemann Schulz · Ruppel, Johannes · Stratmann, Roswitha, MITEINANDER REDEN: Kommunikationspsychologie für Führungskräfte, Rowohlt, 2003

〈물적자원관리〉

고등학교 선박구조, 대한교과서주식회사, 2006

김세원 · 문성배, 선체구조정비론, 다솜출판사, 2011

양시권 · 김순갑, 선박적화, 해인출판사, 2011

오인호, 선박동력 전달과 추진, 다솜출판사, 2014

이윤석 외, 최신항해실습(Ⅲ), 상학당, 2016

이은방 · 이윤석 · 박영수 · 김종성, 전파전자항해학, 상학당, 2014

이진욱 · 노정호 · 정은석 · 이상일 · 이상득 · 오세진, 선박내연기관 실습, 다솜출판사, 2020

이진욱 · 노정호 · 정은석 · 이상일 · 이상득 · 오세진, 선박보조기계 실습, 다솜출판사, 2020

이진욱 · 노정호 · 정은석 · 이상일 · 이상득 · 오세진, 선박외연기관 실습, 다솜출판사, 2020

이진욱 · 노정호 · 정은석 · 이상일 · 이상득 · 오세진, 선박전기전자 실습, 다솜출판사, 2020

이진욱 · 노정호 · 정은석 · 이상일 · 이상득 · 오세진, 선박해양오염방지 실습, 다솜출판사, 2020

정노택, 선박동력장치 개론, 울산대학교출판부, 2018

정진아 · 오세진 · 이상일 외, 선박기관실무(총6권), 다솜출판사, 2013

정태권 · 이은방, 항해기기론, 세종출판사, 2012

조권회 · 김양곤 · 김정렬 · 전효중, 선박추진시스템, 다솜출판사, 2020

조권회, 실용기관실무, 다솜출판사, 2002

조익순 외, 최신항해실습(II), 상학당, 2016

조익순 · 김대해, 항해사를 위한 ECDIS 기초, KenitPress, 2015

Hirohiko Emi, Illustrations of hull structures, 성삼당서점, 2006

I.C. Clark, SHIP DYNAMICS FOR MARINERS, THE NAUTICAL INSTITUTE, 2005

I.C. Clark, STABILITY, TRIM AND STRENGTH FOR MERCHANT SHIPS AND FISHING VESSELS, THE NAUTICAL INSTITUTE, 2008

Martin Rhodes, Ship Stability for Mates/Masters, Seamanship International Ltd., 2008

선박자원관리론

2023년 8월 15일 인쇄 발행

저　　자 이창희·최진철·강민균·조소현
발 행 인 송기수
발 행 처 도서출판 GS인터비전
인 쇄 처 GS인터비전
등록번호 제 25100-2016-000050 호
I S B N 979-11-5576-452-7(93530)

주　　소 서울 은평구 증산로 15길 69 2층
전　　화 02-976-7898
팩　　스 02-6468-7898
홈페이지 gsintervision.kr
E-Mail gsinter7@gmail.com

정 가　40,000원